乳酸菌环境生理学

张文羿　于　洁 / 编著

中国轻工业出版社

图书在版编目（CIP）数据

乳酸菌环境生理学 / 张文羿，于洁编著. -- 北京：中国轻工业出版社，2025.5. -- ISBN 978-7-5184-5181-4

Ⅰ. Q939.11

中国国家版本馆CIP数据核字第2024TQ9172号

责任编辑：吴曼曼　方　晓
策划编辑：史祖福　方　晓　　责任终审：白　洁　　整体设计：锋尚设计
排版制作：砚祥志远　　　　　责任校对：朱　慧　朱燕春　　责任监印：张　可

出版发行：中国轻工业出版社（北京鲁谷东街5号，邮编：100040）

印　　刷：艺堂印刷（天津）有限公司

经　　销：各地新华书店

版　　次：2025年5月第1版第1次印刷

开　　本：787×1092　1/16　印张：17.75

字　　数：431千字

书　　号：ISBN 978-7-5184-5181-4　定价：98.00元

邮购电话：010-85119873

发行电话：010-85119832　010-85119912

网　　址：http://www.chlip.com.cn

Email：club@chlip.com.cn

版权所有　侵权必究

如发现图书残缺请与我社邮购联系调换

232228K1X101ZBW

前 言

乳酸菌以其公认安全（generally recognized as safe，GRAS）微生物的地位在世界范围内备受关注，是重要的微生物战略资源之一。依据生产目标和特性，其中部分菌株通过筛选和评价作为食用益生菌制品生产菌种，用于发酵乳生产的乳酸菌发酵剂，用于动物健康养殖、作物绿色种植等乳酸菌微生态制剂，并可用于环境废弃物和污染物的分解处理以及靶向活菌药物的开发和生产等。然而，乳酸菌在发挥益生功能及工业生产时会受到多种不利环境条件的影响，如通过胃肠道时经历的低 pH、胆盐和抗生素等，在工业生产过程中所经历的环境胁迫包括营养限制、温度、氧化和渗透压等。这些胁迫因素不仅会影响细胞的生理状况和性质，更成为困扰益生乳酸菌工业化生产和功能应用的重要瓶颈。

近年来，依托乳品生物技术与工程教育部重点实验室、国家地方联合工程实验室等乳品领域省部级以上 17 个科研平台，本研究团队坚持以市场科技创新需求和重大科技问题为导向，聚焦于自然发酵乳、肠道，以及不同胁迫条件下的乳酸菌，从基因、蛋白质和代谢等方面解析乳酸菌在耐受和适应环境胁迫时的响应机制，着力攻克乳酸菌产业发展"卡脖子"技术难题，切实解决当前制约产业发展的技术难点，解决推广应用技术瓶颈，为乳酸菌产业高质量发展提供技术支撑。

依托本团队的研究成果，总结和梳理近些年此研究方向的研究内容和成果，我们撰写了《乳酸菌环境生理学》。本书内容共包括五章：第一章基于宏基因组技术解析传统发酵食品中乳酸菌的基因组多样性，从基因组学和表观遗传学角度探究传统发酵食品中优势菌种植物乳植杆菌和副干酪乳酪杆菌的基因组多样性，深入分析其遗传背景、进化过程和相关功能基因。第二章基于基因组重测序和比较基因组分析解析肠道中植物乳植杆菌和副干酪乳酪杆菌的适应性机制，从肠道环境影响益生乳酸菌及其基因组的角度探讨益生菌与肠道的相互作用，为益生菌与肠道的互作机制提供了新的见解和依据。第三章通过长期传代实验研究了益生乳酸菌的遗传稳定性，并通过实验室适应性进化方法研究了植物乳植杆菌和副干酪乳酪杆菌在适宜营养条件和碳源限制条件下的适应性进化机制，为益生乳酸菌在工业化生产中抗胁迫性能的提升奠定了理论依据。第四章从多组学水平详细论述了抗生素环境中益生乳酸菌的适应性进化，揭示了植物乳植杆菌和副干酪乳酪杆菌在抗生素环境中生存能力提升的分子机制，为未来抗生素环境下益生菌的使用提供了生物安全性证据。第五章论述了益生乳酸菌在高密度发酵和冷冻干燥过程中胁迫条件下的响应机制，阐述了不同生产工艺对副干酪乳酪杆菌活性及稳定性的影响，为高活性和高活菌数制剂的加工提供理论依据和数据支持。

感谢参与本书整理和书中涉及实验的相关人员，包括王记成、姚国强、白梅、张猛、李康宁、乔健敏、张静雯、许家齐、邵玉宇、孔亚楠、乌云、刘洋硕、刘凯龙、刘楷阳、武婷、武宏理、任书欣等，他们为本书的出版作出了重要贡献，在此深表谢意。

鉴于乳酸菌产业发展迅猛，科学研究不断创新，书中难免有谬误之处，敬请批评指正！

张文羿　于洁

2024 年 8 月

目　录

第一章　传统发酵食品中乳酸菌的基因组多样性
第一节　宏基因组研究传统发酵食品中乳酸菌基因组多样性/2
第二节　传统发酵食品中优势植物乳植杆菌基因组多样性/23
第三节　传统发酵食品中优势副干酪乳酪杆菌基因组多样性/45
参考文献/57

第二章　乳酸菌在肠道环境中的适应性机制
第一节　肠道中的乳酸菌微进化研究概述/63
第二节　植物乳植杆菌在肠道环境中的适应性进化/72
第三节　副干酪乳酪杆菌在肠道环境中的适应性进化/90
参考文献/95

第三章　不同营养环境中乳酸菌的适应性机制
第一节　益生乳酸菌遗传稳定性概述/105
第二节　植物乳植杆菌在碳源丰富和限制环境中的适应机制/109
第三节　副干酪乳酪杆菌在碳源丰富和限制环境中的适应性机制/132
参考文献/163

第四章　抗生素环境中乳酸菌的适应性机制
第一节　益生菌在抗生素环境中的适应性机制概述/169
第二节　植物乳植杆菌在抗生素环境中的适应性机制/173

第三节　副干酪乳酪杆菌在抗生素环境中的适应性机制/186

参考文献/223

第五章　工业化生产过程中不同胁迫条件下乳酸菌的响应机制

第一节　乳酸菌在工业化生产过程中的胁迫因素/231

第二节　高密度发酵温度对副干酪乳酪杆菌生长特性的影响机制/236

第三节　发酵温度对副干酪乳酪杆菌冻干前后菌体活性的影响机制/257

参考文献/274

目 录

第一章　传统发酵食品中乳酸菌的基因组多样性
第一节　宏基因组研究传统发酵食品中乳酸菌基因组多样性/2
第二节　传统发酵食品中优势植物乳植杆菌基因组多样性/23
第三节　传统发酵食品中优势副干酪乳酪杆菌基因组多样性/45
参考文献/57

第二章　乳酸菌在肠道环境中的适应性机制
第一节　肠道中的乳酸菌微进化研究概述/63
第二节　植物乳植杆菌在肠道环境中的适应性进化/72
第三节　副干酪乳酪杆菌在肠道环境中的适应性进化/90
参考文献/95

第三章　不同营养环境中乳酸菌的适应性机制
第一节　益生乳酸菌遗传稳定性概述/105
第二节　植物乳植杆菌在碳源丰富和限制环境中的适应机制/109
第三节　副干酪乳酪杆菌在碳源丰富和限制环境中的适应性机制/132
参考文献/163

第四章　抗生素环境中乳酸菌的适应性机制
第一节　益生菌在抗生素环境中的适应性机制概述/169
第二节　植物乳植杆菌在抗生素环境中的适应性机制/173

第三节　副干酪乳酪杆菌在抗生素环境中的适应性机制/186

参考文献/223

第五章　工业化生产过程中不同胁迫条件下乳酸菌的响应机制
第一节　乳酸菌在工业化生产过程中的胁迫因素/231
第二节　高密度发酵温度对副干酪乳酪杆菌生长特性的影响机制/236
第三节　发酵温度对副干酪乳酪杆菌冻干前后菌体活性的影响机制/257

参考文献/274

第一章

传统发酵食品中乳酸菌的基因组多样性

第一节　宏基因组研究传统发酵食品中乳酸菌基因组多样性

第二节　传统发酵食品中优势植物乳植杆菌基因组多样性

第三节　传统发酵食品中优势副干酪乳酪杆菌基因组多样性

参考文献

第一节　宏基因组研究传统发酵食品中乳酸菌基因组多样性

一、传统发酵食品

传统发酵食品种类丰富，历史悠久，其中蕴含着宝贵的乳酸菌资源，是战略性微生物产业的基石。发酵过程通过微生物的活动，使食品在风味、质地和营养价值上发生显著变化，形成了独具特色的食品，品种丰富如亚洲的酱油、豆腐乳，欧洲的奶酪，非洲的发酵谷物等。这些食品不仅丰富了人类的餐桌，还因其健康益处而逐渐受到现代科学的关注。研究表明，发酵食品中的有益微生物和代谢产物在促进肠道健康、增强免疫力、降低慢性疾病风险等方面具有积极作用[1]。因此，深入探讨传统发酵食品的微生物学机制及其基因组多样性，不仅有助于理解和传承这一宝贵的饮食文化遗产，还为现代食品科学和营养学研究提供了重要的理论基础和应用价值。

传统发酵食品中的大部分微生物仍处在不可培养或难培养状态，因此测序技术已成为揭示乳酸菌群落组成和功能的有力手段。1989 年至 2024 年，内蒙古农业大学乳品生物技术与工程教育部重点实验室从亚洲、欧洲、非洲、南美洲、北美洲、大洋洲六大洲的 43 个国家采集自然发酵乳制品、母乳、婴儿粪便等样品 6591 份，建立了原位培养、营养调控、生境应激等 19 种乳酸菌培养新方法，分离保藏乳酸菌 53,978 株，包括 33 个属的 326 个种和亚种，其中包括 6 个乳酸菌新种和 108 个稀有种。建成全球最大、种类齐全的原创性乳酸菌种质资源库，2022 年入选首批国家农业微生物种质资源库序列。为 28 家科研机构和高校提供乳酸菌菌种资源共享服务 163 批次，共 9231 株，为微生物种业振兴做出重要贡献（数据统计时间截至 2024 年 8 月）。

二、乳酸菌的基因组多样性研究

乳酸菌是一类可利用碳水化合物代谢产生乳酸的细菌的统称。在系统分类学上，乳酸菌至少包括厚壁菌门（Firmicutes）4 纲 7 目 18 科 39 属 653 种和放线菌门（Actionmycetota）2 纲 2 目 3 科 12 属 88 种。如人们熟知的乳酸菌包括乳杆菌属（Lactobacillus）、链球菌属（Streptococcus）、乳球菌属（Lactococcus）、双歧杆菌属（Bifidobacterium）等，其中乳杆菌属包括 325 个种（截至 2024 年），在表型、生态和基因型水平上极其多样化。基于全基因组的最新分类评估，将乳杆菌属重新分类为 26 个属，包含副乳杆菌属（Paralactobacillus）、霍尔扎普菲尔氏菌属（Holzapfelia）、淀粉乳杆菌属（Amylolactobacillus）、蜂乳杆菌属（Bombilactobacillus）、伴生乳杆菌属（Companilactobacillus）、石墙乳杆菌属（Lapidilactobacillus）、农田乳杆菌属（Agrilactobacillus）、施莱弗乳杆菌属（Schleiferilactobacillus）、腐败乳杆菌属（Loigolactobacillus）、乳杆菌属（Lactobacillus）、乳酪杆菌属（Lacticaseibacillus）、广泛乳杆菌属（Latilactobacillus）、德拉格利亚属（Dellaglioa）、液体乳杆菌属（Liquorilactobacillus）、联合乳杆菌属（Ligilactobacillus）、植物乳植杆菌属（Lactiplantibacillus）、糠乳杆菌属（Furfurilactobacillus）、寡食乳杆菌属（Paucilactobacillus）、丙酸杆菌属

(*Propionibacterium*)、黏液乳杆菌属（*Limosilactobacillus*）、果实乳杆菌属（*Fructilactobacillus*）、醋乳杆菌属（*Acetilactobacillus*）、蜜蜂乳杆菌属（*Apilactobacillus*）、促生乳杆菌属（*Levilactobacillus*）、次乳杆菌属（*Secundilactobacillus*）和迟缓乳杆菌属（*Lentilactobacillus*）[2]。乳酸菌的开发利用涉及众多领域，如农业、工业、医药等，具有巨大的研究价值[3-6]。

乳酸菌的遗传多样性是由于遗传物质的微进化，这种进化在种内或近缘种间发生，可能导致种内分化，表现为基因对性状的影响和选择压力对基因变异的作用[7]。

传统发酵乳是分离、保藏乳酸菌等微生物资源的宝贵载体，其中酸马奶是研究微生物多样性的典型代表。早期研究人员采用不同的纯培养方法对传统发酵中乳微生物多样性进行了研究，但传统培养技术不能准确反映微生物之间的系统发育关系。宏基因组学避免了传统方法在多样性研究中的局限性，能够更准确地反映发酵乳中微生物的组成，被广泛用于传统发酵乳中微生物多样性的解析。但基于"焦磷酸测序技术"的研究仍存在不足。一是测序读长所限，只能以 16S rRNA 可变区为扩增靶点，鉴定结果只能停留在属水平；二是无法获取弱势微生物群体的全部信息，不能对传统发酵乳中微生物的生物多样性进行精确解析。

传统方法不能准确描述一个环境中微生物的自然群落特征，特别是那些低丰度以及不可培养的微生物，这些成员通常被科学家形象地昵称为微生物界的"暗物质"。随着新一代测序技术的不断演进，以 PacBio 单分子实时测序技术为支撑的三代测序技术逐步完善。其具有高速测序、长序列产出、降低测序错误率和低成本的优势。一定程度上可以弥补焦磷酸测序技术的缺陷，却仍无法克服在细菌多样性研究过程中所面临"量"的技术问题。单细胞扩增技术的出现为生物多样性的研究带来了新的方向。单细胞扩增技术能够使单细胞的 DNA 增大 10 亿倍来解析基因组，是在单个细胞水平上对基因组进行扩增并进行高通量测序分析的一项技术，用于获取难以培养的微生物的遗传信息，在多样性研究方面蕴藏着巨大潜力。

多重置换扩增技术（MDA）于 2001 年由 Lasken 和 Coworkers 首次使用，其基本原理是使用碱基随机引物在恒温条件下随机退火，并在 Phi-29 DNA 聚合酶的作用下发生链置换扩增反应，置换产生的单链序列又可与随机引物任意退火延伸，形成超分支扩增结构。Phi-29 DNA 聚合酶具有 3′到 5′外切酶活性和自我修复错误的作用。MDA 技术对其所扩增的 DNA 模板具有敏感性和偏好性，目前主要通过减小反应体积或加入其他试剂的方式来减少外源 DNA 污染[8]。2005 年 Raghunathan 等第一次通过多 MDA 将单个细菌细胞 DNA 扩增约 50 亿倍，扩增后 DNA 模板中的基因片段被精确测序[9]。

三、传统发酵酸马奶中乳酸菌基因组多样性研究

宏基因组学方法已被广泛应用于解析微生物群。由于测序深度的高成本，样品中的稀有微生物群群体无法完全覆盖，稀有物种的系统发育和功能宏基因组解读有限。单细胞扩增方法可以将样品进行连续稀释，然后再进行 DNA 提取、扩增，以此增加待分析物种的 DNA 的量，有利于微量 DNA 样品的宏基因组分析。

采用改良的宏基因组学方法分析了从蒙古国和中国内蒙古自治区采集的酸马奶样品

中的细菌微生物组成，尤其是乳酸菌。关于单细胞技术用于传统发酵乳中细菌多样性研究的报道较少。破译和分析隐藏在传统发酵乳中的微生物资源"暗物质"，有利于加深对传统发酵乳细菌多样性及其功能基因的认识，可以为传统发酵乳的工业化生产提供新的技术思路。

（一）酸马奶中乳酸菌多样性研究

1. 基于 Illumina 测序技术的酸马奶中细菌多样性研究

利用单细胞扩增技术的宏基因组方法分析样品。酸马奶样品在倒置显微镜下通过细菌计数板进行连续稀释的方法获得细胞悬液，每份细胞悬液含有 100 个细胞。采用 MDA 扩增法进行单细胞全基因组扩增。采用二代高通量测序技术（Illumina 高通量测序）解析细菌的全基因组信息，分析酸马奶中细菌多样性及其编码的功能基因[10]。具体数据见表 1-1。30 份酸马奶单细胞悬液样本共获得 1,018,381,702 个有效序列。

将过滤处理后的有效片段序列（clean reads）序列与宿主参考序列利用比对软件 BWA 进行对比，将与宿主相同的序列去除。剩余的 Clean Reads 序列与细菌参考序列进行比对，对结果进行统计，见表 1-1。

利用软件 Velvet 组装序列，并统计结果。采用软件 MetaGeneMark 对组装序列进行基因预测，并对预测的结果进行统计[11,12]，见表 1-2。

酸马奶中乳酸菌菌属多样性：酸马奶单细胞悬液样品鉴定出 12 个菌属，乳杆菌属是酸马奶中的绝对优势菌属，平均相对含量 52.72%~99.98%，平均相对含量为 89.63%；其次为乳球菌属（平均相对含量为 4.791%）和链球菌属（平均相对含量为 2.140%）；分枝杆菌属（*Mycobacterium*）、巨球菌属（*Macrococcus*）、明串珠菌属（*Leuconostoc*）、经黏液真杆菌属（*Blautia*）、醋酸杆菌属（*Acetobacter*）、葡糖醋杆菌属（*Gluconacetobacter*）、柠檬酸杆菌属（*Citrobacter*）、埃希菌属（*Escherichia*）和克雷伯菌属（*Klebsiella*）的平均相对含量均低于 1.00%。

乳杆菌属是中国内蒙古自治区和蒙古国地区产酸马奶中的绝对优势菌属，蒙古国酸马奶中的乳杆菌属平均相对含量为 96.61%，高于中国内蒙古自治区酸马奶的 82.65%。乳球菌属和链球菌属为 2 个不同地区的共有菌属。肠球菌属只存在于中国内蒙古自治区的酸马奶样品中，平均相对含量为 3.71%，明串珠菌属只存在于蒙古国的样品中，但平均相对含量较低，结果见表 1-3。此外，对 12 个属在不同地区酸马奶中的差异显著性分析发现两地区酸马奶样品中肠球菌属、分枝杆菌属、乳杆菌属存在显著性差异，其他菌属之间差异不显著（$P>0.05$）。

酸马奶单细胞悬液样品的乳杆菌属平均相对含量介于 82.65%~96.61%，平均相对含量为（89.63±11.84）%；乳球菌属是蒙古国地区酸马奶中仅次于乳杆菌属的第二大菌属，平均含量为（2.17±4.54）%。此外，链球菌属、明串珠菌属存在于个别蒙古国酸马奶样品中，平均相对含量较低。

综上，乳杆菌属、乳球菌属、链球菌属是蒙古国和中国内蒙古自治区的酸马奶中共有的菌属。其中，乳杆菌属为优势菌属，平均相对含量为（89.63±11.84）%。蒙古国和中国内蒙古自治区酸马奶样品中乳杆菌属、肠球菌属、分枝杆菌属存在显著性差异（$P<0.05$）。

第一章 传统发酵食品中乳酸菌的基因组多样性　5

表 1-1　数据过滤及比对分析

样本	原始的未过滤测序序列数	过滤后的剩余序列数	过滤后剩余序列数的比例/%	被低质量过滤标准去掉的序列的比例/%	含有接头污染去掉的序列的比例/%	含碱基N的比例大于5%的Reads数	宿主参考基因组大小/kb	细菌参考基因组大小/kb	比对到宿主参考基因组上的Reads的百分比/%	比对到细菌参考基因组上的Reads的百分比/%
MG 14-2	33,993,718	32,890,144	96.75	2.98	0.27	0	2,000,739.13	9,632,448.62	0.23	39.12
MG 14-3	34,227,904	33,468,690	97.78	1.33	0.89	0	2,000,739.13	9,632,448.62	0.66	31.57
MG 15-1	33,379,998	32,211,172	96.5	3.2	0.3	0	2,000,739.13	9,632,448.62	0.04	45.79
MG 15-2	33,755,188	32,777,326	97.1	2.6	0.3	0	2,000,739.13	9,632,448.62	0.03	53.39
MG 15-3	34,645,296	33,938,852	97.96	1.21	0.83	0	2,000,739.13	9,632,448.62	0.79	56.54
MG 16-1	34,107,900	33,530,732	98.31	1.08	0.61	0	2,000,739.13	9,632,448.62	1.01	53.52
MG 16-2	35,600,656	34,931,990	98.12	1.04	0.83	0	2,000,739.13	9,632,448.62	0.65	60.67
MG 16-3	35,269,380	33,966,982	96.31	1.12	2.57	0	2,000,739.13	9,632,448.62	1.13	55.54
MG 17-1	35,421,762	34,731,376	98.05	1.19	0.76	0	2,000,739.13	9,632,448.62	0.9	39.85
MG 17-2	34,598,030	33,983,222	98.22	1.11	0.66	0	2,000,739.13	9,632,448.62	0.85	28.46
MG 17-3	34,854,224	34,148,370	97.97	1.1	0.93	0	2,000,739.13	9,632,448.62	0.3	54.31
MG 18-1	35,455,360	34,905,200	98.45	0.97	0.58	0	2,000,739.13	9,632,448.62	0.77	33.39
MG 18-2	34,595,684	33,983,790	98.23	1.08	0.69	0	2,000,739.13	9,632,448.62	0.9	72.2
MG 18-3	33,912,050	33,332,430	98.29	1.02	0.69	0	2,000,739.13	9,632,448.62	0.38	58.87
NM 17-1	34,301,122	33,443,924	97.5	1.42	1.08	0	2,000,739.13	9,632,448.62	1.19	7.38
NM 17-2	34,254,352	33,655,402	98.25	1.17	0.58	0	2,000,739.13	9,632,448.62	1.01	15.39
NM 17-3	35,332,156	34,675,292	98.14	1.13	0.73	0	2,000,739.13	9,632,448.62	1.17	13.88
NM 18-1	35,402,364	34,764,894	98.2	1.14	0.66	0	2,000,739.13	9,632,448.62	1.27	2.75
NM 18-2	34,578,396	33,956,558	98.2	1.16	0.63	0	2,000,739.13	9,632,448.62	1.65	3.31

续表

样本	原始的未过滤测序序列数	过滤后的剩余序列数	过滤后剩余序列数的比例/%	被低质量过滤标准去掉的序列的比例/%	含有接头污染去掉的序列的比例/%	含碱基 N 的比例大于 5% 的 Reads 数	宿主参考基因组大小/kb	细菌参考基因组大小/kb	比对到宿主参考基因组上的 Reads 的百分比/%	比对到细菌参考基因组上的 Reads 的百分比/%
NM 18-3	35,223,942	34,603,906	98.24	1.09	0.67	0	2,000,739.13	9,632,448.62	1.34	5.58
NM 19-1	33,525,472	32,901,674	98.14	1.21	0.65	0	2,000,739.13	9,632,448.62	1.76	5.98
NM 19-2	34,125,108	33,497,870	98.16	1.08	0.75	0	2,000,739.13	9,632,448.62	1.25	2.47
NM 19-3	34,588,694	33,958,704	98.18	1.12	0.7	0	2,000,739.13	9,632,448.62	1.63	2.29
NM 20-1	35,017,996	34,431,982	98.33	1.04	0.63	0	2,000,739.13	9,632,448.62	1.18	7.49
NM 20-2	35,466,448	34,840,718	98.24	1.06	0.7	0	2,000,739.13	9,632,448.62	1.06	10.42
NM 20-3	34,461,114	33,755,846	97.95	1.34	0.71	0	2,000,739.13	9,632,448.62	1.29	8.37
NM 21-1	35,631,988	34,923,720	98.01	1.07	0.92	0	2,000,739.13	9,632,448.62	1.19	19.28
NM 21-2	35,313,632	34,668,928	98.17	1.26	0.56	0	2,000,739.13	9,632,448.62	0.95	12.08
NM 21-3	35,303,498	34,690,208	98.26	1.16	0.58	0	2,000,739.13	9,632,448.62	1.7	16.15
MG 14-2	33,993,718	32,890,144	96.75	2.98	0.27	0	2,000,739.13	9,632,448.62	0.23	39.12

注：Reads 代表测序片段；样本编号中，MG 代表来自蒙古国的样本，NM 代表来自中国内蒙古自治区的样本。

表 1-2 基因组装及预测分析

样品信息	基因组装					基因预测			
	组装序列总长度/bp	N50 长度/bp	N90 长度/bp	最大组装序列长度/bp	最小组装序列长度/bp	预测得到的基因个数/个	预测得到的基因总长度/bp	基因占组装序列的比例/%	预测基因的平均长度/bp
MG14-1	32,469,400	12,593	1225	174,903	500	32,841	25,250,100	0.7777	768.86
MG14-2	33,701,400	12,494	1275	173,458	500	34,547	26,301,000	0.7804	761.31
MG14-3	35,567,500	18,377	1326	271,223	500	33,108	27,194,200	0.7646	821.38
MG15-1	16,050,400	14,268	1747	182,968	500	17,723	13,451,800	0.8381	759.00
MG15-2	15,154,300	18,804	1996	213,140	500	17,005	12,917,500	0.8524	759.63
MG15-3	14,846,500	17,612	1506	183,047	500	16,911	12,489,900	0.8413	738.57
MG16-1	7,966,540	8553	940	99,384	500	10,347	6,702,980	0.8414	647.82
MG16-2	8,140,860	7657	826	139,588	500	10,590	6,767,220	0.8313	639.02
MG16-3	8,520,700	6348	930	92,520	500	10,921	7,017,920	0.8236	642.61
MG17-1	22,660,700	8767	1118	157,714	500	26,389	18,481,100	0.8156	700.33
MG17-2	23,926,100	9407	1145	104,071	500	24,841	18,561,600	0.7758	747.22
MG17-3	17,519,300	7743	1033	144,441	500	22,334	14,690,100	0.8385	657.75
MG18-1	24,155,700	8501	937	157,838	500	27,771	19,192,700	0.7945	691.11
MG18-2	17,724,500	5596	887	87,387	500	20,839	14,105,600	0.7958	676.88
MG18-3	18,415,600	11,325	1156	161,082	500	20,300	14,649,500	0.7955	721.65
NM17-1	21,780,800	26,230	1784	220,628	500	18,254	15,801,700	0.7255	865.66
NM17-2	23,535,000	25,502	2077	210,395	500	20,301	17,311,600	0.7356	852.75
NM17-3	23,325,300	23,573	1990	257,610	500	20,033	17,225,000	0.7385	859.83
NM18-1	18,949,600	26,328	1622	224,696	500	15,382	13,440,800	0.7093	873.80
NM18-2	19,982,900	22,743	1565	272,422	500	16,711	14,373,400	0.7193	860.12

续表

样品信息	基因组装				基因预测			
	组装序列总长度/bp	N50长度/bp	N90长度/bp	最大组装序列长度/bp	最小组装序列长度/bp	预测得到的基因个数/个	预测得到的基因总长度/bp	基因占组装序列的比例/%	预测基因的平均长度/bp
NM18-3	21,476,800	23,431	1783	274,981	500	18,220	15,654,500	0.7289	859.19
NM19-1	16,298,700	31,498	3971	260,266	500	11,250	11,127,700	0.6827	989.13
NM19-2	17,785,400	27,502	2776	235,295	500	12,508	12,126,200	0.6818	969.48
NM19-3	15,534,700	35,200	3522	208,156	500	10,705	10,547,900	0.679	985.33
NM20-1	17,679,900	29,286	2431	308,615	500	13,389	12,340,400	0.698	921.68
NM20-2	24,851,800	25,334	1920	311,378	500	18,554	17,458,000	0.7025	940.93
NM20-3	18,152,300	32,017	2644	332,839	500	13,838	12,758,000	0.7028	921.95
NM21-1	28,014,600	17,947	1391	308,445	500	26,332	21,312,000	0.7607	809.36
NM21-2	23,501,400	22,966	1652	224,818	500	20,822	17,378,700	0.7395	834.63
NM21-3	26,704,100	22,101	1619	307,819	500	24,377	20,157,500	0.7548	826.91

注：N50长度是基因测序中的一个常用指标，将序列长度由大到小排列，当长度累加到所测基因总长度的50%时的那个序列的长度，N90长度同理。

表 1-3　蒙古国和中国内蒙古自治区酸马奶样品中细菌属平均相对含量分析

属	平均相对含量/%		显著性（P）
	中国内蒙古自治区	蒙古国	
分枝杆菌属	0.23±0.21	0.05±0.06	0.001
巨球菌属	0.49±1.41	0.00±0.00	0.125
肠球菌属	3.71±7.71	0.00±0.00	0.038
乳杆菌属	82.65±19.05	96.61±4.62	0.004
明串珠菌属	0.00±0.00	0.01±0.01	0.350
乳球菌属	7.40±13.79	2.17±4.54	0.140
链球菌属	4.02±6.53	0.27±0.56	0.069
经黏液真杆菌属	0.00±0.00	0.01±0.01	0.350
醋酸杆菌属	0.68±0.83	0.84±2.35	0.088
葡糖醋杆菌属	0.00±0.00	0.00±0.00	0.350
柠檬酸杆菌属	0.00±0.00	0.00±0.00	0.164
埃希菌属	0.00±0.00	0.00±0.00	0.164

注：差异性不显著（$P>0.05$）；差异性显著（$0.01<P<0.05$）；差异性极显著（$P<0.01$）。

瑞士乳杆菌（Lactobacillus helveticus）是中国内蒙古自治区酸马奶中的优势种，平均相对含量为（81.01±20.63）%，各样品间平均相对含量波动幅度较大。此外，基于样品整体平均相对含量统计，Lactococcus lactis 平均相对含量为（7.40±13.07）%，Streptococcus parauberis 平均相对含量为（3.27±6.71）%，Enterococcus faecium 平均相对含量为（3.08±6.88）%，Lactobacillus kefiranofaciens 平均相对含量为（1.63±2.26）%，这些种分布不均一，且平均相对含量大于 1.00%。此外，Klebsiella pneumoniae，Acetobacter pasteurianus，Mycobacterium tuberculosis bovis africanum canetti 和 Mycobacterium orygis 也存在于中国内蒙古自治区的酸马奶中，但平均相对含量低于 1.000%。Gluconacetobacter unclassified，Ruminococcus torques，Leuconostoc mesenteroides 和 Lentilactobacillus otakiensis，Lacticaseibacillus casei 未在中国内蒙古自治区的酸马奶样品中发现。

Lactobacillus helveticus 是蒙古国地区酸马奶中的优势种，平均相对含量为（90.04±11.04）%，各样品间平均相对含量波动幅度较大；此外，基于样品整体平均相对含量统计，Lactobacillus kefiranofaciens 平均相对含量为（5.18±10.61）%，Lactococcus lactis 平均相对含量为（2.17±4.77）%，布氏迟缓乳杆菌（Lentilactobacillus buchneri）平均相对含量为（1.38±1.17）%，这些种虽平均相对含量大于 1.00%，但平均相对含量波动幅度较大。除此以外，Mycobacterium orygis、Mycobacterium tuberculosis bovis africanum canetti、解酪蛋白巨大球菌（Macrococcus caseolyticus）、Lacticaseibacillus casei、类干酪乳酪杆菌（Lacticaseibacillus paracasei）、Leuconostoc mesenteroides、马其顿链球菌（Streptococcus macedonicus）、Streptococcus parauberis、唾液链球菌嗜热亚种（Streptococcus salivarius subsp. thermophilus）、Ruminococcus torques、Lentilactobacillus otakiensis、巴氏醋酸杆菌（Acetobacter pasteurianus）、

Acetobacter unclassified、*Gluconacetobacter unclassified*、肺炎克雷伯杆菌（*Klebsiella pneumoniae*）和 *Klebsiella unclassified* 也存在于部分蒙古国地区的酸马奶中，但平均相对含量低于 1.000%。*Enterococcus casseliflavus*，*Enterococcus faecalis*、屎肠球菌（*Enterococcus faecium*）、*Citrobacter unclassified* 和 *Escherichia unclassified* 未在蒙古国地区的酸马奶样品中发现。此外，对 2 个不同地区酸马奶样品的差异分析发现，中国内蒙古自治区和蒙古国地区酸马奶样品中 *Enterococcus faecium* 存在显著性差异（$P<0.05$），而 *Mycobacterium tuberculosis bovis africanum canetti*、*Lentilactobacillus buchneri* 和 *Klebsiella pneumoniae* 存在极显著性差异（$P<0.01$），其余种之间无显著性差异（$P>0.05$），具体结果见表 1-4。

表 1-4 蒙古国和中国内蒙古自治区酸马奶样品细菌种平均相对含量分析

种	平均相对含量/%		显著性（P）
	中国内蒙古自治区	蒙古国	
Mycobacterium orygis	0.05±0.06	0.01±0.01	0.0833
Mycobacterium tuberculosis bovis africanum canetti	0.18±0.09	0.05±0.06	0.0042
Macrococcus caseolyticus	0.49±1.09	0.00±0.00	0.1252
Enterococcus casseliflavu	0.05±0.11	0.00±0.00	0.3506
Enterococcus faecalis	3.08±6.88	0.00±0.00	0.0384
Lentilactobacillus buchneri	0.01±0.01	1.38±1.17	0.0001
Lacticaseibacillus casei paracasei	0.00±0.00	0.00±0.00	0.3506
Lactobacillus helveticus	81.01±20.63	90.04±11.93	0.1736
Lactobacillus kefiranofaciens	1.63±2.26	5.18±10.61	0.4748
Lentilactobacillus	0.00±0.00	0.00±0.00	0.1644
Leuconostoc mesenteroides	0.00±0.00	0.01±0.01	0.3506
Lactococcus lactis	7.40±13.07	2.17±4.77	0.1405
Macrococcus caseolyticus	0.01±0.01	0.02±0.06	0.3258
Streptococcus parauberis	3.27±6.71	0.22±0.47	0.4092
Streptococcus thermophilus	0.71±1.60	0.02±0.06	0.8123
Ruminococcus torques	0.00±0.00	0.01±0.00	0.3506
Acetobacter pasteurianus	0.63±0.75	0.81±1.28	0.0864
Acetobacter unclassified	0.05±0.07	0.02±0.03	0.9363
Gluconacetobacter unclassified	0.00±0.00	0.01±0.01	0.3506
Citrobacter unclassified	0.01±0.00	0.00±0.00	0.1644
Escherichia unclassified	0.01±0.00	0.00±0.00	0.1644
Klebsiella pneumoniae	0.81±0.95	0.02±0.04	0.0021
Klebsiella unclassified	0.01±0.01	0.01±0.001	0.9162

注：差异性不显著（$P>0.05$）；差异性显著（$0.01<P<0.05$）；差异性极显著（$P<0.01$）。

综上，酸马奶中共鉴定出 23 种细菌，其中 *Lactobacillus helveticus* 是来自蒙古国和中国内蒙古自治区酸马奶中的优势种，*Ruminococcus torques* 是低丰度物种。

中国内蒙古自治区的酸马奶样品中均含有 *Lactobacillus helveticus* 和 *Mycobacterium tuberculosis bovis africanum canetti*。而 50% 的样品中含有 *Lactobacillus kefiranofaciens*、*Lactococcus lactis*、*Acetobacter pasteurianus* 和 *Klebsiella pneumoniae*，其中 *Lactobacillus helveticus* 为优势菌属，平均相对含量为（81.01±20.63）%。蒙古国地区的酸马奶样品中均含有 *Lactobacillus helveticus*，而大于 50% 的样品中含有 *Lactobacillus kefiranofaciens*、*Lactococcus lacti*、*Mycobacterium tuberculosis bovis africanum canetti* 和 *Lentilactobacillus buchneri*。其中，*Lactobacillus helveticus* 为优势种，平均含量为（90.04±11.93）%。

比较分析发现 *Gluconacetobacter unclassified*、*Ruminococcus torques*、*Leuconostoc mesenteroides* 未在中国内蒙古自治区的酸马奶样品中发现；而 *Enterococcus faecalis*、*Citrobacter unclassified* 和 *Escherichia unclassified* 未在蒙古国地区的酸马奶样品中发现，这也是这两个地区酸马奶中细菌种的差别。

2. 基于单分子实时测序技术的酸马奶中细菌多样性研究

基于单细胞扩增技术的第二代测序分析（Illumina），揭示出酸马奶中的细菌构成及其编码的基因功能。为进一步探究不同样品中微生物菌群结构，更精准了解发酵乳中细菌的物种多样性，采用单细胞扩增技术与第三代测序技术（PacBio SMRT）相结合的方法，以 16S rRNA 全长为测序靶点对发酵乳中细菌种水平进行分析。

（1）酸马奶中细菌在门、属水平上的构成分析　通过 RDP（Ribosomal Database Project）和 Greengenes（Version_3.8）数据库进行序列比对，将操作性分类单元（OTU）序列分类至相应的门、纲、目、科、属和种水平上，不能划分的序列和嵌合体被剔除。30 个酸马奶单细胞悬液中细菌分属为拟杆菌门（Bacteroidetes）、产金菌门（Chrysiogenetes）、异常球菌-栖热菌门（Deinococcus-Thermus）、厚壁菌门（Firmicutes）、梭杆菌门（Fusobacteria）、变形菌门（Proteobacteria）和候选菌门（TM7）7 个细菌门，另外还有约 0.016% 的序列属于无法确定到门水平上的细菌（unclassified bacteria）。其中，Firmicutes 和 Proteobacteria 在酸马奶样品中平均相对含量最高，分别为（97.40±5.26）% 和（2.54±5.26）%。其他 Bacteroidetes、Chrysiogenetes、Deinococcus-Thermus、Fusobacteria 和 TM7 平均相对含量都低于 0.050%。30 个酸马奶单细胞悬液样本中，厚壁菌门（Firmicutes）均存在，是绝对优势细菌门。第二大平均相对含量的变形菌门（Proteobacteria）存在于多数样本中。对不同地域的酸马奶测序样本分析发现，来自蒙古国的酸马奶样本中 Firmicutes 高于中国内蒙古自治区的样本，而 Proteobacteria 则低于中国内蒙古自治区的样本。

属水平上，30 份酸马奶单细胞悬液样品中共鉴定出 37 个属的细菌，其中平均相对含量大于 0.10% 的菌属主要为乳杆菌属（*Lactobacillus*）、乳球菌属（*Lactococcus*）、链球菌属（*Streptococcus*）和醋酸杆菌属（*Acetobacter*）、柠檬酸杆菌属（*Citrobacter*）、肠球菌属（*Enterococcus*）、巨球菌属（*Macrococcus*）和葡糖醋杆菌属（*Gluconacetobacter*），其中 *Lactobacillus*、*Lactococcus*、*Streptococcus* 和 *Acetobacter* 是酸马奶中的优势菌属。

乳杆菌属（*Lactobacillus*）在每个测序样本中都存在，且是绝对优势菌属。对不同地域的酸马奶样本测序分析发现，来自蒙古国的酸马奶样本中 *Lactobacillus* 高于中国内蒙古自治区的样本，而 Lactococcus、Streptococcus 和 Acetobacter 则低于中国内蒙古自治区样本。

对酸马奶样品中菌属进一步分析发现：除少数细菌无法确定到具体属水平外，平均相对含量低于 0.100% 的菌属共有 29 个。分别为不动杆菌属（Acinetobacter）、Alkanindiges、拟普雷沃菌属（Alloprevotella）、拟杆菌属（Bacteroides）、Barnesiella、经黏液真杆菌属（Blautia）、短波单胞杆菌属（Brevundimonas）、纤维弧菌属（Cellvibrio）、噬几丁质菌属（Chitinophaga）、金黄杆菌属（Chryseobacterium）、Cloacibacterium、曲杆菌属（Curvibacter）、奇异球菌属（Deinococcus）、代尔夫特菌属（Delftia）、狡诈菌属（Dolosigranulum）、水生杆菌属（Enhydrobacter）、肠杆菌属（Enterobacter）、梭杆菌属（Fusobacterium）、克吕沃尔氏菌属（Kluyvera）、明串珠菌属（Leuconostoc）、溶杆菌属（Lysobacter）、副球菌属（Paracoccus）、片球菌属（Pediococcus）、Pelomonas、考拉杆菌属（Phascolarctobacterium）、普雷沃菌属（Prevotella）、沙门菌属（Salmonella）、蝙蝠弧菌属（Vampirovibrio）和 Wautersiella。其中，许多菌属在个别样品中鉴定出，具体数据见表 1-5。

表 1-5 不同地区酸马奶样品中细菌属的平均相对含量

属分类	相对含量/%		平均相对含量/%
	蒙古国	中国内蒙古自治区	
醋酸杆菌属	1.34±4.86	2.90±5.00	2.122±4.914
不动杆菌属	0.03±0.11	0.01±0.01	0.019±0.085
Alkanindiges	0.00±0.00	0.01±0.00	0.001±0.005
拟普雷沃菌属	0.01±0.00	0.00±0.00	0.001±0.007
拟杆菌属	0.01±0.00	0.01±0.02	0.009±0.019
Barnesiella	0.01±0.01	0.00±0.00	0.002±0.006
经黏液真杆菌属	0.00±0.00	0.00±0.00	0.000±0.002
短波单胞杆菌属	0.00±0.00	0.01±0.01	0.001±0.005
纤维弧菌属	0.00±0.00	0.01±0.01	0.001±0.005
噬几丁质菌属	0.00±0.00	0.01±0.00	0.001±0.003
金黄杆菌属	0.00±0.00	0.01±0.02	0.004±0.015
柠檬酸杆菌属	0.04±0.16	0.39±0.76	0.219±0.575
Cloacibacterium	0.02±0.07	0.00±0.00	0.010±0.053
曲杆菌属	0.00±0.00	0.01±0.02	0.006±0.015
奇异球菌属	0.00±0.00	0.01±0.01	0.002±0.006
代尔夫特菌属	0.00±0.00	0.01±0.01	0.002±0.006
狡诈菌属	0.00±0.00	0.01±0.01	0.001±0.008
水生杆菌属	0.03±0.11	0.01±0.01	0.019±0.080
肠杆菌属	0.00±0.00	0.01±0.04	0.005±0.030

续表

属分类	相对含量/%		平均相对含量/%
	蒙古国	中国内蒙古自治区	
肠球菌属	0.00±0.00	1.46±3.40	0.733±2.477
梭杆菌属	0.00±0.00	0.01±0.00	0.001±0.003
葡糖醋杆菌属	0.12±0.46	0.07±0.14	0.102±0.339
克吕沃尔氏菌属	0.00±0.00	0.01±0.01	0.002±0.009
乳杆菌属	93.26±9.84	83.48±15.47	88.376±13.677
乳球菌属	4.15±8.86	6.78±11.58	5.469±10.219
明串珠菌属	0.01±0.01	0.00±0.00	0.001±0.006
溶杆菌属	0.00±0.00	0.01±0.01	0.001±0.005
巨球菌属	0.00±0.00	0.59±1.91	0.299±1.365
副球菌属	0.00±0.00	0.01±0.01	0.002±0.010
片球菌属	0.01±0.01	0.00±0.00	0.001±0.007
Pelomonas	0.01±0.01	0.00±0.00	0.001±0.004
考拉杆菌属	0.00±0.00	0.01±0.00	0.000±0.002
普雷沃菌属	0.01±0.01	0.01±0.01	0.005±0.011
沙门菌属	0.00±0.00	0.04±0.18	0.024±0.128
链球菌属	0.64±1.87	3.84±6.31	2.247±4.860
蝙蝠弧菌属	0.00±0.00	0.01±0.00	0.001±0.003
Wautersiella	0.00±0.00	0.01±0.01	0.001±0.006
未分类	0.31±0.41	0.30±0.32	0.309±0.364

（2）酸马奶中细菌种水平上的构成分析 采用单细胞扩增技术结合 PacBio SMRT 三代测序技术，成功地将酸马奶中的细菌分类鉴定到种水平，共鉴定出 63 个细菌种。酸马奶样品中平均相对含量较高的是 *Lactobacillus helveticus*，其平均相对含量达到了菌群总量的 55.385%。此外，平均相对含量在 1.000% 以上的菌种，还包含高加索乳杆菌（*Lactobacillus kefiri*）、乳酸乳球菌（*Lactococcus lactis*）、马乳酒样乳杆菌（*Lactobacillus kefiranofaciens*）、棉子糖乳球菌（*Lactococcus raffinolactis*）、副乳房链球菌（*Streptococcus parauberis*），它们的平均相对含量依次递减，分别是 9.526%、3.994%、1.728%、1.411% 和 1.322%。此外，酸马奶中还鉴定到非发酵性细菌和致病性细菌，如 *Lysobacter xinjiangensis*、*Salmonella enterica*、*Streptococcus gallolyticus*、*Streptococcus Alactolyticus*、*Kluyvera cryocrescens* 和 *Acinetobacter lwoffii*，具体的细菌种类及平均相对含量见表 1-6。

进一步对不同地区样品中的主要菌种（平均相对含量>1.000%）进行了分析，*Lactobacillus helveticus* 是来自蒙古国和中国内蒙古自治区所有酸马奶单细胞悬液样本中的优势菌种，平均相对含量分别为 35.56% 和 78.44%，且中国内蒙古自治区的酸马奶样品中平均相对含量高于蒙古国样品。其次，蒙古国样品中平均相对含量>1.000% 的其他优势种依次为

Lactobacillus kefiri、*Lactococcus raffinolactis*、*Lactococcus lactis* 和 *Lactobacillus kefiranofaciens*；中国内蒙古自治区样品中相对含量>1.000%的其他优势种依次为 *Lactococcus lactis*、*Streptococcus parauberis*、*Lactobacillus kefiranofaciens* 和嗜热链球菌。两地区之间优势菌种存在交叉，同时也存在种间和数量上的差异，具体数据见表1-6。

表1-6 不同地区酸马奶样品中细菌种的平均相对含量

种分类	相对含量/%		平均相对含量/%
	蒙古国	中国内蒙古自治区	
Acetobacter aceti	0.01±0.01	0.00±0.00	0.001±0.004
Acetobacter cerevisiae	0.01±0.01	0.00±0.00	0.001±0.004
Acetobacter estunensis	0.00±0.00	0.01±0.06	0.008±0.047
Acetobacter malorum	0.01±0.05	0.00±0.00	0.010±0.037
Acetobacter pasteurianus	0.12±0.43	0.29±0.39	0.215±0.405
Acetobacter pomorum	0.01±0.01	0.01±0.02	0.007±0.018
Acinetobacter johnsonii	0.02±0.10	0.01±0.01	0.019±0.076
Acinetobacter lwoffii	0.01±0.01	0.01±0.01	0.002±0.006
Alkanindiges illinoisensis	0.00±0.00	0.01±0.01	0.001±0.005
Alloprevotella rava	0.01±0.01	0.00±0.00	0.002±0.007
Bacteroides coprocola	0.00±0.00	0.00±0.00	0.000±0.002
Bacteroides dorei	0.00±0.00	0.01±0.01	0.001±0.004
Bacteroides plebeius	0.00±0.00	0.01±0.02	0.006±0.012
Barnesiella intestinihominis	0.00±0.00	0.00±0.00	0.000±0.002
Blautia hansenii	0.00±0.00	0.01±0.00	0.000±0.002
Brevundimonas bullata	0.00±0.00	0.00±0.00	0.001±0.004
Brevundimonas diminuta	0.00±0.00	0.01±0.00	0.000±0.002
Chryseobacterium haifense	0.00±0.00	0.00±0.00	0.000±0.002
Chryseobacterium hispanicum	0.00±0.00	0.01±0.02	0.003±0.015
Citrobacter freundii	0.01±0.07	0.14±0.36	0.080±0.259
Citrobacter youngae	0.01±0.03	0.01±0.04	0.014±0.039
Cloacibacterium normanense	0.01±0.05	0.00±0.00	0.009±0.040
Curvibacter lanceolatus	0.00±0.00	0.01±0.01	0.001±0.005
Deinococcus wulumuqiensis	0.00±0.00	0.01±0.01	0.002±0.006
Delftia lacustris	0.00±0.00	0.00±0.00	0.000±0.002
Dolosigranulum pigrum	0.00±0.00	0.01±0.01	0.001±0.008
Enhydrobacter aerosaccus	0.03±0.11	0.01±0.01	0.022±0.079
Enterobacter hormaechei	0.00±0.00	0.01±0.01	0.002±0.010
Enterococcus casseliflavus	0.00±0.00	0.01±0.02	0.004±0.018

续表

种分类	相对含量/%		平均相对含量/%
	蒙古国	中国内蒙古自治区	
Enterococcus durans	0.00±0.00	0.07±0.17	0.036±0.125
Enterococcus faecalis	0.00±0.00	0.03±0.09	0.015±0.064
Enterococcus italicus	0.00±0.00	0.02±0.09	0.012±0.067
Enterococcus sulfureus	0.00±0.00	0.05±0.21	0.026±0.148
Gluconacetobacter rhaeticus	0.12±0.46	0.07±0.14	0.114±0.334
Kluyvera cryocrescens	0.00±0.00	0.01±0.01	0.002±0.008
Lentilactobacillus buchneri	0.85±1.08	0.01±0.03	0.466±0.853
Lactobacillus gallinarum	0.37±0.17	0.12±0.13	0.249±0.196
Lactobacillus hamsteri	0.01±0.01	0.01±0.01	0.006±0.011
Lactobacillus helveticus	35.56±26.61	78.44±18.32	55.385±30.956
Lactobacillus kefiranofaciens	1.66±3.25	1.69±2.72	1.728±2.866
Lactobacillus kefiri	17.35±17.06	0.66±1.57	9.526±14.285
Lentilactobacillus otakiensis	0.01±0.01	0.01±0.01	0.008±0.013
Lactobacillus parabuchneri	0.01±0.01	0.00±0.00	0.003±0.008
Lactobacillus paracasei	0.00±0.00	0.01±0.01	0.002±0.006
Lactobacillus parakefiri	0.71±1.14	0.03±0.08	0.409±0.851
Lactobacillus sunkii	0.01±0.01	0.00±0.00	0.002±0.007
Lactococcus lactis	1.68±4.35	6.43±11.47	3.994±8.584
Lactococcus raffinolactis	2.32±4.88	0.20±0.63	1.411±3.529
Leuconostoc citreum	0.00±0.00	0.00±0.00	0.000±0.002
Lysobacter xinjiangensis	0.00±0.00	0.01±0.01	0.001±0.005
Macrococcus caseolyticus	0.00±0.00	0.59±1.89	0.277±1.309
Paracoccus marcusii	0.00±0.00	0.01±0.01	0.001±0.007
Paracoccus sphaerophysae	0.00±0.00	0.01±0.01	0.000±0.002
Phascolarctobacterium faecium	0.00±0.00	0.01±0.01	0.000±0.002
Prevotella copri	0.00±0.01	0.01±0.01	0.003±0.009
Salmonella enterica	0.00±0.00	0.04±0.18	0.023±0.124
Streptococcus Alactolyticus	0.00±0.00	0.00±0.00	0.000±0.002
Streptococcus gallolyticus	0.31±1.17	0.00±0.00	0.192±0.825
Streptococcus parauberis	0.03±0.10	2.77±6.03	1.322±4.286
嗜热链球菌	0.25±0.63	1.02±2.99	0.625±2.090
Vampirovibrio chlorellavorus	0.00±0.00	0.00±0.01	0.001±0.003
Wautersiella falsenii	0.00±0.00	0.01±0.01	0.001±0.006
unclassified	38.45±18.39	7.09±8.08	23.129±20.696

（二）不同测序技术的酸马奶细菌多样性比较分析

基于单细胞扩增技术分别采用以 Illumina 为代表的第二代测序技术和以 PacBio SMRT 为代表的第三代测序技术对酸马奶样品的细菌多样性进行分析，不同技术都发现了低丰度物种，但两种技术对酸马奶样品中细菌多样性的分析存在差别，从属和种水平角度比较分析二者的差异。

Illumina 高通量测序鉴定出酸马奶中含有 12 个细菌属，而 PacBio SMRT 测序鉴定出酸马奶中含有 37 个细菌属。两种测序方法鉴定出的菌属虽有部分相同，但 Illumina 高通量测序鉴定出的绝大多数菌属平均相对含量>0.100%，而 PacBio SMRT 测序鉴定出的绝大部分菌属平均相对含量在 0.010%~0.0001%，极大提高了细菌的分类限度。PacBio SMRT 测序能够更精准地对酸马奶样品中的低丰度菌属进行分类鉴定。

Illumina 高通量测序鉴定出酸马奶中含有 23 个细菌种，而 PacBio SMRT 测序鉴定出酸马奶中含有 63 个细菌种。两种测序方法鉴定出的菌种虽有部分相同，但 Illumina 鉴定出的绝大多数细菌种无法确定到具体种，多停留在属水平，如 *Acetobacter unclassified*、*Citrobacter unclassified*、*Escherichia unclassified*、*Gluconacetobacter unclassified* 和 *Klebsiella unclassified*。相比于 Illumina 测序，PacBio SMRT 在同一菌属上也能够精确地鉴定区分，如酸马奶中的优势菌属 *Lactobacillus*，除 Illumina 测序鉴定到的 *Lacticaseibacillus paracasei*、*Lentilactobacillus buchneri*、*Lactobacillus kefiranofaciens*、*Lacticaseibacillus paracasei*、*Lentilactobacillus otakiensis* 外，PacBio SMRT 测序还鉴定到了另外 5 种低丰度的乳酸杆菌（*Lactobacillus parakefiri*、*Lactobacillus parabuchneri*、*Lactobacillus sunkii*、*Lactobacillus hamsteri* 和 *Lactobacillus gallinarum*）。分析发现 PacBio SMRT 测序技术能够更精准地鉴定酸马奶中的低丰度菌种，挖掘其潜在的微生物"暗物质"资源。

以单细胞扩增技术为基础，利用不同测序技术研究酸马奶中的细菌多样性。基于 Illumina 平台的二代测序技术只能在属水平上解析生物多样性，以 16S rRNA 基因为靶点的 PacBio SMRT 测序技术能够更精准地解析传统发酵乳菌群结构，特别是低丰度物种。更进一步证实利用第三代 PacBio SMRT 测序技术的超长读长功能，能够在属和种水平上精确分类鉴定酸马奶中的细菌类群，相比二代测序技术优势显著。

基于单细胞扩增技术的 2 种不同的测序方法比较发现，单分子实时测序技术能够更精准地揭示酸马奶中的细菌多样性，发现低丰度物种，深度挖掘微生物资源。此外，该方法能够快速检测到存在于酸马奶中的微量病原菌，为发酵乳生产过程中的细菌污染和产品质量监测提供了新方法。

（三）酸马奶中乳酸菌功能基因注释分析

酸马奶富含蛋白质和碳水化合物等营养物质，其中的微生物具有利用这些化合物的基因，同时微生物所特有的功能基因也是代谢形成酸马奶特有风味的主要因素。微生物细胞摄取营养物质以及外排代谢产物需经由细胞膜中的特定转运系统介导完成。包括转运乳糖、半乳糖、葡萄糖和蔗糖等的磷酸转移酶系统（PTS）；转运寡肽（Opp）、二肽/三肽（Dpp）、磷酸盐、谷氨酸盐和谷氨酰胺、天冬氨酰胺、天冬氨酸、甘氨酸-甜菜碱和脯氨酸的 ABC 转运系统；转运亮氨酸、异亮氨酸、缬氨酸、甲硫氨酸、丙氨酸、甘氨酸、丝氨酸、苏氨酸、赖氨酸、组氨酸、脯氨酸、半胱氨酸、酪氨酸、苯丙氨酸、乳酸盐、α-酮戊二酸和二肽/三肽（Dpp）的二级运输系统；外排阴离子细胞毒性化合物、阳离子细胞毒性化合物（LmrA）和细菌素类物质（LmrB）的分泌系统。研究发现 Lactococcus lactis 基因组编码了 250 个直接参与溶质转运的多肽，其基因组中超过 10% 的基因编码转运蛋白。为探索酸马奶中细菌编码的基因功能，将蛋白质直系同源簇数据库（COG）和碳水化合物活性酶数据库（CAZy）用于酸马奶基因注释[13]。

乳糖是马奶中的主要碳水化合物，是重要代谢能量来源细菌利用乳糖的基因通常通过调节操纵子或类似操纵子的结构功能来实现。典型的乳糖利用操纵子包含 1 个调节蛋白（lacR），乳糖特异性 PTS 转运蛋白（lacE 和 lacF）和 6-磷酸-β-半乳糖苷酶（lacG）[14]。不同的转运机制已经获得证实，包括乳糖-半乳糖反转运蛋白，乳糖-H 同向转运系统和乳糖特异性依赖磷酸烯醇式丙酮酸磷酸转移系统（PTSLac）[15]。酸马奶中共计 545 个利用乳糖的基因被预测，具体见表 1-7。

表 1-7 酸马奶样品宏基因组分析中有关乳糖代谢的相关基因

描述	EC 号	基因名	基因数量
半乳糖-6-磷酸异构酶	EC 5.3.1.26	lacA，lacB	106
D-塔格糖-6-磷酸激酶	EC 2.7.1.144	lacC	12
塔格糖-1,6-二磷酸醛缩酶	EC 4.1.2.40	lacD	93
乳糖特异性磷酸转移酶系统	EC 2.7.1.69	lacF（lacE）	97
6-磷酸-β-半乳糖苷酶	EC 3.2.1.85	lacG	41
β-半乳糖苷酶	EC 3.2.1.23	lacZ	196

酸马奶中的乳糖代谢由乳糖操纵子调节，典型的乳糖操纵子结构主要包括 lacFEGR。酸马奶中微生物丰富多样，不同的细菌乳糖操纵子存在差异，如 Lactococcus lactis 乳糖操纵子由 lacABCDFEGX 和调控基因 lacR 组成，而嗜热链球菌由 lacSZ 构成。在酸马奶发酵过程中，乳糖和部分半乳糖通过转运系统（lacFE）吸收进入细菌细胞内，并伴随磷酸化被水解成葡萄糖和半乳糖-6-磷酸；抑或经 β-半乳糖苷酶（lacZ）切断半乳糖苷键，水解成葡萄糖和半乳糖。葡萄糖通过糖酵解途径（EMP）代谢为乳酸，而在大多数菌株中，半乳糖不能被直接代谢，需通过反转运系统排出到外部环境中，重新进入其他微生物细胞内分解成半乳糖-6-磷酸。半乳糖-6-磷酸通过塔格糖途径（lacABCD）代谢成磷酸丙糖（甘油醛-3-磷酸和二羟丙酮磷酸），该途径由半乳糖-6-磷酸异构酶（lacAB）、D-塔格糖-6-磷酸激酶（lacC）和塔格糖-1,6-二磷酸醛缩酶（lacD）组成。根据本研究中发现的酸马奶中相关乳糖代谢基因，结合研究文献梳理的酸马奶乳糖代谢途径，见图 1-1。

酸马奶中富含的必需氨基酸类和酪蛋白衍生肽类等营养物质能够为乳酸菌提供快速生长繁殖的条件[16]。氨基酸和肽类的利用全程高度依赖于蛋白水解系统、细胞壁蛋白酶、各自的底物转运蛋白和细胞内肽酶[17]。酸马奶中发现了酪蛋白降解蛋白酶，用于摄取 4～

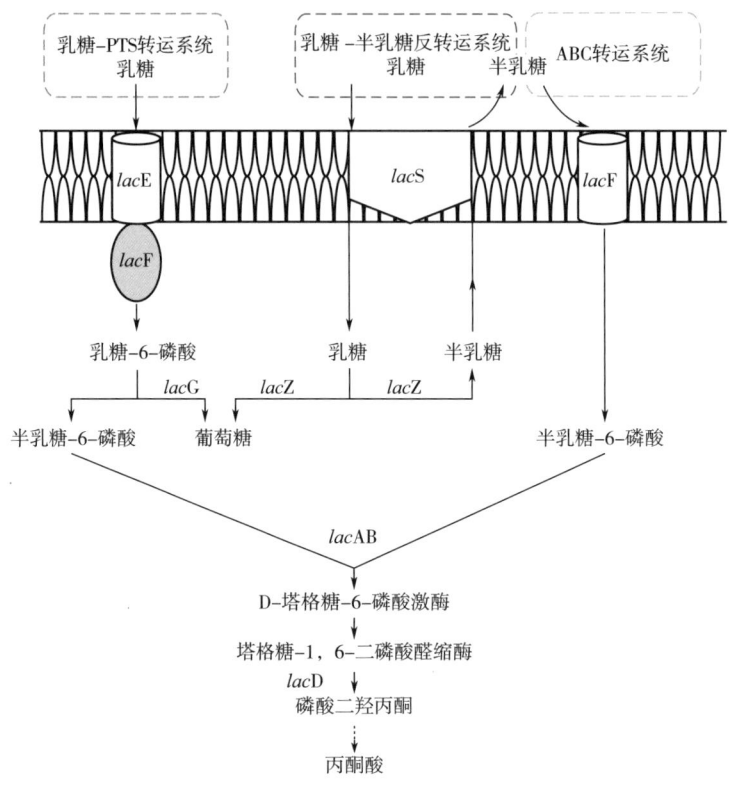

图 1-1 酸马奶细菌乳糖代谢途径

18 个氨基酸残基寡肽的 Opp 系统和氨基肽酶，表明某些肽类是酸马奶中细菌生长的必要物质[18]。酸马奶蛋白质代谢途径，见图 1-2。

酸马奶中的乳酸菌含有不同类型的细胞表面蛋白酶（CEP），包括 *Lactococcus lactis* 和 *Lactobacilus paracasei* 的 PrP，来自 *Lactobacillus helveticus* 的 PrtH 和嗜热链球菌的 PrtS。*Lactococcus lactis* 含有转运 4~18 个残基的 Opp 系统和 2~4 个残基寡肽的 Dpp 系统，嗜热链球菌的 Opp 系统与其相似，而 *Lactobacillus helveticus* 编码质子驱动转运系统的 DtpT 基因，转运相对疏水性支链氨基酸的二肽，三肽和四肽，且对三肽亲和力最高。*Lactobacillus helveticus*，嗜热链球菌和 *Lactococcus lactis* 都含有氨基肽酶 PepN、PepC、PepX 和三肽酶/二肽酶 PepT、PepV、PepD、PepR 和 PepP，能够降解酸马奶中酪蛋白水解后的寡肽物质。乳酸菌通常仅编码 1 种 CEP，但是在 *Lactobacillus helveticus* 菌株中存在两种 CEP，此外，*Lactobacillus helveticus* 编码丰富的肽类转运、寡肽水解酶类基因，可能是 *Lactobacillus helveticus* 作为酸马奶中绝对优势菌种存在的根本原因。

乳酸菌除主要产生乳酸外，还可生成醋酸、丙酸等有机酸，它们在赋予食品酸味的同时还可与乳酸发酵中产生的醇、醛、酮等物质相互作用，形成多种新的呈味物质[19]。同其他类型的发酵乳一样，酸马奶风味的产生依赖于氨基酸转化途径。因此，需要从数据中筛选出编码游离氨基酸分解代谢相关途径的基因。发现潜在的针对精氨酸、天冬氨酸、甲硫氨酸和异亮氨酸特异性氨基转移酶类的种类，经鉴定来自 *Streptococcus macedonicus* 种的 class Ⅰ/class Ⅱ（IPR004839）。进一步比对分析氨基酸裂合酶类，发现许多信息，包括 S-

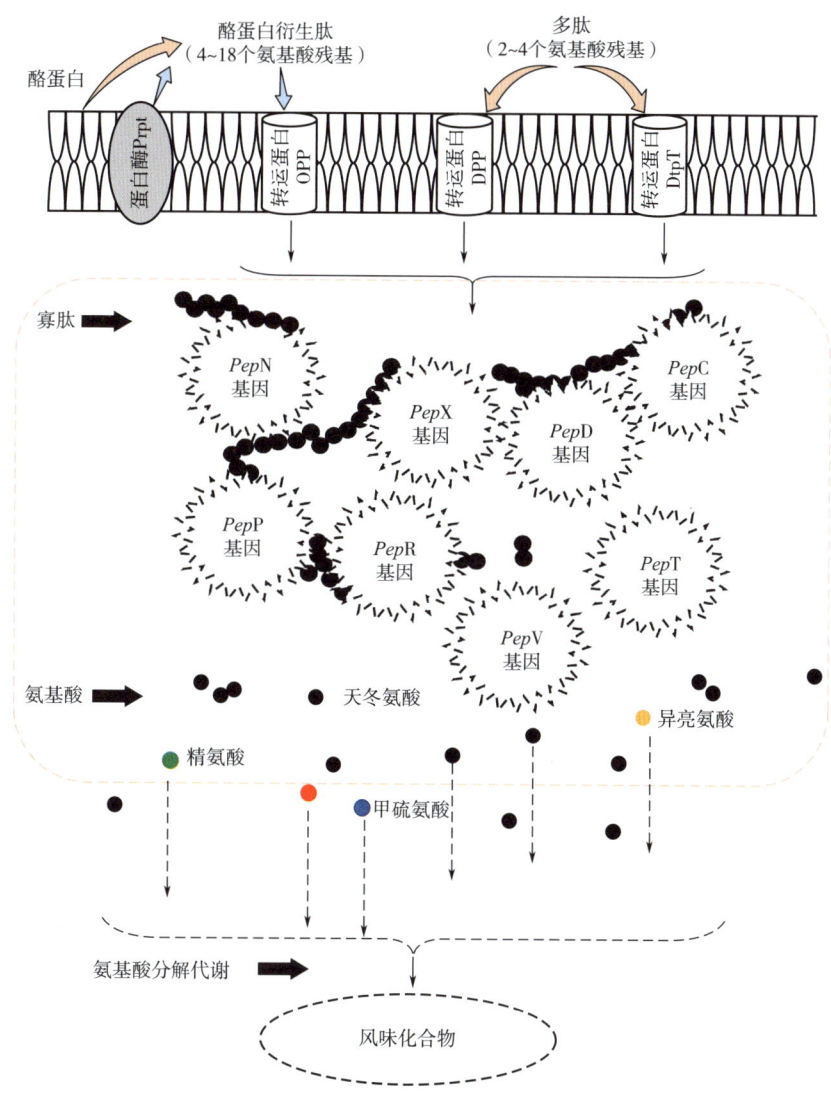

图 1-2 酸马奶细菌蛋白质代谢途径

核糖基高半胱氨酸裂解酶、精氨基琥珀酸裂解酶、天冬氨酸氨裂解酶、胱硫醚 γ-裂合酶、组氨酸氨裂解酶和 O-乙酰高丝氨酸（硫醇）裂解酶。酸马奶中富含碳水化合物，同时也存在多种多样的利用该化合物的微生物。分析酸马奶中的糖苷水解酶基因信息，可以了解细菌对碳水化合物的生物转化作用，从而优化其生长过程，使其生产有价值的代谢产物。30 份酸马奶单细胞悬液样本基因组信息中共编码糖苷水解酶家族中的 11 个基因（GH1、GH2、GH3、GH13、GH23、GH25、GH47、GH65、GH73、GH109 和 GH127），其中许多代表未被认识和开发的生物技术酶。

糖苷水解酶家族 GH1（EC3.2.1）是能够广泛水解两种或多种碳水化合物、碳水化合物和非碳水化合物之间糖苷键的一组酶。在酸马奶中发现的 6-磷酸-β-半乳糖苷酶（EC 3.2.1.85）是水解末端非还原性半乳糖-6-磷酸和其他有机分子之间的 β-糖苷键的酶。这些酶与磷酸转移酶系统相关。其中大多数在 *Lactococcus lactis* 和 *Streptococcus lactis* 中存在，在这些细菌中，酸马奶中的乳糖被转运到细胞中并通过磷酸转移酶系统磷酸化，并在细胞内通过 6-磷酸-β-半乳糖苷酶进一步水解，产生葡萄糖和半乳糖-6-磷酸[20]。此外 6-磷酸-β-葡糖苷酶（EC 3.2.1.86）催化 6-磷酸-β-葡萄糖苷中的糖苷键断裂，释放 6-磷酸-β-葡萄糖和各自的糖苷配基。酸马奶中细菌编码有丰富的糖苷水解酶家族 GH1 基因，尤其是与乳糖和半乳糖相关的水解酶类，这可能跟其富含乳糖的特性相关。酸马奶样品中含有糖苷水解酶家族 GH25，目前该家族仅具有一种已知活性的酶——溶菌酶（EC 3.2.1.17）。溶菌酶可以水解致病菌细胞壁的肽聚糖，切割 N-乙酰葡糖胺（NAG）和 N-乙酰胞壁酸（NAM）之间的 α-1,4-糖苷键，该酶具有抗菌、消炎和抗病毒等作用，对这种裂解酶作为抗菌制剂的研究日益增加，其对特定细菌高效且具有特异性。研究显示其对肺炎链球菌、炭疽芽孢杆菌和屎肠球菌等具有抑制活性的作用，溶菌酶已经在奶酪加工和其他食品生产中用于李斯特菌的防控[21]。GH25 家族酶的发现是否与酸马奶抑菌消炎的健康功效相关，需要进一步的研究和探讨。

酸马奶细菌还编码糖苷水解酶家族 GH13 基因，其家族中的支链酶（BE，EC2.4.1.18）催化分子内或分子间转葡萄糖基化以形成新的 α-1,6 分支点，且对 α-葡聚糖的支链结构起关键作用，具有生物应用价值[22]。此外，家族中的支链淀粉酶脱支酶是 *Lactobacillus* 中最常见的胞外酶。在 *Lactobacillus* 的 GH13 谱系中，该酶高表达且占据乳杆菌中 GH13 成员的 30%。GH13 家族编码的 α-1,6-葡萄糖苷酶能够利用含有 α-1,6-葡萄糖的寡糖类物质，与这种类型相同的葡聚糖益生元可以被其优先发酵利用，这些酶类具有生物应用价值[23]。

30 份酸马奶细菌基因组在 CAZy 数据库中编码糖基转移酶（GT）家族中的 6 个代表（GT2、GT4、GT8、GT32、GT51 和 GT71），具有高水平的 GT 编码多样性。糖原是细菌主要利用的碳水化合物储存形式之一，之前对 1202 种不同细菌的研究分析发现，能够合成糖原的细菌可以占据更多样的生态位[24]。细菌与环境和宿主的相互作用主要取决于细菌糖。细菌糖的特异性主要由糖基转移酶决定，糖基转移酶是将糖从活化的供体转移到特定底物的酶，是糖轭合物生物合成的关键酶。根据其特异性，GT 的底物范围从脂质、蛋白质、糖类、核酸到小分子物质。此外，糖基转移酶是合成复杂且具有重要生物学意义碳水化合物的强大工具，催化生命中枢无数糖轭合物的合成[25,26]。

酸马奶中细菌含有丰富 GT4 家族基因，该家族中的 WaaG 和 AviGT4 酶具有潜在的治疗意义。WaaG 是 α-1,3 葡萄糖基转移酶，其将葡萄糖从二磷酸尿苷葡萄糖转移到 D-甘油基-L-甘露庚糖 II 上，有助于促成脂多糖核心结构；AviGT4 催化氨基酸前体 L-来苏糖的连接合成阿维霉素 A[27]。糖苷转移酶家族 GT51 是细菌细胞壁肽聚糖中必需酶，其催化脂质 II 的聚合以形成线性聚糖链，其在通过转肽酶交联后形成网状肽聚糖大分子，能够保护细胞免于破坏，特别是病原菌。因此越来越多的研究将其作为新型抗菌物质的靶点研究[28]。这些糖基转移酶类为酸马奶中丰富且多样的生物技术酶类基因的开发提供了新的资源。

通过将 30 份酸马奶单细胞悬液样品基因组与 CAZy 数据库中的相关产酸细菌（主要是乳酸菌）进一步注释分析发现：*Lentilactobacillus buchneri*、*Lactobacillus helveticus*、*Lactobacillus kefiranofaciens*、*Lactococcus lactis* subsp. *lactis*、*Streptococcus parauberis* 和 *Acetobacter pas-*

teurianus 是编码不同碳水化合物活性酶类的主要微生物。

进一步将酸马奶细菌中碳水化合物酶类基因数量与样品地域结合分析发现：30 份酸马奶样品中共有的且为主要的碳水化合物酶类为 GH25、GT4、GT2、GH73、GH13 和 GH1。蒙古国地区酸马奶细菌中碳水化合物活性酶种类低于中国内蒙古自治区，而丰度远高于中国内蒙古自治区，尤其是 CBM50、GH25、GT4 和 GT2 酶类的平均相对含量。

通过将序列分配到不同的分类水平以便对样品细菌群落进行深入分析。参考先前发表的关于酸马奶生物多样性的研究，将以前报告的属和物种归为共同属和物种，而那些从未被报告为酸马奶的细菌菌群作为低丰度的属和物种。30 份酸马奶单细胞悬液样品中总共鉴定 13 个属，归为 24 个种，其中三个属的平均相对丰度超过 1.000%，分别为乳杆菌属（*Lactobacillus*）89.632%、乳球菌属（*Lactococcus*）4.791% 和链球菌属（*Streptococcus*）2.140%。乳杆菌属和乳球菌属是在酸马奶中发现的两个平均相对含量最丰富的属，其包含的成员，*Lactobacillus helveticus*、*Lactococcus lactis* 和 *Lactobacillus keffranofaciens* 平均相对含量分别为（85.530±6.380）%、（4.791±3.697）% 和（3.409±2.510）%，且在酸马奶中平均相对含量均超过 1.000%。

比较分析，发现物种 *Gluconacerobacter unclassified*、*Ruminococcus torques*、*Leuconostoc mesenteroides*、*Lentilactobacillus otakiensis* 和 *Lentilactobacillus buchneri* 只在蒙古国的酸马奶样品中；而 *Enterococcus casseliflavus*、*Enterococcus faecalis*、*Enterococcus faecium*、*Citrobacter unclassified* 和 *Escherichia unclassifed* 只存在于中国内蒙古自治区的酸马奶样品中。中国内蒙古自治区和蒙古国酸马奶样品中 *Enterococcus faecium* 存在显著性差异（$P<0.05$），而 *Lentilactobacillus buchneri* 和 *Klebsiella pneumoniae* 存在极显著性差异（$P<0.01$）。

酸马奶富含蛋白质和碳水化合物等物质，其细菌编码具有代谢利用这些化合物的基因。通过对京都基因与基因组百科全书数据库（KEGG），COG、CAZ 功能基因的注释分析，发现酸马奶中细菌编码丰富的氨基酸转运和代谢及碳水化合物转运和代谢基因，含有大量与乳糖代谢、蛋白质和氨基酸水解转运及游离氨基酸分解代谢相关途径的基因，这些基因对酸马奶中细菌的多样性及其特有风味的形成具有重要意义。此外，酸马奶细菌中还编码大量的糖苷水解酶家族和糖苷转移酶家族基因，这些碳水化合物活性酶类具有重要的生物技术应用开发潜力。

酸马奶中的优势菌种为 *Lactobacillus helveticus*，且其相对平均相对含量超过 80%，对马奶中乳糖、蛋白质分解利用和风味物质形成具有重要影响。研究发现脱脂乳中补加乳糖能够明显提高瑞士乳杆菌的活菌数，通过蛋白组学和基因组学研究乳糖对 *Lactobacillus helveticus* 生长代谢的影响发现，高浓度乳糖培养瑞士乳杆菌的代谢途径关键酶：β-半乳糖苷酶、己糖激酶、磷酸果糖激酶、丙酮酸激酶和乳酸脱氢酶活力明显升高，有利于菌体细胞的快速增殖[29]。这可能跟 *Lactobacillus helveticus* 含有代谢乳糖的基因系统，包括乳糖转运酶（*lac*S）、调节子（*lac*R）和 β-半乳糖苷酶（*lac*LM，*lac*Z）有关[30]。此外，*Lactobacillus helveticus* 能够水解奶酪中的苦味物质和加速风味物质的形成，而这与其强大的蛋白水解及氨基酸代谢酶类相关[31]。Simova 等发现 *Lactobacillus helveticus* M10 菌株产水解酶的活力高，在水解酶中存在大量的氨基肽酶、X-脯氨酰-二肽基氨基肽酶、脯氨酸-亚氨基肽酶和三肽酶。*Lactobacillus helveticus* 的酪蛋白水解由细胞壁蛋白酶将蛋白质降解为寡肽开始。*Lactobacillus helveticus* DPC4571 含有编码 3 个肽系统（1 个寡肽、1 个二肽和 1 个二肽/三肽转运系统）的基因。通过肽水解产生必需氨基酸是利用酪蛋白的一个重要步骤，*Lactobacillus helveticus* 的蛋白水解活性对于保持乳制品中高的种群密度是重要的。综合以上 *Lactobacillus helveticus* 的代谢特性，能够在酸马奶中快速且充分地利用各种营养物质，这可能是其在酸马奶中处于绝对优势菌种地位的根本原因所在。

此外，酸马奶中的其他乳酸杆菌，如 *Lentilactobacillus buchneri* 和 *Lactobacillus kefiranofaciens* 也具有其特有的代谢特性。*Lentilactobacillus buchneri* 具有各种分解代谢活性，能够将乳酸盐经精氨酸脱亚胺酶（ADI，EC3.5.3.6）途径转化为鸟氨酸，伴随产生二氧化碳和氨，最终产生 1，2-丙二醇和乙酸。组氨酸脱羧酶（HDC，EC 4.1.1.22）、鸟氨酸转氨甲酰酶（OTCase，E.C.2.1.3.3）、精氨酸脱亚氨酶（EC 3.5.3.6）、氨基甲酸激酶（EC 2.7.2.2）和谷氨酸脱羧酶（GAD，EC 4.1.1.15）也在某些 *Lentilactobacillus buchneri* 菌株中存在[32-34]。研究发现 *Lentilactobacillus buchneri* CD034 和 *Lentilactobacillus buchneri* NRRL B-30929 分别含有 LbGH25B 和 LbGH25N 糖基水解酶类的编码基因。*Lactobacilus buchneri* 能够广泛利用五碳糖、双糖和寡糖生成乳酸、乙酸和乙醇，且对乙醇的耐受性较高[35]，其 *yajC*（Lbuc 0921）基因编码的蛋白质可提高其乙醇耐受性[36]。*Lactobacillus kefiranofaciens* 产生一种被称为"kefiran"的胞外多糖（由葡萄糖和半乳糖构成），乳糖是其最佳的碳源和能量来源。

Lentilactobacillus otakiensis 是乳酸菌中一个低丰度物种，以前未曾在酸马奶或其他乳品环境中报道过。2009 年，*Lentilactobacillus otakiensis* 从一种无盐腌渍的日本传统泡菜中，通过基于 recA 基因的扩增片段长度多态性分析被发现[37]。此后，未曾有该菌株来自食品相关生态环境中的报道。该物种很可能是存在于泡菜中的原籍菌，当然也不能排除由于检测灵敏度的限制而未被发现的可能性[38]。*Lentilactobacillus otakiensis* 可产生 D-支链氨基酸。且具有用于改善某些发酵食品品质的潜力[39]。

Streptococcus macedonicus 是一种革兰氏阳性菌，是希腊绵羊和山羊乳酪发酵剂的一部分[40-42]。对来自该物种菌株的产胞外多糖和细菌素的能力受到较多的关注，此外，被用作发酵剂和食品天然防腐剂，能够在发酵期间产生 γ-氨基丁酸和胞外多聚己糖，还具有抗菌活性，特别是在奶酪加工中[43-45]。多年来，*Streptococcus macedonicus* 的真正的原始生态位一直存在争议，尽管有菌株经常从发酵食品中分离鉴定出。2015 年，研究人员在 *Streptococcus macedonicus* 中鉴定得到一个源自 *Lactococcus lactis* 的质粒。这个质粒很有可能是 *Streptococcus macedonicus* 在乳制品中通过水平基因转移事件获得。与嗜热链球菌类似，*Streptococcus macedonicus* 与机会致病菌亲缘关系较近，包括 *Streptococcus bovis/Streptococcus equinus* 菌群成员。低丰度物种 *Ruminococcus torques* 通常与肠道环境有关。它是正常的人体肠道微生物，可以通过分泌糖苷酶降解黏蛋白寡糖。最近的临床研究表明，该物种丰度在孤独症谱系障碍儿童粪便中有所改变，但其在疾病中的作用仍不清楚。此外，样品中发现的 *Blautia* 能够利用 H_2 和 CO_2 自养生长并产生乙酸，也能发酵葡萄糖并产乙酸[46]。

细菌代谢在酸马奶风味和品质形成中起重要作用。发酵初始，乳酸杆菌，如 *Lactobacillus helveticus* 可以代谢乳糖并生成乳酸。随着发酵过程的进行，该种群数量逐渐增加；同时次级微生物群的微生物通过分解脂肪和水解蛋白合成芳香化合物和风味物质，次级微生物群也逐渐生长增殖[47]。与此相似，通过细菌宏基因组分析发现存在编码乳糖降解和蛋白水解系统的基因。与相对简单的乳糖分解代谢途径不同，乳酸菌蛋白水解系统由多种类型的酶组成。与酸马奶中鉴定到的其他乳酸菌不同，优势种 *Lactobacillus helveticus* 的特点是具有高蛋白水解活性。大多数乳酸菌仅具有启动乳酪蛋白水解的一种细胞壁蛋白酶，而 *Lactobacillus helveticus* 含有至少两种同类型的酶，即 PrtH 和 PrtH2。因此，酸马奶中含有高平均相对含量的肽和游离氨基酸，特别是缬氨酸、组氨酸、丝氨酸和脯氨酸，可能与 *Lactobacillus helveticus* 强大的蛋白水解能力有关[48]。

工业化生产酸马奶难以制备出类似传统自然发酵酸马奶的风味。因此，难以定性定量分析其主要风味成分，特别是存在自然污染物的情况。关键风味成分的产生是发酵和酶解氨基酸的结果（例如支链氨基酸、甲硫氨酸和芳香族氨基酸)[49]。风味成分包括通过转氨酶（AT）途径形成的醛、有机酸和酯类，该途径由转氨酶催化氨基酸转化成其相应的 α-酮酸[50]。这些转氨酶的分子结构和功能特性已经揭示了这些酶对于氨基酸的特异性，并证实了它们在香味形成中的重要作用[51]。研究证实氨基转移酶对支链和芳香族氨基酸具有活性，解释了 2-甲基丁酸和异丁酸等风味物质在酸马奶中存在的现象。*Lactobacilli* 通常缺少支链氨基酸特异性的氨基转移酶，推测这种特有的酸马奶风味化合物主要由 *Lactococcus* 和 *Streptococcus* 产生。推测是通过酸马奶中稀有的 *Streptococcus macedonicus* 含有的芳香族氨基酸氨基转移酶Ⅰ产生，该酶对于形成苯丙氨酸衍生风味是必需条件[52]。

除氨基转移酶外，氨基酸裂解酶是辅助酸马奶风味化合物形成的另一组酶。一种涉及胱硫醚-β-裂解酶的途径，能够将甲硫氨酸转化为甲硫醇[53]。已有很多文献报道 *Lactococcus* 和 *Lactobacillus* 的某些种含有这种酶，且知该酶形成二甲基二硫化物和二甲基三硫化物[54]。另外，已经证实苏氨酸醛缩酶催化苏氨酸转化为甘氨酸和乙醛，该酶是碳-碳裂解酶的一种，很大程度上影响乙醛的产生。此外，乳酸菌通过氨基酸降解途径形成以短链脂肪酸作为前体的酯类，对于奶酪中特有的"水果"风味具有重要的意义。*Lactobacillus helveticus*、*Streptococcus* 和 *Lactococcus* 中含有 estA 基因编码的酯酶，可以催化短链脂肪酸生物合成酯类。总之，丰富的氨基酸转化途径及其代谢作用是形成酸马奶特殊风味的主要原因[55,56]。

第二节　传统发酵食品中优势植物乳植杆菌基因组多样性

一、植物乳植杆菌基因多样性研究

随着高通量测序技术的发展，越来越多植物乳植杆菌分离株全基因组测序得以完成，在全基因组水平上分析遗传变异性，有助于更加深刻地理解植物乳植杆菌进化和生态位之间的内在联系。2016年，Martino 等对分离自不同环境（蔬菜、乳制品、水果和肉类等）的 54 株植物乳植杆菌进行比较基因组分析，其结果显示植物乳植杆菌基因组具有极高的多样性和可塑性，基于泛基因组和核心基因组分别构建的系统发育关系并没有表现出与环境相关的特征，因此认为植物乳植杆菌获得或保持基因功能的进化过程是独立于环境因素的，类似于游牧生活方式[57]。2018 年，Sukjung 等将菌株数量增加到 108 株，并基于核心基因的单核苷酸多态性（single-nucleotide polymorphism，SNP）将植物乳植杆菌分为五个群组（G1、G2、G3、G4 和 G5），其结果同样显示，不同群组植物乳植杆菌与其所处生境的相关性较低。但不同群组功能基因的富集存在差异，G1 和 G2 群组植物乳植杆菌富含与碳水化合物代谢相关基因，而其余三组具有更多的限制性修饰系统、镉汞砷等的耐受性基因及 MazEF 毒素-抗毒素基因，表明不同群组植物乳植杆菌之间的基因平均相对含量和生存策略存在较大差异[58]。

综上，植物乳植杆菌基于全基因组水平的进化分析，有助于遗传变异信息的挖掘并正确反映不同菌株间的进化差异。但目前的研究仍存在纳入研究的植物乳植杆菌菌株数量偏少以及缺乏对环境特异性基因的深入分析等问题。

二、抑制真菌活性植物乳植杆菌的筛选

以常见的 6 种食品腐败真菌（黄曲霉 CICC2219、串珠镰刀菌 CICC2490、扩展青霉 BNCC185786、产黄青霉 BNCC185782、芽枝状枝孢 ATCC11277 和黑曲霉 BNCC186380）作为指示真菌，采用双层平板点接法测定 122 株植物乳植杆菌的抑菌活性。

结果显示（表 1-8、图 1-3），在供试的 122 株植物乳植杆菌中，仅有 12% 的菌株对于黑曲霉 BNCC186380 表现出较弱的抑制作用，说明该株真菌对于植物乳植杆菌抑菌活性具有极强的耐受性。与此相反，串珠镰刀菌 CICC2490、产黄青霉 BNCC185782 和芽枝状枝孢 ATCC11277 对植物乳植杆菌抑菌活性比较敏感，能够抑制其生长的植物乳植杆菌占比分别达到 97%、94% 和 100%。其中，尤以芽枝状枝孢 ATCC11277 最为敏感，超过 84% 的植物乳植杆菌表现出中等或较强的抑菌活性。黄曲霉 CICC2219 和扩展青霉 BNCC185786 的抑菌活性更多体现了不同植物乳植杆菌分离株的个体差异性。

表 1-8　122 株植物乳植杆菌对真菌活性的抑制作用

菌株编号	黄曲霉	串珠镰刀菌	扩展青霉	产黄青霉	芽枝状枝孢	黑曲霉
IMAU30001	*	**	/	**	**	/
IMAU70035	*	*	*	**	**	/
IMAU70087	**	**	*	*	**	*
IMAU70088	**	*	*	*	**	/
IMAU70004	**	*	*	**	**	/
IMAU70005	*	*	*	**	**	/
IMAU70089	*	**	*	**	**	/
IMAU70090	/	**	*	/	***	*
IMAU70091	/	**	*	/	**	/
IMAU70010	*	*	*	**	**	/
IMAU70092	**	**	/	**	**	/

续表

菌株编号	黄曲霉	串珠镰刀菌	扩展青霉	产黄青霉	芽枝状枝孢	黑曲霉
IMAU70095	**	**	**	***	**	/
IMAU70098	/	*	*	**	**	/
IMAU70023	*	*	/	*	**	/
IMAU70100	*	*	/	**	**	/
IMAU70042	*	*	*	*	**	/
IMAU30032	*	**	/	*	**	/
IMAU30106	/	*	/	*	*	/
IMAU30116	/	*	/	**	**	/
IMAU30118	/	*	/	*	*	/
IMAU80597	*	**	/	*	**	/
IMAU80824	/	*	/	/	***	/
IMAU70164	*	*	/	*	**	/
IMAU20009	/	*	/	**	**	/
IMAU20013	/	*	/	*	**	/
IMAU20029	*	*	*	**	*	/
IMAU20063	*	**	*	*	**	/
IMAU20113	/	*	/	*	**	/
IMAU20118	*	*	*	**	**	/
IMAU20119	/	*	/	*	**	/
IMAU20120	*	**	*	*	**	/
IMAU10372	/	**	/	**	***	/
IMAU10378	/	**	/	/	***	/
IMAU10379	*	*	/	/	***	/
IMAU10382	**	**	**	**	**	*
IMAU10395	/	*	*	*	**	/
IMAU10418	**	***	*	*	***	*
IMAU10566	/	*	/	*	**	/
IMAU10572	*	**	**	*	**	/
IMAU10574	*	**	**	*	**	/
IMAU10576	/	**	/	*	**	/
IMAU10580	*	***	**	*	**	*
IMAU10585	*	**	*	*	**	*
IMAU10586	**	**	*	*	**	/
IMAU10591	**	**	**	**	**	/

续表

菌株编号	黄曲霉	串珠镰刀菌	扩展青霉	产黄青霉	芽枝状枝孢	黑曲霉
IMAU80119	***	**	/	*	**	/
IMAU80026	/	**	/	*	***	/
IMAU80038	**	**	*	**	**	*
IMAU80045	*	*	/	*	**	/
IMAU80053	/	*	*	*	**	/
IMAU80057	*	*	*	*	**	/
IMAU80065	*	*	*	*	**	/
IMAU80063	/	*	*	*	**	/
IMAU80161	/	**	/	*	**	/
IMAU80162	/	***	/	**	***	*
IMAU80163	*	***	*	**	**	/
IMAU80169	/	**	/	*	**	/
IMAU80174	**	*	**	**	**	*
IMAU80179	*	*	*	*	*	/
IMAU80100	**	***	**	**	**	/
IMAU80005	*	***	*	***	**	/
IMAU80186	/	***	**	**	**	/
IMAU80108	/	***	**	**	**	/
IMAU80110	/	**	**	**	**	/
IMAU80188	*	***	*	**	**	/
IMAU80125	/	***	*	**	**	/
IMAU80006	*	**	*	*	**	*
IMAU80007	/	**	**	**	**	/
IMAU80128	/	**	**	**	**	/
IMAU40014	***	*	*	**	***	/
IMAU40003	/	**	**	*	***	/
IMAU80009	/	**	/	**	**	/
IMAU80016	/	*	/	*	**	/
IMAU40005	/	**	**	*	**	/
IMAU40007	**	**	*	*	**	/
IMAU40009	/	**	**	*	**	/
IMAU40010	/	*	*	*	**	/
IMAU40089	/	**	**	/	**	/
IMAU40070	/	**	**	*	**	*

续表

菌株编号	黄曲霉	串珠镰刀菌	扩展青霉	产黄青霉	芽枝状枝孢	黑曲霉
IMAU40090	/	**	/	*	**	/
IMAU40100	/	*	**	*	**	/
IMAU40072	*	*	*	**	**	*
IMAU40082	*	*	/	*	*	/
IMAU40116	**	*	**	*	**	/
IMAU80296	/	***	**	**	**	/
IMAU80297	/	**	*	*	**	/
IMAU80323	*	*	*	*	***	/
IMAU80325	/	**	/	**	**	/
IMAU80441	/	*	*	*	**	/
IMAU10237	*	*	*	**	**	*
IMAU10238	/	*	*	**	**	/
IMAU10218	/	**	/	*	**	/
IMAU10239	*	**	**	**	**	/
IMAU10217	/	**	/	**	*	/
IMAU10216	**	**	*	***	**	/
IMAU10236	**	**	*	*	**	/
IMAU10235	**	*	*	*	**	/
IMAU10145	/	**	*	*	**	/
IMAU10156	/	/	**	/	***	/
IMAU10062	/	**	**	*	***	/
IMAU10115	/	/	*	**	***	/
IMAU10141	**	**	/	*	**	/
IMAU10140	/	**	/	*	**	/
IMAU10058	/	***	*	*	**	*
IMAU10114	/	/	/	*	***	/
IMAU10117	**	**	*	**	**	/
IMAU10118	/	/	**	*	***	/
IMAU10053	/	***	/	*	**	/
IMAU10124	*	**	**	*	***	/
IMAU10070	/	***	**	**	**	/
IMAU10125	*	**	**	**	**	/
IMAU10120	/	***	/	*	**	/
IMAU10121	*	*	*	*	*	/

续表

菌株编号	黄曲霉	串珠镰刀菌	扩展青霉	产黄青霉	芽枝状枝孢	黑曲霉
IMAU30151	/	*	/	*	*	/
IMAU30162	*	*	/	*	**	/
IMAU60045	*	**	/	*	**	/
IMAU60049	*	**	**	*	**	/
IMAU60051	*	**	*	*	**	/
IMAU60055	*	**	/	*	***	*
IMAU60057	*	*	/	*	**	/
IMAU60170	/	***	/	**	**	/
IMAU60171	**	**	/	*	**	/

注:"/"抑菌圈直径≤1mm;"*"抑菌圈直径1~6mm;"**"抑菌圈直径6~12mm;"***"抑菌圈直径>12mm。

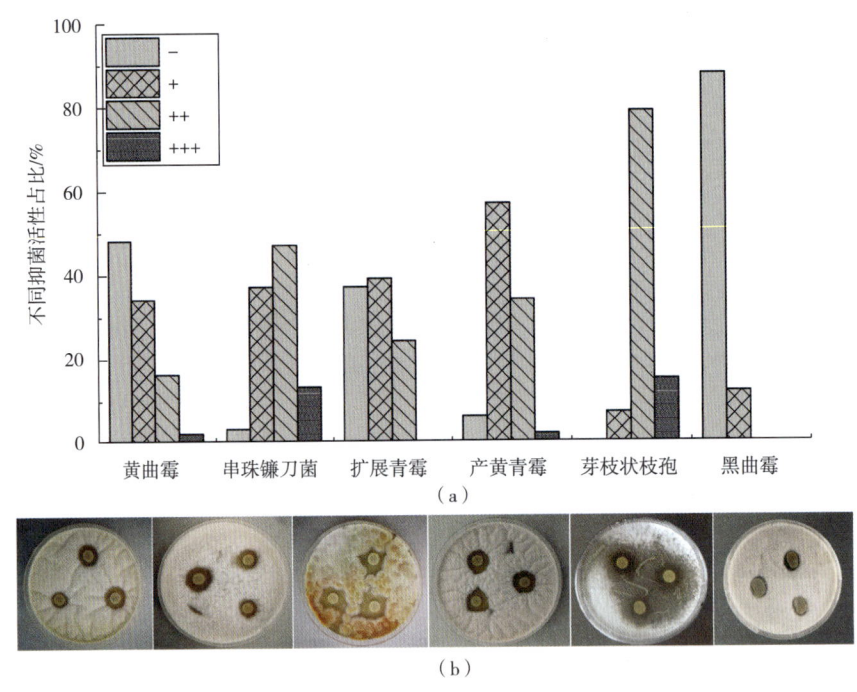

图1-3 122株植物乳植杆菌对真菌活性的抑制作用

(a) 122株植物乳植杆菌对6种腐败真菌活性抑制　(b) 植物乳植杆菌IMAU80174抑菌圈

以黄曲霉CICC2219、串珠镰刀菌CICC2490、芽枝状枝孢ATCC11277、产黄青霉BNCC185782、扩展青霉BNCC185786和黑曲霉BNCC186328六种腐败真菌为指示菌,考察122株植物乳植杆菌分离株的抑制真菌活性。结果表明,植物乳植杆菌除对同一种真菌的抑制作用具有菌株特异性外,对不同真菌的抑制作用也存在明显差异。在供试的122株植物乳植杆菌中，绝大多数分离株对串珠镰刀菌和芽枝状枝孢的生长能起到很好的抑制作用。与此相反，黑曲霉 BNCC186328 对绝大多数植物乳植杆菌分离株的抑菌活性具有耐受性。

三、植物乳植杆菌基因组概况

（一）植物乳植杆菌基因组数据收集及组装

对 122 株完成抑菌活性测定的植物乳植杆菌进行全基因组测序。其次，从 NCBI 公共数据库下载所有已公开的植物乳植杆菌全基因组序列，依据 checkM 软件对下载基因组完整性（≥98%）和污染程度（≤5%）的评估结果，共筛选得到 429 株植物乳植杆菌全基因组序列，包括首次测序和公共数据库在内的总计 551 个植物乳植杆菌基因组序列纳入本次研究[59]。这些植物乳植杆菌的分离地和分离源分布极其广泛，涉及中国、韩国和法国等 36 个国家和地区，涵盖动物（197 个）、植物（176 个）、乳制品（123 个）、非乳制品（36 个）和其他（19 个）多个类别的分离源。

使用 Illumina MiSeq 测序平台对 122 株植物乳植杆菌进行全基因组测序（表 1-9），原始数据去除接头和低质量区域后，除少数菌株（IMAU10574、IMAU10418、IMAU60051、IMAU30116、IMAU80597）外，122 株植物乳植杆菌得到的平均高质量测序数据约为 1036Mb，按照植物乳植杆菌基因组 3.3Mb 计算，测序深度在 47~577x。新测序菌株的基因组使用 SPAdes v3.13.1 软件进行组装[60]。

表1-9 122株植物乳植杆菌组装信息

菌株名称	测序深度	Contig 数量	基因组/kb	N50/kb	GC%	登录号
IMAU80032	399x	203	3219	106.969	44.55	JAAVSA000000000
IMAU70164	435x	78	3301	184.14	44.42	JAAVRZ000000000
IMAU10053	232x	203	3241	92.336	44.47	JAAVRY000000000
IMAU10058	248x	301	3395	196.055	44.13	JAAVRX000000000
IMAU10062	273x	184	3196	77.121	44.42	JAAVRW000000000
IMAU10070	387x	326	3284	65.042	44.35	JAAVRV000000000
IMAU10114	269x	281	3302	86.906	44.36	JAAVRU000000000
IMAU10117	281x	227	3234	70.446	44.29	JAAVRS000000000
IMAU10118	239x	341	3336	58.783	44.17	JAAVRR000000000
IMAU10115	243x	243	3219	86.906	44.44	JAAVRT000000000
IMAU10120	513x	166	3135	92.384	44.60	JAAVRQ000000000
IMAU10121	259x	258	3262	69.754	44.28	JAAVRP000000000
IMAU10124	241x	291	3272	58.783	44.25	JAAVRO000000000
IMAU10125	409x	208	3144	60.109	44.46	JAAVRN000000000
IMAU10140	243x	274	3260	64.791	44.37	JAAVRM000000000
IMAU10141	260x	369	3404	56.706	44.19	JAAVRL000000000

续表

菌株名称	测序深度	Contig 数量	基因组/kb	N50/kb	GC%	登录号
IMAU10145	235x	301	3282	64.791	44.36	JAAVRK000000000
IMAU10156	379x	242	3244	69.754	44.30	JAAVRJ000000000
IMAU10216	294x	190	3505	288.379	44.30	JAAVRI000000000
IMAU10217	360x	162	3532	203.393	44.26	JAAVRH000000000
IMAU10218	200x	128	3232	124.185	44.46	JAAVRG000000000
IMAU10228	407x	229	3272	204.741	44.38	JAAVRF000000000
IMAU10235	229x	98	3387	240.172	44.29	JAAVRE000000000
IMAU10236	373x	79	3329	331.358	44.46	JAAVRD000000000
IMAU10237	373x	82	3105	197.301	44.68	JAAVRC000000000
IMAU10239	577x	105	3114	254.134	44.65	JAAVRB000000000
IMAU10372	376x	274	3302	71.685	44.33	JAAVRA000000000
IMAU10378	478x	311	3147	52.394	44.52	JAAVQZ000000000
IMAU10379	508x	253	3188	70.8	44.51	JAAVQY000000000
IMAU10382	271x	550	3259	23.607	44.48	JAAVQX000000000
IMAU10395	235x	154	3214	433.203	44.41	JAAVQW000000000
IMAU10418	59x	524	3210	40.888	44.70	JAAVQV000000000
IMAU10566	333x	303	3147	39.996	44.41	JAAVQU000000000
IMAU10572	225x	401	3097	26.385	44.71	JAAVQT000000000
IMAU10574	47x	890	3350	24.855	44.55	JAAVQS000000000
IMAU10576	508x	211	3332	78.614	44.42	JAAVQR000000000
IMAU10580	417x	136	3152	199.715	44.60	JAAVQQ000000000
IMAU10591	488x	155	3293	83.582	44.45	JAAVQN000000000
IMAU20009	243x	153	3259	79.012	44.48	JAAVQM000000000
IMAU10585	473x	127	3169	199.36	44.54	JAAVQP000000000
IMAU10586	429x	198	3166	66.304	44.42	JAAVQO000000000
IMAU20013	340x	138	3243	93.846	44.47	JAAVQL000000000
IMAU20029	261x	233	3217	74.105	44.34	JAAVQK000000000
IMAU20063	252x	71	3156	135.297	44.55	JAAVQJ000000000
IMAU20113	279x	199	3311	78.192	44.29	JAAVQI000000000
IMAU20118	256c	530	3836	43.218	43.76	JAAVQH000000000
IMAU20119	282x	190	3311	81.54	44.29	JAAVQG000000000
IMAU20120	227x	188	3313	78.192	44.29	JAAVQF000000000
IMAU30001	282x	88	3223	131.349	44.45	JAAVQE000000000
IMAU30106	283x	98	3223	131.35	44.45	JAAVQD000000000

续表

菌株名称	测序深度	Contig 数量	基因组/kb	N50/kb	GC%	登录号
IMAU30116	175x	616	3860	36.045	43.76	JAAVQC000000000
IMAU30118	250x	76	3190	131.35	44.52	JAAVQB000000000
IMAU30151	243x	138	3510	192.681	43.99	JAAVQA000000000
IMAU40003	257x	318	3346	58.789	44.19	JAAVPZ000000000
IMAU40005	282x	201	3109	58.458	44.44	JAAVPY000000000
IMAU40007	298x	173	3093	58.458	44.47	JAAVPX000000000
IMAU40009	256x	167	3092	61.011	44.47	JAAVPW000000000
IMAU40010	247x	84	3103	433.203	44.56	JAAVPV000000000
IMAU40014	232x	290	3268	55.474	44.27	JAAVPU000000000
IMAU40070	263x	130	3236	433.203	44.38	JAAVPT000000000
IMAU40072	224x	163	3274	433.18	44.36	JAAVPS000000000
IMAU40089	240x	192	3186	125.842	44.42	JAAVPR000000000
IMAU40090	250x	197	3126	60.852	44.41	JAAVPQ000000000
IMAU40100	238x	152	3275	433.198	44.36	JAAVPP000000000
IMAU40116	279x	126	3235	433.18	44.39	JAAVPO000000000
IMAU60045	212x	174	3313	126.015	44.38	JAAVPN000000000
IMAU60049	240x	116	3196	253.893	44.40	JAAVPM000000000
IMAU60170	256x	199	3298	84.714	44.36	JAAVPI000000000
IMAU60051	151x	135	3152	153.064	44.43	JAAVPL000000000
IMAU60055	228x	384	3228	41.938	44.27	JAAVPK000000000
IMAU60057	243x	285	3193	36.044	44.37	JAAVPJ000000000
IMAU70004	375x	206	3383	91.391	44.37	JAAVPG000000000
IMAU70005	403x	138	3158	153.064	44.43	JAAVPF000000000
IMAU70010	573x	196	3193	153.064	44.37	JAAVPE000000000
IMAU70023	438x	145	3326	168.041	44.46	JAAVPD000000000
IMAU70035	246x	82	3328	331.358	44.45	JAAVPC000000000
IMAU70042	254x	121	3177	95.457	44.53	JAAVPB000000000
IMAU70087	236x	165	3186	153.064	44.38	JAAVPA000000000
IMAU70088	305x	136	3153	153.064	44.44	JAAVOZ000000000
IMAU70089	279x	156	3134	153.064	44.43	JAAVOY000000000
IMAU70090	331x	169	3188	153.064	44.37	JAAVOX000000000
IMAU70091	351x	187	3191	153.064	44.37	JAAVOW000000000
IMAU70092	432x	163	3317	127.783	44.45	JAAVOV000000000
IMAU70095	244x	168	3189	153.064	44.37	JAAVOU000000000

续表

菌株名称	测序深度	Contig 数量	基因组/kb	N50/kb	GC%	登录号
IMAU70098	274x	176	3398	97.608	44.22	JAAVOT000000000
IMAU70100	273x	120	3435	341.821	44.10	JAAVOS000000000
IMAU80005	495x	211	3100	69.757	44.48	JAAVOR000000000
IMAU80006	503x	60	3375	563.104	44.25	JAAVOQ000000000
IMAU80007	344x	125	3505	192.681	43.99	JAAVOP000000000
IMAU80009	427x	305	3589	82.029	44.06	JAAVOO000000000
IMAU80016	240x	243	3229	69.105	44.48	JAAVON000000000
IMAU80026	532x	200	3317	78.192	44.29	JAAVOM000000000
IMAU80038	442x	149	3270	130.172	44.36	JAAVOL000000000
IMAU80045	233x	57	3327	387.774	44.39	JAAVOK000000000
IMAU80053	265x	73	3259	213.578	44.40	JAAVOJ000000000
IMAU80057	248x	212	3505	79.111	44.15	JAAVOI000000000
IMAU80100	493x	188	3161	70.445	44.41	JAAVOG000000000
IMAU80119	542x	34	3138	422.822	44.65	JAAVOD000000000
IMAU80108	365x	218	3244	69.754	44.28	JAAVOF000000000
IMAU80063	254x	64	3334	280.958	44.41	JAAVOH000000000
IMAU80110	343x	225	3269	69.754	44.28	JAAVOE000000000
IMAU80125	466x	46	3276	420.102	44.47	JAAVOC000000000
IMAU80128	405x	176	3560	101.592	44.08	JAAVOB000000000
IMAU80161	288x	271	3253	65.042	44.36	JAAVOA000000000
IMAU80162	400x	230	3216	74.065	44.35	JAAVNZ000000000
IMAU80163	400x	341	3336	58.783	44.17	JAAVNY000000000
IMAU80169	469x	126	3213	433.18	44.41	JAAVNX000000000
IMAU80174	249x	177	3402	97.608	44.22	JAAVNW000000000
IMAU80179	301x	68	3313	241.442	44.43	JAAVNV000000000
IMAU80186	411x	88	3113	254.134	44.65	JAAVNU000000000
IMAU80188	362x	290	3277	65.042	44.36	JAAVNT000000000
IMAU80296	398x	275	3194	50.629	44.34	JAAVNS000000000
IMAU80297	462x	120	3232	433.18	44.39	JAAVNR000000000
IMAU80323	390x	342	3236	51.194	44.26	JAAVNQ000000000
IMAU80325	429x	175	3092	58.458	44.46	JAAVNP000000000
IMAU80441	477x	174	3092	58.458	44.47	JAAVNO000000000
IMAU80597	181x	153	3214	125.842	44.35	JAAVNN000000000
IMAU80824	204x	423	3255	41.548	44.16	JAAVNM000000000

续表

菌株名称	测序深度	Contig 数量	基因组/kb	N50/kb	GC%	登录号
IMAU80065	347x	99	3223	131.35	44.45	JAAVNL000000000
IMAU40082	516x	72	3313	241.352	44.43	JAAVNK000000000
IMAU60171	226x	185	3290	84.714	44.38	JAAVPH000000000
IMAU30162	464x	194	3267	105.962	44.45	JAAVNJ000000000

注：Conting 指测序得到的短 reads 组装成的较长序列（序列完整，中间无断点）；GC%是指在构成 DNA 的 4 种碱基中，鸟嘌呤和胞嘧啶所占的比例（即 G+C 所占的比例）。

（二）基因组基本特征

采用 Prokka 软件预测 122 株新测序植物乳植杆菌的开放阅读框，利用 RAST 2.0 在线数据库对其基因功能进行注释。为便于后续分析，来源于 NCBI 数据库的 429 个植物乳植杆菌基因组也按相同方法进行预测和注释。结果显示，551 株植物乳植杆菌分离株平均基因组（3.26±0.13）Mbp，GC 平均相对含量（44.46±0.21）%，基因组编码序列（CDS）数量在 2651~3596 个，平均为 2994±142 个。

（三）核心—泛基因集构建

基于 551 株植物乳植杆菌基因组预测结果，采用 silix 软件以氨基酸一致性>80%（-i 0.8）和序列重叠>80%（-r 0.8）的标准划分基因家族并构建核心—泛基因集。统计结果显示，核心基因集大小随基因组数量的增加而逐渐减小，当基因组数量增加到 400 个时核心基因数量趋于稳定，551 株植物乳植杆菌核心基因集共包含 661 个蛋白编码基因。就单个植物乳植杆菌基因组而言（平均 2994 个编码基因），核心基因占比仅为 22.13%，植物乳植杆菌基因组内接近 80%的编码基因为配件基因。与此相反，551 株植物乳植杆菌泛基因集总计含有 57,132 个基因，其大小随基因组数量的增加而增大并逐步达到稳定水平（图 1-4）。

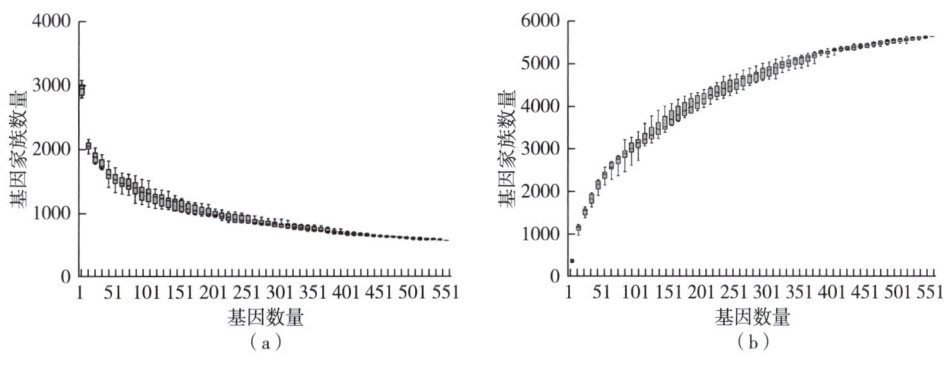

图 1-4　核心—泛基因集变化趋势

(a) 核心基因随基因组数量增加的变化趋势图　(b) 泛基因组的变化趋势图

核心—泛基因集COG功能注释结果显示（表1-10），在661个核心基因中有632个基因被注释到明确的COG功能分类，占核心基因集总数的95.6%。与此相反，在57,132个泛基因集基因中仅有8110个基因被COG数据库注释，占比仅为14.2%。根据COG的功能分类，86%的核心基因参与了翻译、核糖体结构和生物合成［J］、氨基酸转运和代谢［E］、转录［K］、碳水化合物转运和代谢［G］、复制、重组和修复［L］、核苷酸转运和代谢［F］及无机离子转运和代谢［P］等代谢过程。而泛基因组基因则主要集中于翻译、核糖体结构和生物合成［J］、碳水化合物转运和代谢［G］、细胞壁/膜/包膜生物合成［M］、转录［K］和复制、重组和修复［L］等功能分类。

表1-10 核心—泛基因集的COG功能注释结果

	COG功能分类	核心基因 数量	核心基因 占比/%	泛基因 数量	泛基因 占比/%
信息存储与加工	翻译、核糖体结构和生物合成［J］	80	12.70	1438	17.70
	RNA加工和修饰［A］	0	0.00	0	0.00
	转录［K］	46	7.30	680	8.40
	复制、重组和修复［L］	36	5.70	660	8.10
	染色体结构和动力学［B］	0	0.00	0	0.00
细胞生长与信号转导	细胞周期控制、细胞分裂、染色体分割［D］	8	1.30	87	1.10
	细胞核结构［Y］	0	0.00	0	0.00
	防御机制［V］	9	1.40	304	3.70
	信号转导机制［T］	17	2.70	234	2.90
	细胞壁/膜/包膜生物合成［M］	24	3.80	679	8.40
	细胞运动性［N］	1	0.20	15	0.20
	细胞骨架［Z］	0	0.00	0	0.00
	胞外结构［W］	0	0.00	0	0.00
	细胞内运输、分泌和囊泡运输［U］	7	1.10	70	0.90
	翻译后修饰、蛋白周转和分子伴侣［O］	23	3.60	128	1.60
新陈代谢	能量产生和转化［C］	21	3.30	209	2.60
	碳水化合物转运和代谢［G］	36	5.70	755	9.30
	氨基酸转运和代谢［E］	57	9.00	450	5.50
	核苷酸转运和代谢［F］	34	5.40	133	1.60
	辅酶转运和代谢［H］	21	3.30	158	1.90
	脂质转运和代谢［I］	26	4.10	141	1.70
	无机离子转运和代谢［P］	32	5.10	339	4.20
	次级代谢产物的生物合成、转运和分解代谢［Q］	8	1.30	101	1.20
缺乏特征	一般功能预测基因［R］	88	13.90	1004	12.40
	功能未知基因［S］	58	9.20	525	6.50

通过对核心基因集和泛基因集 COG 功能分布情况的比较可知（图 1-5），大多数的 COG 功能分类在两个基因集中占比相近，少数占比差异较大的功能分类主要集中在翻译、核糖体结构和生物合成［J］，其核心基因集占比 12.70%，泛基因集占比 17.70%；防御机制［V］，核心基因集、泛基因集占比分别为 1.40% 和 3.70%；细胞壁/膜/包膜生物合成［M］占比分别为 3.80% 和 8.40%；碳水化合物转运和代谢［G］占比分别为 5.70% 和 9.30%。其中，尤以防御机制［V］和细胞壁/膜/包膜生物合成［M］相关基因在泛基因集中的增幅比例最高，分别达 2.6 倍和 2.2 倍，表明这些基因在植物乳植杆菌进化和环境适应过程中受到了较强的选择压力。

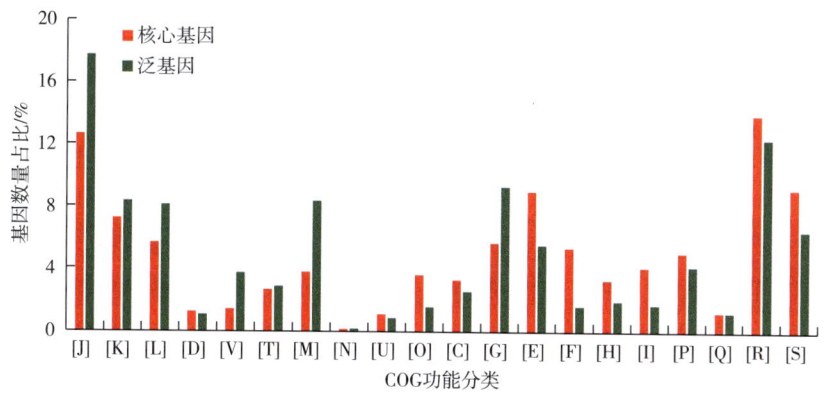

图 1-5　核心—泛基因集 COG 功能分类占比

四、植物乳植杆菌遗传进化

（一）基因组变异分析

植物乳植杆菌 P-8（*Lactobacillus plantarum* P-8，简称 *L. plantarum* P-8）是本实验室分离、筛选和保藏的一株具有优良益生特性的植物乳植杆菌，2015 年采用罗氏 454 和 Illumina 测序技术进行了首次全基因组测序，后经 PacBio 第三代测序技术验证，其基因组序列高度准确。因此，以植物乳植杆菌 P-8 基因组作为参考序列，对 551 株植物乳植杆菌全基因组序列中的 SNP 和插入缺失（InDel）位点进行分析。结果显示，在 551 株植物乳植杆菌中总计鉴定到 270,303 个 SNP 和 63,562 个 InDel 位点。不同植物乳植杆菌分离株 SNP 数量存在较大差异，其范围在 6~50,299 个，平均到每个基因组约含有 15,538±9554 个 SNP，其中同义 SNP 突变、错义 SNP 突变和基因间 SNP 数量分别为 8340±5852、3612±1936 和 3584±2006 个。不同菌株 InDel 突变数量从 0~1190 个不等，平均每株菌含有 358±196 个。

以 3000bp 为单位划分参考基因组，绘制 SNP 和 InDel 突变数量在基因组上的分布图，其结果显示（图 1-6），除个别低频和高频突变区域外，植物乳植杆菌分离株 SNP 和 InDel 突变在基因组上总体呈均匀分布态势。SNP 的发生频率远高于 InDel，平均每 3000bp 分别存在 206 个 SNP 和 28 个 InDel 位点。

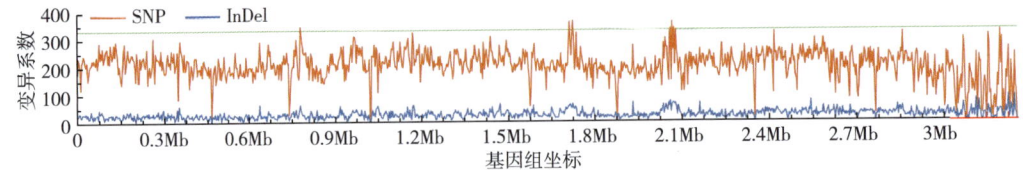

图1-6 SNP和InDel在参考基因组上的分布图

进一步基于参考菌株植物乳植杆菌P-8功能基因的位置信息,对少数低频和高频突变区域进行功能注释(表1-11),其中低频突变区域主要覆盖保守性较高的16S、23S、5S rRNA和部分tRNA编码基因。而在高频突变区域内,除一些假定蛋白外,还包括编码消化道定植相关的黏液结合蛋白(RS03580)、转录调节因子(RS09875)和噬菌体核苷酸结合蛋白等与环境适应性相关的基因,其高频突变表明该区域在环境适应性进化过程中可能承受了更高的选择压力。

表1-11 低频和高频突变区域注释信息

基因组位置		突变数量		基因名称	功能注释
起始	终止	SNP	InDel	(RS-)	
465,001	468,000	9	1	02115	16S ribosomal RNA
				02120	tRNA-Ile
				02125	tRNA-Ala
				02130	23S ribosomal RNA
1,023,001	1,026,000	10	3	04750	tRNA-Ala
				04755	23S ribosomal RNA
1,878,001	1,881,000	11	1	08940	23S ribosomal RNA
				08945	16S ribosomal RNA
780,001	783,000	351	64	03580	mucus-binding protein
1,725,001	1,728,000	369	66	08100	hypothetical protein
				08105	DUF669 domain-containing protein
				08110	phage nucleotide-binding protein
2,061,001	2,064,000	340	75	09860	hypothetical protein
				15980	hypothetical protein
				15985	hypothetical protein
				09875	transcriptional regulator
				09880	DUF771 domain-containing protein
				15990	hypothetical protein
				09890	XRE family transcriptional regulator

续表

基因组位置		突变数量		基因名称	功能注释
起始	终止	SNP	InDel	(RS-)	
2,073,001	2,076,000	343	69	09965	phage portal protein
				16005	hypothetical protein
				09970	terminase large subunit
2,079,001	2,082,000	335	67	10005	Helicase
				10010	hypothetical protein
				10015	hypothetical protein
				16010	hypothetical protein
				10025	helix-turn-helix domain-containing protein

（二）植物乳植杆菌系统发育树的构建

基于已鉴定的661个核心基因，通过FastTree v2.1.10软件，bootstrap值1000，构建最大似然树，用以探究植物乳植杆菌的种群结构。植物乳植杆菌系统发育树的拓扑结构显示，551株植物乳植杆菌被明显划分为2个种群数量相近的进化分支（clade A和clade B）。其中，进化分支A包含244株植物乳植杆菌，进化分支B（含有剩余的307株植物乳植杆菌，两个进化分支均由多个子分支结构组成。

为进一步深入分析植物乳植杆菌种群结构和遗传进化，引入全基因组SNP和InDel分布情况对整个系统发育树结构进行验证并细化各子分支。

全基因组SNP和InDel数量在整个进化树上呈不均匀分布。

基于不同分离株同义、错义、基因间区SNP的分布和同义/错义率（RSM）进一步对子分支结构进行识别。

在归属于clade A的244株植物乳植杆菌分离株中，同义、错义和基因间SNP均匀分布，未发现子进化分支结构，其各类型SNP数量范围分别在8813~12,103（10,440±487）个、3614~5831（4479±370）个和3447~5986（4584±367）个之间。与此相反，在clade B中的植物乳植杆菌分离株SNP数量和类型分布更为复杂，基于SNP分布和RSM将其划分为4个子分支结构（subclade B1~B4）。其中，subclade B2最大分枝包含141个分离株，同义、错义和基因间SNP的数量分别为3504~15,714（10,102±2036）个、837~7909（4722±1031）个和2130~7445（4621±942）个，分支内不同分离株各类型SNP数量和RSM均匀分布。subclade B1是最小的分支，仅包含14个分离株，同义、错义和基因间SNP数量上显著高于其他子分支（$P<0.01$），其数量分别为22,091~34,490（32,521±3389）个、3860~7740（7082±1003）个和5524~8155（7608±745）个。与相邻的subclade B2相比，subclade B1中的分离株含有更多的同义SNP和错义SNP，同义SNP数量的显著差异也反映在RSM值的变化中（$P<0.01$）。与此相反，subclade B1和subclade B2分离株的基因间区SNP和InDel数量无显著差异。subclade B3总计含有56个分离株，分支内菌株的同义、错义和基因间SNP数量仅为1444~4485（2734±666）个、1208~3616

（2203±504）个和930~2310（1622±325）个，呈现了与subclade B1截然相反的分布模式。与相邻的subclade B2相比，SNP和InDel总数整体下降，其中同义SNP数量和RSM值存在显著差异（$P<0.01$）。subclade B4包括96株植物乳植杆菌分离株，其中86株与参考菌株植物乳植杆菌P-8密切相关，分离自参考菌株植物乳植杆菌P-8大鼠和人体临床试验的粪便样品，其余的10个分离株则来源于乳制品样本。subclade B4内菌株的突变率极低，是一个不成熟的进化分支。与clade A相比，clade B中不同子分支内菌株SNP分布模式的巨大差异可能反映出这些分离株的祖先面临着不同的进化选择压力。

（三）群体遗传学分析

基于植物乳植杆菌系统发育树，通过计算每个进化分支/子分支的核苷酸多样性（π）、SNP距离、重组率（r/m）、Tajima's D值①和Ka/Ks值②这5个代表性的群体遗传信号，研究植物乳植杆菌物种的遗传多样性。

核苷酸多样性（π）属分子遗传学范畴，主要用以衡量群体的遗传多样性或多态性程度，通常用希腊字母π表示。以植物乳植杆菌P-8为参考菌株，采用vcftools软件对551株植物乳植杆菌群体内核苷酸多样性进行定量计算并绘制π值在基因组上的分布。统计结果显示（图1-7），551株植物乳植杆菌总体核苷酸多样性的π值为0.00314。在系统发育树各进化分支（clade）/子分支（subclade）中，clade A的π值为0.00208，subclade B1~B4分别为0.00237、0.00270、0.000453和0.0000283。各个进化分支/子分支的遗传多样性均显著小于整体，其中subclade B2的π值最高，具有最广泛的遗传多样性，随后依次是subclade B1、clade A和subclade B3。subclade B4中分离株之间较低的遗传多样性主要归因于该分支中绝大多数分离株是参考菌株植物乳植杆菌P-8在人体和大鼠粪便样本中的重分离株。

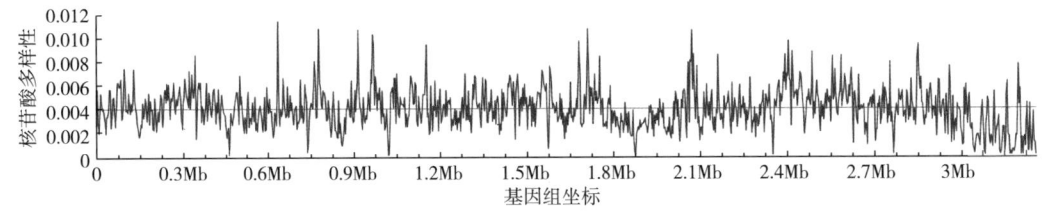

图1-7　核苷酸多样性（π）在参考基因组上的分布图

植物乳植杆菌两两菌株间SNP距离在10,000~18,000的区域内存在2个高频分布，而在其他位置存在3个较小的峰值区域，其平均SNP距离较大（13,361），表明植物乳植杆菌种内具有较高的遗传多样性。进一步对系统发育树各进化分支/子分支内菌株间SNP距离进行计算，clade A和subclade B1~B4的SNP距离分别为10,990、12,870、14,538、3568和482。其中，subclade B2分支内的SNP距离大于整体，表明该子分支内植物乳植杆

---

① Tajima's D值是一种用于检测基因组中自然选择和遗传多样性的统计量。它通过比较单核苷酸多态性（SNP）和期望多样性来评估种群遗传结构的特征。

② Ka/Ks值：Ka/Ks比率用于衡量蛋白质编码基因中非同义突变（Ka）与同义突变（Ks）之间的比率。

菌分离株的遗传多样性超过了该物种的整体水平。subclade B4 因同样的原因表现出最低 SNP 距离。这些结果与核苷酸多样性（π）分析结果相一致。

采用 Clonal Frame ML 软件对 551 株植物乳植杆菌分离株的重组区域进行鉴定，并根据重组区域位置信息对已鉴定到的 SNP 位点进行分类，基于重组区域内或由重组引入的 SNP 数量和其余由突变引起的 SNP 数量的比值计算种群的重组率（r/m），其数值越高表明种群内重组发生频率越高。分析结果显示，551 株植物乳植杆菌整个群体的重组率较低，r/m 值仅为 0.48。不同进化分支/子分支的重组率存在较大差异（clade A 2.60、subclade B1 9.20、subclade B2 0.15、subclade B3 3.06、subclade B4 1.55），其中 subclade B1 超高 r/m 值表明该子分支内的植物乳植杆菌分离株重组事件频繁发生，大量突变是通过重组引入的，这也解释了处于 subclade B1 的植物乳植杆菌基因组突变数显著高于其他进化分支的原因。

使用 VCFtools 软件对植物乳植杆菌群体 Tajima's D 值的检验结果显示（图 1-8），551 株植物乳植杆菌整体 Tajima's D 值为 -1.73，表明在驱动植物乳植杆菌物种进化的过程中存在正向选择压力。所有进化分支/子分支 Tajima's D 值均小于 0（clade A 为 -0.94、subclade B1 为 -0.63、subclade B2 为 -1.00、subclade B3 为 -0.91、subclade B4 为 -2.98），表明植物乳植杆菌基因组的某些基因普遍受到较强的正向选择压力。

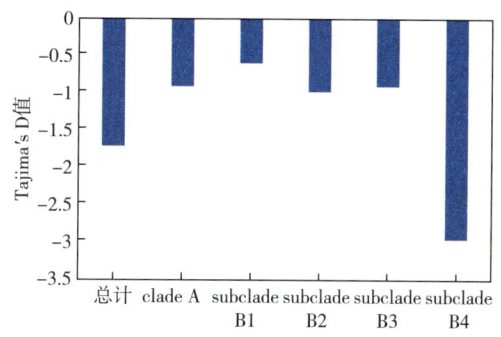

图 1-8　不同进化分支/子分支 Tajima's D 值

对 551 株植物乳植杆菌整体和不同进化分支中每个基因的 Ka/Ks 值进行统计分析，结果表明植物乳植杆菌群体进化过程受到较强的选择压力影响。在全部 551 株植物乳植杆菌中共检测到 187 个 Ka/Ks>1 受正向选择的基因。进一步对这些基因在不同进化分支的分布情况进行分析，发现其中 128 个（68.4%）受正向选择的基因具有分支特异性（仅在一个进化分支中出现），表明大多数基因只在特定进化分支受到较强的正向选择影响。57 个基因至少在 2 个进化分支上承受正向选择压力，仅有 2 个正向选择基因同时出现在所有进化分支，但功能注释结果显示为假定蛋白。

（四）环境因素对植物乳植杆菌遗传变异的影响

细菌适应新栖息地的过程通常与细菌基因组及其调控的变化有关。植物乳植杆菌具有高度的环境适应性，其广泛分布于动物和昆虫的胃肠道、乳制品、发酵饮料、肉类产品和泡菜等多种生境。但不同于其他乳酸菌在基因图谱和生态位之间存在明显的进化相关性，植物乳植杆菌进化过程与其环境适应性之间的关系尚未完全阐明。从群体遗传信号、基因型-表型相关性和环境特异性基因的角度，研究环境因素对植物乳植杆菌遗传变异的影响。根据之前对551株植物乳植杆菌系统发育的分析结果，因subclade B1样本量太小，subclade B4中大部分分离株是从大鼠和人类宿主中分离出的P-8菌株的后代，故将其排除在该分析之外，仅对剩余441株植物乳植杆菌开展相关研究。

选取平均核苷酸一致性（ANI）、核苷酸多样性（π）和重组率（r/m）3种群体遗传信号，研究植物乳植杆菌遗传变异与分离源之间的关联性。平均核苷酸一致性（ANI）在基因组水平上评价物种序列的相似性，通常序列间ANI>95%被认为是同一物种。基于OrthoANI计算和评估clade A、subclade B2和subclade B3中植物乳植杆菌分离株之间的遗传关系。所有菌株的ANI值范围为98.28%~99.99%（平均值为99.01%±0.24%），其中subclade B3分离株的平均ANI值最高（99.47%~99.99%、均值99.68%±0.11%），其次是clade A（98.56%~99.99%、均值99.19%±0.21%）和subclade B2（98.28%~99.99%、均值98.93%±0.31%）。ANI值最低的2株植物乳植杆菌分离株（LL441和Nizo2776）均位于subclade B2上，分别来自自制的奶酪乳清和奶酪制品。

计算不同分离源（植物、动物和乳制品）植物乳植杆菌的核苷酸多样性（π）和重组率（r/m）。结果显示（表1-12），与分离自植物和乳制品的分离株相比，动物源植物乳植杆菌分离株表现出相对较低的核苷酸多样性和更高的重组突变率，这些特征可能与其所处环境的适应性进化过程相关。

表1-12　不同分离源植物乳植杆菌的π和r/m值

分离源	π值	r/m值
动物	0.00219	2.26336
植物	0.00243	0.17310
乳制品	0.00248	1.84467

根据严格的核心基因组和基于参考序列的SNP分析，在构建的551个植物乳植杆菌分离株的系统发育树中发现了新的进化分支（subclade B1~B4），在此基础上进行深入分析，探索基因型与沿进化群分布的分离株起源之间的关联。考虑到subclade B1菌株数量过少，subclade B分离株与参考菌株植物乳植杆菌P-8的亲缘性关系，剔除这2个子分支菌株后，对其余441个植物乳植杆菌分离株进行分析（表1-13）。

表1-13　不同分离源植物乳植杆菌系统发育树分布　　　　　　单位：株

菌株来源	clade A	subclade B2	subclade B3	总计
一般食品	21	15	0	36
乳制品	20	56	36	112
植物	108	44	17	169
动物	88	15	3	106

续表

菌株来源	clade A	subclade B2	subclade B3	总计
来源未知	7	11	0	18
总计	244	141	56	441

将441株植物乳植杆菌分离源信息补充至系统发育树，其结果显示，绝大多数动物源植物乳植杆菌分离株（88株）分布于clade A，占clade A分离株总数的36%。其余动物源分离株位于subclade B2和subclade B3，分别占各自进化分支菌株总数的11%和5%。在112株乳制品来源的分离株中绝大多数位于subclade B2和subclade B3，占进化分支菌株总数的40%（56株）和64%（36株），其余20株位于clade A占比仅为8%。与动物源和乳源分离株在进化树分布存在偏好性不同，全部169株植物来源的分离株均匀分布于clade A（占进化分支总菌数的44%）、subclade B2（占进化分支总菌数的31%）和subclade B3（占进化分支总菌数的30%）。上述不同来源植物乳植杆菌分离株在系统发育树的分布情况表明，植物源分离株进化过程与先前报道的植物乳植杆菌属于典型的游牧细菌的观点相吻合，即植源性的分离株进化过程与其所处环境特征无关。与此不同的是，源自动物和乳制品的分离株在很大程度上具有生境特异性。

为了验证上述分析结论的准确性和可信度，对首次报道植物乳植杆菌游牧进化方式所用的54株植物乳植杆菌进行重新分析。结果显示，54株植物乳植杆菌分离株（动物24株、植物22株、乳制品5株、其他来源3株）分散在所有进化分支上，其中clade A含有29株植物乳植杆菌，subclade B1~B4则分别含有3株、15株、6株和1株植物乳植杆菌。在clade A上总计含有15株动物来源的植物乳植杆菌，占进化分支总菌数的52%，占动物源菌株总数的63%。其余9株动物源植物乳植杆菌中的8株分布于subclade B2和subclade B3上，分别占各自分支菌株总数的40%（6株）和33%（2株）。5株乳制品来源的分离株分布于clade A、subclade B2和subclade B3上，在各自进化分支中的占比分别为3%（1株）、13%（2株）和33%（2株）。正如预期，所有22株植物来源的分离株均匀地分布在clade A（12株，占分支菌株数的41%）、subclade B2（5株，占分支菌株数的33%）和subclade B3（2株，占分支菌株数的33%）。尽管54个基因组的样本量相对较小，结果不具有统计学意义，但在54个基因组和其余501个基因组的队列之间，在系统发育分支上观察到了一致的分离源分布趋势。据此，可认为基于551个基因组得到的相关结果具有较高的准确性和可信度。

在初步确定不同分离源植物乳植杆菌进化过程与其所处环境的相关性后，通过全基因组关联分析（genome wide association study，GWAS）对源自动物，乳制品和植物的分离株进行分析，以鉴定不同分离源植物乳植杆菌的环境特异性基因。同样由于小样本量和潜在的伪影效应排除subclade B1和subclade B4上的分离株。利用Scoary软件对剩余441株植物乳植杆菌中具有详细分离源信息的387株植物乳植杆菌（clade A 216株，subclade B2 115株和subclade B3 56株）的配件基因进行分析。分析结果显示，在387株植物乳植杆菌中总计鉴定到149个环境特异性基因，动物、乳制品和植物源特异性基因分别为59个、82个和8个。

对这些环境特异性基因进行 COG 功能注释,结果如图 1-9 所示。在 149 个基因中有 57 个基因被注释到了明确的 COG 功能类别且 3 种分离源环境特异性基因的 COG 功能分布模式存在显著差异($P<0.05$)。其中,动物源植物乳植杆菌特异性基因主要分布在碳水化合物转运和代谢[G]与翻译后修饰、蛋白周转和分子伴侣[O]的 COG 功能类别上,占动物源环境特异性基因总数的 37% 和 16%,而这些基因在乳制品分离源菌株中仅占 4%。与此相反,乳制品源特异性基因主要分布于复制、重组和修复[L]与氨基酸转运和代谢[E]的 COG 功能类别,分别占基因总数的 20% 和 13%,这些基因在动物源特异性基因中占比同样较低,仅为 5%。上述结果表明,定植于动物和乳制品环境的植物乳植杆菌在碳水化合物代谢和氨基酸利用方面可能具有不同适应性进化过程。

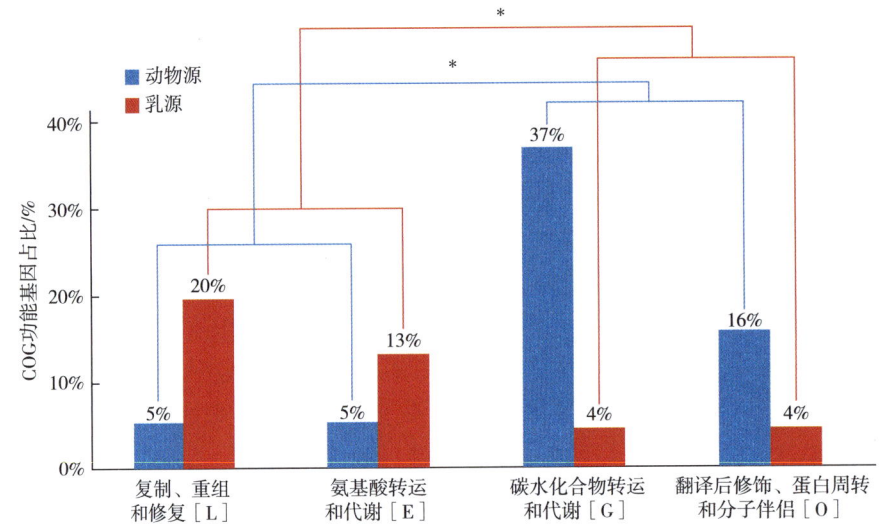

图 1-9 动物和乳制品源分离株环境特异性基因的主要功能类别

进一步对上述环境特异性基因进行 KEGG 信号通路分析,源自动物的植物乳植杆菌分离株富含磷酸转移酶系统相关基因,进一步证实调控碳水化合物的摄取和利用可能是植物乳植杆菌适应动物源相关生态环境的重要策略。随后,基于植物乳植杆菌泛基因组对这些磷酸转移酶基因的分布情况进行分析,14.2% 的动物源植物乳植杆菌中含有在肽聚糖回收利用中起关键作用的 N-乙酰氨基葡萄糖磷酸转移酶系统的编码基因 nagE[61],在乳制品和植物源菌株中该基因占比仅为 0.00% 和 0.59%。此外,6.60% 的动物源植物乳植杆菌分离株中含有编码基因 manX、manY 和 manZ,在乳制品和植物源分离株中均未发现此类基因。这些基因的存在能够使植物乳植杆菌具备代谢甘露糖的能力,即 manX、manY、manZ 基因编码的磷酸转运系统能够将甘露糖磷酸化生成甘露糖-6-磷酸[62],后者在异构酶催化下转化为果糖-6-磷酸后进入糖酵解途径或转化为葡萄糖-6-磷酸。此外,有研究表明甘露寡糖作为早期婴幼儿可接受的益生元,对其甘露糖残基的黏附能力有利于益生菌在肠道表面的定植及对病原体的竞争性清除。

122 株新测序植物乳植杆菌对黄曲霉、串珠镰刀菌、芽枝状枝孢、产黄青霉、扩展青霉和黑曲霉的抑制活性,采用 TreeWAS 软件将植物乳植杆菌抑制真菌表型数据和 SNP 位点进行关联分析，筛选可能与抑制真菌特性相关的 SNP 位点和功能基因（图 1-10）。

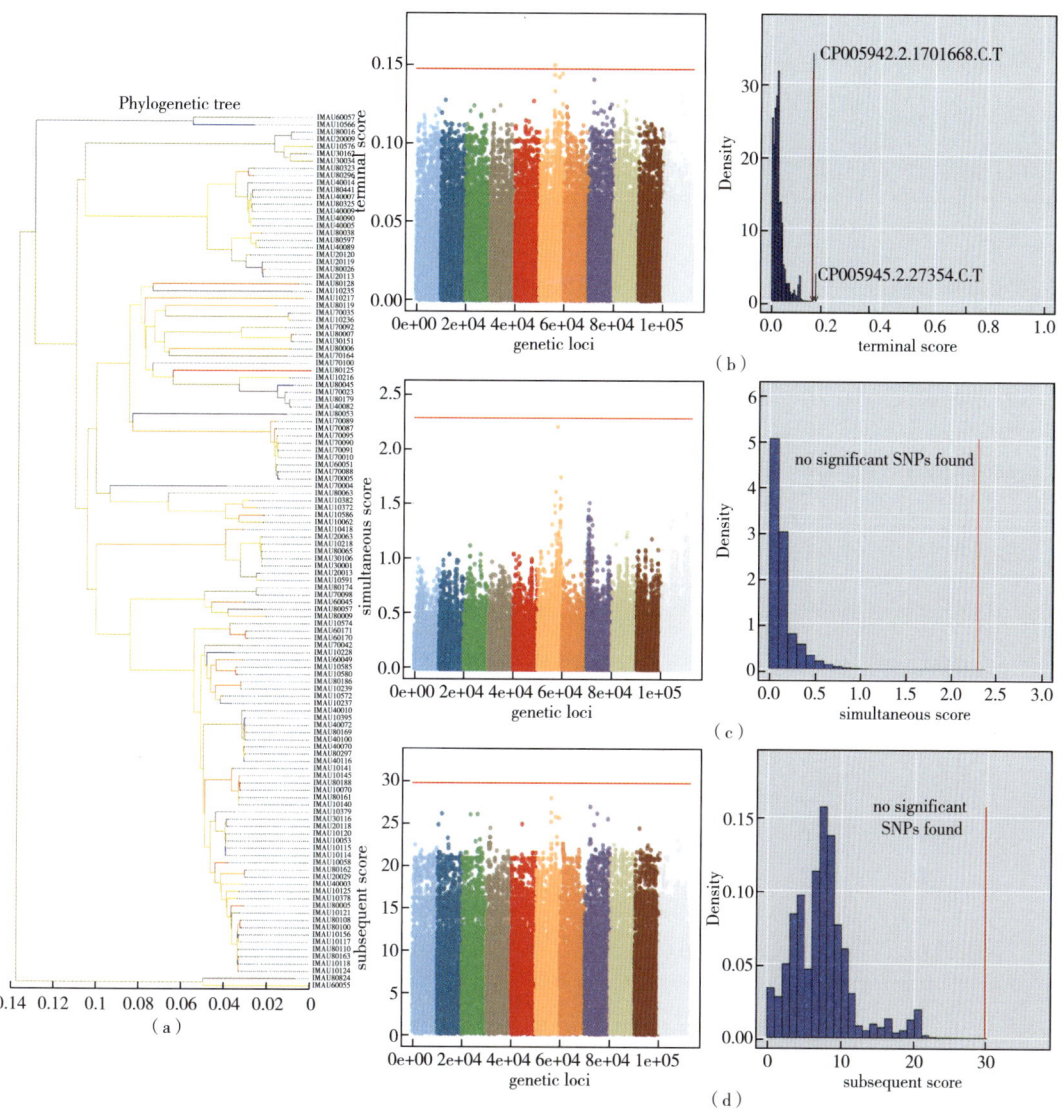

图 1-10　122 株植物乳植杆菌抑制串珠镰刀菌活性和 SNP 之间的全基因组关联分析
（a）去除重组后系统发育树的重构　（b）基于 Terminal 计算所有 SNP 位点与表型的关联值
（c）基于 Simultaneous 计算所有 SNP 位点与表型的关联值　（d）基于 Subsequent 计算所有 SNP 位点与表型的关联值

通过对 122 株植物乳植杆菌的全基因组关联分析，在染色体基因组和质粒上共识别到 19 个与抑制真菌活性显著相关的 SNP 位点（表 1-14）。将这些 SNP 位点对应到参考菌株植物乳植杆菌 P-8 的基因组上，绝大多数 SNP 突变位点处于功能基因上，仅 4 个位点处于基因间区。根据注释信息，位于功能基因内的 15 个 SNP 中，同义突变数量居多（11个），错义突变数量较少仅为 4 个。

表 1-14 122 株植物乳植杆菌 SNP 位点的全基因组与抑制真菌活性关联分析

SNP 位点	碱基	突变类型	氨基酸变化	基因（LBP_）	功能注释
Chr_1050293	C→T	同义	丝氨酸→丝氨酸	cg0999	Cell surfaceGly
Chr_1050299	A→G	同义	丝氨酸→丝氨酸	cg0999	Cell surfaceGlycoprotein
Chr_1701668	C→T	同义	谷氨酰胺→谷氨酰胺	cg1642	hypothetical protein
Chr_2030723	A→G	错义	缬氨酸→丙氨酸	cg1970	holin
Chr_2033377	C→T	同义	赖氨酸→赖氨酸	cg1974	Prophage Lp2 protein 53
Chr_2046881	A→G	同义	酪氨酸→酪氨酸	cg1989	Prophage Lp2 protein 41
Chr_2047082	C→T	同义	苏氨酸→苏氨酸	cg1989	Prophage Lp2 protein 41
Chr_2076945	A→G	基因间区	—	—	—
Chr_2080792	C→T	错义	精氨酸→谷氨酰胺	cg2034	bifunctional DNA primase/polymerase
Chr_2780162	T→A	错义	异亮氨酸→赖氨酸	cg2711	Transposase IS30 family
p2_28550	A→C	基因间区	—	—	—
p1_38361	A→G	错义	苏氨酸→丙氨酸	p1g043	DNA topoisomerase
p3_15579	A→T	基因间区	—	—	—
p3_27543	A→G	同义	谷氨酰胺→谷氨酰胺	p3g031	DNA topoisomerase
p3_27354	C→T	同义	天冬氨酸→天冬氨酸	p3g031	DNA topoisomerase
p4_16094	G→T	同义	甘氨酸→甘氨酸	p4g019	IS5/IS1182 family transposase
p6_5693	G→A	基因间区	—	—	—
p7_10223	G→A	同义	精氨酸→精氨酸	p7g012	IS5 family transposase
p7_10565	A→G	同义	丝氨酸→丝氨酸	p7g012	IS5 family transposase

注：A 为腺嘌呤、T 为胸腺嘧啶、C 为胞嘧啶、G 为鸟嘌呤。

值得注意的是，在发生错义突变的 4 个 SNP 位点中，Chr_2030723 的碱基突变导致 LBP_cg1970 基因第 52 个氨基酸密码子由缬氨酸（缬氨酸）突变为丙氨酸（丙氨酸），功能注释结果显示该基因编码的蛋白序列与穿孔素（holin）具有同源性。穿孔素是一种疏水性膜蛋白，最早于双链 DNA 噬菌体中发现，能够在细胞质膜中自发聚合形成大的、非特异性的跨膜孔洞，使噬菌体产生的内溶素穿过细胞膜降解肽聚糖（细胞壁），最终导致宿主细胞裂解并释放子代噬菌体[63]。在后续的研究中发现该编码基因同样存在于古细菌、细菌和真菌中，其中细菌细胞产生的穿孔素通过破坏细胞膜的方式对异源性病原体产生抑菌效果且这一过程并不依赖于内溶素的存在[64]。依据上述研究推断，Chr_2030723 位点的碱基状态与植物乳植杆菌抑菌特性显著相关。其余 3 个显著相关的错义突变位点 Chr_2080792、Chr_2780162 和 p1_38361 分别位于双功能 DNA 引物酶/聚合酶、IS30 家族转座酶和 DNA 拓扑异构酶编码基因上，在这些基因编码的蛋白质功能研究中并未找到与抑制真菌活性相关的直接证据。

非编码的基因间区域（IGR）占细菌基因组的 15%，包含多种具有关键功能的调控元件。全基因组关联分析鉴定的 SNP 中，除位于功能基因上的位点外，还包括位于基因间区的 Chr_2076945、p2_28550、p3_15579 和 p6_5693 四个显著相关位点。注释结果显示，突变位点上下游功能基因包括转座酶、末端酶、核酸内切酶、嘌呤透过酶、DNA 结合反应调节蛋白和复制起始蛋白等，这些与微生物基本生命过程和进化相关的基因与真菌抑制活性缺乏直接相关的证据，推测其基因间区的突变可能通过调节菌株生长代谢过程，间接影响其对真菌的抑制活性。

综上，551 株植物乳植杆菌的比较基因组结果显示，在整个系统发育树上，乳制品和动物来源的分离株呈现分布不均匀的特点，遗传进化过程与生态位存在相关性。相反，源于植物的分离株在整个系统发育树上未观察到明显的分布偏好，与先前对植物乳植杆菌进化方式的描述是一致的。植物乳植杆菌对不同生态位适应性进化的过程中可能受到某些选择压力的影响。基于乳制品和动物源植物乳植杆菌大多来源于食品这一特征，推测在人类饮食文明和食品工业发展的不同阶段对植物乳植杆菌的驯化可能是其中的一种选择压力。植物源分离株在地理位置上的分布差异，可能提示区别于乳源和动物源分离株，这一类型植物乳植杆菌的进化方式可能受到其他环境因素影响。通过全基因组关联分析鉴定到一个位于穿孔素基因上的与抑菌表型相关的位点 Chr_2030723，可作为快速筛选抑制真菌植物乳植杆菌的参考指标。

第三节　传统发酵食品中优势副干酪乳酪杆菌基因组多样性

一、副干酪乳酪杆菌的基因组多样性

近年来，副干酪乳酪杆菌作为研究最为广泛的一种益生菌之一，具有平衡人体肠道菌群、提高机体免疫力、预防疾病等多种益生功能[65-68]。基因组学的研究方法为破解微生物的遗传密码提供了可能，随着对副干酪乳酪杆菌基因组层面的深入研究，越来越多的分析表明，基因型相似的菌株间存在较大的表型差异。DNA 甲基化作为表观遗传修饰的形式，在不改变 DNA 序列的条件下，对胞嘧啶或腺嘌呤进行修饰，不仅能帮助细菌保护自身，抵御外来 DNA 入侵，还可改变遗传表型，增加细菌遗传多样性。Illumina 和 SMRT 测序技术的不断成熟，使获得微生物全基因组序列更加简单化，让深入研究其甲基化组学成为可能，而从基因组学与表观遗传学层面上揭示物种差异及多样性也成为越来越多学者探究的方向[69-71]。因此基于 Illumina 和 SMRT 测序技术，对副干酪乳酪杆菌的基因组信息进行深入挖掘，从基因组学和表观遗传学角度解析副干酪乳酪杆菌甲基化多样性，探究 DNA 甲基化对菌株表型的影响，为物种分类鉴定及菌种筛选培育奠定基础。

二、副干酪乳酪杆菌基因组分析

（一）副干酪乳酪杆菌基因组的特点

结合 Illumina 和 PacBio SMRT 测序平台，对 27 株副干酪乳酪杆菌株的全基因组序列进行测定，平均基因组覆盖度在 257~643 倍。为了比较分析，将已有的副干酪乳酪杆菌 Zhang 基因组数据纳入分析，构建 28 株副干酪乳酪杆菌基因组数据集（表 1-15）。所有菌株染色体基因组大小平均为（3.09±0.14）Mb，其中 IMAU60143 基因组最小，为 2.81Mb，IMAU80010 基因组最大，为 3.35Mb；在副干酪乳酪杆菌基因组中共预测到 2652~3230 个编码序列（coding sequences，CDS）；所有菌株基因组之间平均相对 GC 含量平均为 46.33%±0.13%；不同菌株之间质粒数量有所差异，除 3 个菌株未检测到质粒外，其余菌株均包含 1~4 个质粒。通过绘制副干酪乳酪杆菌基因组大小和 GC 平均相对含量的频率直方图可以看出，28 株副干酪乳酪杆菌基因组大小和 GC 平均相对含量呈现负相关，随着基因组的减小，GC 平均相对含量逐渐增加。

表 1-15　28 株副干酪乳酪杆菌基因组数据集

菌株编号	基因组大小/kb	GC 平均相对含量/%	质粒数量/个	CDSs/个
IMAU10004	3090	46.31	1	3020
IMAU10043	2900	46.43	1	2770
IMAU10510	3040	46.33	1	2954
IMAU10557	3250	46.14	1	3184
IMAU10685	3060	46.29	3	2974
PC646	3140	46.22	1	3142
IMAU11652	3130	46.20	1	3054
IMAU30101	2860	46.51	—	2727
IMAU60143	2810	46.63	—	2795
IMAU70001	3080	46.39	1	3041
IMAU70017	2980	46.38	1	2902
IMAU70018	3100	46.39	1	3043
PC724	3050	46.29	1	2975
IMAU70027	3170	46.27	1	3110
IMAU70038	3030	46.38	1	2934
IMAU70046	2830	46.65	1	2804
IMAU70057	3140	46.28	1	3062
IMAU70061	3200	46.39	2	3195

续表

菌株编号	基因组大小/kb	GC 平均相对含量/%	质粒数量/个	CDSs/个
IMAU70083	3270	46.21	4	3200
IMAU80010	3350	46.12	4	3305
PC804	3210	46.17	4	3147
IMAU80044	3130	46.33	4	3040
IMAU80047	3080	46.43	1	2985
IMAU80048	3130	46.24	2	3062
IMAU80077	3220	46.23	1	3160
IMAU80079	3170	46.28	—	3095
IMAU80116	3240	46.25	2	3178
Zhang	2900	46.43	1	2769

（二）单核苷酸多态性分析

以副干酪乳酪杆菌 Zhang 基因组序列作为对照序列进行单核苷酸多态性（SNP）分析，探究所有菌株与副干酪乳酪杆菌 Zhang 之间的差异，结果如表 1-16 所示，在 27 株菌中共鉴定到 771,337 个 SNP 位点，不同副干酪乳酪杆菌分离株之间 SNP 数量存在较大差异，其范围在 3~32,884 个，平均每个基因组中约含有 28,568±8266 个。其中位于基因编码区的 SNP 有 602,052 个，约占总 SNP 的 78.05%，还有 169,285 个（21.95%）位于基因间区；位于基因编码区的 SNP 中，绝大部分为同义突变（sSNP），占据 77.26%，而其余 22.74% 为非同义突变（nSNP）。

表 1-16　27 株副干酪乳酪杆菌基因组单碱基多态性统计表　　　　单位：个

变异类型	基因间区	基因编码区		共计
		sSNP	nSNP	
SNP	169,285	465,137	136,915	771,337

（三）泛基因组和核心基因组分析

泛基因组的概念于 2005 年首次被提出，该分析被广泛用于研究物种进化和遗传多样性，泛基因组代表着某一物种的全部基因，包括核心基因集和附属基因集，而核心基因则指所有菌株中的共有基因，较为保守，多为单拷贝基因，受水平转移影响小，更适合用于系统发育分析或物种分类分析[72]。28 株副干酪乳酪杆菌的泛基因组中包含 8311 个基因，核心基因集中包含 1717 个基因。随着基因组数量的增加，泛基因组呈现递增趋势，说明该物种有较高的遗传多样性，可与外界各种遗传物质发生交换，核心基因集则与泛基因集相反，随着菌株数量的增加而逐渐趋于稳定，表明该物种的稳定性较高。

（四）平均核苷酸一致性和平均氨基酸一致性分析

干酪乳杆菌和副干酪乳酪杆菌基因组极为相似，采用传统的物种分类方法很容易将菌株放置到错误的系统发育位置上。近年来，研究者多使用95%的ANI值来区分新的细菌物种[73]。而全基因组ANI不仅包含种间同源基因，同时也包含了水平转移基因。基因横向转移扭曲了细菌进化的分子时钟和不同物种之间的系统发育关系[74]，特别是对于那些共享栖息地并通过获得相似基因而进化的微生物。一般认为ANI>62%可以划分为同一菌属，ANI和平均氨基酸一致性（AAI）均大于被认为属于同一菌种[75,76]。副干酪乳酪杆菌之前的分类学地位被定义为一种干酪乳杆菌，2018年经NCBI数据库基于平均核苷酸一致性的结果将其重新划分为副干酪乳酪杆菌。基于1717个核心基因，使用ANI、AAI的方法对所有菌株基因组进行比较分析，所有菌株之间的ANI值均大于98.72%，AAI值均大于98.84%，具有极高的核苷酸一致性，种内同源性水平较高。

（五）系统发育分析

选用最大似然法基于1717个核心基因构建28株副干酪乳酪杆菌核心基因集系统发育树（图1-11）。从进化树中可以看出，28株副干酪乳酪杆菌在进化过程中菌株之间有所差异，所有菌株被分为4大分支。其中以副干酪乳酪杆菌为代表的分支由6株菌株组成，最大分支由13株菌株构成，最小分支仅由2株乳源分离菌株构成，且除最小分支外，其余分支中均不同程度地包含泡菜源分离菌株。

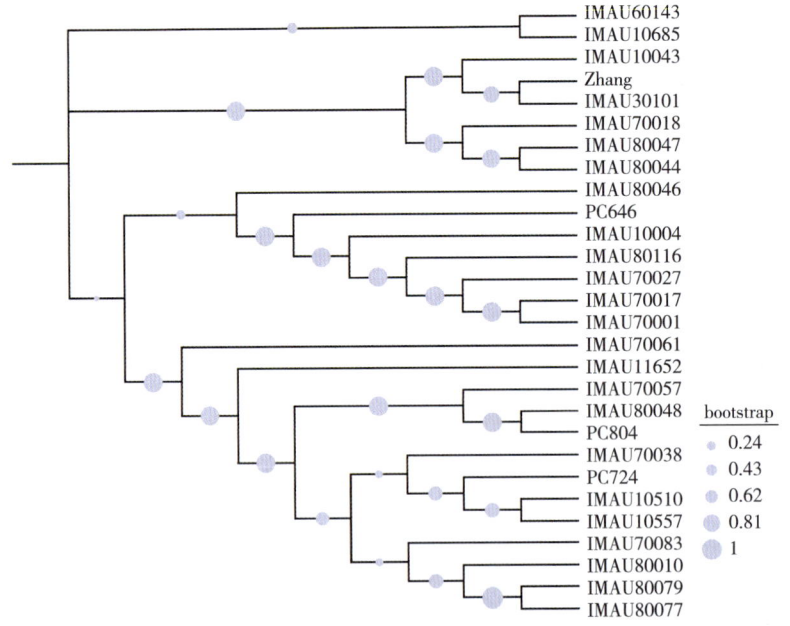

图1-11 基于1717个核心基因构建的系统发育树

(六) 功能注释

在 28 株副干酪乳酪杆菌基因组中共注释到 21 个功能类别，其中占比最大的为碳水化合物运输和代谢 [G] 类功能基因，其平均相对含量约为 18.12%±2.15%；位居第二的是翻译、核糖体结构和生物合成 [J] 类功能基因，平均相对含量约为 11.81%±1.16%；其次是氨基酸转运、代谢 [E] 和转录 [K] 这两大功能，其平均相对含量也均在 8%。各菌株中 [G] 类功能基因平均相对含量的标准差较大，其中 PC804、PC646 和 IMAU70057 含 [G] 类功能基因最多，平均相对含量分别为 21.00%、20.74% 和 20.69%；而 IMAU60143、IMAU70046 和 IMAU70038 含 [G] 类功能基因最少，平均相对含量依次为 13.05%、13.96% 和 14.64%，不同菌株对于碳水化合物的利用能力有所区别。副干酪乳酪杆菌中含有较多的编码碳水化合物运输和代谢类功能基因，可以赋予菌株对不同能源的利用能力，提高菌株对于环境的适应性。

结合 Illumina 和 SMRT 测序平台完成 27 株副干酪乳酪杆菌全基因组序列的测定，并结合之前副干酪乳酪杆菌 Zhang 的测序数据，构建 28 株副干酪乳酪杆菌基因组数据集。所有菌株染色体基因组大小在 2.81~3.35Mb，预测到的 CDS 数量在 2652~3230 个，GC 平均相对含量平均为 46.33%±0.13%，除三株菌之外，其余菌株均包含 1~4 个质粒。通过构建泛基因集和核心基因集可知，随基因组数量增加其泛基因集也呈上升趋势，表明副干酪乳酪杆菌的基因组为开放型基因组，随着基因组数量的增加，可能会发现更多新的基因。28 株副干酪乳酪杆菌分离株中共检测到 1717 个核心基因，基于核心基因，与已知分类学地位的副干酪乳酪杆菌 Zhang 进行 ANI、AAI 比较分析，所有菌株与副干酪乳酪杆菌 Zhang 之间的序列同源性均大于 98%。并且通过构建的系统发育树直观看出，菌株之间在进化过程中有所差异，但均与副干酪乳酪杆菌 Zhang 的遗传亲缘关系较近。研究者发现泡菜源菌株和乳源菌株在进化方向上有着明显不同，但泡菜源的样本量较少，除了最小分支中仅含有乳源分离株之外，其余分支中均包含不同生境的菌株。在 28 株副干酪乳酪杆菌基因组中，编码碳水化合物运输和代谢 [G] 的基因占据最大比例，不同菌株之间利用碳水化合物的能力有所区别。碳水化合物作为生物体中主要的能量来源，基因组中含有较多编码碳水化合物运输和代谢类的功能基因可赋予菌株对不同能源的利用能力，提高菌株对于环境的适应性。

三、副干酪乳酪杆菌甲基化组分析

使用 SMRT Link v5.0.1 对组装好的基因组结果进行甲基化位点检测及预测甲基转移酶识别的核苷酸基序，确定副干酪乳酪杆菌全基因组甲基化图谱。

通过对副干酪乳酪杆菌基因组中甲基化修饰位点进行统计，发现 28 株副干酪乳酪杆菌分离株中主要存在以 6-甲基腺嘌呤为修饰类型的甲基化位点，4-甲基胞嘧啶类型的甲基化修饰位点仅在菌株 IMAU70057 中被检测到，且不同菌株之间甲基化位点数量变化很大。其中 IMAU10685 预测到的甲基化位点数量最少，为 1592 个；IMAU11652 预测到的甲基化位点数量最多，为 32,303 个，可见不同菌株之间甲基化水平存在较大差异。

（一）甲基化基序

28 株副干酪乳酪杆菌中共鉴定到 41 种不同的 m6A 甲基化 motif[①] 基序和 1 种 m4C 甲基化 motif 基序（表 1-17），已用下划线标出 motif 基序中识别的甲基化位点。除 8 株菌未检测到甲基化 motif 基序外，其余每株菌中都可检测到 1~6 种不同的甲基化 motif 基序，其中 IMAU11652 中可检测到 6 种 motif 基序，而 IMAU60143、IMAU70001、IMAU70061、PC804 和副干酪乳酪杆菌 Zhang 中检测到的 motif 基序数量最少，仅为 1 种。四对菌株具有相同的 motif 基序，分别是：IMAU10004 和 IMAU80116 共同含有 motif 基序 CYYANNNNNNGTG 和 CACNNNNNNTRRG；IMAU80044 和 IMAU80047 共同含有 motif 基序 AAGGAG 和 GARANNNNNNNTGG；motif 基序 CNNTANNNNNNNTGG、CCANNNNNNNTANNG 为 IMAU80077 和 IMAU80079 共有；motif 基序 GCATC 为 IMAU10557 和 IMAU11652 共有，预示着这些相同 motif 基序的菌株可能具有相似的进化历程。其余大部分 motif 基序都具有菌株特异性，仅在一株菌中被鉴定到。不同菌株间甲基化 motif 基序存在较大差异，表明副干酪乳酪杆菌在全基因组水平上甲基化基序显示出较高的多样性。

表 1-17　20 株副干酪乳酪杆菌 motif 基序信息

菌株保藏号	motif 基序	甲基化 motif 数量/个	motif 基序数量/个	motif 甲基化比例/%
IMAU10004	CYYANNNNNNGTG	555	826	67.19
	CACNNNNNNTRRG	523	826	63.32
IMAU10510	GYTANNNNNNTCG	492	533	92.31
	CGANNNNNNTARC	484	533	90.81
IMAU10557	CTGCAG	691	1476	46.82
	GTAANNNNNNTGC	135	333	40.54
	GCANNNNNNTTAC	133	333	39.94
	GCATC	3823	9338	40.94
IMAU60143	GAGCC	2372	2797	84.81
IMAU70001	YAGGAG	670	1018	65.82
PC646	GCANNNNNNTGC	1989	2218	89.68
	ATAYNNNNGTC	442	481	91.89
	GACNNNNRTAT	431	481	89.60
IMAU80079	CNNTANNNNNNNTGG	1176	1348	87.24
	CCANNNNNNTANNG	1146	1348	85.01
IMAU70061	GCCAT	10799	11419	94.57

---

① motif（基序）是指在生物大分子（如蛋白质或 DNA/RNA）中反复出现的特定序列或结构域。

续表

菌株保藏号	motif 基序	甲基化 motif 数量/个	motif 基序数量/个	motif 甲基化比例/%
IMAU70038	GCAAAG	2320	2516	92.21
	CACNNNNNTYTC	641	679	94.40
	GARANNNNNNGTG	611	679	89.99
IMAU11652	GCATC	7409	8982	82.49
	CGGAT	4532	6127	73.97
	TGGAG	2308	2442	94.51
	CCATC	2807	8100	34.65
	CRTANNNNNNNTCG	471	493	95.54
	CGANNNNNNNTAYG	472	493	95.74
IMAU70046	GACNNNNNNGGT	1062	1128	94.15
	ACCNNNNNNGTC	1056	1128	93.62
	CRTANNNNNCGT	299	312	95.83
	ACGNNNNNTAYG	291	312	93.27
IMAU80077	CNNTANNNNNNNTGG	1117	1363	81.95
	CCANNNNNNNTANNG	1102	1363	80.85
IMAU70057	CGANNNNNNNTTGY	795	1006	79.03
	RCAANNNNNNNTCG	771	1006	76.64
	CAGCTG	1136	2438	46.60
IMAU80116	CYYANNNNNNGTG	576	904	63.72
	CACNNNNNNTRRG	519	904	57.41
IMAU70083	GYTANNNNNNNTTGY	430	478	89.96
	RCAANNNNNNNTARC	409	478	85.56
PC804	GCAAAT	2049	2825	72.53
Zhang	ACRCAG	1380	1908	72.33
IMAU80010	GAYNNNNNNGGT	2771	3691	75.07
	ACCNNNNNNNRTC	2582	3691	69.95
	ACCNNNNNCCT	945	983	96.13
	AGGNNNNNGGT	939	983	95.52
IMAU80044	CCANNNNNNNTYTC	730	875	83.43
	GARANNNNNNNTGG	672	875	76.80
	AAGGAG	824	1142	72.15
IMAU80047	AAGGAG	1032	1110	92.97
	CCANNNNNNNTYTC	862	865	99.65
	GARANNNNNNNTGG	855	865	98.84

(二) 甲基化基因的分布及注释

为了确定甲基化位点在参考基因组中的分布,对上述甲基化位点进行注释,发现约有 84.92% 的甲基化位点分布于基因组的编码序列中,而其余 15.08% 的甲基化位点位于基因间区,编码序列区域内的甲基化频率显著高于基因间区,表明副干酪乳酪杆菌菌株基因组中甲基化水平较高。

对带有甲基化位点的编码序列进行 COG 功能注释,结果发现这些甲基化位点的分布都集中在碳水化合物转运和代谢 [G] 类功能基因中,提取 28 株副干酪乳酪杆菌分离株中与碳水化合物转运和代谢相关的基因,并将其定位到了糖酵解/糖异生、戊糖磷酸途径、果糖和甘露糖代谢、半乳糖代谢、抗坏血酸和醛酸代谢、淀粉和蔗糖代谢、氨基糖和核苷酸糖代谢、丙酮酸代谢等 15 条碳水化合物代谢通路中。不同菌株之间这些基因的甲基化位点分布频率差异较大,其中大多数甲基化位点分布比率较高的基因都集中在与编码 6-磷酸果糖激酶、丙酮酸羧化酶、α-半乳糖苷酶、N-乙酰甘露糖胺激酶,以及与果糖、甘露糖、蔗糖和磷酸烯醇式丙酮酸转运系统等相关的基因中,这些基因中甲基化位点的偏态分布模式可能暗示了碳水化合物代谢调节的表观遗传水平,解释了副干酪乳酪杆菌在碳水化合物利用方面的多样性。

四、副干酪乳酪杆菌的限制修饰系统

(一) 限制修饰酶的特点

限制修饰系统作为先天性免疫系统,在抵抗噬菌体的感染中发挥作用。REBASE Gloden 数据库作为识别限制修饰系统的金标准,其蛋白信息的生化功能均经过实验表征验证,较为可靠[77]。

28 株副干酪乳酪杆菌分离株的 REBASE 注释结果分析可知,一共预测到了 30 种可靠的限制修饰酶(表 1-18),其中 20 种基因与 I 型限制修饰系统相关,其余 10 种基因分别属于 II 型和 IIG 型限制修饰系统相关的基因。II 型限制修饰系统通常包含单独的限制性内切酶和由不同基因编码的甲基转移酶,而 IIG 型限制修饰系统属于 II 型限制性内切酶和甲基转移酶的亚型,通常受到 AdoMet 的刺激,在同一多肽中同时表现出甲基转移酶和限制性内切酶的活性,在其他方面均表现为典型的 II 型限制修饰酶。在大多数菌株中,其限制修饰系统表现出较高的相似性,都具有相同的限制修饰酶[78,79],其中有两对菌株中的限制修饰酶完全一致,分别是 IMAU80044 和 IMAU80047,共同包含甲基转移酶 M.Lpa18149ORF8550P 和限制性内切酶 LpaL9ORF2187P,菌株 IMAU80077 和 IMAU80079 共同含有甲基转移酶 M.LpaLCIORF1368P 和限制性内切酶 LpaLCIORF1368P,而 IMAU10043、IMAU30101、IMAU60143 和 IMAU70061 中都仅含有 M.LcaZI 甲基转移酶。共鉴定到 19 种甲基转移酶相关基因,其中,9 种为 I 型甲基转移酶,3 种为 II 型甲基转移酶,还有 7 种属于 IIG 型限制修饰系统基因,在一定刺激下,可表现出甲基转移酶的活性。同时发现大部分限制性内切酶的切割位点是随机的,还有部分甲基转移酶的修饰位点处于待定状态，但不影响形成腺嘌呤修饰产物，所有甲基转移酶都可识别 m6A 基序。

总体来看，28 株副干酪乳酪杆菌中含有丰富的限制修饰系统相关基因，其限制修饰系统类型表现出较高的多样性，整体呈现"Ⅰ型为主，Ⅱ型为辅"的特点。

表 1-18　28 株副干酪乳酪杆菌的限制修饰酶

菌株	限制修饰酶	类型	识别序列
IMAU10004	M. Lpa355ORFCP	Ⅰ型甲基转移酶	CATCNAC
	Lpa355ORFCP	Ⅰ型限制性内切酶	—
	Lbr124Ⅱ	ⅡG 型限制酶/甲基转移酶	—
IMAU10043	M. LcaZⅠ	Ⅱ型甲基转移酶	ACRCAG
IMAU10510	M. LpaⅡAORF13355P	Ⅰ型甲基转移酶	—
	LpaNJORF11655P	Ⅰ型限制性内切酶	—
IMAU10557	M. LpaⅡAORF13355P	Ⅰ型甲基转移酶	—
	LpaNJORF11655P	Ⅰ型限制性内切酶	—
	M. Lpa1981ORF237P	Ⅱ型甲基转移酶	CTGCAG
IMAU10685	M. Lpa1981ORF1388P	Ⅰ型甲基转移酶	—
	LpaTCSORFBP	Ⅰ型限制性内切酶	—
	M. Lba1988Ⅱ	Ⅰ型甲基转移酶	CTANNNNNTTAA
PC646	M. Lca163ORF3040P	Ⅰ型甲基转移酶	—
	Lca163ORF3040P	Ⅰ型限制性内切酶	—
	M. Lac247Ⅱ	Ⅰ型甲基转移酶	CACNNNNNNTCC
	Lbr521IP	Ⅰ型限制性内切酶	GAANNNNNCCT
IMAU11652	M. Lba1988Ⅱ	Ⅰ型甲基转移酶	CTANNNNNTTAA
	Lba1988IP	Ⅰ型限制性内切酶	AGGNNNNNRCT
	LspDS16ORF7395P	ⅡG 型限制酶/甲基转移酶	—
	M. Lpa18149ORF8550P	Ⅰ型甲基转移酶	—
	LpaHD17ORFCP	Ⅰ型限制性内切酶	—
IMAU30101	M. LcaZⅠ	Ⅱ型甲基转移酶	ACRCAG
IMAU60143	M. LcaZⅠ	Ⅱ型甲基转移酶	ACRCAG
IMAU70001	Lbr124Ⅱ	ⅡG 型限制酶/甲基转移酶	CATCNAC
	Lpa195ORFBP	ⅡG 型限制酶/甲基转移酶	—
	M. LcaZⅠ	Ⅱ型甲基转移酶	ACRCAG
IMAU70017	Lpa195ORFBP	ⅡG 型限制酶/甲基转移酶	—
	M. LcaZⅠ	Ⅱ型甲基转移酶	ACRCAG
IMAU70018	M2. Hhe1ORF5280P	Ⅱ型甲基转移酶	ACNGT
PC724	M. Lca919ORF2272P	Ⅰ型甲基转移酶	—
	LpaHD17ORFCP	Ⅰ型限制性内切酶	—

续表

菌株	限制修饰酶	类型	识别序列
IMAU70027	Lpa195ORFBP	ⅡG型限制酶/甲基转移酶	—
	M. Lpa355ORFCP	Ⅰ型甲基转移酶	—
	Lpa355ORFCP	Ⅰ型限制性内切酶	—
IMAU70083	M. LpaⅡAORF13355P	Ⅰ型甲基转移酶	—
	LpaNJORF11655P	Ⅰ型限制性内切酶	—
IMAU70046	LcaN87ORF6615P	Ⅰ型限制性内切酶	—
	Lpa21731ORF2695P	Ⅰ型限制性内切酶	—
	M. Lba1988Ⅱ	Ⅰ型甲基转移酶	CTANNNNNTTAA
IMAU70038	Lfe2760ORF2040P	ⅡG型限制酶/甲基转移酶	—
	M. Lpa355ORFCP	Ⅰ型甲基转移酶	—
	Lpa355ORFCP	Ⅰ型限制性内切酶	—
IMAU70061	M. LcaZⅠ	Ⅱ型甲基转移酶	ACRCAG
IMAU70057	LspDS16ORF7395P	ⅡG型限制酶/甲基转移酶	—
	M. LpaⅡAORF13355P	Ⅰ型甲基转移酶	—
	LpaNJORF11655P	Ⅰ型限制性内切酶	—
IMAU80010	M. Lba1988Ⅱ	Ⅰ型甲基转移酶	CTANNNNNTTAA
	Lba1988IP	Ⅰ型限制性内切酶	AGGNNNNRCT
	LcaN87ORF6615P	Ⅰ型限制性内切酶	—
PC804	M. Lpa355ORFCP	Ⅰ型甲基转移酶	—
	Lpa355ORFCP	Ⅰ型限制性内切酶	—
	Lsp136ORF6100P	ⅡG型限制酶/甲基转移酶	—
	Lla110ORF2074P	ⅡG型限制酶/甲基转移酶	—
IMAU80044	M. Lpa18149ORF8550P	Ⅰ型甲基转移酶	—
	LpaL9ORF2187P	Ⅰ型限制性内切酶	—
IMAU80047	M. Lpa18149ORF8550P	Ⅰ型甲基转移酶	—
	LpaL9ORF2187P	Ⅰ型限制性内切酶	—
IMAU80048	M. Lpa355ORFCP	Ⅰ型甲基转移酶	—
	Lpa355ORFCP	Ⅰ型限制性内切酶	—
	LspDS16ORF7395P	ⅡG型限制酶/甲基转移酶	—
IMAU80077	M. LpaLCIORF1368P	Ⅰ型甲基转移酶	—
	LpaLCIORF1368P	Ⅰ型限制性内切酶	—
IMAU80079	M. LpaLCIORF1368P	Ⅰ型甲基转移酶	—
	LpaLCIORF1368P	Ⅰ型限制性内切酶	—

续表

菌株	限制修饰酶	类型	识别序列
IMAU80116	Lpa195ORFBP	ⅡG 型限制酶/甲基转移酶	—
	M. Lpa355ORFCP	Ⅰ 型甲基转移酶	—
	Lpa355ORFCP	Ⅰ 型限制性内切酶	—
Zhang	M. LcaZI	Ⅱ 型甲基转移酶	ACRCAG
	LcaZORF2054P	ⅡG 型限制酶/甲基转移酶	—

(二) 甲基转移酶与 motif 基序

在上述研究中利用 SMRT 测序技术确定了 28 株副干酪乳酪杆菌中的甲基化 motif 基序，现在又预测到了 19 种与限制修饰系统相关的甲基转移酶。很多甲基转移酶的识别序列并不能很好地在相应的菌株中找到某种对应关系，只有 IMAU10557 和副干酪乳酪杆菌 Zhang 中发现了这种关联，在 IMAU10557 中检测到了甲基转移酶 M. Lpa1981ORF237P，其识别序列为 CTGCAG，而其甲基化序列分析也显示仅在该菌株中存在基序 CTGCAG；在副干酪乳酪杆菌 Zhang 中检测到甲基转移酶 M. LcaZI，其识别序列为 ACRCAG，而其甲基化序列分析同样表明该菌株中存在基序 ACRCAG。郑慧娟在对乳酸乳球菌乳亚种的限制修饰系统分析中也发现了这类情况，仅在 2 株菌中存在这种明确的对应关系，表示有限种类的甲基转移酶并不能解释乳酸乳球菌乳亚种中所有基序的由来。与发现的结果类似，少数甲基转移酶的存在并不能解释菌株中所有甲基化 motif 基序的来源，推测一方面可能是由于菌株中很多甲基转移酶的识别序列尚未知晓，预测到的甲基转移酶并不能与其 motif 相匹配，造成了二者不对等的关系；另一方面由于细菌中存在着大量的 Ⅰ 型限制修饰系统和 Ⅱ 型限制修饰系统，限制修饰系统的多样性是导致菌株中甲基化 motif 基序呈现多样化的主要原因。

基于 28 株副干酪乳酪杆菌的基因组序列完成了相应的甲基化组分析，揭示了副干酪乳酪杆菌中的甲基化模式。通过分析发现，28 株副干酪乳酪杆菌中存在着高度甲基化的现象，每个菌株中都存在成千上万的甲基化位点。甲基化位点主要以 m6A 修饰类型为主，m4C 类型的甲基化修饰位点仅在一株菌中检测到。Blow 等利用 SMRT 测序技术确定了 200 多种细菌和古细菌中 DNA 甲基化模式，发现 DNA 甲基化在 90% 以上的生物体中普遍存在，且大量研究表明细菌中常见的甲基化修饰类型为 m6A 和 m4C。嗜热链球菌中存在着高度甲基化的现象，其 m4C 位点的甲基化水平高达 60%，是主要的修饰类型；乳酸乳球菌乳亚种基因组中也包含多个甲基化位点，其甲基化修饰类型主要以 m6A 为主，m4C 为辅。

28 株副干酪乳酪杆菌中共鉴定到 42 种不同的甲基化 motif 基序，除了 8 株菌之外，其余菌株都有自己的 motif 基序，不同菌株之间 motif 基序数量有所差异。且仅有 4 对菌株含有相同的 motif 基序，大部分的 motif 基序仅在一株菌中被检测到，其甲基化 motif 基序表现出较高的菌株特异性。即使在同一菌种之间，菌株中被修饰的甲基化 motif 基序也存在较大差异。不同菌株之间甲基化水平不同，甲基化 motif 基序存在较大差异，副干酪乳酪杆菌中甲基化组表现出较高的多样性。

为探究副干酪乳酪杆菌中 DNA 甲基化的生理作用，将识别到的甲基化位点与副干酪乳酪杆菌中注释到的基因进行对应。结果发现甲基化位点中，分布在 CDS 中的位点占 84.92%，基因间区中的位点占 15.08%，且 CDS 中的甲基化频率平均为 1.76/kb，显著高于基因间区 0.31/kb。这些带有甲基化位点的 CDS 都集中分布于碳水化合物运输和代谢类功能基因中，提取 28 株副干酪乳酪杆菌分离株中与碳水化合物运输和代谢相关的基因，并定位到了 15 条碳水化合物代谢通路上。结果显示，不同基因之间甲基化位点分布频率差异较大，但对于大多数菌株而言，甲基化比率较高的基因都集中在了编码磷酸烯醇式丙酮酸转运系统的基因中。

综上，PacBio SMRT 和 Illumina 测序技术结合副干酪乳酪杆菌 Zhang 的基因组完成了 28 株副干酪乳酪杆菌数据集构建。全基因组和表观遗传学揭示副干酪乳酪杆菌中甲基化和限制修饰系统的多样性。发现副干酪乳酪杆菌中甲基化修饰呈现较高的多样性，以 m6A 修饰类型为主，且副干酪乳酪杆菌中甲基化位点对碳水化合物运输和代谢具有偏好性。

参考文献

[1] Parvez S, Malik K A, Kang S A, et al. Probiotics and their fermented food products are beneficial for health [J]. Journal of Applied Microbiology, 2010, 100 (6): 1171-1185.

[2] Zheng J, Wittouck S, Salvetti E, et al. A taxonomic note on the genus *Lactobacillus*: Description of 23 novel genera, emended description of the genus *Lactobacillus Beijerinck* 1901, and union of Lactobacillaceae and Leuconostocaceae [J]. International Journal of Systematic and Evolutionary Microbiology, 2020 (4): 70.

[3] Lawley T, Clare S, Walker A, et al. Targeted restoration of the intestinal microbiota with a simple, defined bacteriotherapy resolves relapsing clostridium difficile disease in mice [J]. PLoS Pathogens, 2012, 8 (10): 1-14.

[4] Xia W, Yuan W, Jun Z, et al. Effects of composite probiotics on promoting growth and development of young rats and improving their immune function [J]. Modern Food Science & Technology, 2017, 33 (6): 9-14.

[5] Cestelli-guidi C. Effects of different combination of probiotics on growth performance, digestion metabolism rules of growing minks [J]. China Animal Husbandry & Veterinary Medicine, 2013, 86 (21): 8299-8303.

[6] Sharma V, Garg S, Aggarwal S. Probiotics and liver disease [J]. The Permanente Journal, 2013, 17 (4): 62-67.

[7] Yu J, Wang W, Menghe B, et al. Diversity of lactic acid bacteria associated with traditional fermented dairy products in Mongolia [J]. Journal of Dairy Science, 2011, 94 (7): 3229-3241.

[8] 王铱, 徐鹏, 戴欣. 微生物单细胞基因组技术及其在环境微生物研究中的应用 [J]. 微生物学报, 2016, 56 (11): 1691-1698.

[9] Raghunathan A, Jr H R F, Bornarth C J, et al. Genomic DNA amplification from a single bacterium [J]. Applied and Environmental Microbiology, 2005, 71 (6): 3342-3347.

[10] Ward T L, Hosid S, Ioshikhes I, et al. Human milk metagenome: a functional capacity analysis [J]. BMC microbiology, 2013, 13 (1): 116.

[11] Ismail W, Ye Y, Tang H. Gene finding in metatranscriptomic sequences [J]. BMC Bioinformatics, 2014, 15 (Suppl 9): S8.

[12] Noguchi H, Park J, Takagi T. MetaGene: prokaryotic gene finding from environmental genome shotgun sequences [J]. Nucleic Acids Research, 2006, 34 (19): 5623-5630.

[13] Konings W N. The cell membrane and the struggle for life of lactic acid bacteria [J]. Antonie van Leeuwenhoek, 2002, 82 (1): 3-27.

[14] Gosalbes M J, Monedero V, Pérezmartínez G. Elements involved in catabolite repression and substrate induction of the lactose operon in Lacticaseibacillus casei [J]. Journal of Bacteriology, 1999, 181 (13): 3928-3934.

[15] De Vos W M, Vaughan E E. Genetics of lactose utilization in lactic acid bacteria [J]. FEMS Microbiology Reviews, 1994, 15 (2-3): 217-237.

[16] Chen Y, Zhang W, Sun Z, et al. Complete genome sequence of Lactobacillus helveticus H9, a probiotic strain originated from kurut [J]. Journal of Biotechnology, 2015, 194 (10): 37-38.

[17] Guédon E, Renault P, Ehrlich S D, et al. Transcriptional pattern of genes coding for the proteolytic system of Lactococcus lactis and evidence for coordinated regulation of key enzymes by peptide supply [J]. Journal of Bacteriology, 2001, 183 (12): 3614-3622.

[18] Savijoki K, Ingmer H, Varmanen P. Proteolytic systems of lactic acid bacteria [J]. Applied Microbiology and Biotechnology, 2006, 71 (4): 394-406.

[19] 姚国强, 李慧, 高鹏飞, 等. 乳酸菌在发酵酸面团中的研究应用 [J]. 中国食品学报, 2013, 13 (3): 163-170.

[20] Lansky S, Zehavi A, Dann R, et al. Purification, crystallization and preliminary crystallographic analysis of Gan1D, a GH1 6-phospho-b-galactosidase from Geobacillus stearothermophilus T1 [J]. Acta Crystallographica, 2014, 70 (Pt 2): 225-231.

[21] Korczynska J E, Danielsen S, Schagerlöf U, et al. The structure of a family GH25 Lysozyme from aspergillus fumigates [J]. Acta Crystallographica, 2010, 66 (Pt 9): 973-977.

[22] Suzuki R, Koide K, Hayashi M, et al. Functional characterization of Three (GH13) branching enzymes involved in cyanobacterial starch biosynthesis from Cyanobacterium sp. [J]. Biochim Biophys Acta, 2015, 1854 (5): 476-484.

[23] Møller M S, Goh Y J, Viborg A H, et al. Recent insight in α-glucan metabolism in probiotic bacteria [J]. Biologia, 2014, 69 (6): 713-721.

[24] Sun Z, Harris H M, Mccann A, et al. Expanding the biotechnology potential of lactobacilli through comparative genomics of 213 strains and associated genera [J]. Nature Communications, 2015, 6: 8322.

[25] Sánchez-Rodríguez A, Tytgat H L P, Winderickx J, et al. A network-based approach to identify substrate classes of bacterial glycosyltransferases [J]. BMC Genomics, 2014, 15: 349.

[26] McArthur J B, Chen X. Glycosyltransferase engineering for carbohydrate synthesis [J]. Biochemical Society Transactions, 2016, 44 (1): 129-142.

[27] Martinez-Fleites C, Proctor M, Roberts S, et al. Insights into the synthesis of lipopolysaccharide and antibiotics through the structures of two retaining glycosyltransferases from family GT4 [J]. Chemistry & Biology, 2006, 13 (11): 1143-1152.

[28] Bury D, Dahmane I, Derouaux A, et al. Positive cooperativity between acceptor and donor sites of the peptidoglycan glycosyltransferase [J]. Biochemical Pharmacology, 2015, 93 (2): 141-150.

[29] 赵宏飞. 乳糖对瑞士乳杆菌生长代谢影响及高密度培养研究 [D]. 北京: 北京林业大学, 2014.

[30] Callanan M J, Beresford T P, Ross R P. Genetic diversity in the lactose operons of Lactobacillus helveticus strains and its relationship to the role of these strains as commercial starter cultures [J]. Applied & Environmental Microbiology, 2005, 71 (3): 1655-1658.

[31] Broadbent J R, Cai H, Larsen R L, et al. Genetic diversity in proteolytic enzymes and amino acid metabolism among Lactobacillus helveticus strains [J]. Journal of Dairy Science, 2011, 94 (9): 4313-4328.

[32] Fröhlich-Wyder M T, Bisig W, Guggisberg D, et al. Influence of low pH on the metabolic activity of *Lentilactobacillus buchneri* and *Lactobacillus parabuchneri* strains in Tilsit-type model cheese [J]. Dairy Science & Technology, 2015, 95 (5): 569-585.

[33] Nadra M C M D, Holgado A A P D R, Oliver G. Ornithine transcarbamylase from Lentilactobacillus

buchneri NCDO 110 [J]. Current Microbiology, 1984, 11 (5): 251-256.

[34] Nadra M C M D, Chaud C A N, Holgado A P D R, et al. Synthesis of the arginine dihydrolase pathway enzymes in Lentilactobacillus buchneri [J]. Current Microbiology, 1986, 13 (5): 261-264.

[35] Liu S, Skinner-Nemec K A, Leathers T D. Lentilactobacillus buchneri strain NRRL B-30929 converts a concentrated mixture of xylose and glucose into ethanol and other products [J]. Journal of Industrial Microbiology & Biotechnology, 2008, 35 (2): 75-81.

[36] Liu S, Skory C, Qureshi N, et al. The yajC gene from Lentilactobacillus buchneri and Escherichia coli and its role in ethanol tolerance [J]. Journal of Industrial Microbiology & Biotechnology, 2016, 43 (4): 441-450.

[37] Watanabe K, Fujimoto J, Tomii Y, et al. Lactobacillus kisonensis sp. nov., Lentilactobacillus otakiensis sp. nov., Lactobacillus rapi sp. nov. and Lactobacillus sunkii sp. nov., heterofermentative species isolated from sunki, a traditional Japanese pickle [J]. International Journal of Systematic & Evolutionary Microbiology, 2009, 59 (Pt 4): 754-760.

[38] Doi K, Mori K, Mutaguchi Y, et al. Draft genome sequence of d-branched-chain amino acid producer Lentilactobacillus otakiensis JCM 15040T, isolated from a traditional japanese pickle [J]. Genome Announcements, 2013, 1 (4): e00546-13.

[39] Kato S, Ishihara T, Hemmi H, et al. Alterations in D-amino acid concentrations and microbial community structures during the fermentation of red and white wines [J]. Journal of Bioscience & Bioengineering, 2011, 111 (1): 104-108.

[40] GeorgAlaki M D, Sarantinopoulos P, Ferreira E S, et al. Biochemical properties of Streptococcus macedonicus strains isolated from Greek Kasseri cheese [J]. Journal of Applied Microbiology, 2000, 88 (5): 817-825.

[41] Vincent S J F, Faber E J, Neeser J R, et al. Structure and properties of the exopolysaccharide produced by Streptococcus macedonicus Sc136 [J]. Glycobiology, 2001, 11 (2): 131-139.

[42] Anastasiou R, Driessche G V, Boutou E, et al. Engineered strains of Streptococcus macedonicus towards an osmotic stress resistant phenotype retain their ability to produce the bacteriocin macedocin under hyperosmotic conditions [J]. Journal of Biotechnology, 2015, 212 (29-31): 125.

[43] Franciosi E, Carafa I, Nardin T, et al. Biodiversity and gamma-aminobutyric acid production by lactic acid bacteria isolated from traditional alpine raw cow's milk cheeses [J]. BioMed Research International, 2015: 625-740.

[44] Tiwari P, Misra A K. Synthesis of oligosaccharide fragments corresponding to the exopolysaccharide released by Streptococcus macedonicus Sc 136 [J]. Glycoconjugate Journal, 2008, 25 (2): 85-99.

[45] Guarcello R, Carpino S, Gaglio R, et al. A large factory-scale application of selected autochthonous lactic acid bacteria for PDO pecorino siciliano cheese production [J]. Food Microbiology, 2016, 59: 66-75.

[46] Papadimitriou K, Anastasiou R, Maistrou E, et al. Acquisition through horizontal gene transfer of plasmid pSMA198 by Streptococcus macedonicus ACA-DC 198 points towards the dairy origin of the species [J]. PLoS One, 2015, 10 (1): e0116337.

[47] Gesudu Q, Zheng Y, Xi X, et al. Investigating bacterial population structure and dynamics in traditional koumiss from Inner Mongolia using single molecule real-time sequencing [J]. Journal of Dairy Science, 2016, 99 (10): 7852-7863.

[48] Chen Y F, Zhao W J, Wu R N, et al. Proteome analyse of Lactobacillus helveticus H9 during growth in skim milk [J]. Journal of Dairy Science, 2014, 97 (12): 7413-7425.

[49] Ardö Y. Flavour formation by amino acid catabolism [J]. Biotechnology Advances, 2006, 24 (2): 228-242.

[50] Helinck S, Bars D L, Moreau D, et al. Ability of thermophilic lactic acid bacteria to produce aroma compounds from amino acids [J]. Applied & Environmental Microbiology, 2004, 70 (7): 3855-3861.

[51] Yvon M, Thirouin S, Rijnen L, et al. An aminotransferase from Lactococcus lactis initiates conversion of amino acids to cheese flavor compounds [J]. Applied & Environmental Microbiology, 1997, 63 (2): 414-419.

[52] Rijnen L, Bonneau S, Yvon M. Genetic characterization of the major lactococcal aromatic aminotransferase and its involvement in conversion of amino acids to aroma compounds [J]. Applied & Environmental Microbiology, 1999, 65 (11): 4873-4880.

[53] Irmler S, Raboud S, Beisert B, et al. Cloning and characterization of two Lacticaseibacillus casei genes encoding a cystathionine lyase [J]. Applied & Environmental Microbiology, 2008, 74 (1): 99-106.

[54] Fernández M, Van Doesburg W, Rutten G A, et al. Molecular and functional analyses of the metC gene of Lactococcus lactis, encoding cystathionine beta-lyase [J]. Applied & Environmental Microbiology, 2000, 66 (1): 42-48.

[55] Ott A, Germond J E, Chaintreau A. Origin of acetaldehyde during milk fermentation using (13) C-labeled precursors [J]. Journal of Agricultural & Food Chemistry, 2000, 48 (5): 1512-1517.

[56] Liu M, Nauta A, Francke C, et al. Comparative genomics of enzymes in flavor-forming pathways from amino acids in lactic acid bacteria [J]. Applied And Environmental Microbiology, 2008, 74 (5): 4590-4600.

[57] Martino M E, Bayjanov J R, Caffrey B E, et al. Nomadic lifestyle of Lactobacillus plantarum revealed by comparative genomics of 54 strains isolated from different habitats [J]. Environmental Microbiology, 2016, 18: 4974-4989.

[58] Choi S, Jin G D, Park J, You I, et al. Pangenomics of Lactobacillus plantarum revealed Group-specific genomic profiles without habitat association [J]. Journal of Microbiology & Biotechnology, 2018, 28 (8): 1352-1359.

[59] Parks D H, Imelfort M, Skennerton C T, et al. CheckM: assessing the quality of microbial genomes recovered from isolates, single cells, and metagenomes [J]. Genome Research, 2015, 25 (7): 1043-1055.

[60] Bankevich A, Nurk S, Antipov D, et al. SPAdes: a new genome assembly algorithm and its applications to single-cell sequencing [J]. Journal of Computational Biology, 2012, 19 (5): 455-477.

[61] Plumbridge J. An alternative route for recycling of N-acetylglucosamine from peptidoglycan involves the N-acetylglucosamine phosphotransferase system in Escherichia coli [J]. Journal of Bacteriology, 2009, 191 (18): 5641-5647.

[62] Rhiel E, Flukiger K, Wehrli C, et al. The mannose transporter of Escherichia coli K12: oligomeric structure, and function of two conserved cysteines [J]. Biological Chemistry Hoppe-Seyler, 1994, 375 (8): 551-559.

[63] Borysowski J, Weber-Dabrowska B, Górski A. Bacteriophage eendolysins as a novel class of aantibacterial agents [J]. Experimental Biology & Medicine, 2006, 231 (4): 366-377.

[64] Saier M H, Reddy L. Holins: Proteins of diverse function with potential for biomedical and biotechnological advances [J]. Research & Reviews: Journal of Microbiology and Biotechnology, 2018, 7 (1): 15-18.

[65] Sánchez E, Nieto J C, Vidal S, et al. Fermented milk containing Lactobacillus paracasei subsp. paracasei CNCM I-1518 reduces bacterial translocation in rats treated with carbontetrachloride [J]. Scientific Reports, 2017, 7 (1): 1-12.

[66] 田丰伟, 杨震南, 丁历伟, 等. 副干酪乳酪杆菌 LC01 对人体肠道菌群的调节作用 [J]. 中国食品学报, 2018, 18 (10): 7.

[67] Ribeiro S C, Domingos M F P, Stanton C, et al. Production of γ-aminobutyric acid (GABA) by Lentilactobacillus otakiensis and other Lactobacillus sp. isolated from traditional Pico cheese [J]. International Journal of Dairy Technology, 2018, 71 (4): 1012-1017.

[68] Cheng M C, Pan T M. Prevention of hypertension-induced vascular dementia by Lactobacillus paracasei subsp. paracasei NTU 101-fermented products [J]. Pharmaceutical Biology, 2017, 55 (1): 487-496.

[69] 李伟, 印莉萍. 基因组学相关概念及其研究进展 [J]. 生物学通报, 2000, 35 (11): 3.

[70] 韩佃刚, 肖蓉, 信吉阁, 等. 功能基因组学的研究方法 [J]. 中国畜牧兽医, 2007, 13 (1): 301-304.

[71] 宋雪梅, 李宏滨, 杜立新. 比较基因组学及其应用 [J]. 生命的化学, 2006, 26 (5): 3.

[72] Tripathi C, Mishra H, Khurana H, et al. Complete genome analysis of Thermus parvatiensis and comparative genomics of Thermus spp. provide insights into genetic variability and evolution of natural competence as strategic survival attributes [J]. Frontiers in Microbiology, 2017, 8: 1410.

[73] Kim M, Oh H S, Park S C, et al. Towards a taxonomic coherence between average nucleotide identity and 16S rRNA gene sequence similarity for species demarcation of prokaryotes [J]. International Journal of Systematic and Evolutionary Microbiology, 2014, 64 (2): 346-351.

[74] Novichkov P S, Omelchenko M V, Gelfand M S, et al. Genome-wide molecular clock and horizontal gene transfer in bacterial evolution [J]. Journal of Bacteriology, 2004, 186 (19): 6575-6585.

[75] Konstantinidis K T, Tiedje J M. Towards a genome-based taxonomy for prokaryotes [J]. Journal of Bacteriology, 2005, 187 (18): 6258-6264.

[76] Goris J, Konstantinidis K T, Klappenbach J A, et al. DNA-DNA hybridization values and their relationship to whole-genome sequence similarities [J]. International Journal of Systematic and Evolutionary Microbiology, 2007, 57 (1): 81-91.

[77] Roberts R J, Vincze T, Posfai J, et al. REBASE-a database for DNA restriction and modification: enzymes, genes and genomes [J]. Nucleic Acids Research, 2015, 43 (1): 298-299.

[78] Pingoud A, Wilson G G, Wende W. Type II restriction endonucleases-a historical perspective and more [J]. Nucleic Acids Research, 2014, 42 (12): 7489-7527.

[79] Shen B W, Xu D, Chan S H, et al. Characterization and crystal structure of the type IIG restriction endonuclease RM. BpuSI [J]. Nucleic Acids Research, 2011, 39 (18): 8223-8236.

第二章

乳酸菌在肠道环境中的适应性机制

第一节　肠道中的乳酸菌微进化研究概述

第二节　植物乳植杆菌在肠道环境中的适应性进化

第三节　副干酪乳酪杆菌在肠道环境中的适应性进化

参考文献

第一节　肠道中的乳酸菌微进化研究概述

一、肠道菌群和乳酸菌

人体肠道内大约寄生着 $10^{13}\sim10^{14}$ 个微生物，共有 500~1000 种不同的菌种[1]。它构成了人体最大的微生物库，其细胞数量超过人体自身细胞的 10 倍，编码的基因数量则是人体自身基因数量的数百倍。其中菌群主要由厚壁菌门、拟杆菌门、变形菌门、放线菌门构成，且肠道菌群中 90% 为厚壁菌门和拟杆菌门[2]。肠道菌群与人体环境在共同成长的过程中，已然形成了相互依赖、共生互惠的关系。在此过程中，肠道菌群会通过多种途径直接或间接来影响宿主的生理代谢过程，例如参与食物的消化与代谢，降解糖类、蛋白质等；参与胆汁酸、胆红素、磷脂代谢[3]；促进发育，调节免疫；通过营养竞争、占位保护等方式来抑制艰难梭菌等机会致病菌的过度繁殖及外来致病菌的入侵等，并在代谢进程、能量产生、免疫细胞发育和维持肠上皮细胞稳态等方面发挥重要作用。研究表明，肠道微生物群可能影响宿主的情绪，造成情绪不稳等行为，并参与下丘脑-垂体-肾上腺轴的调节[4]。而且，肠道菌群还可以通过代谢产物进入血液循环，从而作用到全身[5]。因此，基于这些重要功能，越来越多的研究学者将肠道微生物群视为人体另一个重要"器官"[6-8]。肠道菌群通常会在生命早期逐渐定植，且逐渐保持稳定。然而这种稳态会受到多种外界因素影响，例如年龄、饮食、细菌/病毒感染、抗生素、不利的环境因素等[9,10]。而这种菌群失调带来的后果十分严重，例如肠黏膜屏障受损、免疫失调等一系列问题，进而引发肥胖、糖尿病、炎症性肠病、肿瘤等疾病[11]。

益生菌泛指通过摄入充足的数量，可对宿主产生一种或多种特殊且经过论证的功能性健康益处的活性微生物[12]。目前应用最广泛的益生菌主要为乳酸菌和双歧杆菌。研究已证实，益生菌可作为肠道菌群紊乱的理想治疗方式及预防方法，其作用机制有很多，主要包括与致病菌竞争营养底物和上皮细胞附着位点；影响肠黏膜免疫系统，调节炎性细胞水平；降低肠内 pH，从而不利于致病菌的生长；产生抗生素及重建肠屏障功能等[13]。2001年，中国内蒙古农业大学乳品生物技术与工程教育部重点实验室研究人员从中国内蒙古自治区草原牧民家庭自然发酵酸马奶样品中分离出 1 株具有优良性能的益生菌——副干酪乳酪杆菌 Zhang。研究人员采用体外试验、动物模型和人群试验进一步对副干酪乳酪杆菌 Zhang 的益生功能进行了系统评价，并利用基因组学等技术对此菌的益生机制进行了深入剖析。目前已经证实该菌具有优异的胃肠道消化液耐受能力[14]，能够在人和动物肠道中定植；调节人体肠道菌群，使肠道菌群趋于年轻化；有效拮抗肠道致病菌，提高肠道抗致病菌感染能力；对机体的细胞免疫、体液免疫和肠黏膜局部免疫具调节作用；调节血脂代谢、保护修复肝脏，增强机体抗氧化能力；可抑制肿瘤细胞的生长，预防 2 型糖尿病和结肠癌的发生[15-17]。尤其是副干酪乳酪杆菌 Zhang 的调节肠道免疫反应、降低黏膜通透性和促进肠内稳态等能力为其发挥肠屏障功能起到了积极作用[18,19]，而这也为该菌在用于缓解肠道炎症方面的有效性提供了依据。

二、乳酸菌的基因组进化

不同种乳酸菌菌株间基因数的变化显示了乳酸菌的进化，基因丢失、复制和获得的过程。物种的进化由基因突变、基因重组、遗传漂变和自然选择驱动。基因突变包括核苷酸替代、插入、缺失、重组及基因转换，是进化的主要动力。基因重组虽能在某种程度上增加遗传多样性，但不会改变等位基因频率。遗传漂变多见于小族群中，经过几代后，某个等位基因可能消失或成为唯一的等位基因，并在中性突变的固定中起到重要作用。自然选择则是基因在自然环境下的筛选过程，正向选择会淘汰变异，平衡选择则会增加变异[20,21]。

乳酸菌的共同祖先被认为具有约3000个基因的编码潜力，而目前研究的乳酸菌通常具有较小的基因组，最高可达3.5Mb碱基，平均编码约2000个基因[22,23]。研究表明，物种对营养丰富环境的适应性越高，其基因组越小；而能够适应多样环境的物种，其基因组则较大。乳酸菌基因组由大变小的演化过程通常是通过基因丢失和水平基因转移（horizontal gene transfer，HGT）引起的，同时也在一定程度上受到基因复制的影响[22]。

这种基因组大小的变化反映了乳酸菌在不同生态位中的适应策略。对于生活在稳定、营养丰富环境中的乳酸菌，较小的基因组意味着减少了不必要的代谢负担，提高了生存效率。而那些能够适应多样环境的乳酸菌则需要保留更多的基因以应对环境的变化和资源的多样性，这导致了较大基因组的产生。

（一）基因丢失

乳酸菌菌株间的进化分析显示，与所有杆菌类（bacilli）共同祖先的基因组相比，乳杆菌属的代谢途径相关基因丢失约1000个，包括孢子形成全套基因、一些代谢途径共因子基因、血红素/铜型细胞色素基因和过氧化氢酶基因[21]。基因组数据显示，一些物种如德氏乳杆菌保加利亚亚种（*Lactobacillus delbrueckii* subsp. *bulgaricus*）和嗜热链球菌有显著的基因丢失现象，并且存在大量假基因，这可能与菌株高度特异的栖息环境有关[22]。

此外，研究表明，栖息地似乎也会影响基因丢失的速度。Lee等[24]在对人肠道分离株长双歧乳杆菌（*Bifidobacterium longum*）DJO10A和实验室培养基中的长双歧杆菌NCC2705的比较基因组分析中发现，相较于DJO10A，NCC2705基因组中缺失了编码调控羊毛硫抗生素抗性相关的基因片段。将DJO10A在实验室培养基中培养1000代后，发现其基因组中缺失了两个DNA片段：一个类似于NCC2705中缺失的羊毛硫抗生素编码区（lantibiotic-encoding region），该区域位于两个IS30元件之间；另一个缺失区域是一个新的被称为移动整合酶盒（MIC）的移动元件。Lee等通过实验证实，在移动元件的促进下，*Bifidobacterium longum*以非常快速的方式（每1000代中2个基因的缺失）适应发酵环境，但同时也伴随着在肠道环境中生存竞争能力的丧失。

（二）水平基因转移

在进化过程中，基因复制和水平基因转移是乳酸菌获得新基因家族的主要途径。其中，水平基因转移是基因增加的主要方式，并且是乳酸菌进化的重要驱动力。Makarova

等[25]报道，*Bifidobacterium* 基因组中约有 5% 的基因序列是通过水平基因转移获得的。乳杆菌中的糖酵解酶类烯醇化酶的两个旁系同源酶是乳酸菌旁系同源基因获取的典型案例：系统发育分析显示，几乎所有的 Firmicutes 中的 *Lactobacillales* 都发现了烯醇酶，这表明它们是祖先酶。进一步研究表明，这种酶可能是由棒状乳酸菌的祖先菌通过水平基因转移从放线菌（*Actinobacteria*）中获得的[23]。

Santos 等[26]报道，*Lactobacillus reuteri* CRL1098 中编码完整的 de novo 生物合成中的辅酶 B12 基因簇中也存在基因水平转移现象。比较基因组学分析显示李斯特菌属（*Listeria*）和沙门菌属（*Salmonella*）菌株基因组中编码厌氧辅酶 B12 的基因序列非常相似，表明了辅酶 B12 生物合成基因在两种菌属菌株间的水平基因转移，通过 G+C 平均相对含量（全基因组的 36% 对比 39%）和密码子适应指数分析表明这种基因的转移可能发生在很久以前。

细菌间水平基因转移的发生通过三种机制：转化、接合、转导[23-27]。

1. 转化

自然的基因转化（transformation）是指某细菌释放出的 DNA 被另一个细菌接收并通过同源重组合并到该基因组的过程。此外，细菌需达到特定生理条件，也就是具有接受外源 DNA 能力。关于接受外源 DNA 能力的研究多集中于肺炎链球菌（*Streptococcus pneumoniae*）和变形链球菌（*Streptococcus mutants*）中，研究结果表明这种转化是自然发生的。这两种乳酸菌接受外源 DNA 能力的建立依赖于如下的早期和晚期的过程。早期的过程涉及 5 个不同的基因（*com*A、*com*B、*com*C、*com*D、*com*E 和 *com*X）。某种活性肽能够诱导接受外源 DNA 的能力，这种活性肽是由 *com*C 基因编码的前体衍生而来，并通过 ABC 转运器在胞外介质中成熟和分泌后获得。活性肽的产生与细胞密度和细胞生长环境中应激信号的存在呈正相关。该成熟肽作用于 *com*D 基因，*com*D 基因编码能够使调节物 *com*E 磷酸化的组氨酸激酶，正向调控了（*com*A、*com*B、*com*C、*com*D、*com*E 和 *com*X）基因。*com*X 基因与 RNA 聚合酶的核心酶相关，该核心酶可以识别与能力激活有关的晚期基因的启动区域。晚期基因是实际存在的基因，是使转化得以实现的原因，因为晚期基因参与了摄取外源 DNA 和保护单链 DNA，同时保护其同源重组到宿主细胞基因组中[28,29]。

嗜热链球菌是食品工业中非常重要的菌种，广泛应用于酸奶和奶酪生产中，因此研究人员专注于探究自然的 DNA 转移系统，用于建立食品级突变菌种，改善工业发酵菌种的特性。通过比较基因组学，Hols 等[30]报道嗜热链球菌菌种中存在 *com*X 基因和所有有助于转化能力获得的重要基因。随后，Blomqvist 等[31]描述了一个快速而有效的用于嗜热链球菌 LMG18311 自然转化的系统并获得了一个人工过表达 *com*X 基因，用于诱导嗜热链球菌细胞中接受外源 DNA 能力的过程。这种过表达在对数期早期，于特定的培养基（Todd-Hewitt 肉汤培养基）中发生。发现 *com*X 和 *com*C 和 *com*E 是 LMG 18311 转化不可或缺的基因，而且 *com*X 基因控制 *com*C 和 *com*E 基因的表达。Gardan 等[32]后续对嗜热链球菌 LMD-9 菌株的研究也证实了这些发现，缺失 *com*X 或 *com*C 和 *com*E 基因的突变体是不具有转化能力的。此外，Ami 转运蛋白通过调节 *com*X 转录来控制转化能力，而且晚期基因参与转化能力的形成。菌株 LMD-9 在 M17 培养基中不具备转化能力，然而，在以化学方法定义的无肽培养基中菌株的转化能力被诱导产生。此外，一个在确定的培养基上完成嗜热链球菌转化能力的模型已经被描述，通过 *Ami*A3 底物结合蛋白产生 *com*S 肽，并使其成熟并分泌，然后成熟肽由 Ami 转运蛋白运输，同时与一个被激活的调节因子相互作用，已被激活的调节因子结合到 comS 和 comX 基因的操纵子序列上[33]。

嗜热链球菌基因组中的细胞表面蛋白酶基因 prtS 是牛奶发酵中调控菌株产酸率的关键基因。Delorme 等[34] 报道 prtS 基因可能是通过水平基因转移到嗜热链球菌基因组中，prtS 通过包含典型的分选酶 A（srtA）的机制紧密锚定于细胞壁上，并将乳酪蛋白分解成小分子的寡肽。prtS 在嗜热链球菌基因组中的存在与否直接关系到菌株的产酸速率。Dandoy 等[35] 成功地完成了将 prtS 基因自然转化到三株缓慢型产酸菌株中，使它们转变为快速型产酸菌株。同时，实验也证实了 srtA 并不是 prtS 基因活性表达的必需酶类，prtS 表达活性也不依赖于 prtS 拷贝数和 prtS 染色体整合位点（chromosomal integration locus）。

2. 接合

接合（conjugation）即从供体到受体 DNA 的转移通过直接细胞接触，是另一种用于将 DNA 引入可转化性差或不可转化的乳酸菌中的方法，也是一种体内水平基因转移的自然方式[36]。近年来，细菌间抗生素抗性的传播受到广泛关注，环境中尤其是食品生产中耐抗生素菌种的存在已经被大量报道。因许多抗生素抗性基因位于可移动的遗传元件上，所以接合被认为是细菌间传播抗生素抗性的主要 DNA 转移系统[37]。这些遗传元件可以通过接合从供体细菌细胞的基因组移动至受体细胞的基因组，因此接合转座子是传播耐药性的重要载体[38]。此外，接合也包括接合质粒或通过转移接合质粒使非接合质粒共同转移[39]。

乳酸菌被认为是抗生素抗性基因的潜在储存库，也是抗生素抗性水平转移的良好载体。这主要因为活的乳酸菌在被摄入后，有机会与宿主体内其他部位的微生物密切接触。此外，乳酸菌中含有可移动的遗传元件，如质粒和接合转座子，这些元件能够实现水平基因转移。

实际研究中，大部分的接合实验多使用滤膜法在体外完成，然而体外实验不能理想地重现自然的接合条件[40]。Feld 等[38,40] 评估了在体内和体外实验中植物乳植杆菌的红霉素抗性质粒的可转移性。他们对体外膜过滤法与无菌小鼠模型的体内方法进行比较，结果表明胃肠道条件更适宜抗生素抗性的转移。此外，Feld 等也报道称肠道中固有微生物的存在使检测到的转移基因数量减少，然而抗生素的摄入却可诱导编码抗生素抗性基因质粒的转移。除了上述介绍的影响抗性基因转移的三个因素外，也有研究发现摄入包含具有抗生素抗性的微生物的食品比摄入正常饮食发生基因移动的频率更高。

3. 转导

另外一种 DNA 转移的方法叫转导（transduction），是以噬菌体为介质将一个细胞的基因传递给另一细胞的过程。在乳酸菌基因转移方面，相较于转化和接合，转导的研究报道较少。Ravin 等[41] 曾报道了在 *Lactobacillus delbrueckii* subsp. *lactis* 和 *Lactobacillus delbrueckii* subsp. *bulgaricus* 中存在高频率的以 pac 型噬菌体为介质的质粒转导现象。Ammann 等[42] 也曾报道发现了以三个 cos 型嗜热链球菌噬菌体为介质的质粒转导到 *Lactococcus lactis* 中。Ventura 等[43] 研究发现 *Bifidobacterium* 中存在以转导为机制的基因水平转移现象。在 *Bifidobacterium breve* UCC2003 基因组中存在一个非诱导性原噬菌体元件，这个元件包括 20kb 的复合移动元件，且这个复合移动元件插到了原噬菌体样序列中。此外，*Lactobacillus delbrueckii* 和 *Lacticaseibacillus casei* 中的基于特异性外切核酸酶的噬菌体防御机制也是通过以噬菌体为介导的水平基因转移获得的[22]。

(三) 单核苷酸多态性

单核苷酸多态性（SNP）是基因组水平上因单个核苷酸变异引起的 DNA 序列多态性变化，包括单碱基的置换、转换、插入和缺失，是细菌进化的重要驱动力。因单碱基或连续碱基插入/缺失的原理不同，实际研究中，SNP 通常指单碱基置换，而单碱基或连续碱基的插入/缺失做另外的 Indel 分析和碱基插入缺失分析。根据在基因组上的位置，SNP 分为基因编码区和非编码区，其中基因编码区易造成基因功能突变。根据 SNP 对基因编码的氨基酸功能的影响，分为同义突变和非同义突变，非同义突变又分为普通非同义突变和无义突变。SNP 可通过比较物种间差异解析物种间的亲属关系和进化关系，具有密度高、代表性强和易于自动化分析等特点，具有重要的生物学意义。

杨献伟[44] 完成了对全球不同地区和不同分离时间的 157 株副溶血性弧菌的全基因组测序分析，并基于 SNP 研究了该菌种群的系统发育关系。研究结果表明，一些 SNP 突变可能是由强烈的自然选择驱动引起的，这些 SNP 变异与副溶血性弧菌对不同生存环境的适应性密切相关。Desjardins 等[45] 通过对 498 株结核分枝杆菌（Mycobacterium tuberculosis）全基因组序列的 SNP 数据和菌株耐药性表型数据进行相关性分析，揭示了菌株基因组中编码丙氨酸脱氢酶的 ald 基因功能丧失与菌株对环丝氨酸耐药性相关。并且他们通过耐药性试验证实了该分析结果：ald 基因的丢失导致菌株对环丝氨酸产生耐药性，而 ald 基因的回补使菌株对环丝氨酸恢复敏感性。Jeffares 等[46] 对 161 株天然粟酒裂殖酵母（Schizosaccharomyces pombe）分离株的基因组进行了测序，通过比较基因组学分析共发现了 172,935 个 SNP，基于这些 SNP 进行系统发育分析推测出粟酒裂殖酵母（Schizosaccharomyces pombe）的祖先菌可能是于公元前 1623 年到达美洲的；此外，Jeffares 等也基于 Schizosaccharomyces pombe 的共 89 种表型数据进行了该菌种的基因型-表型相关性分析，研究发现 nsk1 和 sod2 与菌株对氯化镁（$MgCl_2$）的敏感性显著相关，通过试验证明 nsk1 和 sod2 的缺失会引起菌株对 $MgCl_2$ 的敏感性降低。为实际生产应用提供了理论基础。

三、乳酸菌质粒的生理学

质粒是一类存在于原核生物和一些低等真核生物细胞中、游离于细胞质并独立于细胞染色体外的、可自主复制或随宿主 DNA 复制的、环状或线性双链 DNA。质粒的碱基对含量不等，范围在几百个到几百万个碱基对之间[47]。

质粒 DNA 在宿主细胞中可以稳定地传递。据报道，某些质粒 DNA 参与蛋白质编码，虽然其占细胞遗传物质的比重很小，却能调控宿主的某些特殊性状。代谢性质粒通常较大，一般有几万个碱基对。1972 年，McKay 等[48] 研究 Lactococcus lactis 自发或由丙酸诱导丧失乳糖发酵能力时推测，可能是染色体外的遗传物质——质粒调控着乳糖代谢表型。随后的研究进一步证实了这一推测[49]，从此代谢性质粒的研究主导了乳酸菌遗传学研究的早期阶段。Lactococcus lactis 中存在的其他代谢性质粒及其功能也相继被报道，如细菌素合成质粒[50]、发酵碳水化合物和蛋白酶质粒[51,52]、柠檬酸盐透性酶质粒[53]、噬菌体抗性质粒[54,55] 以及与黏液样或黏着性相关的质粒[39]。同时，一些乳酸菌种的质粒还具有抵抗不良环境的功能，如耐抗生素、耐酸碱、耐重金属和耐噬菌体[56-58]。

隐蔽性质粒是除代谢性质粒外的另一类质粒，它们存在于且不影响宿主细胞或其表型效应尚不清楚。隐蔽性质粒个体较小，常用于载体构建时的复制子，已研究报道的质粒包括植物乳植杆菌 plasmid pD403[59] 和 pM4[60]，*Lactobacillus delbrueckii* plasmid pDOJ1[61]、*Lacticasebacillus paracasei* plasmid pCD02[62] 以及 *Lacticaseibacillus casei* plasmid pLC494[63] 等。

（一）环形质粒

大多数乳酸菌相关质粒属于标准类型的共价闭合环状，自主复制的 DNA 分子通过两个基本机制复制：滚环式复制或 theta 型复制。

在革兰氏阳性菌中，小型滚环式质粒是其典型的质粒。Gruss 和 Ehrlich 以及 Meijer 等[64] 分别在 1989 年和 1998 年对滚环式复制质粒的基本特征进行了报道，后续研究者们对其进行了补充总结。滚环复制质粒的三个重要元件是：编码复制起始蛋白的基因、单链起始位点（single strand origin）和双链起始位点（double strand origin）。通常，复制起始蛋白有两个功能结构域：一个是与双链起始位点特异性结合的结构域，另一个是在单链缺口（nick）形成后合成 DNA 复制所需引物的功能结构域。单链起始位点是具有复杂二级结构的链特异性的非编码区。双链起始位点紧邻于起始蛋白基因，由前导链的合成起点和被复制起始蛋白结合和切割的区域组成。

质粒的复制过程如下：

（1）复制起始蛋白在质粒 DNA 的双链起始位点切开缺口的同时合成复制所需的引物。

（2）缺口形成后，新链的合成由一个多蛋白复制体启动。

（3）在宿主 DNA 聚合酶的作用下，新生 DNA 链绕着互补质粒 DNA 链旋转一周，合成单链中间体。

（4）滞后链在单链起始位点开始合成。

（5）最后，在 DNA 连接酶和 DNA 旋转酶的作用下，单链中间体转化成双链 DNA[65]。

已经被用于构建克隆载体的乳球菌小型质粒 pVW01 和 pSH71 是典型的滚环式复制质粒。此外，已经被报道的典型的滚环式复制质粒还包括 *Lactococcal* plasmids pFX2[66]、*Oenococcus oeni* plasmid pLo13[67]、*Lactococcus lactis* plasmid pCI411[68]、植物乳植杆菌 plasmid pC30il[69]、*Lactobacillus fermentum* plasmid pLEM3[70] 和嗜热链球菌 plasmid pER371[71]。这些质粒具有广泛的宿主范围，在其他的一些革兰氏阳性宿主中以及大肠埃希菌中都可复制[72]。

乳酸菌中的 theta 型复制质粒通常是中等大小或较大的质粒，有几千个到几万个碱基对，上述提到的代谢型质粒即 theta 型质粒。theta 型复制基于单核苷酸双向渐进复制叉。首先，双链 DNA 于复制原点打开形成类似希腊字母 θ 的结构复制叉。在质粒编码的复制蛋白（replication protein）的参与下，DNA 螺旋酶在复制叉部位结合。引物 RNA（primer RNA）的合成是以打开的 DNA 双链的一条链为模板，依赖于宿主 RNA 聚合酶的作用。引物 RNA 与单链 DNA 模板结合，以 DNA 单链为合成模板，单向或双向沿着复制叉前进。复制原点可以有多个，一个复制原点也有单向复制和双向复制两种形式。在单向复制时，单个复制叉沿着质粒 DNA 分子移动，直至回到原点。双向复制时，两个复制叉从原点区分开，以质粒 DNA 为模板，向着相反的方向移动，当两个复制叉在 DNA 分子的某一处相遇，就完成了复制过程。复制中前导链合成是连续的，滞后链的合成是不连续的[73]，复制产生双链中间体，不形成延伸的单链区，从而使得 theta 质粒具有更好的结构稳定性。

许多 *Lactococcus* 的 theta 型复制质粒序列在它们各自的复制区具有很高的同源性。复制蛋白基因 *rep*B 的上游基因富含 AT 复制起始位点（*rep*A）。一个显著的特点是在 *rep*B 基因的启动子附近存在三个连续完整的和一个不完整的 22bp 的完全一致的直接重复序列：TATANNNNN（A/T）-NAAAAA（A/T）C（T/G）（G/A）TC。两个反向重复序列，其中一个在-10 区域和 *rep*B 的起始位点之间，以及两个富含 AT 的短（9~10bp）重复序列位于 22bp 序列的上游。*Lactococcus lactis* 家族的 theta 型复制质粒一般是互相兼容的。Gravesen 等[74] 筛选了 12 个 theta 型复制质粒后，发现了两个不相容质粒对：-pFV1001 和 pFV1201，以及 pJW565 和 pFW094。不相容区域初步推测位于上述提到的 22bp 直接重复区域内和第一次反向重复区。

乳酸菌中，已经被报道的 theta 型复制质粒除 *Lactococcus lacti* 外，还有植物乳植杆菌、*Enterococcus faecalis*、*Streptococcus bovis*、*Lactobacillus acidophilus* 和以嗜盐四联球菌（*Tetragenococcus halophilus*）等为代表的一簇乳酸菌，其质粒结构与 theta 型复制质粒结构具有高度的同源性，特别是 *rep*B 基因[75]。属于 pAMb1 家族的 *Enterococcus* 的 theta 型复制质粒同样是 theta 型复制质粒的代表[76]。他们是大型的（20~60kpb）接合的具有广泛宿主范围的红霉素抗性质粒。它们的复制起点不具有类似 *Lactococcus* 的 *rep*A 的结构区域，它们广泛的宿主范围和移动非共轭质粒的能力使它们可用于乳酸菌的遗传研究中。来自 *Leuconostoc mesenteroides* 的大小为 2.665bp 的小型隐性质粒 pTXL1 已被假定其复制机制是 theta 型复制，因为其缺失滚环形复制的典型遗传元件，并且没有检测到单链质粒 DNA[77]。此外，Li 等[78] 于 2007 年报道了存在于 *Lactobacillus salivarius* 中的大型环状质粒（megaplasmids，120~490kbp），其复制基于 *rep*A 的系统，调控碳水化合物代谢和细菌素合成。

（二）线性质粒

除了环状共价闭合质粒之外，Abs El-Osta 等研究报道在 *Lactobacillus gasseri* 菌株中存在线性质粒[79]。Li 等[78] 于 2007 年也报道在 *Lactobacillus salivarius* 和 *Lactobacillus equi* 中发现了大型线性质粒。目前乳酸菌线性质粒的研究还比较少，报道主要集中于链霉菌（*Streptomyces rochei*）pSLA2 线性质粒[81] 和大肠埃希菌噬菌体质粒 N15[81] 等，质粒复制依靠端粒结构进行。

四、乳酸菌对肠道环境的适应性

乳酸菌在动物或人体肠道中增殖主要需要适应以下三个方面：①肠道压力因子，即对肠道离子环境的适应，如胃酸的低 pH 和胆盐渗透压；②克服肠液以黏附到肠组织；③对营养底物的利用[82]。

（一）乳酸菌对肠道压力因子的适应

目前，关于肠道离子环境的研究主要集中在肠液的 pH、缓冲能力、渗透压和表面张力等方面。这些因素受肠道内离子组成的影响，并进一步影响肠道内生物体的代谢和活性。有研究表明，某些金属离子是微生物酶的辅酶或信号分子，对生物体的存活和活性至关重要[83]。例如，锰离子是多种酶的辅酶，锰离子的浓度显著影响乳酸菌的发酵能力[84]。而钾离子在维持细胞内渗透压[85]、调节 pH[86] 和参与信号转导[87] 等方面也起着重要作用。初步研究发现，肠道内的离子浓度较低，且肠液的组成受饮食和疾病等因素的影响。正常饮食后，胃液的渗透压会随着饮食的渗透压变化而变化，但小肠液的渗透压几乎保持不变，接近生理渗透压（290~310mmol/L）；而结肠液的渗透压通常低于生理渗透压[88]。此外，肠黏膜也是肠道微生物群落的重要栖息地，研究显示离子转运的失调是导致肠道疾病，尤其是肠道炎症的关键因素之一。当上皮细胞的钠离子转运功能严重受损，再加上肠道通透性增加，会导致肠道黏膜的离子环境发生显著变化，严重影响微生物的生存，进而引起肠道菌群失调[89]。

研究表明，膜磷脂的组成受 pH 和胆盐浓度的影响。在 Lactobacillus reuteri ATCC 55730 菌株中，假定的磷脂酰甘油磷酸酶基因在酸性休克后表达被激活，这种激活使菌株对酸的敏感性增加。在 Lactobacillus acidophilus 菌株的研究中也得到了相似的结果，该酶基因的表达不仅与耐酸性相关，还与胆盐抗性相关[90]。

在低 pH 和胆盐环境下，磷壁酸的 D-丙氨酸酯具有调控细胞完整性的功能。Bron 等人[91] 通过 DNA 微阵列技术，在植物乳植杆菌 WCFS1 中发现了胆盐诱导型 dlt 操纵子。Perea Veléz 等[92] 通过构建缺失了 dltD 基因的鼠李糖乳酪杆菌 Lactobacillus rhamnosus GG 的突变株，证实了缺失 dltD 基因的菌株对模拟胃液的耐受性降低。然而，Walter 等[93] 在 Lactobacillus reuteri 100-23 的研究中报道，对于大部分啮齿动物共生体而言，dltA 基因失活后并不影响菌株在低 pH 环境下的生存力。

在 Lactobacillus acidophilus NCFM 中，已经发现了与胆盐相关的多药耐药（MDR）转运蛋白[94]。此外，在植物乳植杆菌 WCFS1 中发现了三种潜在的胆汁泵蛋白，其中包括假定的多药耐药转运蛋白基因[91]。在 Lactobacillus reuteri ATCC 55730 中，也已发现了两种胆汁诱导型多药耐药转运蛋白，而且在有胆汁的环境中，这些基因的变异会延缓菌株的生长[95]。

胆盐水解酶（BSHs）能够水解类固醇和氨基酸侧链之间的酰胺键，这是一种特征性活性，主要存在于肠道来源的乳酸菌中，而蔬菜或乳制品来源的乳酸菌通常不具备这种活性。然而，研究发现，小肠中菌株的胆盐水解酶活性具有案例特异性。Lambert 等[96] 报道，植物乳植杆菌 WCFS1 的一株缺失胆盐水解酶活性的突变株对甘氨酸共轭胆汁盐（glycine-conjugated blle salts）的耐受性降低。相反，McAuli 等[90] 研究发现，当 Lactobacillus acidophilus NCFM 中的两个胆盐水解酶基因失活后，菌株的胆盐耐受性却没有发生变化。此外，Denou 等[97] 证实，Lactobacillus johnsonii NCC533 的 BSH 三重敲除突变株后在小鼠肠道中仍具有全部的生存能力。这种差异表明，胆盐水解酶在不同乳酸菌中的功能和重要性可能因菌株和环境的不同而有所变化。因此，对胆盐水解酶活性及其对菌株生存和功能影响的研究，需要考虑具体的菌株和环境条件。

此外，有研究报道胆汁和酸环境可引起菌株 DNA 损伤。dps 基因具有在饥饿状态时保护菌株 DNA 的作用，Whitehead 等[95] 对 Lactobacillus reuteri ATCC 55730 的研究中发现 dps 的表达受胆汁刺激，然而当 dps 被破坏后并不影响 Lactobacillus reuteri 的胆汁抗性。

关于肠道中酸性和胆盐环境对菌株产胞外多糖（EPS）活性的影响还尚不清楚，有报道称 Lactobacillus acidophilus 和 Lactobacillus reuteri 中的胞外多糖的生成似乎因胆盐的存在而减少，但是 Lactobacillus reuteri TMW1.106 的产胞外多糖活性抑制突变株对 pH 的耐受力保持不变[23,98]。

（二）乳酸菌对肠道的黏附力

菌株对肠道这一特定生存环境的适应之一是其对肠黏膜或肠上皮细胞的黏附能力。由于肠道蠕动会导致部分细菌细胞被从肠道内冲刷出去，菌株对黏膜的黏附能力成为其在肠道中定植的重要因素。这一特性对于益生菌尤为关键，因为其黏附能力不仅有助于排斥病原体，还在与宿主细胞的相互作用和免疫调节中发挥着重要作用[99]。人类肠道上皮细胞表面覆盖有一层富含糖蛋白和糖脂的黏液层，这些碳水化合物为细菌提供了大量的黏附位点。具有高黏附力的益生菌能够通过与致病菌竞争这些位点，来降低感染风险。目前，评估黏附力的常用方法之一是检测细菌对肠道上皮细胞黏液层的黏附能力。细菌对胃肠道黏膜的黏附机制相当复杂，既包括依赖于特异性黏膜受体和细菌表面黏附素的特异性黏附，也包括如疏水力和静电作用力等非特异性黏附。因此，菌株的黏附能力由其细胞壁特征、组成及表面黏附因子共同决定。

胞外蛋白是细菌黏附的重要表面分子，包括锚定在细胞表面的分泌蛋白和分泌到环境中的蛋白质。脂蛋白 bopA 是首个被报道的双歧杆菌黏附素，bopA 参与双歧杆菌对 Caco-2 细胞的黏附[100]。研究表明，过表达 bopA 能够增强 Bifidobacterium bifidum 和 Bifidobacterium longum 对肠道上皮细胞的黏附能力[101]。菌毛样蛋白也是被报道的另一类双歧杆菌黏附蛋白，Motherway 等[102] 在对短双歧杆菌 UCC2003 在鼠肠道中的转录组研究中发现Ⅳ型菌毛基因簇对菌株在肠道定植中起关键作用。鼠李糖乳酪杆菌 GG 是一株已被证明在人体肠道中具有良好存活能力的菌株。Kankainen 等[103] 通过比较基因组学分析，在其基因组中发现了三种分泌型 LPXTG 样菌毛蛋白基因（spaCBA），而这些基因不存在于不能在肠道中稳定定植的鼠李糖乳酪杆菌 LC705 基因组中。此外，spaC 基因的失活会导致 Lactobacillus rhamnosus GG 失去对人肠黏膜的黏附能力。Lactobacillus acidophilus NCFM 的基因组中存在三种表面相关蛋白，其失活会降低菌株在体外对 Caco-2 细胞的黏附能力，暗示了黏附能力由多个因素决定[82]。Lactobacillus johnsonii NCC533 的基因组分析也显示类似结果，发现基因组中存在许多分选依赖型蛋白（SDP）基因和菌毛操纵子。与酵母凝集表型相关的甘露糖特异性黏附素已被证明与植物乳植杆菌对人体肠上皮细胞的甘露糖特异性黏附相关。Pretzer 等[104] 通过微阵列基因分型，发现植物乳植杆菌 WCFS1 基因组中存在甘露糖特异性黏附素，该黏附素为分选依赖型蛋白，基因命名为 msa。

（三）乳酸菌对肠道环境的营养适应力

乳酸菌对肠道提供的营养环境的适应是其在肠道中定居的另一重要因素。肠道中的小分子糖通常会先被宿主吸收利用，因此菌株需要具备高效的运输系统才能在小肠中栖息。此外，饮食和宿主分泌的黏蛋白提供了大量的复合碳水化合物，这些物质随着肠道蠕动到达结肠。因此，只有那些拥有大量多糖降解基因的菌株，才有可能在肠道中更好地繁殖和定植。

Denou 等[97] 通过 *Lactobacillus johnsonii* ATCC33200 和源自小鼠肠道的菌株 NCC533 的比较基因组杂交和基因的微阵列分析报道，NCC533 基因组中存在三个特异的基因位点，而且这些基因位点均在实验鼠的空肠内得以表达，基因注释分析显示其中一个基因位点与甘露糖利用相关，而且这个基因位点的缺失会导致该功能在小鼠肠道中的持续丧失。分析显示 NCC533 在结肠中无代谢活性，然而在空肠中检测到 297 个基因，包括三个空肠特异性糖磷酸转移酶（PTS）转运蛋白（果糖、葡萄糖和纤维二糖），从而暗示了糖转运蛋白在上部肠道的重要作用。

虽然相较于其他乳酸菌而言，*Lactobacillus acidophilus* 合成大多数氨基酸、维生素和辅因子的能力较弱，但它具有丰富的转运系统，包括编码肽酶和蛋白酶的基因。此外，*Lactobacillus acidophilus* NCFM 基因组中所含有的基因赋予了 NCFM 菌株发酵多种糖的能力，从单糖至棉子糖以及低聚果糖（FOS），这使得 *Lactobacillus acidophilus* 菌株在小肠中甚至在结肠中的生存竞争都较为优势[105]。

在肠道定植试验中，Bron 等[91] 比较了可以利用纤维二糖的植物乳植杆菌 WCFS1 和基因敲除突变株在肠道的存活能力，结果表明在小鼠肠道中，野生型菌株的数量显著高于（100 至 1000 倍）突变型菌株数量。Ventura 等[106] 在 *Bifidobacterium* 的比较基因组学分析中也得到了类似的研究结果，存在于肠道分离菌株 DJO10A 而不存在于培养基培养株 NCC2705 基因组中的基因主要是与碳水化合物代谢相关的基因，特别是与寡糖利用相关，寡糖是细菌在结肠中可利用的最相关的碳水化合物。

一般而言，菌株能够在结肠特异性定植主要与其代谢复杂碳水化合物的能力相关。据报道，在 *Bifidobacterium breve* 和 *Bifidobacterium longum* 基因组中，与复杂糖代谢相关的基因占注释基因的 8% 以上，这些水解酶大部分存在于细胞内，其基因通常与编码碳水化合物摄取的基因偶联。此外，在 *Bifidobacterium* 基因组中，调控糖转运蛋白的基因约占 10%，主要是 ABC 转运蛋白。此外，双歧杆菌也具有利用与黏蛋白和糖鞘脂相关的碳水化合物的能力[43]。

第二节 植物乳植杆菌在肠道环境中的适应性进化

益生菌植物乳植杆菌 P-8 是由"乳品生物技术与工程"教育部重点实验室和农业部奶制品加工重点实验室（中国内蒙古农业大学）从中国内蒙古自治区巴彦淖尔市乌拉特中旗牧民家庭的自然发酵牛乳样品中分离筛选出的一株性能优良的益生菌。这株菌具有较强的人工胃肠液和胆盐耐受性[107]。进一步研究表明，植物乳植杆菌 P-8 具有多种健康功效：①改善肠道微生物菌群，该菌株能够在肠道中定植，平衡肠道微生物群，促进有益菌的生长，抑制有害菌的繁殖；②提高机体抗氧化能力；③降血脂作用[108-110]。目前已应用于实际生产，包括发酵豆乳、益生菌固体饮料、益生菌片剂、菌粉和胶囊等[111]。

继前期研究结果，近些年本课题组继续就摄入植物乳植杆菌 P-8 后对宿主肠道菌群和机体相关性状的影响进行了研究。侯强川[112] 和 Kwok 等[112,113] 通过对 33 名健康志愿者口服植物乳植杆菌 P-8 期间及摄入前后的粪便样品中相关指标的观察分析发现摄入植物乳植杆菌 P-8 后，各年龄段志愿者肠道中 *Leuconostoc*、*Lactobacillus*、*Sporacetigenium*、*Blautia* 和 *Staphylococcus* 含量明显升高，*Shigella*、*Escherichia*、*Enterobacter* 含量呈下降趋势；同时，*Bifidobacterium* 的数量有所增加，尤其在老年志愿者肠道中；志愿者平均胆汁酸代谢水平显著降低，乙酸丙酸代谢水平显著增高。同期，Wang 等[114]进行了一个周期为 42 天的肉鸡试验，刚孵出的健康肉鸡分别饲喂植物乳植杆菌 P-8 和抗生素，结果表明饲喂植物乳植杆菌 P-8 肉鸡组和饲喂抗生素肉鸡组的肠道细菌群落结构差异显著，摄入植物乳植杆菌 P-8 后可显著提高肉鸡肠道中总细菌、*Lactobacillus* 和 *Bifidobacterium* 属数量，并显著降低埃希菌属数量；此外，肉鸡粪便中分泌型免疫球蛋白 A（sIgA）含量，肉鸡小肠黏膜、盲肠扁桃体 CD3 和免疫球蛋白 A（IgA）阳性细胞数以及派伊尔结 IgA 阳性细胞数都显著提高，而抗生素组中这些指标却显著降低，证实植物乳植杆菌 P-8 能够定植于肉鸡肠道并改善肠道菌群结构，促进有益菌生长，增强肠道防御能力，激活肉鸡免疫机制，同时可显著提高肉鸡后期生长阶段生长性能。因此认为植物乳植杆菌 P-8 可以作为抗生素的潜在替代品补充在鸡饲料中。

一、植物乳植杆菌 P-8 的基因组学研究

2014 年，本实验室使用 454 测序平台与 Illumina 双端测序技术相结合的方法对植物乳植杆菌 P-8 的全基因组进行测序分析，结果表明植物乳植杆菌 P-8 基因组由一个大小为 3,033,693bp 的环状染色体和 6 个质粒（质粒分别命名为 LBPp1～LBPp6）构成，染色体和质粒的 GC 含量分别为 44.8%、39.4%、42.2%、42.3%、39.8%、42.1%和 36.0%；染色体 DNA 中共包含 2892 个编码基因、5 个 rRNA 操纵子和 65 个 tRNAs；质粒中编码基因的数量分别为 73、54、47、36、26 和 12 个。此外，通过基因组生物信息学分析，还发现了一个与细菌素生成相关的基因簇[112]。2015 年，本课题组采用 PacBio SMRT 测序平台进一步分析了植物乳植杆菌 P-8 的基因组信息，对上述报道的分析结果进行了补充完善。新的结果显示，植物乳植杆菌 P-8 基因组环状染色体大小 3,035,719，基因组中还包含另外一个质粒（LBPp7），总基因组大小为 3.25Mb，其中 rRNA 操纵子 16 个，tRNAs 67 个，编码基因 2952 个[115]。

二、植物乳植杆菌 P-8 在肠道中的适应性进化

以 92 株人和大鼠肠道植物乳植杆菌 P-8 分离株为研究对象，应用基因组重测序技术完成植物乳植杆菌 P-8 分离株的全基因组测定，解析该菌株在人和大鼠肠道生境的基因组微进化。实验共设计了三个试验组：试验组一，健康志愿者连续摄入植物乳植杆菌 P-8（活菌数为 $6×10^{10}$ CFU/天）28 天；试验组二，健康志愿者摄入一次植物乳植杆菌 P-8（活菌数为 $6×10^{10}$ CFU）；试验组三，健康大鼠饲喂一次植物乳植杆菌 P-8（活菌数为 $6×10^{10}$ CFU）。分别收集植物乳植杆菌 P-8 摄入前后志愿者粪便样品以及大鼠粪便样品和肠黏膜刮取物。采用实时荧光定量 PCR 技术检测植物乳植杆菌 P-8 摄入前后该菌在人和大鼠肠道内的数量变化，并从人和大鼠粪便样品中分离植物乳植杆菌 P-8，完成菌株的基因组重测序及微进化分析。所有志愿者均在中国内蒙古自治区呼和浩特市居住，已签署知情同意书，志愿者身体质量指数（BMI）均小于 $30kg/m^2$，体重稳定（±5kg），并且有规律

且健康的日常饮食习惯；没有内分泌失调、糖尿病或任何其他胃肠道疾病，并且在过去 6 个月内以及实验期间没有服用抗生素类药物或摄入其他益生菌产品。同时，研究对象中不包括母乳喂养或怀孕的妇女。

（一）实时荧光定量 PCR 检测植物乳植杆菌 P-8 的含量

使用实时荧光定量 PCR 检测志愿者粪便样品以及大鼠肠黏膜和粪便样品中植物乳植杆菌 P-8 的含量（图 2-1）。为便于全程观察植物乳植杆菌 P-8 在志愿者肠道内的数量变化，图 2-1（a）中结合了前期试验结果[112]和本试验周期中的定量检测结果共同作图。在口服植物乳植杆菌 P-8 28 天期间，青年、中年和老年志愿者粪便中植物乳植杆菌 P-8 含量逐渐上升，并在第 4 周时达到最大值，为（8.49 ± 0.43）lg CFU/g（约为 $10^{8.49}$CFU/g）。停止摄入后，植物乳植杆菌 P-8 含量呈下降趋势，直至停止摄入后第 17 周时植物乳植杆菌 P-8 达到检测下限（<3.2lg CFU/g）。图中显示，在摄入植物乳植杆菌 P-8 两周内，老年、中年和青年组粪便中含量均迅速上升，且上升速度几乎一致；摄入两周到四周时，上升速度有所下降，而且老年组高于青年组，青年组高于中年组，但差异不显著（$P>0.05$）。停止摄入一周内，含量骤然下降，且三组下降速度几乎一致；停止摄入一周后至第 17 周时下降速度有所降低，但老年组中数量仍高于青年组和中年组，差异不显著（$P>0.05$）。青年组和中年组结果显示，除停止摄入后第 7 周至 10 周外，青年组中含量均高于中年组，差异仍不显著（$P>0.05$）。此外，在停止摄入第 2 周至 4 周时，三组志愿者粪便中植物乳植杆菌 P-8 含量有微弱的回升趋势，表明植物乳植杆菌 P-8 可能已经在肠道内定植，成为志愿者肠道内的正常栖居菌群。

由图 2-1（b）可知，试验组二 A 和 B 两个青年组摄入植物乳植杆菌 P-8 后第 1 天内，粪便内植物乳植杆菌 P-8 含量迅速上升至最大值，（7.62 ± 0.16）lg CFU/g；摄入后第 2 天粪便中植物乳植杆菌 P-8 含量开始下降，在第 35 天时达到检测下限（<3.2lg CFU/g）。此外，摄入后第 2 天和 3 天内，含量下降明显，摄入后第 3 天到 5 天内含量变化较稳定且有微弱回升趋势，暗示了部分植物乳植杆菌 P-8 可能已经在志愿者肠道中定植；第 6 天和 7 天内又开始迅速下降；7 天后继续较平缓的下降，直至第 35 天，下降至最低值。

由图 2-1（c）可知，试验组三中饲喂益生菌植物乳植杆菌 P-8 1 天内大鼠粪便中和肠黏膜中植物乳植杆菌 P-8 含量均迅速上升至最大值，粪便中含量为（7.11 ± 0.66）lg CFU/g，肠黏膜中含量为（6.83 ± 0.50）lg CFU/g；停止饲喂第 2 天和 3 天内，含量均迅速下降；3 天到 7 天内，含量有所回升，表明部分植物乳植杆菌 P-8 可能已经在大鼠肠道中定植；7 天后，含量开始逐渐降低，28 天时达到检测下限（<3.2lg CFU/g）；此外，整个过程中，大鼠粪便中和肠黏膜中植物乳植杆菌 P-8 含量略有偏差，但是差异不显著（$P>0.05$），暗示了粪便样品中的植物乳植杆菌 P-8 数量能够很好地代表肠黏膜中该菌的数量。

综上所述，可以初步推断益生菌植物乳植杆菌 P-8 能够在宿主肠道内存活并定植。只摄入一次植物乳植杆菌 P-8 后，菌株可以在志愿者肠道内至少保持 4 周，在大鼠肠道内至少保持 3 周；连续摄入植物乳植杆菌 P-8 达 28 天后，菌株可以在志愿者肠道内至少保持 4 个月。当停止摄入益生菌植物乳植杆菌 P-8 后，植物乳植杆菌 P-8 在宿主肠道内的含量会迅速下降，后期会因部分植物乳植杆菌 P-8 已经在肠道内定植，其在肠道内含量下降速度减缓或稳定保持一段时间,但随着时间延长终会继续下降至最低检测限。

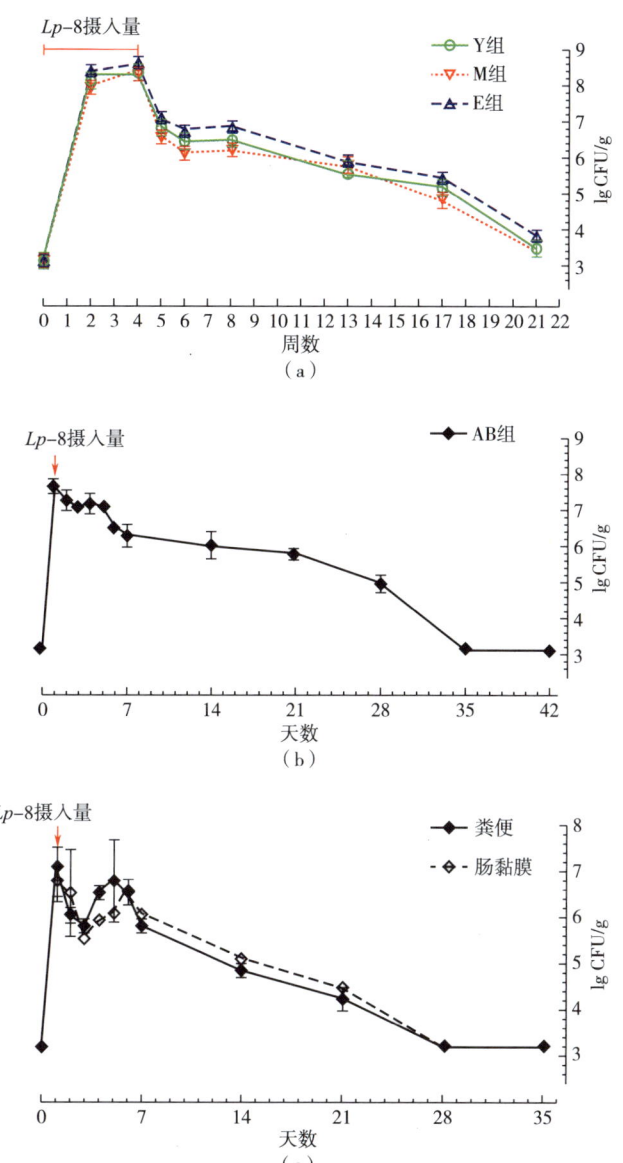

图2-1　志愿者和大鼠肠道中植物乳植杆菌P-8含量

(a) 试验组一中不同年龄志愿者（Y组：青年组，M组：中年组，E组：老年组）摄入植物乳植杆菌P-8 28天期间以及摄入后粪便中植物乳植杆菌P-8含量（平均值±SD值）

(b) 试验组二中两个青年组（AB组）摄入一次植物乳植杆菌P-8后粪便中植物乳植杆菌P-8含量

(c) 试验组三中大鼠摄入一次植物乳植杆菌P-8后大鼠粪便和肠黏膜中植物乳植杆菌P-8含量

（Lp-8代表植物乳植杆菌P-8；红线或红色箭头标记代表植物乳植杆菌P-8摄入时间。）

（二）植物乳植杆菌 P-8 重新分离株全基因组测序

1. 植物乳植杆菌 P-8 重新分离株信息

志愿者和大鼠摄入益生菌植物乳植杆菌 P-8 后，分别从粪便中重新分离并收集益生菌植物乳植杆菌 P-8 分离株，分离株使用植物乳植杆菌 P-8 特异性引物进行 PCR 扩增技术验证，证明分离株均为植物乳植杆菌 P-8。试验中共重新分离到 92 株植物乳植杆菌 P-8（表 2-1）。由表可知，试验组一中的老年组共分离到 6 株植物乳植杆菌 P-8，直至停止摄入植物乳植杆菌 P-8 后第 17 周时仍可从粪便样品中分离到该菌株；中年组中共分离到 4 株植物乳植杆菌 P-8，其在停止摄入后第 9 周时仍可分离到该菌株；青年组中共分离到 5 株植物乳植杆菌 P-8，其在停止摄入后第 13 周时仍可分离到该菌株。试验组二中，共分离到 32 株植物乳植杆菌 P-8，摄入植物乳植杆菌 P-8 后第 3 周开始不再从青年志愿者粪便中分离到该菌株。试验组三中，共分离到 45 株植物乳植杆菌 P-8，从摄入植物乳植杆菌 P-8 后第 3 周开始不再从大鼠肠道内分离到该菌株。

综上所述，志愿者连续摄入益生菌植物乳植杆菌 P-8 达 28 天后，植物乳植杆菌 P-8 可以在老年志愿者肠道中至少定植存活 17 周，在中年志愿者肠道内至少定植存活 9 周，在青年志愿者肠道内至少定植存活 13 周；志愿者或大鼠只摄入一次益生菌植物乳植杆菌 P-8 后，植物乳植杆菌 P-8 可以在志愿者和大鼠肠道中至少定植存活 2 周。

植物乳植杆菌 P-8 的重新分离结果与实时荧光定量 PCR 结果相类似，进一步证实了植物乳植杆菌 P-8 可以在人体和大鼠肠道内存活并定植。此外，植物乳植杆菌 P-8 在宿主肠道内的存活定植时间因其益生菌产品摄入时间的不同而不同，这个结果也进一步证明了连续摄入益生菌产品有助于保证益生菌在肠道内的存活定植时间，从而保证益生菌的益生功效。

侯强川[112]、Kwok 等[113] 和王丽凤[116] 曾分别报道了植物乳植杆菌 P-8 能够在人体和肉鸡肠道中存活并定植，本研究通过定量分析和植物乳植杆菌 P-8 重新分离试验也证明了植物乳植杆菌 P-8 在人体和大鼠肠道中的存活与定植能力。此外，不同于上述研究，本研究在植物乳植杆菌 P-8 肠道分离株的基因组中发现了 SNP 变异和质粒携带基因的丢失。由于细菌基因组的基因重组、突变、丢失和获得发生在其繁殖复制过程中[20,22]，本研究在基因组水平进一步证明了植物乳植杆菌 P-8 在人体和大鼠肠道中的存活定植能力。

2. 单核苷酸多态性分析

对分离得到的 92 株植物乳植杆菌 P-8 重测序数据进行比较基因组学分析，共找到 21 个单核苷酸变异位点（表 2-2）；进一步对变异位点进行注释，结果显示在基因间区中只存在 1 个 SNP 位点（SNP14），而其余的 20 个 SNP 位点均存在于非基因间区中。20 个非基因间区 SNP 中，除了 2 个 SNP 位点（SNP12 和 SNP13）发生在同一个基因上（LBP_RS09670），该基因是编码内溶素（endolysin）的基因，其余的均随机分布在不同的 18 个基因位点上且这些 SNP 位点在六个组中的变化不同。

表 2-1 植物乳植杆菌 P-8 分离株信息

分离株号	样品分离信息	Scaffolds 数量	基因组大小/Mb	Gap/bp	平均长度/bp	N50/bp	N90/bp	最大 Scaffolds 长度/bp	最小 Scaffolds 长度/bp	GC 含量/%
E6-1	老年志愿者 E6 停止摄入后第 1 周	106	3.08	1880	29,056.2	92,492	26,102	251,470	211	44.63
E6-2	老年志愿者 E6 停止摄入后第 2 周	107	3.08	1325	28,765.82	99,663	26,147	251,509	201	44.63
E6-3	老年志愿者 E6 停止摄入后第 4 周	107	3.08	1338	28,778.48	99,663	23,039	251,488	208	44.63
E6-4	老年志愿者 E6 停止摄入后第 9 周	105	3.08	767	29,316.38	92,492	23,039	251,596	205	44.63
E6-5	老年志愿者 E6 停止摄入后第 13 周	109	3.08	1142	28,256.35	99,663	23,039	251,530	200	44.63
E6-6	老年志愿者 E6 停止摄入后第 17 周	105	3.08	1638	29,322.45	93,882	23,039	251,610	204	44.63
M4-1	中年志愿者 M4 停止摄入后第 1 周	160	3.12	2603	19,492.18	86,844	20,155	251,887	200	44.64
M4-2	中年志愿者 M4 停止摄入后第 2 周	128	3.11	1749	24,311.17	86,889	20,331	251,562	200	44.62
M4-3	中年志愿者 M4 停止摄入后第 4 周	145	3.12	1957	21,490.66	86,844	20,331	251,558	206	44.62
M4-4	中年志愿者 M4 停止摄入后第 9 周	157	3.12	1987	19,891.48	85,200	20,331	251,562	200	44.59
Y2-1	青年志愿者 Y2 停止摄入后第 1 周	269	3.06	1227	11,282.57	53,463	8001	174,593	200	44.85
Y2-2	青年志愿者 Y2 停止摄入后第 2 周	209	3.12	8704	14,904.58	85,200	20,237	252,203	200	44.6
Y2-3	青年志愿者 Y2 停止摄入后第 4 周	141	3.08	4984	21,858.58	86,844	22,662	252,218	200	44.63
Y2-4	青年志愿者 Y2 停止摄入后第 9 周	185	3.09	26,002	16,698.15	68,289	13,219	238,443	204	44.65
Y2-5	青年志愿者 Y2 停止摄入后第 13 周	108	3.08	934	28,500.31	92,570	20,315	229,102	200	44.63
A1-1	青年志愿者 A 摄入 Lp-8 后第 1 天（菌株 1）	152	3.17	28,944	20,881.45	71,878	19,729	253,333	200	44.56
A1-2	青年志愿者 A 摄入 Lp-8 后第 1 天（菌株 2）	132	3.17	26,579	24,024.39	93,061	19,729	252,941	200	44.56
A2-1	青年志愿者 A 摄入 Lp-8 后第 2 天（菌株 1）	145	3.17	43,405	21,893.55	76,327	19,697	155,318	200	44.56
A2-2	青年志愿者 A 摄入 Lp-8 后第 2 天（菌株 2）	142	3.18	42,282	22,379.01	73,341	19,705	232,385	200	44.56
A3-1	青年志愿者 A 摄入 Lp-8 后第 3 天（菌株 1）	143	3.18	31,480	22,205.25	85,062	19,729	253,240	200	44.56

续表

分离株号	样品分离信息	Scaffolds 数量	基因组大小/Mb	Gap/bp	平均长度/bp	N50/bp	N90/bp	最大Scaffolds长度/bp	最小Scaffolds长度/bp	GC含量/%
A3-2	青年志愿者 A 摄入 L_p-8 后第 3 天（菌株 2）	137	3.17	29,418	23,159.5	87,067	19,729	253,061	202	44.56
A4-1	青年志愿者 A 摄入 L_p-8 后第 4 天（菌株 1）	138	3.17	35,271	22,998.64	79,287	19,717	194,237	200	44.56
A4-2	青年志愿者 A 摄入 L_p-8 后第 4 天（菌株 2）	152	3.17	31,611	20,865.3	74,936	17,206	155,349	200	44.56
A5-1	青年志愿者 A 摄入 L_p-8 后第 5 天（菌株 1）	140	3.17	33,709	22,650.34	84,731	19,717	175,257	200	44.56
A5-2	青年志愿者 A 摄入 L_p-8 后第 5 天（菌株 2）	155	3.18	39,184	20,515.21	79,545	17,528	155,330	201	44.55
A6-1	青年志愿者 A 摄入 L_p-8 后第 6 天（菌株 1）	143	3.17	32,003	22,186.34	84,731	19,717	231,284	200	44.56
A6-2	青年志愿者 A 摄入 L_p-8 后第 6 天（菌株 2）	144	3.17	32,605	22,037.8	76,093	19,717	230,697	200	44.56
A7-1	青年志愿者 A 摄入 L_p-8 后第 7 天（菌株 1）	155	3.17	31,505	20,463.57	69,605	17,348	155,388	200	44.57
A7-2	青年志愿者 A 摄入 L_p-8 后第 7 天（菌株 2）	138	3.17	32,048	22,986.15	85,151	19,717	230,900	200	44.56
A14-1	青年志愿者 A 摄入 L_p-8 后第 14 天（菌株 1）	147	3.18	35,526	21,600.32	69,582	17,300	155,379	204	44.56
A14-2	青年志愿者 A 摄入 L_p-8 后第 14 天（菌株 2）	142	3.17	33,725	22,346.25	85,673	19,717	175,487	200	44.56
B1-1	青年志愿者 B 摄入 L_p-8 后第 1 天（菌株 1）	114	3.13	22,428	27,482.73	86,993	20,144	230,157	200	44.61
B1-2	青年志愿者 B 摄入 L_p-8 后第 1 天（菌株 2）	135	3.17	28,477	23,453.41	85,733	16,828	230,485	200	44.56
B2-1	青年志愿者 B 摄入 L_p-8 后第 2 天（菌株 1）	120	3.13	19,763	26,106.04	86,975	23,280	252,432	200	44.59
B2-2	青年志愿者 B 摄入 L_p-8 后第 2 天（菌株 2）	137	3.17	28,360	23,126.58	87,004	19,717	230,281	200	44.56
B3-1	青年志愿者 B 摄入 L_p-8 后第 3 天（菌株 1）	136	3.17	36,902	23,285.31	85,495	16,755	231,117	200	44.56
B3-2	青年志愿者 B 摄入 L_p-8 后第 3 天（菌株 2）	135	3.14	27,051	23,235.59	85,119	19,913	230,372	200	44.59
B4-1	青年志愿者 B 摄入 L_p-8 后第 4 天（菌株 1）	131	3.17	33,082	24,202.92	86,994	16,916	230,264	200	44.55
B4-2	青年志愿者 B 摄入 L_p-8 后第 4 天（菌株 2）	125	3.14	28,027	25,098.18	85,939	20,144	230,345	200	44.59
B5-1	青年志愿者 B 摄入 L_p-8 后第 5 天（菌株 1）	141	3.17	32,644	22,494.83	85,557	19,717	230,372	200	44.55

续表

分离株号	样品分离信息	Scaffolds 数量	基因组大小/Mb	Gap/bp	平均长度/bp	N50/bp	N90/bp	最大Scaffolds长度/bp	最小Scaffolds长度/bp	GC含量/%
B5-2	青年志愿者 B 摄入 L_p-8 后第 5 天（菌株 2）	136	3.17	30,047	23,305.52	85,548	19,717	230,298	200	44.56
B6-1	青年志愿者 B 摄入 L_p-8 后第 6 天（菌株 1）	138	3.17	34,342	22,989.24	76,075	19,717	230,379	200	44.56
B6-2	青年志愿者 B 摄入 L_p-8 后第 6 天（菌株 2）	139	3.17	32,793	22,808.32	85,744	19,717	230,503	200	44.56
B7-1	青年志愿者 B 摄入 L_p-8 后第 7 天（菌株 1）	126	3.14	26,392	24,895.09	87,021	19,996	230,766	200	44.59
B7-2	青年志愿者 B 摄入 L_p-8 后第 7 天（菌株 2）	129	3.14	28,098	24,319.09	84,731	19,996	230,308	200	44.59
B14-1	青年志愿者 B 摄入 L_p-8 后第 14 天（菌株 1）	143	3.17	31,333	22,165.87	84,731	19,717	230,192	200	44.55
B14-2	青年志愿者 B 摄入 L_p-8 后第 14 天（菌株 2）	138	3.17	31,104	22,966.59	85,553	16,837	230,654	200	44.55
R1-1-1	1 号大鼠摄入 L_p-8 后第 1 天（菌株 1）	134	3.14	29,383	23,433.27	83,998	19,887	231,029	200	44.6
R1-1-2	1 号大鼠摄入 L_p-8 后第 1 天（菌株 2）	137	3.15	36,256	22,960.62	65,546	17,380	194,903	200	44.6
R1-2-1	2 号大鼠摄入 L_p-8 后第 1 天（菌株 1）	161	3.18	51,834	19,779.05	65,491	15,318	151,722	200	44.56
R1-2-2	2 号大鼠摄入 L_p-8 后第 1 天（菌株 2）	185	3.15	47,684	17,609.8	53,889	15,377	118,958	200	44.64
R1-3-1	3 号大鼠摄入 L_p-8 后第 1 天（菌株 1）	152	3.18	39,219	20,905.83	75,252	17,285	231,437	200	44.57
R1-3-2	3 号大鼠摄入 L_p-8 后第 1 天（菌株 2）	162	3.19	37,297	19,666.88	76,113	16,573	251,552	200	44.56
R2-1-1	4 号大鼠摄入 L_p-8 后第 2 天（菌株 1）	139	3.17	31,918	22,838.37	85,440	19,729	253,338	200	44.56
R2-1-2	4 号大鼠摄入 L_p-8 后第 2 天（菌株 2）	145	3.17	35,367	21,895.52	85,618	17,194	231,136	200	44.57
R2-2-1	5 号大鼠摄入 L_p-8 后第 2 天（菌株 1）	142	3.17	33,148	22,321.87	85,651	16,998	212,063	207	44.56
R2-2-2	5 号大鼠摄入 L_p-8 后第 2 天（菌株 2）	136	3.14	30,180	23,289.87	84,870	19,705	230,758	200	44.56
R2-3-1	6 号大鼠摄入 L_p-8 后第 2 天（菌株 1）	121	3.14	32,497	25,979.71	85,208	19,729	253,495	200	44.61
R2-3-2	6 号大鼠摄入 L_p-8 后第 2 天（菌株 2）	150	3.18	32,136	21,185.65	69,007	16,878	253,137	200	44.55
R3-1-1	7 号大鼠摄入 L_p-8 后第 3 天（菌株 1）	142	3.17	31,342	22,326.93	76,245	19,717	230,743	200	44.56

续表

分离株号	样品分离信息	Scaffolds 数量	基因组大小/Mb	Gap/bp	平均长度/bp	N50/bp	N90/bp	最大Scaffolds长度/bp	最小Scaffolds长度/bp	GC含量/%
R3-1-2	7号大鼠摄入Lp-8后第3天（菌株2）	148	3.17	37,014	21,447.28	72,441	17,169	194,014	200	44.56
R3-2-1	8号大鼠摄入Lp-8后第3天（菌株1）	121	3.14	28,786	25,953.63	87,045	19,996	231,694	200	44.61
R3-2-2	8号大鼠摄入Lp-8后第3天（菌株2）	121	3.14	28,822	25,951.63	84,731	19,913	194,001	200	44.61
R3-3-1	9号大鼠摄入Lp-8后第3天（菌株1）	133	3.14	25,788	23,574.23	76,059	19,830	230,365	200	44.6
R3-3-2	9号大鼠摄入Lp-8后第3天（菌株2）	161	3.18	30,229	19,749.29	84,743	19,729	253,073	200	44.55
R4-1-1	10号大鼠摄入Lp-8后第4天（菌株1）	161	3.17	34,479	19,709.39	65,309	15,329	155,344	200	44.56
R4-2-1	11号大鼠摄入Lp-8后第4天（菌株1）	139	3.18	30,772	22,877.4	76,539	19,907	212,375	200	44.57
R4-2-2	11号大鼠摄入Lp-8后第4天（菌株2）	131	3.15	36,930	24,037.05	76,093	19,705	193,960	200	44.57
R4-3-1	12号大鼠摄入Lp-8后第4天（菌株1）	143	3.17	34,011	22,196.9	85,406	19,717	230,875	200	44.56
R4-3-2	12号大鼠摄入Lp-8后第4天（菌株2）	146	3.18	37,272	21,759.71	76,115	19,717	194,000	200	44.56
R5-1-1	13号大鼠摄入Lp-8后第5天（菌株1）	194	3.19	37,174	16,463.69	79,007	15,341	194,336	200	44.55
R5-1-2	13号大鼠摄入Lp-8后第5天（菌株2）	118	3.13	23,913	26,553.84	87,004	20,144	230,699	200	44.6
R5-2-1	14号大鼠摄入Lp-8后第5天（菌株1）	152	3.17	35,171	20,882.34	65,234	19,717	193,862	200	44.57
R5-2-2	14号大鼠摄入Lp-8后第5天（菌株2）	143	3.18	36,506	22,206.78	80,068	19,717	230,875	200	44.56
R5-3-1	15号大鼠摄入Lp-8后第5天（菌株1）	155	3.18	34,340	20,498.14	85,122	19,717	230,759	200	44.56
R5-3-2	15号大鼠摄入Lp-8后第5天（菌株2）	143	3.18	32,117	22,180.67	79,450	19,717	155,346	204	44.56
R6-1-1	16号大鼠摄入Lp-8后第6天（菌株1）	141	3.18	36,193	22,524.08	76,098	19,717	232,030	200	44.56
R6-1-2	16号大鼠摄入Lp-8后第6天（菌株2）	143	3.17	35,890	22,197.73	85,632	19,717	231,489	200	44.56
R6-2-1	17号大鼠摄入Lp-8后第6天（菌株1）	119	3.11	22,927	26,111.29	94,001	23,317	251,658	200	44.64
R6-2-2	17号大鼠摄入Lp-8后第6天（菌株2）	115	3.10	18,002	26,990.15	76,306	23,249	253,289	200	44.65

续表

分离株号	样品分离信息	Scaffolds 数量	基因组大小/Mb	Gap/bp	平均长度/bp	N50/bp	N90/bp	最大 Scaffolds 长度/bp	最小 Scaffolds 长度/bp	GC含量/%
R6-3-1	18号大鼠摄入 Lp-8 后第 6 天（菌株 1）	146	3.17	33,351	21,727.64	76,101	17,635	230,729	200	44.56
R6-3-2	18号大鼠摄入 Lp-8 后第 6 天（菌株 2）	136	3.17	25,869	23,283.45	84,869	19,717	230,414	200	44.55
R7-1-1	19号大鼠摄入 Lp-8 后第 7 天（菌株 1）	144	3.18	39,577	22,054.4	85,154	19,705	231,949	200	44.57
R7-1-2	19号大鼠摄入 Lp-8 后第 7 天（菌株 2）	132	3.16	26,106	23,940.53	92,964	23,182	230,285	200	44.56
R7-2-1	20号大鼠摄入 Lp-8 后第 7 天（菌株 1）	121	3.14	31,014	25,957.74	77,704	19,717	155,345	200	44.61
R7-2-2	20号大鼠摄入 Lp-8 后第 7 天（菌株 2）	163	3.15	42,589	19,313.13	50,947	16,487	102,496	200	44.61
R14-1-1	21号大鼠摄入 Lp-8 后第 14 天（菌株 1）	146	3.17	32,048	21,732.4	76,108	17,085	155,337	200	44.56
R14-1-2	21号大鼠摄入 Lp-8 后第 14 天（菌株 2）	134	3.17	27,346	23,636.9	96,753	19,913	230,555	200	44.56
R14-2-1	22号大鼠摄入 Lp-8 后第 14 天（菌株 1）	134	3.14	30,561	23,421.09	72,828	20,041	155,355	202	44.6
R14-2-2	22号大鼠摄入 Lp-8 后第 14 天（菌株 2）	123	3.13	20,690	25,463.69	86,972	20,144	230,084	200	44.59
R14-3-1	23号大鼠摄入 Lp-8 后第 14 天（菌株 1）	126	3.13	22,709	24,867.56	85,498	19,996	230,503	200	44.59
R14-3-2	23号大鼠摄入 Lp-8 后第 14 天（菌株 2）	133	3.14	28,113	23,596.15	85,668	20,053	155,348	200	44.59

注：Lp-8 代表植物乳植杆菌 P-8 益生菌片剂或粉剂。

表 2-2 单核苷酸变异信息表

SNP 号	参考序列位置（植物乳植杆菌 P-8）	变异碱基	变异类型	基因编号	调控的蛋白产物
SNP1	608,137	A-G	非同义突变	LBP_RS02810	核酸外切酶亚基 A
SNP2	710,832	A-G	非同义突变	LBP_RS03240	双功能氨基酸转氨酶/2-羟基酸脱氢酶
SNP3	879,878	T-C	同义突变	LBP_RS04100	ABC 转运透性酶
SNP4	928,900	C-T	非同义突变	LBP_RS04305	ABC 转运蛋白亚基 $CydD$
SNP5	1,059,218	G-A	非同义突变	LBP_RS04920	磷脂酸磷酸酶
SNP6	1,375,280	C-T	非同义突变	LBP_RS06445	膜蛋白
SNP7	1,441,158	G-T	同义突变	LBP_RS06740	磷酸水解酶
SNP8	1,760,063	C-T	无意义	LBP_RS08305	差向异构酶
SNP9	1,800,964	G-A	非同义突变	LBP_RS08475	GTP 结合蛋白
SNP10	1,859,386	G-T	无意义	LBP_RS08745	23S rRNA 甲基转移酶
SNP11	1,929,398	C-T	同义突变	LBP_RS09215	假定蛋白
SNP12	2,031,147	T-C	同义突变	LBP_RS09670	内溶素
SNP13	2,031,150	C-T	同义突变	LBP_RS09670	内溶素
SNP14	2,076,616	T-C	基因间区突变	—	—
SNP15	2,090,448	G-T	非同义突变	LBP_RS10060	假定蛋白
SNP16	2,188,536	T-G	同义突变	LBP_RS10480	1-脱氧木酮糖-5-磷酸合成酶
SNP17	2,196,065	C-A	同义突变	LBP_RS10515	寡核苷酸内肽酶
SNP18	2,228,459	C-T	同义突变	LBP_RS10685	核糖核苷酸还原酶组装蛋白 $NrdI$
SNP19	2,253,167	C-A	非同义突变	LBP_RS10775	5′-磷酸脱羧酶
SNP20	2,570,686	G-A	非同义突变	LBP_RS12200	细胞壁锚定蛋白
SNP21	3,005,584	A-G	同义突变	LBP_RS14195	假定蛋白

注："—"代表没有该相关信息。

试验组一的青年组分离株基因组中共发现了 4 个 SNP 位点（SNP1、SNP12~SNP14），除了 SNP14 外，其余的 SNP 均只发生在该组的某一分离株中，其中 SNP1 为非同义突变，位于编码双功能氨基酸氨基转移酶/2-羟基酸脱氢酶（amino acid aminotransferase/2-hydroxyacid dehydrogenase）的基因上；在老年组中只发现了 1 个 SNP 突变位点（SNP9），属于非同义突变，位于编码 GTP 结合蛋白（GTP-binding protein）基因上，且该组的每一株分离株中均发生了此类突变；中年组分离株中共检测到了 2 个 SNP 位点，即 SNP3 和 SNP4，分别为同义和非同义突变，位于 ABC 转运透性酶（ABC transporter permease）和巯基还原剂 ABC 转运蛋白亚基 $CydD$（thiol reductant ABC exporter subunit $CydD$）的基因上。试验组二的 A 组分离株中也仅发现了 1 个 SNP 变异位点，即 SNP6，属于非同义突变，位于编码膜蛋白基因上，且在所有分离株中均检测到此类突变；B 组有 6 个 SNP 突变，包括 SNP5、SNP6、SNP8、SNP12、

SNP13 和 SNP15，且不同分离株中 SNP 变化不同，其中 SNP5、SNP6 和 SNP15 属于非同义突变，分别位于编码磷脂酸磷酸酶、膜蛋白和假定蛋白基因上。试验组三的大鼠组分离株中共发现了 12 个 SNP 突变位点，包括 SNP2、SNP7、SNP10~SNP13 和 SNP16~SNP21，其不同分离株中 SNP 变化不同，其中 SNP2、SNP19 和 SNP20 属于非同义突变，分别位于编码双功能氨基酸转氨酶/2-羟基酸脱氢酶、5′-磷酸脱羧酶和细胞壁锚定蛋白基因上。

为了进一步分析不同组间的差异，采用 21 个 SNP 位点基于 Neighbor-Joining 的方法构建了系统发育树。试验组一的青年、中年和老年组分离株聚为一簇（Cluster Ⅰ），试验组二和试验组三的两个青年组以及大鼠组分离株聚为一簇（Cluster Ⅱ）。暗示 SNP 变异可能因植物乳植杆菌 P-8 在体内保持时间的不同而不同（图 2-2）。

综上所述，不同试验组分离株中 SNP 变异不同，植物乳植杆菌 P-8 在体内保持较长时间可能会引起菌株较稳定的 SNP 变异。SNP 变异中，这些变异位点多位于编码膜蛋白、氨基酸代谢、ABC 转运蛋白等基因上。

益生菌在肠道中的存活能力首先取决于菌株对肠道复杂环境的耐受力，如胃肠液的 pH 和胆盐渗透压。先前的研究已经在体外证明了植物乳植杆菌 P-8 具有很强的耐酸耐胆盐特性[117]，而植物乳植杆菌 P-8 在志愿者和大鼠肠道内的存活能力也进一步说明了该菌株的耐酸耐胆盐特性。dlt 操纵子为胆盐诱导型操纵子，具有在低 pH 和胆盐环境下调控细胞完整性的能力[97]。Perea Veléz 等[98] 曾通过构建缺失 dltD 基因的 Lactobacillus rhamnosus GG 突变株证实 dltD 基因可以提高菌株对模拟胃液的耐受性。结合益生菌植物乳植杆菌 P-8 的全基因组信息进行分析（序列号为 CP005942.2），植物乳植杆菌 P-8 基因组中含有两个 dlt 操纵子，其中一个即 dltD。此外，菌株膜磷脂的组成受 pH 和胆盐浓度的影响。Mcauliffe 等[96] 报道 Lactobacillus reuteri ATCC 55730 和 Lactobacillus acidophilus 的假定磷脂酰甘油磷酸酶在被酸性环境刺激后，该酶功能被激活，进而增加了菌株对酸的敏感性。SNP 变异分析中，发现了 1 个位于编码磷脂酸磷酸酶基因上的变异位点（SNP5）。Barreiro 等[118] 曾在关于自然选择与人类进化的研究中报道：自然选择倾向于保留最利于遗传适应性的 SNP 位点。因此推测该 SNP 变异位点很可能会提高植物乳植杆菌 P-8 在肠道内的耐酸性，从而提高菌株的存活率。而且，在乙酰胆碱刺激下，磷酸肌醇合成途径被抑制，而磷脂酸被合成[119]。研究中还发现了位于编码磷酸合成酶（SNP16）、磷酸水解酶（SNP7）和乳清核苷磷酸脱氢酶（SNP19）基因上的 SNP 变异，这些基因编码的蛋白产物分别为调控磷脂酸合成和分解的酶类，因此这些 SNP 的变异可能也提高了植物乳植杆菌 P-8 在人体和大鼠肠道内的存活率。

菌株能在肠道中栖息的另一重要因素是其对由肠道营养环境的适应性。特异性糖磷酸转移酶（PTS）转运蛋白被证实在菌株对肠道环境的适应方面起重要作用[104]。植物乳植杆菌 P-8 的基因组中含有 54 个 PTS 相关位点，其中包括乳糖、半乳糖/醇、果糖、海藻糖、纤维二糖、甘露糖/醇和山梨糖/醇等转运蛋白位点和调节因子位点，暗示植物乳植杆菌 P-8 具有丰富的糖利用能力。而在分离株的 41 个缺失片段（分离株缺失率大于 2% 的片段）中，只有一个片段与糖代谢相关（Seq020），为编码半乳糖和戊糖代谢的基因，而大部分糖代谢相关基因被保留，丰富的糖利用能力可能是植物乳植杆菌 P-8 具有较高的肠道生存能力的原因之一[103]。

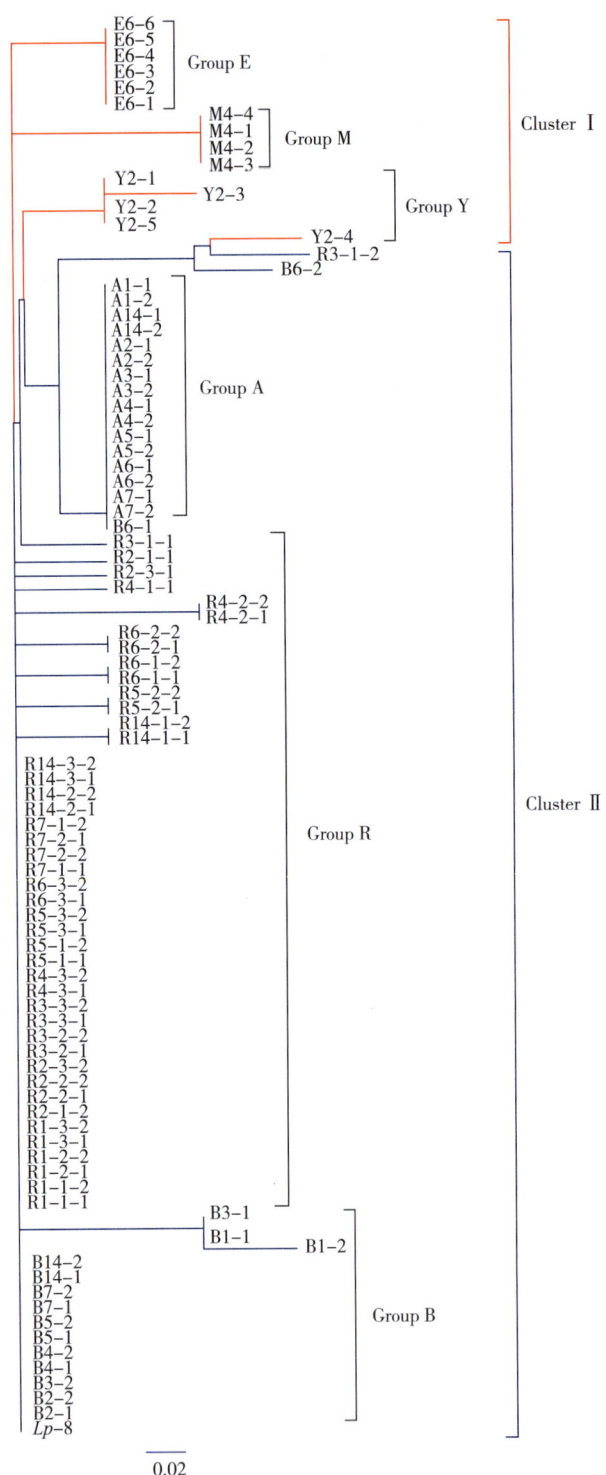

图 2-2 植物乳植杆菌 P-8 分离株单核苷酸突变聚类分析

(Group E、Group M 和 Group Y 分别代表试验组一中的老年组、中年组和青年组的样本分离株,
Group A 和 Group B 分别代表试验组二中两个青年样本分离株,Group R 代表试验组三只大鼠样本中的分离株。)

菌株在肠道中的定植能力取决于菌株对肠道上皮的黏附能力。植物乳植杆菌 P-8 的基因组中共有 29 个细胞表面蛋白酶（cell envelope protease，CEP），部分细胞表面蛋白酶被证实与菌株的碳水化合物利用能力和对肠道上皮的黏附能力相关[88,120]。而在缺失片段中并未发现编码该功能的基因片段，因此，丰富的表面蛋白可能也是植物乳植杆菌 P-8 得以在肠道中存活并定植的原因之一。此外，在 SNP 分析中，在植物乳植杆菌 P-8 分离株基因组中发现了一个非同义的细胞壁锚定蛋白变异位点（SNP20）。细胞壁锚定蛋白为胞外蛋白的一种，是参与细菌黏附的重要表面分子[30,120]。因此推测植物乳植杆菌 P-8 在适应肠道环境过程中，该 SNP 的突变可能增加了植物乳植杆菌 P-8 对肠道表皮细胞的黏附，从而提高了菌株在肠道中的定植能力。

SNP 分析中也发现老年、中年和青年志愿者的植物乳植杆菌 P-8 分离株中 SNP 变异不同。关于肠道微生物群落结构的研究曾报道了不同年龄志愿者肠道微生物群落结构的差异，而这种不同可能是因为不同年龄志愿者在生理代谢和免疫机能上的差异所引起[117,118]。菌株在肠道环境中的存活会受肠道离子环境如肠液的 pH、缓冲能力和渗透压等的影响[83]。据报道，随着年龄的增加，人体胃肠道内胃酸分泌会减少，而肠道黏膜通透性会增加[119]。不同年龄志愿者肠道内环境压力因子的差异可能是引起不同年龄组肠道分离株中 SNP 变异不同的原因。

3. 基因组变化分析

对重新分离到的植物乳植杆菌 P-8 分离株进行了基因组测序、拼接组装和生物信息学分析；发现菌株平均基因组大小为（3.15±0.03）Mb，N50 平均为（81.60±9.34）kb，平均 GC 含量为 44.58%±0.04%。基于基因组大小对不同组分离株作图（图 2-3），所有重新分离株的基因组均小于原始植物乳植杆菌 P-8 基因组，说明重新分离株基因组中存在基因丢失。试验组一中的老年、中年和青年组的肠道分离株平均基因组大小为（3.09±0.02）Mb，试验组二青年组分离株平均基因组大小为（3.17±0.01）Mb，试验组三的大鼠组分离株平均基因组大小为（3.16±0.02）Mb，表明连续摄入植物乳植杆菌 P-8 达 28 天的样品组的肠道分离株基因组小于仅摄入 1 次的样品组分离株基因组，暗示分离株基因丢失情况可能与菌株在肠道中存活代谢的时间有关。同时，试验组一中的中年组分离株平均基因组大小（3.12±0.00）Mb 大于青年组（3.08±0.02）Mb 和老年组（3.08±0.00）Mb 的分离株平均基因组大小，暗示分离株基因丢失可能也与宿主年龄相关。

4. 基因缺失分析

使用重新分离到的 92 株植物乳植杆菌 P-8 和原始菌株（共 93 株菌）基因组数据进行植物乳植杆菌 P-8 核心—泛基因组分析（图 2-4）。植物乳植杆菌 P-8 的泛基因组大小为 3.20Mb，核心基因组大小为 2.91Mb，由此可知，植物乳植杆菌 P-8 的附属基因组（accessory genome）为 0.29Mb，附属基因组中的基因序列均为植物乳植杆菌 P-8 重新分离株的特异性序列，由长度不等的 255 个片段构成。首先，将片段长度<500bp 的 181 个片段剔除，采用剩余的 74 个片段进行后续的分析。为了消除序列片段大小不一而引起的 coverage 偏差，将 74 个片段均匀打断成约 500bp 的长度相似的片段以计算该片段在各菌株基因组上的存在缺失率；最后去掉缺失率小于 2% 的 33 个序列片段，并基于最终所剩的 41 个缺失序列片段在每株分离株中的存在缺失率绘制 heatmap 图，相较于原始植物乳植杆菌 P-8 基因组，重新分离株基因组的每一个片段在原始植物乳植杆菌 P-8 基因组中均可被找

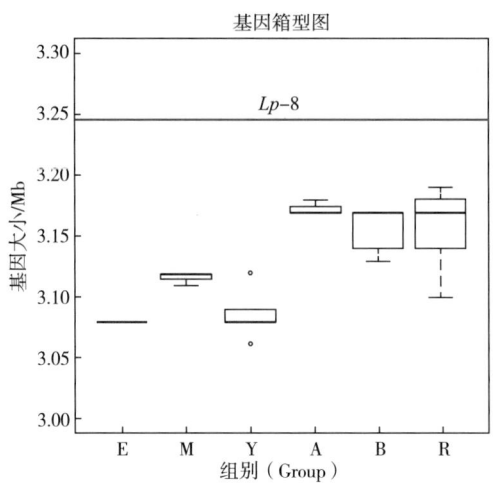

图 2-3 不同试验组分离株基因组大小

(Group E、Group M 和 Group Y 分别代表试验组一的老年组、中年组和青年组的植物乳植杆菌 P-8 重新分离株，Group A 和 Group B 分别代表试验组二中的两个青年样品的植物乳植杆菌 P-8 重新分离株，Group R 代表试验组三的大鼠样品的植物乳植杆菌 P-8 重新分离株。红线表示原始植物乳植杆菌 P-8 基因组的长度。)

到，说明重新分离株基因组中没有序列的获得，但有序列的丢失。41 个缺失片段中，1 个缺失序列片段 (Seq001) 位于原始植物乳植杆菌 P-8 基因组的染色体上，编码 23S rRNA 基因，为部分缺失；其余的缺失片段均分布于植物乳植杆菌 P-8 的质粒上，包括质粒 LBPp1、LBPp2、LBPp4 和 LBPp7。

质粒缺失片段中，不同试验组分离株中缺失片段不同。试验组一老年组和青年组分离株中主要缺失 LBPp2、LBPp4 和部分 LBPp1 (Seq015~Seq017) 片段；中年组中缺失 LBPp4 和 LBPp7，其中 LBPp7 只在 M 组分离株中有缺失；老年、中年和青年组分离株中缺失片段为连续片段；此外，青年组的 Y2-5 中也检测到了 Seq009~Seq010 和 Seq012~Seq014 序列片段的缺失，除了这两个片段外，其余缺失片段均发生在该组的每一个分离株中，暗示了在老年、中年和青年组分离株中发生了较稳定的片段缺失。试验组二的 A 青年组分离株中没有发生质粒片段的缺失。B 青年组中主要缺失部分 LBPp1 (Seq002~Seq010、Seq013 和 Seq015~Seq016) 和 LBPp4 (Seq029~Seq033/Seq034)，其中 LBPp1 的缺失只发生在一株分离株中 (B1-1)，LBPp4 在部分分离株中检测到，缺失菌株所占比例为 5/16，暗示在该组中发生的缺失可能不稳定。试验组三的 R 组分离株中缺失 LBPp1 以及部分 LBPp2 (Seq018~Seq025) 和 LBPp4 (Seq029~Seq034)，且它们均在部分分离株中检测到，缺失菌株所占比例分别为 1/5、1/45 和 1/5，说明该组中可能发生了不稳定的缺失。

为了进一步了解各分离株中缺失序列片段，基于参考菌株，即原代植物乳植杆菌 P-8 的基因结构预测信息，并结合 COG 和 KEGG 数据库，对 41 个质粒缺失片段 (Seq001~Seq041) 进行基因功能注释。其中，发生在质粒 LBPp1、LBPp2、LBPp4 和 LBPp7 上的缺失片段中具有 COG 注释信息的基因比例分别为 7/24、4/19、8/20 和 7/12 [具有 COG 注释信息基因数/该质粒缺失基因个数，图 2-4 (b)]；具有 KEGG 注释信息的基因比例分别为 1/24、1/19、2/20 和 0/12 [具有 KEGG 注释信息基因数/该质粒缺失基因数，图 2-4 (c)]。

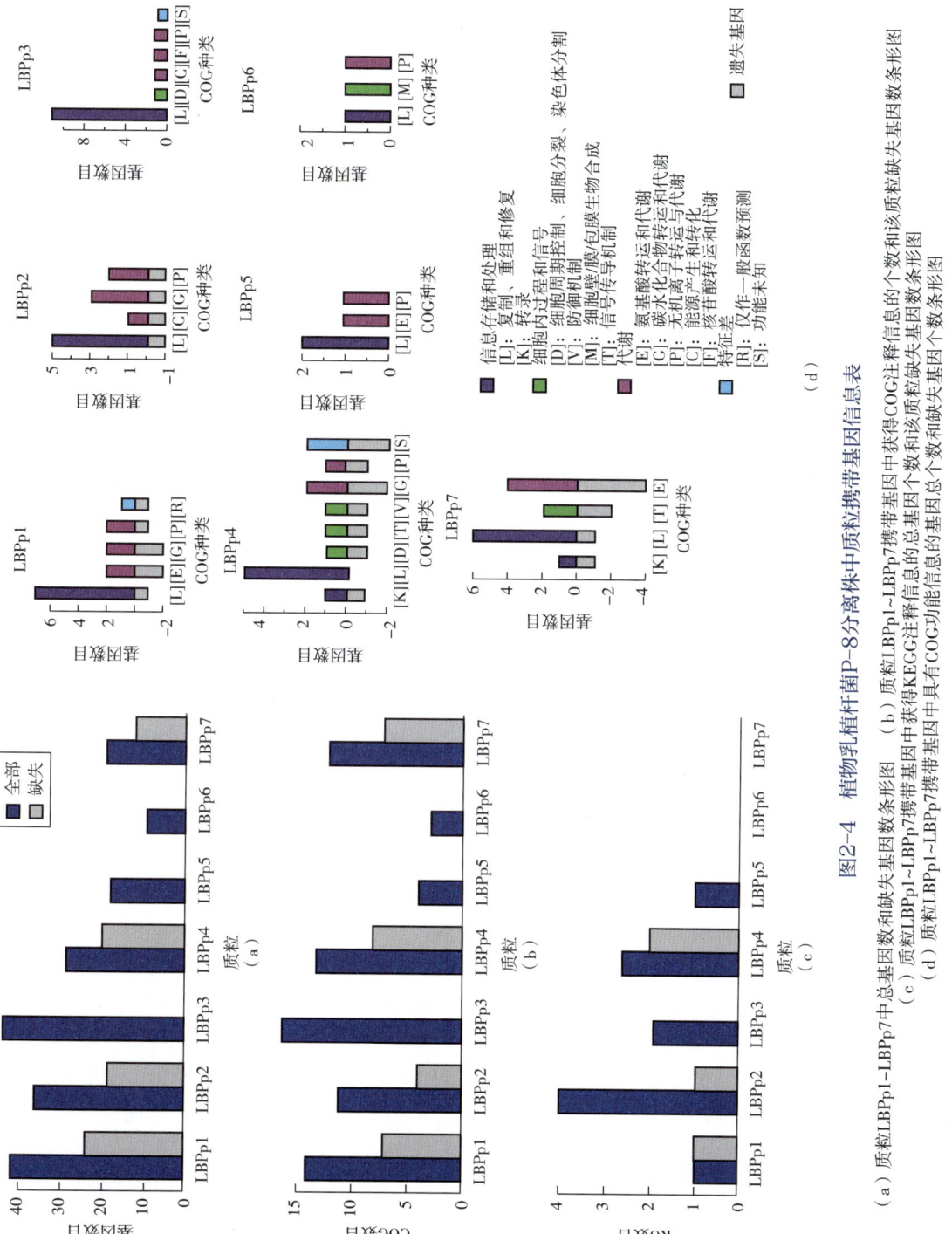

图2-4 植物乳植杆菌P-8分离株中质粒携带基因信息表

(a) 质粒LBPp1~LBPp7中总基因数和缺失基因数条形图 (b) 质粒LBPp1~LBPp7携带基因中获得COG注释信息的个数和该质粒缺失基因数条形图 (c) 质粒LBPp1~LBPp7携带基因中获得KEGG注释信息的个数和该质粒缺失基因数条形图 (d) 质粒LBPp1~LBPp7携带基因中具有COG功能信息的基因总个数和缺失基因个数条形图

老年组和青年组分离株中缺失片段主要为编码氨基酸代谢、脂质代谢和糖代谢相关基因；中年组分离株缺失片段主要为编码脂质代谢、氨基酸转运和离子转运调控等相关基因；B 青年组分离株缺失片段主要为编码信号转导、矿物质摄取和转运调控、核酸代谢调控、氨基酸代谢和糖代谢相关基因；试验组三的 R 组分离株中缺失片段主要为编码离子转运调控、糖代谢和甘氨酸生物合成与代谢相关基因。这些缺失片段中，与糖代谢相关的片段只有 Seq020，为编码半乳糖代谢和戊糖代谢的基因，该片段在老年组、青年组和部分老鼠组分离株中均有缺失。此外，缺失片段中并没有编码细胞表面蛋白的相关基因。

对质粒所携带基因依据 COG 分类进行数量统计分析，如图 2-4（d）所示，质粒 LBPp1、LBPp2、LBPp4 和 LBPp7 中与 DNA 复制、重组和修复相关基因的缺失比例为（缺失基因数/总基因数）：1/7、1/5、1/6、2/7，缺失比例较小，而缺失基因多为其他代谢功能基因。此外，对于质粒 LBPp3、LBPp5 和 LBPp6，编码 DNA 复制、重组和修复的基因所占质粒总基因比例为 9/14、1/2 和 1/3，而缺失率为零。由此说明植物乳植杆菌 P-8 在肠道中的繁殖复制过程中与 DNA 复制、重组和修复相关质粒基因被保留。

综上所述，长期摄入植物乳植杆菌 P-8 可能会引起菌株较稳定的质粒基因丢失，丢失基因多为糖代谢、氨基酸代谢、脂质代谢、离子转运调控等相关基因，而与 DNA 复制、重组和修复相关基因被保留。

为了进一步确定肠道分离株植物乳植杆菌 P-8 基因组上质粒携带基因的缺失情况，对分离株进行质粒基因缺失验证（图 2-5）。因质粒 LBPp1、LBPp2、LBPp4 和 LBPp7 基因的缺失均为部分质粒片段的缺失，所以，图中具有单一明亮条带的样品为在图中相应质粒上没有发生片段缺失的分离株，没有条带或条带非常弱的样品为在相应质粒上发生了片段缺失的分离株。试验中缺失质粒的分离株包括：质粒 LBP1 的 B1-1、R1-2-2、R2-3-1、R3-2-1、R3-2-2、R5-1-2、R6-2-1、R6-2-2、R7-2-1 和 R7-2-2；质粒 LBP2 的 E6-1 到 E6-6、Y2-1 到 Y2-5、R4-2-1 和 R4-2-1；质粒 LBP4 的 E6-1 到 E6-6、M4-1 到 M4-4、Y2-1 到 Y2-5、B3-2 和 R6-2-2 等；质粒 LBP7 的 M4-1 到 M4-4。其余的分离株条带均单一明亮，如质粒 LBPp3、LBPp5 和 LBPp6 的所有分离株，质粒 1 的 A 组分离株、R 组的 R2-2-1、R3-3-1 和 R4-2-1 等。质粒验证结果与基因组分析一致，说明肠道分离株植物乳植杆菌 P-8 基因组中确实发生了某一质粒缺失。

当乳酸菌从动态的、营养不断变化的环境切换到稳定环境，如从人类胃肠道或植物环境转换到相对营养丰富的乳制品环境，乳酸菌对乳制品环境的适应会引起代谢基因简化，包括碳水化合物代谢、氨基酸生物合成和辅因子生物合成基因的丧失以及肽转运和水解基因的增加[17,36,121,122]。例如 *Lactobacillus delbrueckil* Subsp. *bulgaricus* 和 *Lactobacillus helveticus*，它们在应用于酸奶和奶酪制造的过程中经历了大量的基因衰变，基因组中分别约 12% 和 19% 的基因是假基因；而且，基因组中涉及氨基酸生物合成的酶也相对较少，暗示了它们对蛋白质丰富的乳制品环境的适应[121,122]。Cai 等[123] 在对不同生境的 *Lacticaseibacillus casei* 的比较基因组分析中也有类似发现：相较于分离株 ATCC334 基因组，分离自丹麦、澳大利亚和美国奶酪中的 7 株分离株中有 5 株的基因组中已经丢失了 ATCC334 基因组中约 15%~20% 的基因，包括假定蛋白、噬菌体基因和参与碳水化合物代谢和氨基酸转运的基因，以及限制/修饰蛋白基因。由此 Cai 等认为乳酸菌在乳环境中通过丢失不必要的祖先

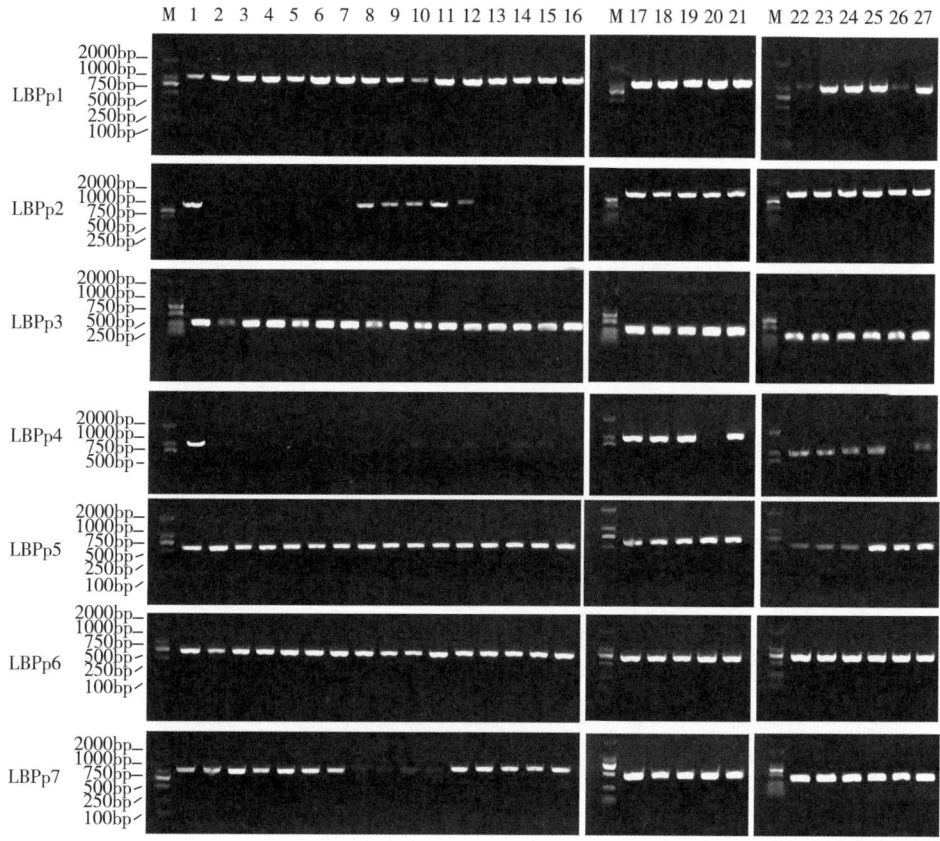

图 2-5 部分植物乳植杆菌 P-8 分菌株质粒缺失验证琼脂糖凝胶电泳图

（M 代表 marker，编号 1~16 分别代表植物乳植杆菌 P-8 原始菌株、植物乳植杆菌 P-8 肠道分离株 E6-1 至 E6-6、M4-1 至 M4-4 和 Y2-1 至 Y2-5，M17~21 分别代表分离株 A3-1、A5-1、B1-2、B3-2、B5-1，M22~27 分别代表分离株 R1-2-2、R2-2-1、R3-3-1、R4-2-1、R6-2-2 和 R14-2-1。）

特征，即基因衰退，以增强对乳制品的适应力。在 *Lactococcus lactis* 的比较基因组分析中，也发现了类似的基因丢失，相较于植物来源的 *Lactococcus lactis* KF147，干酪来源的 *Lactococcus lactis* IL1403 基因组中已经丢失了参与植物细胞壁降解以及用于这些降解产物摄取和转化系统的基因簇[116,117]。本研究得到了与上述报道一致的研究结果：基于比较基因组分析，在肠道分离株植物乳植杆菌 P-8 基因组中发现了基因片段的丢失，这些丢失基因多为编码糖代谢、氨基酸代谢、脂质代谢、离子转运调控等的相关基因，而与 DNA 复制、重组和修复相关的基因却丢失很少；而且，丢失的糖代谢基因中只发现了一个编码半乳糖和戊糖代谢的基因片段，也未发现可能与细菌肠道黏附力相关的编码细胞表面蛋白的基因丢失。因此，推测肠道分离株植物乳植杆菌 P-8 基因组基因的丢失或简并可能是为了更好地适应人体和大鼠肠道环境。

Drake[124] 曾报道，在不存在任何选择压力时，菌株在核苷酸水平上具有长期的稳定性，突变率非常低。Fukao 等[125] 曾通过对在同一条件下培养并贮藏了 18 年的 *Lactobacillus brevis* KB290 进行深度测序。试验株分别取自四个不同时间点贮藏的菌株，结果在 *Lactobacillus brevis* KB290 基因组中只发现了低频变异，包括 3 个突变位点和 37 个少数变异位点，从而证明了 KB290 的遗传稳定性。本研究中，植物乳植杆菌 P-8 在人体或动物肠道中保持了 3 周到 17 周后，每株分离株中检测到了 1~3 个 SNP，本研究中的植物乳植杆菌 P-8 分离株基因变异高于 *Lactobacillus brevis* KB290。杨献伟[51] 曾在对全球不同地区、不同分离时间的共 157 株副溶血性弧菌的全基因组测序的分析中报道：菌株基因组上的一些 SNP 突变可能是因强烈的自然选择驱动引起，这些 SNP 变异与菌株对不同生存环境的适应性密切相关。因此，推测可能是肠道环境压力加速了分离株基因组中 SNP 的变异。

此外，SNP 分析中也发现老年、中年和青年志愿者的植物乳植杆菌 P-8 分离株中 SNP 变异不同。关于肠道微生物群落结构的研究曾报道了不同年龄志愿者肠道微生物群落结构的差异，而这种不同可能是因为不同年龄志愿者在生理代谢和免疫功能上的差异所引起[126,127]。菌株在肠道环境中的存活会受肠道离子环境如肠液的 pH、缓冲能力和渗透压等的影响[89]。据报道，随着年龄的增加，人体胃肠道内胃酸分泌会减少，而肠道黏膜通透性会增加[128]。不同年龄志愿者肠道内环境压力因子的差异可能是引起不同年龄组肠道分离株中 SNP 变异不同的原因。

综上所述，植物乳植杆菌 P-8 摄入前后在人体和大鼠肠道内的数量和基因组变化，从基因组水平解析了植物乳植杆菌 P-8 在肠道环境的适应性驱动力下的微进化。基于实时荧光定量 PCR 分析证实植物乳植杆菌 P-8 可以在人体和大鼠肠道内存活并定植。只摄入一次植物乳植杆菌 P-8 后，菌株分别在志愿者和大鼠肠道内至少保持 4 周和 3 周；连续摄入植物乳植杆菌 P-8 达 28 天后，菌株可以在志愿者肠道内保持 4 个月左右。连续摄入益生菌产品可能更有助于保证益生菌在肠道内的存活和定植时间，从而保证益生菌的益生功效。通过基因组重测序和比较基因组分析，在肠道分离株植物乳植杆菌 P-8 基因组上发现了质粒携带基因的丢失和 SNP 变异，表明了植物乳植杆菌 P-8 在人体和大鼠肠道中的存活能力。植物乳植杆菌 P-8 肠道分离株基因组上质粒携带基因的丢失主要集中于质粒 LB-Pp1、LBPp2、LBPp4 和 LBPp7 上，丢失基因主要为编码糖代谢、氨基酸代谢、脂质代谢、离子转运调控等的相关基因，这表明植物乳植杆菌 P-8 可能通过基因组衰减来适应肠道环境。植物乳植杆菌 P-8 分离株基因组在宿主肠道中发生了单核苷酸多态性变异，其中编码细胞壁锚定蛋白基因上的变异会影响菌株对肠道表皮细胞的黏附能力，显示植物乳植杆菌 P-8 分离株进化方式为生境适应性进化。

第三节 副干酪乳酪杆菌在肠道环境中的适应性进化

前期研究已证实 *Lactobacillus rhamnosus* GG 的基因组完整性受胆汁盐和反复剪切力的影响[129]。曝露于肠道中低 pH 和高胆盐浓度环境下的益生乳杆菌基因组会发生改变[130]。白梅发现干酪乳酪杆菌 Zhang 分别在普通和碳源限制性 MRS 培养基中连续传代 2000 代过程中发生的高频突变较少，表明菌株已适应该环境并可长期稳定遗传[131]。然而，关于宿主肠道环境对副干酪乳酪杆菌 Zhang 基因组变异的影响尚不清楚，特别是在抗生素存在的情况下。

我国第一株副干酪乳酪杆菌 Zhang 的全基因组测序已于 2008 年完成（以下称为原始菌株），本研究以抗生素为人类带来的危害为出发点，构建抗生素所致大鼠肠道菌群失调模型，通过益生菌副干酪乳酪杆菌 Zhang 的干预，发现益生菌干预组，即在第一周同时灌胃抗生素和益生菌，后 2 周灌胃益生菌。头孢地尼灌胃剂量为 135mg/（kg·d），益生菌灌胃剂量为 $2.5×10^9$CFU/d。此干预方式对机体损伤修复效果较好。因此，选取第 7 天和 14 天 2 个关键时间点，对从干预组大鼠粪便中分离得到了 12 株干酪乳酪杆菌 Zhang 分离株进行基因组重测序。以原始菌株序列为参考，对重测序菌株进行 SNP 和 InDel 分析，从而探究有助于该菌株适应抗生素存在的肠道环境中的关键基因。

12 株副干酪乳酪杆菌 Zhang 肠道分离株通过 SOAPdenovo 的基因组组装结果见表 2-3。以原始菌株为参考（Accession No.：NC_014334.2），共鉴定到 36 个 SNP 突变位点，其中同义突变 13 个，非同义突变 12 个，基因间区突变 11 个（表 2-4）。12 株菌中存在共有突变 8 个，其中 2 个非同义突变分别编码 ABC 切补核酸酶 UvrA 亚基（excinuclease ABC subunit UvrA）和指导 DNA 的 RNA 聚合酶 β 亚基（DNA-directed RNA polymerase subunit beta）；另外 4 个基因间区突变位点临近基因分别编码 tRNA-丙氨酸，xerC 基因和叶酸家族 ECF 转运蛋白 S 组分（folate family ECF transporter S component）。12 株菌中存在共有缺失位点 1 个，所在基因编码含 YtxH 结构域的蛋白质（YtxH domain-containing protein）。仅出现在第 7 天菌株中的突变位点有 23 个，其中 10 个同义突变，6 个非同义突变和 7 个基因间区突变，各位点具体信息见表 2-4。仅出现在 14 天菌株中的突变位点只有 5 个，其中 4 个非同义突变，1 个同义突变；而 4 个非同义突变位点均位于同一基因，但遗憾的是，经功能注释后显示该基因所编码的蛋白功能未知。另外，经与参考基因组比对，发现粪便中的副干酪乳酪杆菌 Zhang 分离株的质粒发生部分丢失现象。

表 2-3 12 株副干酪乳酪杆菌 Zhang 重测序数据组装信息

菌株	总序列数/个	总长度/bp	最小序列长度/bp	最大序列长度/bp	平均序列长度/bp	N50 长度/bp	N90 长度/bp	GC 含量/%
7d Zhang-2	49	2,890,783	200	263,903	58,995.57	116,254	40,959	45.35
7d Zhang-12	49	2,901,265	243	265,703	59,209.49	116,401	41,228	45.22
7d Zhang-14	53	2,917,125	203	266,502	55,040.09	116,828	42,025	44.97
7d Zhang-15	49	2,908,665	220	264,651	59,360.51	115,672	41,377	45.35
7d Zhang-21	51	2,953,909	211	267,380	57,919.78	117,696	41,871	44.31
7d Zhang-24	53	2,999,007	201	273,021	56,585.04	115,846	41,874	43.58
7d Zhang-25	51	2,993,965	246	272,841	58,705.2	118,398	42,193	43.65
14d Zhang-1	48	2,893,276	203	263,403	60,276.58	112,309	40,820	45.35
14d Zhang-2	51	2,907,837	203	264,908	57,016.41	112,012	41,370	45.04
14d Zhang-3	47	2,895,885	203	263,794	61,614.57	115,695	41,160	45.32
14d Zhang-4	46	2,893,740	203	264,662	62,907.39	114,861	41,234	45.31
14d Zhang-5	45	2,909,426	202	255,586	64,653.91	116,042	41,192	45.07

表 2-4　副干酪乳酪杆菌 Zhang 重测序菌株变异位点信息

No.	位置	菌株	突变类型		参考基因	蛋白产物
1	p_2194	7d Zhang-2	同义突变	A>G	LCAZH_RS00255	—
2	p_2200	7d Zhang-2	同义突变	T>G	LCAZH_RS00255	—
3	p_2201	7d Zhang-2	同义突变	T>G	LCAZH_RS00255	—
4	p_6927	7d Zhang-14	同义突变	A>G	LCAZH_RS00280	—
5	p_6943	7d Zhang-14	同义突变	C>T	LCAZH_RS00280	—
6	p_13984	7d Zhang-2	基因间区突变	A>C	—	—
7	p_13992	7d Zhang-2	基因间区突变	C>G	—	—
8	p_14000	7d Zhang-2	基因间区突变	C>T	—	—
9	p_32523	7d Zhang-12	非同义突变	A>C	LCAZH_RS00405	SafE 家族蛋白
10	p_32524	7d Zhang-12	同义突变	A>C	LCAZH_RS00405	—
11	p_32530	7d Zhang-12	同义突变	A>C	LCAZH_RS00405	—
12	c_298847	7d Zhang-2	非同义突变	A>C	LCAZH_RS01775	黄素腺嘌呤二核苷酸-依赖性氧化还原酶
13	c_355158	7d Zhang-15	非同义突变	G>T	LCAZH_RS02040	核糖激酶
14	c_438266	7d Zhang-15	非同义突变	G>T	LCAZH_RS02410	α-葡糖苷酶
15	c_1080854	7d Zhang-15	非同义突变	G>T	LCAZH_RS05675	假定蛋白
16	c_1673416	7d Zhang-2	同义突变	G>T	LCAZH_RS08690	—
17	c_1757723	7d Zhang-24	同义突变	C>T	LCAZH_RS09125	N-乙酰葡萄糖胺-6-磷酸脱乙酰酶
18	c_2047157	7d Zhang-21	基因间区突变	C>G	—	—
19	c_2047161	7d Zhang-21	基因间区突变	C>G	—	—
20	c_2355880	7d Zhang-21	基因间区突变	G>A	—	—
21	c_2365002	7d Zhang-25	同义突变	G>A	LCAZH_RS12110	—
22	c_2707843	7d Zhang-2	非同义突变	G>T	LCAZH_RS13910	PTS 甘露糖转运亚基 IICD
23	c_2783238	7d Zhang-14	基因间区突变	T>G	—	—
24	c_408114	14d Zhang-4	非同义突变	T>A	LCAZH_RS02260	DUF5011 结构域蛋白
25	c_408118	14d Zhang-4	非同义突变	C>A	LCAZH_RS02260	DUF5011 结构域蛋白
26	c_408141	14d Zhang-4	非同义突变	T>A	LCAZH_RS02260	DUF5011 结构域蛋白
27	c_408203	14d Zhang-3	同义突变	A>T	LCAZH_RS02260	—

续表

No.	位置	菌株	突变类型		参考基因	蛋白产物
28	c_408213	14d Zhang-3	非同义突变	T>C	LCAZH_RS02260	DUF5011 结构域蛋白
29	c_673027	All	基因间区突变	G>T	LCAZH_RS03485*	tRNA-丙氨酸*
30	c_849258	All	同义突变	C>T	LCAZH_RS04505	—
31	c_1240886	All	非同义突变	C>T	LCAZH_RS06535	外切酶 ABC 亚基 UvrA
32	c_1356665	All	基因间区突变	G>T	LCAZH_RS07080*	酪氨酸重组酶 xerC*
33	c_2188798	All	基因间区突变	G>A	LCAZH_RS11165*	叶酸家族 ECF 转运蛋白 S 组分*
34	c_2188862	All	基因间区突变	A>C	LCAZH_RS11165*	叶酸家族 ECF 转运蛋白 S 组分*
35	c_2423167	All	非同义突变	G>C	LCAZH_RS12460	RNA 聚合酶 β 亚基
36	c_2743307	All	同义突变	T>G	LCAZH_RS14110	—
37	c_1671683	All	Deletion	A	LCAZH_RS08680	YtxH 结构域的蛋白质

注：p 代表质粒基因组（登录号为 NC_011352.1）；c 代表染色体基因组（登录号为 NC_014334.2）；* 表示位于基因间区共有突变位点的临近基因。

即使在没有任何选择压力下情况，无论基因组大小，菌株自发突变率约为 0.0033/代[132]。因此，我们推断当益生菌曝露于极端且复杂的肠道环境中时，无疑会受到较强的选择压力并做出相应适应性变化。本研究中从大鼠粪便分离出的 12 株重测序菌株中共发现 36 个突变位点，这与之前分离自肠道环境植物乳植杆菌中发现多个 SNP 的研究结果相吻合[133,134]。其中，8 个共有突变位点存在于染色体中，表明益生菌副干酪乳酪杆菌 Zhang 在大鼠肠道环境下发生了普遍性的适应突变。体外实验室适应性进化研究表明，副干酪乳酪杆菌 Zhang 在碳源限制性 MRS 培养基中连续传代过程中，rpoC 基因发生高频突变，而 rpoC 可能和其同组分的全局调控基因 rpoS 具相似功能，即改变菌株在不同环境压力下的适应性[131]。与上述实验室适应性进化研究结果一致，本研究中编码 RNA 聚合酶 β 亚基（DNA-directed RNA polymerase subunit beta）基因 rpoB 的突变可能同样对菌株适应肠道环境的起到全局调控作用。

非同义突变基因（LCAZH_RS06535）所编码的外切酶 ABC UvrA 亚基（excinuclease ABC subunit UvrA）和上述 rpoB 基因均参与 DNA 修复和转录偶联的 DNA 修复[135,136]，可能由于抗生素作用损伤了机体 DNA，进而影响其正常转录，而这种损伤在停用抗生素后并不能立即恢复，这也与前章结果相一致。基因间区突变位点临近基因（LCAZH_RS03485，LCAZH_RS07080 和 LCAZH_RS11165）所编码蛋白（tRNA-ala，xerC 和 folate family ECF transporter S component）参与细胞分裂前染色体和质粒单体的获得[137] 以及周围环境微量元素的摄取（能量代谢）[138]，这与 Hermien van Bokhorst-van de Veen 等所观察到的结果一致[139]，表明这些功能的基因编码区改变有助于副干酪乳酪杆菌 Zhang 在肠道环境中存活。

除 8 个共有突变外,第 7 天菌株中突变位点数多于第 14 天(个数分别为 23 和 5),这与之前研究结果一致,即抗生素曝露可激活菌株突变反应[140];同时表明,相较于第 7 天,第 14 天时菌株受肠道选择压力较小。14 天中 4 个非同义突变都位于基因 LCAZH_RS02260 上,但遗憾的是其所编码蛋白功能未知(DUF5011 domain-containing protein)。而第 7 天菌株中发生的 SafE 家族蛋白突变(LCAZH_RS00405)则和物种的非生物胁迫抗性有关[141];三个非同义突变基因(LCAZH_RS01775,LCAZH_RS02040 和 LCAZH_RS02410)所编码蛋白均参与碳水化合物的转运和代谢,如黄素腺嘌呤二核苷酸(FAD-dependent oxidoreductase)、核糖激酶(ribokinase)和 α-葡萄糖苷酶(alpha-glucosidase),而碳水化合物代谢功能是经常被报道与适应性选择 SNP 和插入基因相关的功能类别[142]。糖转运蛋白,尤其是 PTS 转运蛋白会对饮食变化(如脂肪/高糖饮食 vs 植物多糖丰富饮食)和宿主的免疫或疾病状态如糖尿病、肥胖、炎症性肠病等做出显著反应[143];将 N-乙酰氨基葡萄糖-6-磷酸酯经脱乙酰基为葡萄糖胺-6-磷酸酯和乙酸是细胞壁肽聚糖和磷壁酸生物合成的第一步反应[144],因此第 7 天菌株中 2 个非同义突变基因(LCAZH_RS09125 和 LCAZH_RS13910)所编码的 N-乙酰氨基葡萄糖-6-磷酸脱乙酰酶(N-acetylglucosamine-6-phosphate deacetylase)和 PTS 甘露糖转运亚基 IICD(PTS mannose transporter subunit IICD)是菌株适应抗生素肠道环境下所发生的特定类型突变。

多项研究表明,为了降低非必要基因表达所需的能量,乳杆菌从营养多变的环境进入相对稳定且营养丰富的乳生态环境中会发生基因衰退或多余基因丢失现象[145,146]。另外,肠道环境极其苛刻,即有较低的 pH 和较高的胆盐浓度,这无疑将对菌株产生选择性压力。因此,质粒的丢失可能是副干酪乳酪杆菌 Zhang 为了保存能量和营养,从而有助于菌株更好地生存和适应肠道环境。Song 等从人和大鼠粪便中分离的植物乳植杆菌 P-8 衍生株基因组中同样发现了质粒频繁丢失现象,因此表明在胃肠道的选择压力下,副基因组发生了还原性进化[134]。

由此可知,益生菌副干酪乳酪杆菌 Zhang 在大鼠肠道环境中发生了普遍性的适应突变和质粒丢失现象,从突变位点个数上看,相较于第 7 天,第 14 天时菌株受肠道选择压力较小。与此同时,益生菌副干酪乳酪杆菌 Zhang 也发生了与抗生素肠道环境相关的特定类型突变,但这些基因编码区的改变均有助于副干酪乳酪杆菌 Zhang 在肠道环境中更好地存活。

参考文献

[1] Qin J, Li R, Raes J, et al. A human gut microbial gene catalogue established by metagenomic sequencing [J]. Nature, 2010, 464: 59-65.

[2] Cross T W L, Simpson A M R, Lin C Y, et al. Gut microbiome responds to alteration in female sex hormone status and exacerbates metabolic dysfunction [J]. Gut Microbes, 2023, 16.

[3] Kotsias F, Hoffmann E, Amigorena S, et al. Reactive oxygen species production in the phagosome: impact on antigen presentation in dendritic cells [J]. Antioxidants & Redox Signaling, 2013, 18 (6): 714-729.

[4] Tillisch K, Labus J, Kilpatrick L, et al. Consumption of fermented milk product with probiotic modulates brain activity [J]. Gastroenterology, 2013, 144 (7): 1394-1401.

[5] Ashonibare V, Akorede B, Ashonibare P, et al. Gut microbiota-gonadal axis: the impact of gut microbiota on reproductive functions [J]. Frontiers in Immunology, 2024, 15.

[6] Putignani L, Chierico F, Petrucca A, et al. The human gut microbiota: A dynamic interplay with the host from birth to senescence settled during childhood [J]. Pediatric Research, 2014, 76 (1): 2-10.

[7] Minagar A, Jabbour R. The human gut microbiota: a dynamic biologic factory [J]. Springer Berlin Heidelberg, 2014, 1-16.

[8] Saeedi Saravi S S, Pugin B, Constancias F, et al. Gut microbiota-dependent increase in phenylacetic acid induces endothelial cell senescence during aging [J]. BioRxiv, 2023.

[9] Markle J G, Frank D N, Mortin-Toth S, et al. Sex Differences in the gut microbiome drive hormone-dependent regulation of autoimmunity [J]. Science, 2013, 339.

[10] Patangia D V, Grimaud G, O'Shea C A, et al. Early life exposure of infants to benzylpenicillin and gentamicin is associated with a persistent amplification of the gut resistome [J]. Microbiome, 2024, 12: 9.

[11] Cena J. The Role of the Gut Microbiome in Human Anatomy and Physiology [J]. Journal of Anatomy, 2024.

[12] 中国食品科学技术学会益生菌分会. 益生菌功效性研究与评价的科学综述 [J]. 中国食品学报, 2023, 23 (5): 444-455.

[13] Leser T, Baker A. Molecular Mechanisms of *Lacticaseibacillus rhamnosus* LGG® Probiotic Function [J]. Microorganisms, 2024, 12 (4): 794.

[14] Guo Z, Wang J, Yan L, et al. In vitro comparison of probiotic properties of *Lactobacillus casei* Zhang, a potential new probiotic, with selected probiotic strains [J]. LWT-Food Science and Technology, 2009, 42 (10): 1640-1646.

[15] Zhang Y, Du R, Wang L, et al. The antioxidative effects of probiotic *Lactobacillus casei* Zhang on the hyperlipidemic rats [J]. European Food Research and Technology, 2010, 231: 151-158.

[16] Li Y, Wang S, Quan K, et al. Co-administering yeast polypeptide and the probiotic, *Lacticaseibacillus casei* Zhang, significantly improves exercise performance [J]. Journal of Functional Foods, 2022, 95: 105-161.

[17] Ma D, Jin H, Kwok L Y, et al. Effect of Lacticaseibacillus casei Zhang on iron status, immunity, and gut microbiota of mice fed with low-iron diet [J]. Journal of Functional Foods, 2022, 88: 104-906.

[18] Wang Y, Xie J, Wang N, et al. *Lactobacillus casei* Zhang modulate cytokine and Toll-like receptor expression and beneficially regulate PolyI: C-induced immune responses in RAW264.7 macrophages [J]. Microbiology and Immunology, 2013, 57: 54-62.

[19] Hor Y Y, Lew L C, Lau A S Y, et al. Probiotic *Lactobacillus casei* Zhang (LCZ) alleviates respiratory, gastrointestinal and RBC abnormality via immuno-modulatory, anti- inflammatory and anti-oxidative actions [J]. Journal of Functional Foods, 2018, 44: 235-245.

[20] Nei M, Kumar S. Molecular evolution and phylogenetics [M]. New York: Oxford university press, 2000.

[21] 宋宇琴, 孙志宏, 张和平. 乳酸菌微进化的研究进展 [J]. 微生物学报, 2015, 55 (11): 1371-1377.

[22] Makarova K S, Koonin E V. Evolutionary genomics of lactic acid bacteria [J]. Journal of bacteriology, 2007, 189 (4): 1199-1208.

[23] Lahtinen S, Ouwehand A C, Salminen S, et al. Lactic acid bacteria: microbiological and functional aspects [M]. New York: Crc Press, 2011.

[24] Lee J H, Karamychev V, Kozyavkin S, et al. Comparative genomic analysis of the gut bacterium *Bifidobacterium longum* reveals loci susceptible to deletion during pure culture growth [J]. BMC Genomics, 2008, 9: 1-16.

[25] Makarova K, Slesarev A, Wolf Y, et al. Comparative genomics of the lactic acid bacteria [J]. Proceedings of the National Academy of Sciences, 2006, 103 (42): 15611-15616.

[26] Santos F, Vera J L, van der Heijden R, et al. The complete coenzyme B12 biosynthesis gene cluster of Lactobacillus reuteri CRL1098 [J]. Microbiology, 2008, 154 (1): 81-93.

[27] Lahtinen S, Ouwehand A C, Salminen S, et al. Lactic acid bacteria: microbiological and functional aspects [M]. New York: Crc Press, 2011.

[28] Perry J A, Jones M B, Peterson S N, et al. Peptide alarmone signalling triggers an auto-active bacteriocin necessary for genetic competence [J]. Molecular microbiology, 2009, 72 (4): 905-917.

[29] Prudhomme M, Attaiech L, Sanchez G, et al. Antibiotic stress induces genetic transformability in the human pathogen *Streptococcus pneumoniae* [J]. Science, 2006, 313 (5783): 89-92.

[30] Hols P, Hancy F, Fontaine L, et al. New insights in the molecular biology and physiology of *Streptococcus thermophilus* revealed by comparative genomics [J]. FEMS Microbiology Reviews, 2005, 29 (3): 435-463.

[31] Blomqvist T, Steinmoen H, Ha˚varstein L S. Natural genetic transformation: a novel tool for efficient genetic engineering of the dairy bacterium *Streptococcus thermophilus* [J]. Applied and Environmental Microbiology, 2006, 72 (10): 6751-6756.

[32] Gardan R, Besset C, Guillot A, et al. The oligopeptide transport system is essential for the development of natural competence in *Streptococcus thermophilus* strain LMD-9 [J]. Journal of Bacteriology, 2009, 191 (14): 4647-4655.

[33] Fontaine L, Boutry C, de Frahan M H, et al. A novel pheromone quorum-sensing system controls the development of natural competence in *Streptococcus thermophilus* and *Streptococcus salivarius* [J]. Journal of bacteriology, 2010, 192 (5): 1444-1454.

[34] Delorme C, Bartholini C, Bolotine A, et al. Emergence of a cell wall protease in the *Streptococcus thermophilus* population [J]. Applied and Environmental Microbiology, 2010, 76 (2): 451-460.

[35] Dandoy D, Fremaux C, Henry de Frahan M, et al. The fast milk acidifying phenotype of Streptococcus thermophilus can be acquired by natural transformation of the genomic island encoding the cell-envelope proteinase PrtS [J]. Microbial Cell Factories, 2011, 10 (1): S21.

[36] Thompson J, McConville K, Nicholson C, et al. DNA cloning in Lactobacillus helveticus by the exconjugation of recombinant mob-containing plasmid constructs from strains of transformable lactic acid bacteria [J]. Plasmid, 2001, 46 (3): 188-201.

[37] De la Cruz F, Davies J. Horizontal gene transfer and the origin of species: lessons from bacteria [J]. Trends in Microbiology, 2000, 8 (3): 128-133.

[38] Devirgiliis C, Coppola D, Barile S, et al. Characterization of the Tn916 conjugative transposon in a food-borne strain of Lactobacillus paracasei [J]. Applied and Environmental Microbiology, 2009, 75 (12): 3866-3871.

[39] Kranenburg R V, Marugg J D, Van Swam I I, et al. Molecular characterization of the plasmid-encoded eps gene cluster essential for exopolysaccharide biosynthesis in Lactococcus lactis [J]. Molecular Microbiology, 1997, 24 (2): 387-397.

[40] Feld L, Schjørring S, Hammer K, et al. Selective pressure affects transfer and establishment of a Lactobacillus plantarum resistance plasmid in the gastrointestinal environment [J]. Journal of Antimicrobial Chemotherapy, 2008, 61 (4): 845-852.

[41] Ravin V, Sasaki T, Räisänen L, et al. Effective plasmid pX3 transduction in Lactobacillus delbrueckii by bacteriophage LL-H [J]. Plasmid, 2006, 55 (3): 184-193.

[42] Ammann A, Neve H, Geis A, et al. Plasmid transfer via transduction from Streptococcus thermophilus to Lactococcus lactis [J]. Journal of Bacteriology, 2008, 190 (8): 3083-3087.

[43] Ventura M, Canchaya C, Tauch A, et al. Genomics of actinobacteria: tracing the evolutionary history of an ancient phylum [J]. Microbiology and Molecular Biology Reviews, 2007, 71 (3): 495-548.

[44] 杨献伟. 基于全基因组测序的副溶血弧菌种群进化研究 [D]. 北京: 中国人民解放军军事医学科学院, 2015.

[45] Desjardins C A, Cohen K A, Munsamy V, et al. Genomic and functional analyses of mycobacterium tuberculosis strains implicate ald in D-cycloserine resistance [J]. Nature Genetics, 2016, 48 (5): 544-551.

[46] Jeffares D C, Rallis C, Rieux A, et al. The genomic and phenotypic diversity of Schizosaccharomyces pombe [J]. Nature genetics, 2015, 47 (3): 235-241.

[47] Sørensen S J, Bailey M, Hansen L H, et al. Studying plasmid horizontal transfer in situ: a critical review [J]. Nature Reviews Microbiology, 2005, 3 (9): 700-710.

[48] McKay L, Baldwin K, Zottola E. Loss of lactose metabolism in lactic streptococci [J]. Applied Microbiology, 1972, 23 (6): 1090-1096.

[49] Cords B R, McKay L L, Guerry P. Extrachromosomal elements in group N streptococci [J]. Journal of Bacteriology, 1974, 117 (3): 1149-1152.

[50] Davey G. Plasmid associated with diplococcin production in Streptococcus [J]. Applied and Environmental Microbiology, 1984, 48 (4): 895-896.

[51] Horng J S, Polzin K, McKAY L L. Replication and temperature-sensitive maintenance functions of lactose plasmid pSK11L from Lactococcus lactis subsp. Cremoris [J]. Journal of Bacteriology, 1991, 173 (23): 7573-7581.

[52] Frère J, Benachour A, Novel M, et al. Identification of the theta-type minimal replicon of the Lactococcus lactis subsp. lactis CNRZ270 lactose protease plasmid pUCL22 [J]. Current Microbiology, 1993, 27: 97-102.

[53] Jahns A, Schäfer A, Geis A, et al. Identification, cloning and sequencing of the replication region of Lactococcus lactis ssp. lactis biovar. diacetylactis Bu2 citrate plasmid pSL2 [J]. FEMS Microbiology Letters, 1991, 80 (2-3): 253-258.

[54] Lucey M, Daly C, Fitzgerald G. Analysis of a region from the bacteriophage resistance plasmid pCI528 involved in its conjugative mobilization between Lactococcus strains [J]. Journal of Bacteriology, 1993, 175 (18): 6002-6009.

[55] Gravesen A, Josephsen J, Vonwright A, et al. Characterization of the replicon from the lactococcal theta-replicating plasmid pJW563 [J]. Plasmid, 1995, 34 (2): 105-118.

[56] Teuber M, Melle L, Schwarz F. Acquired antibiotic resistance in lactic acid bacteria from food [J]. Antonie van Leeuwenhoek, 1999, 76 (1): 115-137.

[57] Vescovo M, Morelli L, Bottazzi V. Drug resistance plasmids in Lactobacillus acidophilus and Lactobacillus reuteri [J]. Applied and Enviromental Microbiology, 1982, 43 (1): 50-56.

[58] Clewell D B, Yagi Y, Dunny G M, et al. Characterization of three plasmid deoxyribonucleic acid molecules in a strain of Streptococcus faecalis: identification of a plasmid determining erythromycin resistance [J]. Journal of Bacteriology, 1974, 117 (1): 283-289.

[59] Sun Z, Kong J, Kong W. Characterization of a cryptic plasmid pD403 from Lactobacillus plantarum and construction of shuttle vectors based on its replicon [J]. Molecular Biotechnology, 2010, 45 (1): 24-33.

[60] Yin S, Hao Y, Zhai Z, et al. Characterization of a cryptic plasmid pM4 from Lactobacillus plantarum M4 [J]. Fems Microbiology Letters, 2008, 285 (2): 183-187.

[61] Lee J H, Halgerson J S, Kim J H, et al. Comparative sequence analysis of plasmids from Lactobacillus delbrueckii and construction of a shuttle cloning vector [J]. Applied and Environmental Microbiology, 2007, 73 (14): 4417-4424.

[62] Desmond C, Ross R P, Fitzgerald G, et al. Sequence analysis of the plasmid genome of the probiotic strain Lactobacillus paracasei NFBC338 which includes the plasmids pCD01 and pCD02 [J]. Plasmid, 2005. 54 (2): 160-175.

[63] An H Y, Miyamoto T. Cloning and sequencing of plasmid pLC494 isolated from human intestinal Lactobacillus casei: construction of an Escherichia coli-Lactobacillus shuttle vector [J]. Plasmid, 2006, 55 (2): 128-134.

[64] Gruss A, Ehrlich S D. The family of highly interrelated single-stranded deoxyribonucleic acid plasmids [J]. Microbiological Reviews, 1989, 53 (2): 231-241.

[65] Khan S A. Plasmid rolling-circle replication: highlights of two decades of research [J]. Plasmid, 2005, 53 (2): 126.

[66] Grohmann E, Moscoso M, Zechner E L, et al. In vivo definition of the functional origin of leading strand replication on the lactococcal plasmid pFX2 [J]. Molecular Genetics and Genomics, 1998, 260 (1): 38-47.

[67] Fremaux C, Aigle M, Lonvaudfunel A. Sequence analysis of Leuconostoc oenos DNA: organization of pLo13, a cryptic plasmid [J]. Plasmid, 1993, 30 (3): 212-223.

[68] Coffey A, Harrington A, Kearney K, et al., Nucleotide sequence and structural organization of the small, broad-host-range plasmid pCI411 from Leuconostoc lactis 533 [J]. Microbiology, 1994, 140 (9): 2263-2269.

[69] Skaugen M. The complete nucleotide sequence of a small cryptic plasmid from Lactobacillus plantarum [J]. Plasmid, 1989, 22 (22): 175-179.

[70] Fons M, Hégé T, Ladiré M, et al. Isolation and characterization of a plasmid from Lactobacillus fermentum conferring erythromycin resistance [J]. Plasmid, 1997, 37 (3): 199-203.

[71] Solaiman D K, Somkuti G A. Characterization of a novel Streptococcus thermophilus rolling-circle plasmid used for vector construction [J]. Applied Microbiology and Biotechnology, 1998, 50 (2): 174-180.

[72] Kok J, Van der Vossen J M, Venema G. Construction of plasmid cloning vectors for lactic streptococci which also replicate in Bacillus subtilis and Escherichia coli [J]. Applied and Environmental Microbiology, 1984, 48 (4): 726-731.

[73] Kelman Z, O'Donnell M. DNA polymerase III holoenzyme: structure and function of a chromosomal replicating machine [J]. Annual Review of Biochemistry, 1995, 64 (1): 171-200.

[74] Gravesen A, von Wright A, Josephsen J, et al. Replication regions of two pairs of incompatible lactococcal theta-replicating plasmids [J]. Plasmid, 1997, 38 (2): 115-127.

[75] Danielsen M. Characterization of the tetracycline resistance plasmid pMD5057 from Lactobacillus plantarum 5057 reveals a composite structure [J]. Plasmid, 2002, 48 (2): 98-103.

[76] Sonenshein A L, Hoch J A, Losick R. Bacillus subtilis and other gram-positive bacteria: biochemistry, physiology, and molecular genetics [J]. 1993.

[77] Biet F, Cenatiempo Y, Fremaux C. Identification of a replicon from pTXL1, a small cryptic plasmid from Leuconostoc mesenteroides subsp. mesenteroides Y110, and development of a food-grade vector [J]. Applied and Environmental Microbiology, 2002, 68 (12): 6451-6456.

[78] Li Y, Canchaya C, Fang F, et al. Distribution of megaplasmids in Lactobacillus salivarius and other lactobacilli [J]. Journal of Bacteriology, 2007, 189 (17): 6128-6139.

[79] Abs El-Osta Y G, Hillier A J, Davidson B E, et al. Pulsed-field gel electrophoretic analysis of the genome of Lactobacillus gasseri ATCC33323, and construction of a physical map [J]. Electrophoresis, 2002, 23 (19): 3321-3331.

[80] Mochizuki S, Hiratsu K, Suwa M, et al. The large linear plasmid pSLA2-L of *Streptomyces rochei* has an unusually condensed gene organization for secondary metabolism [J]. Molecular Microbiology, 2003, 48 (6): 1501-1510.

[81] Ravin NV. N15: the linear phage-plasmid [J]. Plasmid, 2011, 65 (2): 102-109.

[82] Lebeer S, Vanderleyden J, De Keersmaecker S C. Genes and molecules of lactobacilli supporting probiotic action [J]. Microbiology and Molecular Biology Reviews, 2008, 72 (4): 728-764.

[83] 刘松玲. 长双歧杆菌BBMN68肠道环境适应的比较基因组学研究 [D]. 北京: 中国农业大学, 2015.

[84] Cheng X, Dong Y, Su P, et al. Improvement of the fermentative activity of lactic acid bacteria starter culture by the addition of Mn^{2+} [J]. Applied Biochemistry and Biotechnology, 2014, 174 (5): 1752-1760.

[85] Su J, Gong H, Laiet J, et al. The potassium transporter Trk and external potassium modulate Salmo-

nella enterica protein secretion and virulence [J]. Infection and Immunity, 2009, 77 (2): 667-675.

[86] Bossemeyer D, Borchard A, Dosch D C, et al. K+-transport protein TrkA of Escherichia coli is a peripheral membrane protein that requires other trk gene products for attachment to the cytoplasmic membrane [J]. Journal of Biological Chemistry, 1989, 264 (28), 16403-16410.

[87] Bossemeyer D, Schlösser A, Bakker E P. Specific cesium transport via the Escherichia coli Kup (TrkD) K+ uptake system [J]. Journal of Bacteriology, 1989, 171 (4): 2219-2221.

[88] Fordtran J S, Locrlear T W. Ionic constituents and osmolality of gastric and small-intestinal fluids after eating [J]. Digestive Diseases and Sciences, 1966, 11 (7): 503-521.

[89] Seidler U, Lenzen H, Cinar A, et al. molecular mechanisms of disturbed electrolyte transport in intestinal inflammation [J]. Annals of the New York Academy of Sciences, 2006, 1072 (1): 262-275.

[90] Mcauliffe O, Cano R J, Klaenhammer T R. Genetic analysis of two blle salt hydrolase activities in Lactobacillus acidophilus NCFM [J]. Applied and Environmental Microbiology, 2005, 71 (8): 4925-4929.

[91] Bron P A, Molenaar D, de Vos W M, et al. DNA micro-array-based identification of blle-responsive genes in Lactobacillus plantarum [J]. Journal of Applied Microbiology, 2006, 100 (4): 728-738.

[92] Vélez M P, Verhoeven T L A, Draing C, et al. Functional analysis of D-alanylation of lipoteichoic acid in the probiotic strain Lactobacillus rhamnosus GG [J]. Applied and Environmental Microbiology, 2007, 73 (11): 3595-3604.

[93] Walter J, Loach D M, Alqumber M, et al. D-alanyl ester depletion of teichoic acids in Lactobacillus reuteri 100-23 results in impaired colonization of the mouse gastrointestinal tract [J]. Environmental Microbiology, 2007, 9 (7): 1750-1760.

[94] Pfeiler E A, Azcarate-Peril M A, Klaenhammer T R. Characterization of a novel blle-inducible operon encoding a two-component regulatory system in Lactobacillus acidophilus [J]. Journal of Bacteriology, 2007, 189 (13): 4624-4634.

[95] Whitehead K, Versalovic J, Roos S, et al. Genomic and genetic characterization of the blle stress response of probiotic Lactobacillus reuteri ATCC 55730 [J]. Applied and Environmental Microbiology, 2008, 74 (6): 1812-1819.

[96] Lambert J M, Weinbreck F, Kleerebezem M. In vitro analysis of protection of the enzyme blle salt hydrolase against enteric conditions by whey protein-gum arabic microencapsulation [J]. Journal of Agricultural and Food Chemistry, 2008, 56 (18): 8360-8364.

[97] Denou E, Pridmore R D, Berger B, et al. Identification of genes associated with the long-gut-persistence phenotype of the probiotic Lactobacillus johnsonii strain NCC533 using a combination of genomics and transcriptome analysis [J]. Journal of Bacteriology, 2008, 190 (9): 3161-3168.

[98] Schwab C, Vogel R, Gänzle M G. Influence of oligosaccharides on the viability and membrane properties of Lactobacillus reuteri TMW1.106 during freeze-drying [J]. Cryobiology, 2007, 55 (2): 108-114.

[99] Castagliuolo I, Galeazzi F, Ferrari S, et al. Beneficial effect of auto-aggregating Lactobacillus crispatus on experimentally induced colitis in mice [J]. Fems Immunology and Medical Microbiology, 2005, 43 (2): 197-204.

[100] Guglielmetti E, Korhonen J M, Heikkinen J, et al. Transfer of plasmid-mediated resistance to tetra-

cycline in pathogenic bacteria from fish and aquaculture environments [J]. Fems Microbiology Letters, 2009, 293 (1): 28-34.

[101] Gleinser M, Grimm V, Zhurina D, et al. Improved adhesive properties of recombinant bifidobacteria expressing the Bifidobacterium bifidum - specific lipoprotein BopA [J]. Microbial Cell Factories, 2012, 11 (1): 80.

[102] O'Connell Motherway M, Zomer A, Leahy S C, et al. Functional genome analysis of Bifidobacterium breve UCC2003 reveals type IVb tight adherence (Tad) pili as an essential and conserved host-colonization factor [J]. Proceedings of the National Academy of Sciences, 2011, 108 (27): 11217-11222.

[103] Kankainen M, Paulin L, Tynkkynen S, et al. Comparative genomic analysis of Lactobacillus rhamnosus GG reveals pili containing a human-mucus binding protein [J]. Proceedings of the National Academy of Sciences of the United States of America, 2009, 106 (40): 17193-17198.

[104] Pretzer G, Snel J, Molenaar D, et al. Biodiversity-based identification and functional characterization of the mannose-specific adhesin of Lactobacillus plantarum [J]. Journal of Bacteriology, 2005, 187 (17): 6128-6136.

[105] Barrangou R, Azcarate-Peril M A, Duong T, et al. Global analysis of carbohydrate utilization by Lactobacillus acidophilus using cDNA microarrays [J]. Proceedings of the National Academy of Sciences, 2006, 103 (10): 3816-3821.

[106] Ventura M, O'Connell-Motherway M, Leahy S, et al. From bacterial genome to functionality; case bifidobacteria [J]. International Journal of Food Microbiology, 2007, 120 (1-2): 2-12.

[107] 孔亚楠. 益生菌植物乳植杆菌P-8连续传代4000代稳定性研究 [D]. 呼和浩特：内蒙古农业大学，2013.

[108] Wang Z, Bao Y, Zhang Y, et al. Effect of soymilk fermented with Lactobacillus plantarum P-8 on lipid metabolism and fecal microbiota in experimental hyperlipidemic rats [J]. Food Biophysics, 2013, 8: 43-49.

[109] Bao Y, Wang Z, Zhang Y, et al. Effect of *Lactobacillus plantarum* P-8 on lipid metabolism in hyperlipidemic rat model [J]. European Journal of Lipid Science and Technology, 2012, 114 (11): 1230-1236.

[110] 乌云. 益生菌植物乳植杆菌P-8常规培养1000代过程中实验室进化特性的研究 [D]. 呼和浩特：内蒙古农业大学，2014.

[111] Zhang W, Sun Z, Bilige M, et al. Complete genome sequence of probiotic Lactobacillus plantarum P-8 with antibacterial activity [J]. Journal of Biotechnology, 2015, 193: 41-42.

[112] 侯强川. 益生菌植物乳植杆菌P-8对人体肠道菌群的影响 [D]. 呼和浩特：内蒙古农业大学，2015.

[113] Kwok L Y, Guo Z, Zhang J, et al. The impact of oral consumption of Lactobacillus plantarum P-8 on faecal bacteria revealed by pyrosequencing [J]. Beneficial Microbes, 2015, 6 (4): 405-413.

[114] Wang L, Liu C, Chen M, et al. A novel Lactobacillus plantarum strain P-8 activates beneficial immune response of broiler chickens [J]. International Immunopharmacology, 2015, 29 (2): 901-907.

[115] Zhang W, Sun Z, Menghe B, et al. Single molecule, real-time sequencing technology revealed species-and strain-specific methylation patterns of 2 Lactobacillus strains [J]. Journal of Dairy Science,

2015, 98 (5): 3020-3024.

[116] 王丽凤. 益生菌 L. plantarum P-8 对肉鸡肠道菌群、肠道免疫和生长性能影响的研究 [D]. 呼和浩特：内蒙古农业大学, 2014.

[117] Hébuterne X. Gut changes attributed to ageing: effects on intestinal microflora [J]. Current Opinion in Clinical Nutrition and Metabolic Care, 2003, 6 (1): 49-54.

[118] Hopkins M J, Macfarlane G T. Changes in predominant bacterial populations in human faeces with age and with Clostridium difficile infection [J]. Journal of Medical Microbiology, 2002, 51 (5): 448-454.

[119] Hopkins M J, Sharp R, Macfarlane G T. Age and disease related changes in intestinal bacterial populations assessed by cell culture, 16S rRNA abundance, and community cellular fatty acid profiles [J]. Gut, 2001, 48 (2): 198-205.

[120] Douillard FP, Ribbera A, Xiao K, et al. Polymorphisms, chromosomal rearrangements, and mutator phenotype development during experimental evolution of Lactobacillus rhamnosus GG [J]. Applied and Environmental Microbiology, 2016, 82 (13): 3783-3792.

[121] Douillard F P, Ribbera A, Järvinen H M, et al. Comparative genomic and functional analysis of Lactobacillus casei and Lactobacillus rhamnosus strains marketed as probiotics [J]. Applied and Environmental Microbiology, 2013, 79 (6): 1923-1933.

[122] Luo R, Liu B, Xie Y, et al. SOAPdenovo2: an empirically improved memory-efficient short-read de novo assembler [J]. Gigascience, 2012, 1 (1): 18.

[123] Kurtz S, Phillippy A, Delcher A L, et al. Versatile and open software for comparing large genomes [J]. Genome Biology, 2004, 5: 1-9.

[124] Drake J W. A constant rate of spontaneous mutation in DNA-based microbes [J]. Proceedings of the National Academy of Sciences, 1991, 88 (16): 7160-7164.

[125] van Bokhorst-van de Veen H, Smelt M J, Wels M, et al. Genotypic adaptations associated with prolonged persistence of Lactobacillus plantarum in the murine digestive tract [J]. Biotechnology Journal, 2013, 8 (8): 895-904.

[126] 张文羿, 白梅, 张和平. 益生菌 Lactobacillus casei Zhang 在常规培养条件下连续传代 1000 代过程中稳定性研究 [J]. 中国乳品工业, 2013, 41 (11): 16-18.

[127] Batty D P, Wood R D. Damage recognition in nucleotide excision repair of DNA [J]. Gene, 2000, 241 (2): 193-204.

[128] Smith A J, Savery N J. RNA polymerase mutants defective in the initiation of transcription-coupled DNA repair [J]. Nucleic acids research, 2005, 33 (2): 755-764.

[129] Douillard F P, Ribbera A, Xiao K, et al. Polymorphisms, chromosomal rearrangements, and mutator phenotype development during experimental evolution of Lactobacillus rhamnosus GG [J]. Applied and Environmental Microbiology, 2016, 82 (13): 3783-3792.

[130] Douillard F P, Ribbera A, Jarvinen H M, et al. Comparative genomic and functional analysis of Lactobacillus casei and Lactobacillus rhamnosus strains marketed as probiotics [J]. Applied Environmental Microbiology, 2013, 79 (6): 1923-1933.

[131] 白梅. 益生菌 Lactobacillus casei Zhang 长期连续传代过程中遗传稳定性研究 [D]. 呼和浩特：内蒙古农业大学, 2012.

[132] Drake J W. A constant rate of spontaneous mutation in DNA-based microbes [J]. Proceedings of the

National Academy of Sciences of the United States of America, 1991, 88 (16): 7160-7164.

[133] van Bokhorst-van de Veen H, Smelt M J, Wels M, et al. Genotypic adaptations associated with prolonged persistence of Lactobacillus plantarum in the murine digestive tract [J]. Biotechnology Journal, 2013, 8 (8): 895-904.

[134] Song Y, He Q, Zhang J, et al. Genomic variations in probiotic Lactobacillus plantarum P-8 in the human and rat gut [J]. Frontiers in Microbiology, 2018, 9: 893.

[135] Kuper J, Kisker C. Damage recognition in nucleotide excision DNA repair [J]. Current Opinion in Structural Biology, 2012, 22 (1): 88-93.

[136] Smith A J, Savery N J. RNA polymerase mutants defective in the initiation of transcription-coupled DNA repair [J]. Nucleic Acids Research, 2005, 33 (2): 755-764.

[137] Blakely G, Colloms S, May G, et al. Escherichia coli XerC recombinase is required for chromosomal segregation at cell division [J]. New Biologist, 1991, 3 (8): 789-798.

[138] Eitinger T, Rodionov D A, Grote M, et al. Canonical and ECF-type ATP-binding cassette importers in prokaryotes: diversity in modular organization and cellular functions [J]. FEMS Microbiology Reviews, 2011, 35 (1): 3-67.

[139] Li H, Durbin R. Fast and accurate long-read alignment with Burrows-Wheeler transform [J]. Bioinformatics, 2010, 26 (5): 589-595.

[140] Dorazi R, Lingutla J J, Humayun M Z. Expression of mutant alanine tRNAs increases spontaneous mutagenesis in Escherichia coli [J]. Molecular Microbiology, 2002, 44 (1): 131-141.

[141] Shokat S, Sehgal D, Liu F, et al. GWAS analysis of wheat pre-breeding germplasm for terminal drought stress using next generation sequencing technology [J]. Interational Journal of Molecular Sciences, 2020, 21: 3156.

[142] Bachmann H, Starrenburg M J, Molenaar D, et al. Microbial domestication signatures of Lactococcus lactis can be reproduced by experimental evolution [J]. Genome Research, 2012, 22 (1): 115-124.

[143] Greenblum S, Turnbaugh P J, Borenstein E. Metagenomic systems biology of the human gut microbiome reveals topological shifts associated with obesity and inflammatory bowel disease [J]. Proceedings of the National Academy of Sciences of the United States of America, 2012, 109 (2): 594-599.

[144] Park J T, Uehara T J M, Reviews M B. How Bacteria consume their own exoskeletons (turnover and recycling of cell wall peptidoglycan) [J]. Microbiology and Molecular Biology Reviews, 2008, 72 (2): 211-227.

[145] van de Guchte M, Penaud S, Grimaldi C, et al. The complete genome sequence of Lactobacillus bulgaricus reveals extensive and ongoing reductive evolution [J]. Proceedings of the National Academy of Sciences of the United States of America, 2006, 103 (24): 9274-9279.

[146] Cai H, Thompson R, Budinich M F, et al. Genome sequence and comparative genome analysis of Lactobacillus casei: insights into their niche-associated evolution [J]. Genome Biology and Evolution, 2009, 1: 239-257.

第三章

不同营养环境中乳酸菌的适应性机制

第一节　益生乳酸菌遗传稳定性概述

第二节　植物乳植杆菌在碳源丰富和限制环境中的适应机制

第三节　副干酪乳酪杆菌在碳源丰富和限制环境中的适应性机制

参考文献

第一节　益生乳酸菌遗传稳定性概述

一、益生乳酸菌

（一）益生乳酸菌

乳酸菌是发酵食品中的自然生物防腐剂，而其中的一些菌株对宿主健康有益，被称为"益生菌"[1]。在欧洲，益生菌（probiotics）早在数百年前，便以优酪乳或发酵乳的形式被广泛地使用，当时的人们也并不十分了解它的健康功效。在1908年，俄国诺贝尔奖得主Elie Metchnikoff首度对益生菌的功效进行描述：发酵后的牛乳中所含的乳酸菌对人体的健康具有益处。到了1965年，Lilly等则进一步地将益生菌定义为：任何可以促进肠道菌群平衡，增进人体健康的微生物[2]。2001年，联合国粮食及农业组织（FAO）和世界卫生组织（WHO）提出了益生菌的定义"当给予宿主足够的量时，可以对宿主起到有益作用的微生物活体"[3]。目前学者普遍认为，益生菌是指通过摄入适当量从而对宿主产生有益作用的活性微生物[4]。

益生菌制品从最初的亚洲小作坊加工逐渐传播到欧洲和美国市场，由此而生的功能性食品更是目前增长最快的食品之一[5]。据相关调查数据显示，中国益生菌产业已连续三年保持20%以上的高速增长，预计到2025年，全球益生菌产业产值将突破770亿美元大关，而中国市场的占比将超过四分之一，成为推动全球益生菌市场发展的重要力量。因此，需要更有效、稳定的益生菌及益生菌产品来迎接应对这一挑战。

（二）益生乳酸菌的种类和功能

世界上常用的益生菌大多为乳酸菌中乳杆菌属（*Lactobacillus*）、明串珠菌属（*Leuconostoc*）、片球菌属（*Pediococcus*）、双歧杆菌属（*Bifidobacterium*）和肠球菌属（*Enterococcus*）中的一些菌种。如嗜酸乳杆菌NCFM（*Lactobacillus acidophilus* NCFM）、干酪乳酪杆菌Shirota（*Lactobacillus casei* Shirota）、植物乳植杆菌WCFS1（*Lactobacillus plantarum* WCFS1）、鼠李糖乳酪杆菌GG（*Lactobacillus rhamnosus* GG）、约氏乳杆菌LA1（*Lactobacillus johnsonii* LA1）和乳双歧杆菌Bb12（*Bifidobacterium lactis* Bb12）等，这些益生菌株具有良好的益生特性和临床效果，被认为可以作为肠道菌群的一部分，并且在乳制品加工生产中拥有较长的安全使用历史[6,7]。

产品中含有的丰富益生菌是其益生特性的来源，包括调节肠道菌群、防止胃肠道感染、改善乳糖代谢、抗突变、抗癌作用，降低血清胆固醇，防止腹泻，调节免疫系统，改善炎性肠病，抑制幽门螺杆菌感染，以及降低粪便中某些酶活性等医疗保健作用[6,8-10]。一些益生特性是已经证实确定对人体有益的，而另外一些只是从动物模型中得到的结论，仍有必要对这些"有益作用"进行进一步验证。益生特性是以益生菌菌株为依托，而不是属或种的共性。应该指出的是没有一株益生菌能够提供所有的益生特性，同样不是同一属或种的所有菌都对人体健康有益。目前，就广泛使用的*Lactobacillus rhamnosus* GG（Valio，芬兰）、*Saccharomyce cerevisiae* Boulardii（Biocodex，法国）、*Lactobacillus casei* Shirota（Yakult，日本）和

Bifidobacterium lactis Bb12（Chr. Hansen，丹麦）而言，已有充分的研究结果证实其对人体乳糖吸收障碍、轮状病毒性腹泻、抗生素相关性腹泻和艰难梭菌性腹泻有明显疗效[6,11,12]。研究表明乳杆菌属和双歧杆菌属的口服药剂能够有效平衡肠道的微生物菌群[9]。不同的益生菌菌种具有的益生特性不尽相同，需要不断探索发现新的益生菌株来丰富益生菌功效。

（三）益生乳酸菌的筛选及评价标准

有效的活菌数是益生菌发挥益生功效的必要条件。益生菌在通过食物或膳食补充物进入人体过程中必须能经得起整个消化系统的考验，在到达肠道下部时仍要有一定的活菌数量[13]。益生菌株通常都要经过严格的筛选。首先，菌株一般来源于健康人体的胃肠道，无致病菌历史，且不编码任何可转移的耐药相关基因；其次，对酸和胆汁有较高的耐受性，可以黏附于上皮细胞且有定植胃肠道的能力等基本特性；再次，还要经过动物实验和人体临床试验的综合评价，来准确衡量菌株特定的益生功效；此外，从微生物应用的角度来看，作为长期连续使用的菌种，它们还应具备优良的遗传稳定性[14]，这也是菌株实现产业化生产的必备条件。

菌株在流通和使用过程中会出现衰退的现象，其中最重要的是与原始菌株相比其生物学特性的变化，如：原有形态变得不典型、生长速度变慢、所需产物的产量下降、营养物质代谢能力下降、发酵周期延长、抗不良环境条件的性能减弱等，进而在生产过程中表现为连续的低产和不稳定。因此，有必要对益生菌的遗传稳定性进行深入研究，进而建立合理的传代培养方法，使其保持原始菌株的生物学特征和益生特性。

（四）益生乳酸菌副干酪乳酪杆菌 Zhang 的研究背景

副干酪乳酪杆菌 Zhang 基因组学、蛋白质组学的研究

益生菌副干酪乳酪杆菌 Zhang（*Lactobacillus casei* Zhang，简称 *L. casei* Zhang）全基因组序列采用全基因组鸟枪法测定，并进行了功能基因组学分析，结果表明，该菌株的基因组由 1 条染色体（GenBank 登录号：NC_014334）和 1 个质粒 plca36（GenBank 登录号：NC_011352）组成。副干酪乳酪杆菌 Zhang 基因组富含双组分调节系统和糖代谢相关基因等基因簇，可能对该菌株适应复杂生存环境有重要作用。此外，副干酪乳酪杆菌 Zhang 还编码 2 个特有胞外多糖合成基因簇和 6 个黏液结合相关蛋白，具备合成胞外多糖和黏附定植的遗传学特点[16]。利用蛋白质组研究技术，建立了副干酪乳酪杆菌 Zhang 不同生长时期蛋白质表达图谱，获得酸和胆盐胁迫下差异表达蛋白质图谱，这在干酪乳酪杆菌中属首例。结果显示，48 种蛋白质在副干酪乳酪杆菌 Zhang 不同生长阶段的表达变化明显。在胆盐胁迫下有 26 种蛋白质表达发生显著变化，在酸胁迫下有 15 种蛋白质表达发生显著变化，两种不同胁迫环境诱导部分类同蛋白质表达发生变化，说明该菌株应对胆盐和酸胁迫环境可能有共同的调控机制[15,17]。副干酪乳酪杆菌 Zhang 基因组学和蛋白质组学的研究进一步明确了该菌株的遗传学背景，这也是我国第一次获得具有自主知识产权的益生乳酸菌全基因组序列和首次对益生乳酸菌蛋白组学进行较为系统的研究。

二、基因组重测序技术

目前，对乳酸菌遗传多样性进行检测的技术手段主要包括：随机扩增多态性 DNA（random amplified polymorphism DNA，RAPD)、限制性片段长度多态性（restriction fragment length polymorphism，RFLP)、变性梯度凝胶电泳（denaturing gradient gel electrophoresis，DGGE)、扩增片段长度多态性（amplified fragment length polymorphism，AFLP）等标记技术[18]。但总体来看，这些分子生物学方法所得结果的稳定性容易受到实验条件和环境的影响。随着越来越多的乳酸菌基因组被破译，研究人员开始尝试着通过对一些看家基因或者功能基因在不同个体间进行测序，即多位点序列分型（multi locus sequence typing，MLST）方法，从序列水平普查、鉴定突变位点。将这种方法应用于 *Lactobacillus casei*，*Lactobacillus paracasei*，*Lactobacillus delbrueckii* 和 *Lactobacillus sanfranciscensis* 显得卓有成效[19-22]，但所得数据的信息量仍然十分有限，用于遗传稳定性的研究仍然不太理想。

基于新一代测序技术的基因组重测序（whole-genome re-sequencing，WGS）方法是对已知基因组序列的物种进行不同个体的基因组进行深度测序，并在此基础上对个体或群体进行差异性分析[23]。这种技术能够在全基因组水平上扫描并检测发现基因序列变异和结构变异，以其低成本、耗时短和高通量的特点正逐步发展成为研究遗传变异不可或缺的工具。被用于人类复杂疾病关联的常见、低频，甚至是罕见的突变位点的检测及致病性机制的研究，为许多研究学者采纳；将这种技术应用于微生物实验室微进化方面的研究在近期也取得了很大的成功[24]。

达尔文的进化论早于任何遗传性的分子机制研究，进化论的发展因此省略了相关分子机制。然而，由于这些具体的分子机制才是进化过程的核心。新一代测序技术的发展终于为研究进化提供了基因组水平上的分子机制[33,34]。近来许多研究成功地利用新一代测序技术找到了基因组上的突变点[24,27-38]。

考虑到微生物的遗传变异来源丰富，广泛分布在基因组范围内，无论是基因组的非编码区还是编码区都有可能发生[39]。以单个基因或者几个基因为目标的分子生物学方法和手段很难对变异位点进行精细定位，也很难对代谢网络调控体系的动态变化做出令人满意的分析和解释。本研究选用全基因组重测序技术对益生乳酸菌的遗传稳定性进行研究，这无疑对了解其长期传代过程中变异形成的分子机制更具有实际指导意义。

三、遗传稳定性的研究

（一）微生物遗传稳定性研究概况

在生物进化过程中，生命组织渴望去适应环境，以达到生存的目的，适者生存，弱者淘汰，在一代代的进化过程中会出现更优秀的个体。在此过程中遗传性的变异是绝对的，而稳定性却是相对的；在变异过程中，退化性的变异是大量的，而进化性的变异却是个别的。对于微生物菌种亦是如此，如果在自然条件下，个别的适应性变异通过自然选择就可以保存和发展，最后成为进化的方向；而在人为条件下，如果不认真地进行人工选择，大量的自发突变株就会泛滥，最后导致菌种的衰退。菌种用在生产上就会出现持续的低产、不稳定。这也说明菌种的生产性状是不进则退的[40]。

对微生物的遗传稳定性分析包括表型、细胞学、生化性质及分子生物学方面的监测[41]。过去，这个领域由于缺乏试验方法，进化过程的研究很大程度仅限于假设研究。

因此，大多抽象理论在一段时间内较难或不可能得到试验式的验证[42]。微生物的实验室进化研究（adaptive laboratory evolution，ALE）是一种通过直接观察进化进程来研究生物进化的方法，不仅能够验证进化学理论和原理，而且对代谢工程和人类健康都有应用价值。近年来，DNA测序、高通量技术和基因操作技术系统的新进展使实验室进化研究可以直接表示出进化的分子和遗传基础。特别地，这些方法在基因水平给予进化过程直接的观测和分析，同时验证概念上的进化模型和理论[43]。基因分析方法通过提供生物基因表达水平上完整的适应性和差异性变化，大大推进了实验室进化研究。

目前，国际上实验室进化研究大多是以微生物作为研究对象，研究起步较早的是始于20世纪80年代末关于大肠杆菌的研究，目前已完成在葡萄糖限制性培养基中连续40,000代实验室进化研究[44,45]，后续在其他细菌和酵母菌（*Saccharomyce scerevisiae*）中均有报道[46]。ALE研究选择微生物作为对象主要是由于微生物较短的传代周期、可重复性和便于维持较大的种群水平，且能够为后续研究长期保存种群[47]。在野生环境下，进化有不同的原因，例如环境变化或小种群的分离。ALE研究，或是实验室进化研究（experimental evolution studies），是在人工控制的环境下（期望进化的出现）研究微生物。然而，人工环境不可能精确地重现野生环境，ALE研究成功地将进化理论与实际的进化演化过程中的分子机制联系在一起，进化理论可以得到论证。Conrad等通过迄今为止的微生物ALE研究总结出以下几点一般共性：第一，基因组测序能够检测显性变异体的完整突变，同时可以确定突变之间的关系。第二，适应性突变一般与调节机制有关。第三，适应性进化过程中出现遗传变化遵循系统（systems-level）优化原则，且多为代谢工程优化。第四，具有改良适应性的亚种群突变体常常出现在连续培养的种群中，但是他们在种群中的动力学是复杂的，这是因为诸如自然选择、克隆干扰、移码和随机选择等因素的影响[42]。

目前，乳酸菌全基因组的获得也使人们拥有了研究细菌群落的进化以及乳酸菌在复杂的发酵进程当中对环境改变的适应机制。

对于益生乳酸菌来讲，因为遗传稳定性直接影响到对宿主健康的促进作用，长期以来都是学界关注的重要命题。欧盟委员会食品科学委员会（The Scientific Committee on Food of the European Commission）曾明确指出，"只有经过培养和分子生物学方法证明具有遗传稳定性的益生乳酸菌才可用于婴幼儿类食品加工"[48]；更有学者认为，益生乳酸菌在连续传代12个月之内，遗传信息不发生任何改变才可被认为是稳定的[49]。

（二）国外乳酸菌遗传稳定性研究进展

在过去，一些国际知名科研团队对乳酸菌的遗传稳定性从不同的角度进行了研究。从已有的报道来看，乳酸菌在使用过程中受到培养条件、传代次数、保藏方法等的影响会出现衰退的表现[50]，但其变异的来源和分子遗传学形成机制仍不清楚。在此情况下，有针对性地对遗传稳定性进行深入研究具有极其重要的科研意义和应用价值。

早在1983年，Clements等就对菌株益生特性的稳定性进行了探讨，结果证明用同样方法制备的乳杆菌在不同批次间对腹泻的疗效存在很大的差异[51]。尽管当时发酵剂制备过程中的活菌数控制能力还有待商榷，但这一结果足以引起研究者对于遗传稳定性的重视。1991年，Elo等首先对长期用于生产的 *Lactobacillus rhamnosus* GG 菌株培养物与原始菌株的黏附性进行了比较，最初发现源自不同生产批次和益生菌产品的菌株对于 Caco-2 细胞的黏附性只有细微的变化。然而，他们在后续实验中却发现该菌株培养物在 MRS 培养基保存 3.5 年（每周传代一次）后的黏附特性会显著下降，与他们之前的结果形成了鲜明的对比[52]。在另一项研究中，该小组成员将 1995 年和 1996 年 Lactobacillus acidophilus 的分离株在澳大利亚、芬兰两个不同的实验室中同时进行了分析比较。研究结果显示，不同分离株之间具有相同的糖代谢能力和分子标记指纹图谱，但在对 Caco-2 细胞和黏液的黏附特性方面却表现出较大的差异[53]，这与其他研究者在对菌株耐酸性稳定性进行检测时观察到现象一致[54]。新近对于 Lactobacillus paracasei F19 的研究中，Morelli 和 Campominosi 采用琼脂糖凝胶电泳的检测方法验证得出该菌株所含质粒在长期冻存和发酵生产过程中具有良好的稳定性[55]。2012 年，Bachmann 等将 ALE 研究方法首次应用到益生乳酸菌的遗传稳定性研究中，结果表明，来源于植物的 Lactococcus lactis 在乳中连续培养 1000 代后，3 株单独连续培养株中的 2 株在乳中生长的酸化速度和生物量显著增加，基因组重测序发现，3 株菌体的基因组中分别发生了 6、7 和 28 处突变，其中包括编码氨基酸合成、转运和 DNA 错配修复 Mutl 基因位点突变等，通过实验演化再现了 L. lactis 从植物体小生境到乳品小生境过渡时表现出基因组、转录组和表型特征变化，这些改变均与其生长环境直接相关[56]。具体到具有不同益生特性的益生菌株，其他表型特性，如耐酸、耐胆盐、黏附性等基本益生特性的稳定性和遗传信息间的相关性还有待进一步考证。

（三）国内乳酸菌遗传稳定性研究进展

我国关于乳酸菌遗传稳定性的研究起步相对较晚，近些年来相继开展了一小部分工作。2004 年，周朝晖等利用 RAPD 标记技术和高效液相色谱指纹图谱对昂立植物乳植杆菌 LP-Onlly 连续传代 15 代后的稳定性进行了检测[57]。2005 年，刘衍芬等利用 RAPD 标记技术和聚丙烯酰胺凝胶电泳（sodium dodecyl sulfate polyacrylamide gel electrophoresis，SDS-PAGE）技术对直投式发酵剂中分离出的乳酸菌传代次数和保存方法进行了探讨[58,59]，并证明乳杆菌在传代过程中连续转管次数不同时基因组和蛋白质均有变化。类似的，刘晓辉等于 2008 年研究了乳酸菌 Q26 菌株传代过程中在转管不同次数的形态变化和蛋白差异，结果发现受试菌株在第 40 代时开始出现蛋白表达差异，发生变化[60,61]。这些研究为揭示益生乳酸菌传代过程中变异产生的分子机理奠定了基础，也用数据证明了遗传稳定性在产业化生产过程中不容忽视的地位。

第二节　植物乳植杆菌在碳源丰富和限制环境中的适应机制

一、植物乳植杆菌 P-8 原始菌株生长曲线及 pH 变化情况

（一）普通 MRS 培养基中植物乳植杆菌 P-8 的生长曲线

将菌株植物乳植杆菌 P-8 原始菌种按 1%（v/v）的接种量接种于普通 MRS 培养基

（含葡萄糖 20g/L）中，37℃恒温培养 30h 的过程中活菌数和 pH 变化情况如图 3-1 所示。

由图 3-1 中活菌数变化情况可以看出，益生菌植物乳植杆菌 P-8 的原始菌株在普通 MRS 培养基（含葡萄糖 20g/L）中 37℃恒温培养，初始接种时的活菌数为（7.04±0.03）lg CFU/mL；在 4h 左右开始进入对数期，活菌数为（7.34±0.06）lg CFU/mL；8h 菌株进入对数期末期，活菌数也增加至（8.81±0.07）lg CFU/mL；在 10h 以后，菌株活菌数保持在 8.9~9.0lg CFU/mL，活菌数基本维持不变，说明菌株的生长已经处于稳定期。菌株整个生长过程的生长曲线呈"S"形。另外，由图 3-1 可以看出，pH 的变化趋势在整个培养周期中与活菌数的变化趋势相反，pH 由最初 6.02±0.02 降至 30h 时的 4.02±0.01，在此期间 pH 下降了 2±0.01。

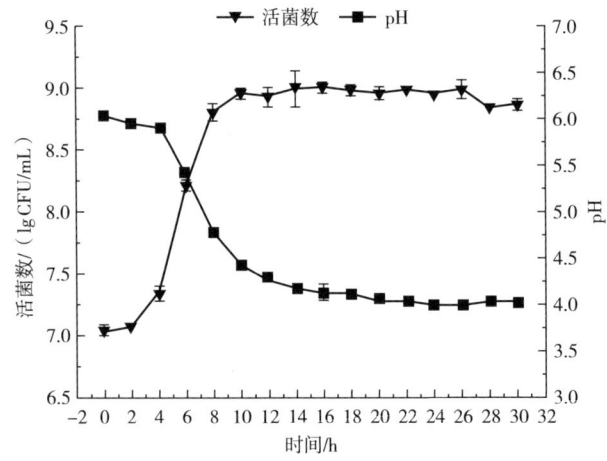

图 3-1　植物乳植杆菌 P-8 原始菌株在 MRS 培养基中生长曲线及 pH 变化情况

由图 3-1 植物乳植杆菌 P-8 在普通 MRS 培养基中的生长曲线可以看出，菌株在培养的一个周期内，分别经历了延缓期、对数期及稳定期三个时期。

（二）碳源限制性 MRS 培养基中植物乳植杆菌 P-8 的生长曲线

将菌株植物乳植杆菌 P-8 的原始菌种按 1%（v/v）的接种量接种于碳源限制性 MRS 培养基（含葡萄糖 0.20g/L）中，37℃恒温培养 30h 的过程中活菌数和 pH 变化情况如图 3-2 所示。

由图 3-2 的活菌数变化情况来看，原始菌株在碳源限制性 MRS 培养基中 37℃恒温培养时，菌株最初接种量为（6.63±0.07）lg CFU/mL，4~6h 为对数期，活菌数由（7.93±0.06）lg CFU/mL 增长至（8.48±0.02）lg CFU/mL，与原始菌株在普通 MRS 培养基中生长曲线相比，碳源限制性 MRS 培养基中的菌株生长周期较短，6h 后便进入稳定期且活菌数数量基本保持不变，一直维持在 8.4~$8.6\log_{10}$CFU/mL。以上各个阶段与植物乳植杆菌 P-8 在普通 MRS 培养基中的活菌数相比差异并不大，各阶段只比在普通 MRS 培养基中少了约 0.5 个 log 单位。

值得注意的是，菌株从对数期到稳定期几乎没有过渡。这说明碳源的限制对菌株的生长有较大影响，菌体的增长由于消耗殆尽的葡萄糖而基本停止。这一现象与白梅在对副干酪乳

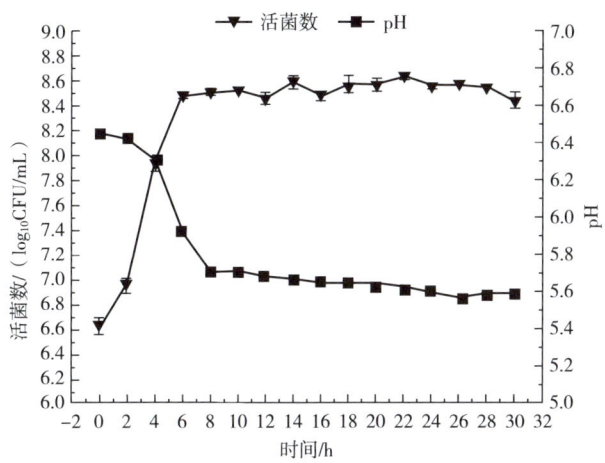

图 3-2 植物乳植杆菌 P-8 原始菌株在碳源限制性 MRS 培养基中生长曲线及 pH 变化情况

酪杆菌 Zhang 在碳源限制性 MRS 中培养时所描述的一致[57]。从 pH 的变化来看，由于培养基中含糖量较少，同型发酵乳酸菌植物乳植杆菌 P-8 代谢产生的乳酸也相应较少，pH 从最初的 6.45±0.01 降到了 5.59±0.02，只下降了 0.86±0.01，并且在后续培养时不再降低。

二、菌株连续传代培养

（一）益生菌植物乳植杆菌 P-8 连续培养周期的确定

微生物具有生长周期短、繁殖快的特点。一般而言，微生物的生长分为四个时期，分别是延迟期、对数期、稳定期及衰亡期。不同的生长阶段微生物的生理状态也不同，对外界环境条件的反应程度也不同。通常情况下，对数生长后期或稳定期的细胞是用于菌种传代和保藏的适宜阶段[58]。从图 3-1 的生长曲线可以看出，植物乳植杆菌 P-8 在普通 MRS 培养基中 8h 时便进入了对数生长末期，10h 进入稳定期并且一直持续至 30h，因此选择每个培养周期为（24±0.5）h（约一天），这样既能使菌株处于稳定期，又便于试验进行长期连续操作。

碳源限制性 MRS 培养基中的菌株，由于生长环境中葡萄糖极少，仅为 0.2g/L，菌株的生长明显受限，因此相对普通 MRS 培养基中的菌株，其进入稳定期的时间较早，但稳定期仍能持续至 30h，说明菌株在有限的碳源环境下处于竞争生长，在此过程中优势菌存活。另外，参照 Barrick 等的关于大肠杆菌连续培养 40,000 代的实验方法，确定培养周期为（24±0.5）h，与在普通 MRS 培养基中相同。

（二）培养周期内植物乳植杆菌 P-8 在两种培养基中的生长情况

菌株在普通 MRS 培养基和碳源限制性 MRS 培养基中培养的一个周期内，都经过了延缓期、对数期及稳定期。在普通 MRS 培养基中，整个传代周期后期 12h 菌体处于 pH 在 4.28~4.02 的酸性环境中。而在碳源限制性 MRS 培养基中，菌株在一个传代周期内的 pH 均在 5.6 以上。

将植物乳植杆菌 P-8 在普通 MRS 培养基和碳源限制性 MRS 培养基中的培养周期均视为（24±0.5）h，即菌株每天生长 6.64 代。试验以益生菌植物乳植杆菌 P-8 连续培养 20 个月为研究内容，则菌株连续生长了 20（月）×30（天/月）×6.64（代/天）≈ 4000 代。利用 16S rDNA V3 区 PCR 产物对菌株植物乳植杆菌 P-8 进行 DGGE 分析，以检测菌株在连续传代过程中是否为纯培养物。图 3-3 为植物乳植杆菌 P-8 的三株平行菌株在两种培养基中培养至 4000 代时的 PCR-DGGE 检测结果，M 中的 a、b、c 和 d 分别代表菌种植物乳植杆菌、嗜酸乳杆菌、短乳杆菌和干酪乳酪杆菌的 16S rDNA V3 区基因片段。

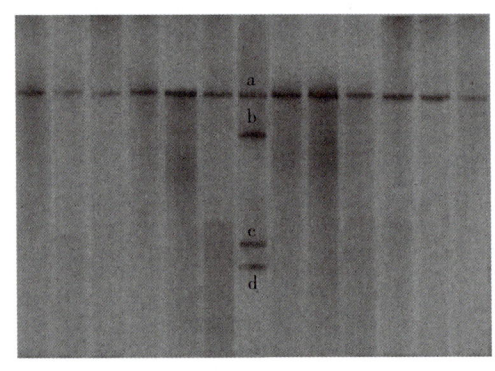

图 3-3　植物乳植杆菌 P-8 连续培养 4000 代时 PCR-DGGE 检测结果

（1、2—植物乳植杆菌 P-8-1+4000；3、4—植物乳植杆菌 P-8-2+4000；5、6—植物乳植杆菌 P-8-3+4000；7、8—植物乳植杆菌 P-8-1-4000；9、10—植物乳植杆菌 P-8-2-4000；11、12—植物乳植杆菌 P-8-3-4000。M—Marker，a—植物乳植杆菌；b—嗜酸乳杆菌；c—短乳杆菌；d—干酪乳酪杆菌。"植物乳植杆菌 P-8-1+"中数字后的"+"代表在普通 MRS 培养基中培养，数字后的"-"代表在碳源限制性 MRS 培养基中培养，以此类推。）

从图 3-3 的 DGGE 图谱可以看出，4000 代时的菌株植物乳植杆菌 P-8 的 16S rRNA 基因 V3 区扩增片段长度均与 Marker 中的 a 条带一致，且条带单一、无杂带，说明菌株植物乳植杆菌 P-8 在传至 4000 代时均为无污染的纯培养物。

（三）益生菌植物乳植杆菌 P-8 在传代期间的表型特征稳定性

1. 细胞形态观察

植物乳植杆菌 P-8 属于乳杆菌科的乳杆菌属，具有该种属的一般特征：最适生长温度为 30~35℃，最适 pH 为 6.5 左右，厌氧菌或兼性厌氧菌，一般为直或弯的杆状，单个、有时成对或链状，属于同型发酵乳酸菌[21]。

以原始菌株（即 0 代）、2000 代及 4000 代时的菌株为代表，观察其在显微镜下的菌株细胞形态，如图 3-4 所示，菌体细胞在两种培养基中的细胞形态是没有区别的，所有菌体细胞均呈杆状，一般呈单个或成对状；对比菌株在不同培养代数的镜检结果发现，不论在普通 MRS 培养基中还是在碳源限制性 MRS 培养基中，植物乳植杆菌 P-8 的菌体细胞与其原始菌株的菌体细胞没有差异，这表明菌株在两种培养基中连续培养 4000 代时对菌体细胞的基本形态没有影响。

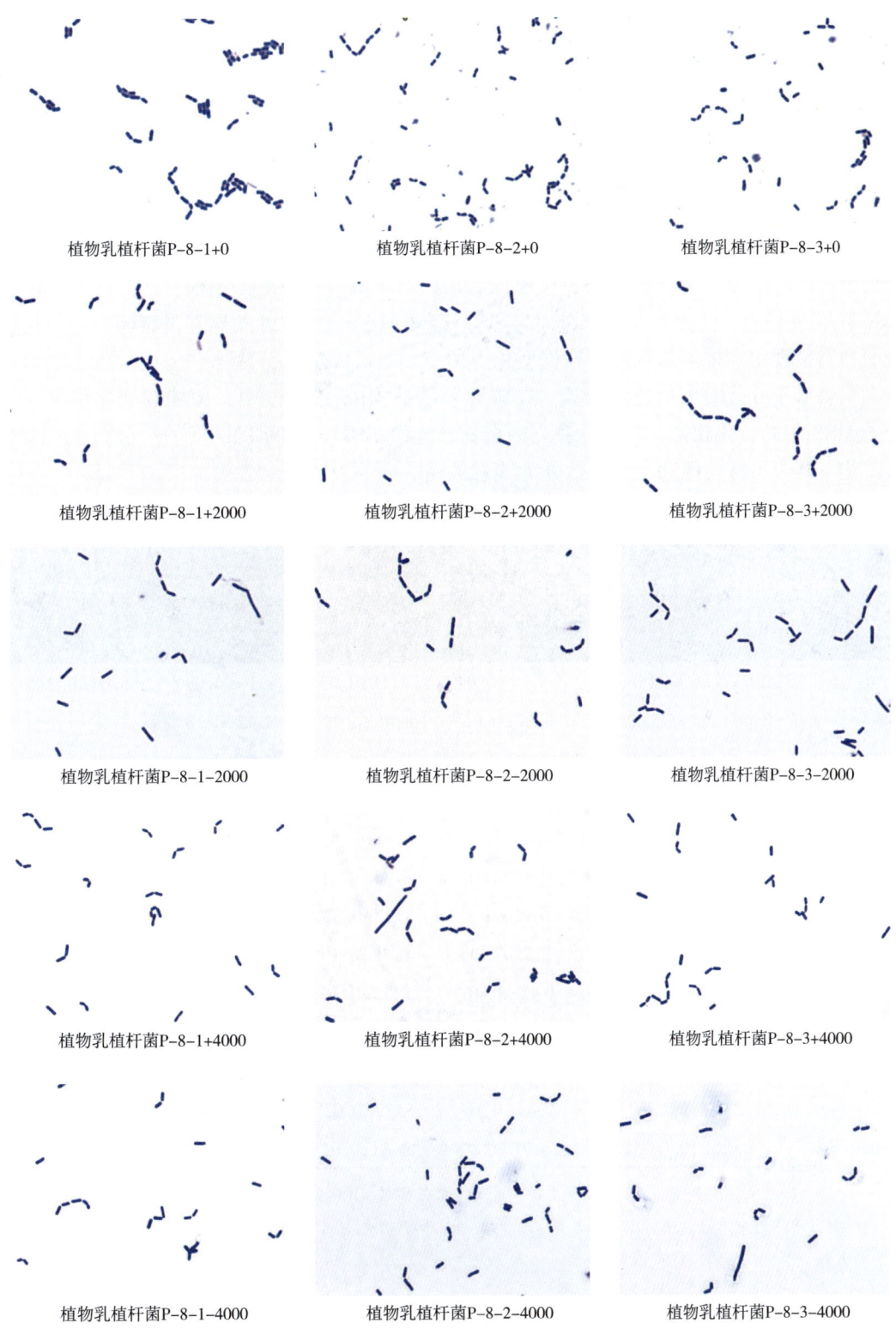

图 3-4 益生菌植物乳植杆菌 P-8 传代期间细胞形态对比

("植物乳植杆菌 P-8-1"后的"+"代表在普通 MRS 培养基中培养，
数字后的"-"代表在碳源限制性 MRS 培养基中培养，以此类推。)

2. 生长周期末活菌数变化情况

有效的活菌数是保证益生菌发挥其益生功效的必要前提之一[59]。因此，在益生菌产品的开发中，除了关注菌株的益生特性和安全性的因素外，还应保证其在产品中的有效活菌数的稳定性。

对植物乳植杆菌 P-8 在长期连续传代过程中两种不同培养基中的活菌数的稳定性进行了研究分析，实验结果如表 3-1 所示。在普通 MRS 培养基中，对三株平行菌株进行横向比较，发现从 0 代至 4000 代，平行菌株间的活菌数无显著性差异（$P>0.05$）。纵向比较三个平行菌株的变化情况，由表 3-1 可以看出，对于每一株独立的菌株，从 0 代连续传至 4000 代的过程中活菌数有变化，且差异显著（$P<0.05$），但这种差异并没有随着培养代数的增加而呈现出递增或递减的规律性变化。但有一点可以看出，菌株在传代过程中活菌数始终没有低于 0 代时菌株的活菌数。在碳源限制性 MRS 培养基中，菌株的变化情况与在普通 MRS 中的变化相似，每一株独立的菌株在连续培养至 4000 代期间的活菌数存在显著性变化（$P<0.05$），但和培养代数并无线性关系。

表 3-1 植物乳植杆菌 P-8 在不同 MRS 培养基中活菌数（lg CFU/mL）变化

培养代数/代	植物乳植杆菌 P-8-1+	植物乳植杆菌 P-8-2+	植物乳植杆菌 P-8-3+	植物乳植杆菌 P-8-1-	植物乳植杆菌 P-8-2-	植物乳植杆菌 P-8-3-
0	8.93±0.03^{x,e}	8.92±0.11^{x,f}	8.89±0.04^{x,e}	8.11±0.03^{y,f}	8.19±0.09^{y,e}	8.09±0.07^{y,e}
200	9.07±0.06^{x,d}	9.15±0.01^{x,c}	9.02±0.05^{x,cde}	8.45±0.02^{z,ab}	8.45±0.10^{z,b}	8.21±0.05^{z,de}
400	9.10±0.09^{x,d}	8.96±0.05^{x,f}	8.96±0.05^{x,de}	8.48±0.01^{y,a}	8.64±0.04^{y,a}	8.30±0.11^{y,cd}
600	9.12±0.01^{x,cd}	9.16±0.03^{x,c}	9.15±0.09^{x,bcd}	8.49±0.06^{y,a}	8.33±0.05^{z,cd}	8.32±0.1^{z,bcd}
800	9.06±0.01^{x,d}	9.07±0.03^{x,de}	9.16±0.08^{x,bcd}	8.46±0.03^{y,a}	8.40±0.05^{y,bc}	8.51±0.04^{y,ab}
1000	9.18±0.03^{x,bc}	9.12±0.06^{x,cd}	9.19±0.01^{x,bc}	8.41±0.01^{y,b}	8.44±0.01^{z,b}	8.57±0.06^{z,a}
1200	9.29±0.01^{x,a}	9.32±0.02^{x,a}	9.27±0.05^{x,b}	8.32±0.02^{y,cd}	8.46±0.07^{yz,b}	8.44±0.1^{z,abc}
1400	9.36±0.07^{x,a}	9.26±0.07^{x,ab}	9.23±0.05^{x,bc}	8.35±0.10^{y,c}	8.41±0.08^{y,bc}	8.40±0.06^{y,abc}
1600	9.07±0.13^{x,d}	9.04±0.12^{x,e}	9.03±0.16^{x,cde}	8.28±0.16^{y,d}	8.10±0.04^{yz,e}	8.22±0.1^{z,abc}
1800	9.12±0.08^{x,cd}	9.10±0.01^{x,cde}	9.17±0.09^{x,bcd}	8.23±0.04^{y,e}	8.17±0.05^{z,e}	8.26±0.1^{z,abc}
2000	9.10±0.05^{x,d}	9.06±0.06^{x,c}	8.92±0.10^{x,e}	8.20±0.08^{y,e}	8.23±0.07^{z,de}	8.19±0.09^{z,ab}
3000	9.21±0.02^{x,b}	9.16±0.05^{x,b}	9.11±0.10^{x,bcd}	8.32±0.02^{y,cd}	8.73±0.03^{z,a}	8.26±0.07^{z,ab}
4000	9.11±0.02^{x,a}	9.08±0.06^{x,c}	9.10±0.02^{x,a}	8.35±0.01^{y,c}	8.62±0.05^{z,a}	8.36±0.01^{z,ab}

注："植物乳植杆菌 P-8-1+"中数字后的"+"代表在普通 MRS 培养基中培养，数字后"-"代表在碳源限制性 MRS 培养基中培养。角标中含有不同字母的数据之间差异显著（$P<0.05$），其中字母 a、b、c、d、e、f 代表列数据分析，x、y、z 代表行数据分析。

图 3-5 为植物乳植杆菌 P-8 的三株平行菌株在两种培养基中活菌数的总体变化趋势。从图中可以看出，植物乳植杆菌 P-8 的活菌数在普通 MRS 培养基中始终比在碳源限制性 MRS 培养基中多约 0.5~0.8 个 log 单位。在两种培养基中，植物乳植杆菌 P-8 的活菌数随

培养代数的增加呈波动性变化，从 0 代至 200 代，菌株活菌数均呈上升趋势，200 代至 4000 代过程中，活菌数呈波动变化，但相对维持稳定。说明菌株不论对于普通 MRS 培养基还是碳源限制性 MRS 培养基，经过刚开始的适应期后，均已适应其生长环境，并在 4000 代的长期传代过程中活菌数基本维持不变。这表明植物乳植杆菌 P-8 在连续传代 4000 代后活菌数仍能保持良好的稳定性。

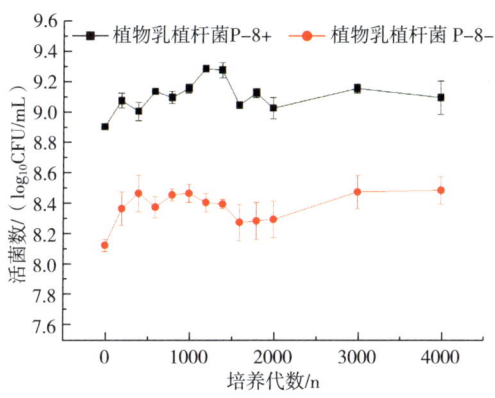

图 3-5　益生菌植物乳植杆菌 P-8 在连续培养时生长周期末活菌数变化情况

3. 生长周期末浊度值变化情况

浊度的变化反映了培养基中总生物量的变化情况。表 3-2 为三株平行菌株在两种培养基中连续培养 4000 代过程中 OD_{600} 值的变化情况，可以看出，植物乳植杆菌 P-8 在普通 MRS 培养基和碳源限制性 MRS 培养基中，OD_{600} 值在传代过程中均有变化，且差异显著（$P<0.05$），但同活菌数的变化类似，在两种培养基中菌体 OD_{600} 值的变化也没有随培养代数的增加而呈递增或递减趋势。

表 3-2　菌株植物乳植杆菌 P-8 在不同 MRS 培养基中 OD_{600} 值变化

培养代数/代	植物乳植杆菌 P-8-1+	植物乳植杆菌 P-8-2+	植物乳植杆菌 P-8-3+	植物乳植杆菌 P-8-1-	植物乳植杆菌 P-8-2-	植物乳植杆菌 P-8-3-
0	$0.84\pm0.04^{x,abcd}$	$0.84\pm0.04^{x,c}$	$0.86\pm0.08^{x,ab}$	$0.63\pm0.02^{y,cde}$	$0.68\pm0.02^{y,e}$	$0.65\pm0.02^{y,f}$
200	$0.86\pm0.05^{x,bcde}$	$0.87\pm0.03^{x,abc}$	$0.87\pm0.04^{x,ab}$	$0.68\pm0.03^{y,cde}$	$0.74\pm0.02^{yz,de}$	$0.64\pm0.02^{z,f}$
400	$0.87\pm0.05^{x,de}$	$0.85\pm0.06^{x,bc}$	$0.89\pm0.06^{x,b}$	$0.72\pm0.02^{y,de}$	$0.76\pm0.02^{xy,cde}$	$0.72\pm0.02^{y,bcd}$
600	$0.89\pm0.03^{x,abcd}$	$0.88\pm0.01^{x,abc}$	$0.84\pm0.01^{x,bc}$	$0.73\pm0.01^{y,bc}$	$0.73\pm0.01^{y,de}$	$0.76\pm0.01^{y,ab}$
800	$0.83\pm0.01^{x,e}$	$0.84\pm0.01^{x,c}$	$0.88\pm0.02^{xy,c}$	$0.71\pm0.01^{y,ab}$	$0.75\pm0.01^{yz,cde}$	$0.74\pm0.01^{yz,bc}$
1000	$0.91\pm0.02^{x,ab}$	$0.90\pm0.03^{x,ab}$	$0.88\pm0.04^{x,ab}$	$0.76\pm0.01^{y,a}$	$0.79\pm0.05^{y,bcd}$	$0.79\pm0.03^{y,a}$
1200	$0.85\pm0.02^{x,cde}$	$0.87\pm0.02^{x,abc}$	$0.86\pm0.02^{x,b}$	$0.78\pm0.0^{y,bcde}$	$0.87\pm0.01^{y,ab}$	$0.79\pm0.01^{y,a}$
1400	$0.89\pm0.02^{x,abcd}$	$0.92\pm0.03^{x,a}$	$0.93\pm0.02^{x,a}$	$0.82\pm0.02^{y,bcd}$	$0.89\pm0.05^{y,a}$	$0.80\pm0.03^{y,a}$
1600	$0.86\pm0.04^{x,abc}$	$0.84\pm0.01^{x,c}$	$0.85\pm0.03^{x,b}$	$0.74\pm0.01^{y,e}$	$0.80\pm0.01^{y,bcd}$	$0.71\pm0.02^{y,cde}$

续表

培养代数/代	植物乳植杆菌 P-8-1+	植物乳植杆菌 P-8-2+	植物乳植杆菌 P-8-3+	植物乳植杆菌 P-8-1−	植物乳植杆菌 P-8-2−	植物乳植杆菌 P-8-3−
1800	$0.90\pm0.03^{x,a}$	$0.86\pm0.04^{x,bc}$	$0.85\pm0.01^{x,b}$	$0.75\pm0.03^{y,e}$	$0.83\pm0.02^{y,abc}$	$0.73\pm0.02^{y,bc}$
2000	$0.92\pm0.03^{x,bcde}$	$0.90\pm0.02^{x,ab}$	$0.87\pm0.01^{x,ab}$	$0.7\pm0.02^{y,cde}$	$0.79\pm0.01^{y,bcd}$	$0.72\pm0.02^{y,bcd}$
3000	$0.86\pm0.03^{x,bcde}$	$0.85\pm0.02^{x,bc}$	$0.84\pm0.02^{x,bc}$	$0.70\pm0.03^{y,cde}$	$0.75\pm0.02^{y,cde}$	$0.68\pm0.02^{y,de}$
4000	$0.86\pm0.04^{x,bcde}$	$0.87\pm0.03^{x,abc}$	$0.88\pm0.05^{x,ab}$	$0.72\pm0.02^{y,e}$	$0.83\pm0.05^{y,abc}$	$0.67\pm0.05^{y,ef}$

注：普通 MRS 培养基中 OD_{600} 值为原菌液稀释 10 倍后测定值；"植物乳植杆菌 P-8-1+" 中数字后 "+" 代表在普通 MRS 培养基中培养，数字后 "−" 代表在碳源限制性 MRS 培养基中培养；角标中含有相同字母的数据之间差异不显著（$P>0.05$），其中字母 a、b、c、d、e、f 代表列数据分析，x、y、z 代表行数据分析。

图 3-6 为植物乳植杆菌 P-8 在两种培养基中 OD_{600} 值的总体变化趋势。从图中可以看出，在连续培养 4000 代过程中，培养基中的总生物量变化与活菌数变化情况一致，均呈波动性变化，但相对比较稳定。在普通 MRS 培养基中，浊度从 0 代至 4000 代的传代过程中呈波动性变化，但变化幅度相对较小，基本维持稳定。而在碳源限制性 MRS 培养基中 OD_{600} 值由最初 0 代的 0.65 增长至 400 代时的 0.73 左右，增长幅度较大，在随后的连续传代培养过程中 OD_{600} 值变化趋于稳定，这可能是由于菌株最初在碳源限制性 MRS 培养基中，对较少碳源环境的一个适应阶段，随着传代次数的增多，逐渐适应少糖环境，OD_{600} 值呈波动性变化，但相对比较稳定。对于连续培养菌体而言，在接种量为 1%（v/v）的一个培养周期内，总生物量维持恒定，说明菌体的继代时间连续培养 4000 代没有改变。

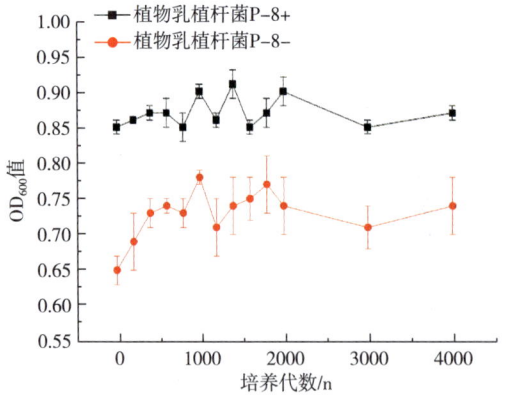

图 3-6　益生菌植物乳植杆菌 P-8 在连续培养时生长周期末 OD_{600} 值变化情况

（普通 MRS 培养基中 OD_{600} 值为原菌液稀释 10 倍后的测定值。）

4. 菌株碳水化合物代谢能力测定

对于益生菌而言，人体可以消化利用的糖类和不可利用的糖类均对其在肠道中的稳定起着很重要的作用。大多数益生菌能够利用植物性碳水化合物，这些碳水化合物常常是人体自身不能消化的，如果胶、棉籽糖和支链淀粉以及寡糖类物质中的半乳糖寡糖、果糖低聚糖，这些人体难消化吸收的淀粉通常是益生菌菌株最好的碳水化合物来源[60]。

由于菌株都具有自身特有的酶系统，因此不同菌株对糖的分解能力也不尽相同，根据这一特点可对菌株对碳水化合物的分解产物进行检测，从而用来鉴别菌株种属[61,62]。

本研究对益生菌植物乳植杆菌 P-8 在普通 MRS 培养基和碳源限制性 MRS 培养基中连续培养期间的碳水化合物代谢能力进行了分析。对原始菌株及连续培养至 1000 代、2000 代、3000 代、4000 代时的菌株对 49 种不同碳水化合物的代谢能力进行检测，结果见表 3-3。

表 3-3 菌株植物乳植杆菌 P-8 碳水化合物发酵试验

试剂条对应底物	A	B	C	D	E	F	G	H	I	J	K	L	M	N	O	P	Q	R	S	T	U	V	W	X	Y
对照	−	−	−	−	−	−	−	−	−	−	−	−	−	−	−	−	−	−	−	−	−	−	−	−	−
丙三醇	w	w	w	w	w	w	w	w	w	w	w	w	w	w	w	w	w	w	w	w	w	w	w	w	w
赤藓糖醇	−	−	−	−	−	−	−	−	−	−	−	−	−	−	−	−	−	−	−	−	−	−	−	−	−
D-阿拉伯糖	−	−	−	−	−	−	−	−	−	−	−	−	−	−	−	−	−	−	−	−	−	−	−	−	−
L-阿拉伯糖	−	−	−	−	−	−	−	−	−	−	−	−	−	−	−	−	−	−	−	−	−	−	−	−	−
核糖	+	+	+	+	+	+	+	+	+	+	+	+	+	+	+	+	+	+	+	+	+	+	+	+	+
D-木糖	−	−	−	−	−	−	−	−	−	−	−	−	−	−	−	−	−	−	−	−	−	−	−	−	−
L-木糖	−	−	−	−	−	−	−	−	−	−	−	−	−	−	−	−	−	−	−	−	−	−	−	−	−
阿东醇	−	−	−	−	−	−	−	−	−	−	−	−	−	−	−	−	−	−	−	−	−	−	−	−	−
β-甲基-D-木糖苷	−	−	−	−	−	−	−	−	−	−	−	−	−	−	−	−	−	−	−	−	−	−	−	−	−
半乳糖	+	+	+	+	+	+	+	+	+	+	+	+	+	+	+	+	+	+	+	+	+	+	+	+	+
葡萄糖	+	+	+	+	+	+	+	+	+	+	+	+	+	+	+	+	+	+	+	+	+	+	+	+	+
果糖	+	+	+	+	+	+	+	+	+	+	+	+	+	+	+	+	+	+	+	+	+	+	+	+	+
甘露糖	+	+	+	+	+	+	+	+	+	+	+	+	+	+	+	+	+	+	+	+	+	+	+	+	+
山梨糖	−	−	−	−	−	−	−	−	−	−	−	−	−	−	−	−	−	−	−	−	−	−	−	−	−
鼠李糖	−	−	−	−	−	−	−	−	−	−	−	−	−	−	−	−	−	−	−	−	−	−	−	−	−
卫矛醇	−	−	−	−	−	−	−	−	−	−	−	−	−	−	−	−	−	−	−	−	−	−	−	−	−
肌醇	−	−	−	−	−	−	−	−	−	−	−	−	−	−	−	−	−	−	−	−	−	−	−	−	−
甘露醇	+	+	+	+	+	+	+	+	+	+	+	+	+	+	+	+	+	+	+	+	+	+	+	+	+
山梨醇	+	+	+	+	+	+	+	+	+	+	+	+	+	+	+	+	+	+	+	+	+	+	+	+	+
α-甲基-D-甘露糖苷	+	+	+	+	+	+	+	+	+	+	+	+	+	+	+	+	+	+	+	+	+	+	+	+	+
α-甲基-D-葡萄糖苷	−	−	−	−	−	−	−	−	−	−	−	−	−	−	−	−	−	−	−	−	−	−	−	−	−
N-乙酰-葡糖胺	+	+	+	+	+	+	+	+	+	+	+	+	+	+	+	+	+	+	+	+	+	+	+	+	+
苦杏仁苷	+	+	+	+	+	+	+	+	+	+	+	+	+	+	+	+	+	+	+	+	+	+	+	+	+
熊果苷	+	+	+	+	+	+	+	+	+	+	+	+	+	+	+	+	+	+	+	+	+	+	+	+	+

续表

试剂条对应底物	A	B	C	D	E	F	G	H	I	J	K	L	M	N	O	P	Q	R	S	T	U	V	W	X	Y
七叶灵	+	+	+	+	+	+	+	+	+	+	+	+	+	+	+	+	+	+	+	+	+	+	+	+	+
水杨甘	+	+	+	+	+	+	+	+	+	+	+	+	+	+	+	+	+	+	+	+	+	+	+	+	+
纤维二糖	+	+	+	+	+	+	+	+	+	+	+	+	+	+	+	+	+	+	+	+	+	+	+	+	+
麦芽糖	+	+	+	+	+	+	+	+	+	+	+	+	+	+	+	+	+	+	+	+	+	+	+	+	+
乳糖	+	+	+	+	+	+	+	+	+	+	+	+	+	+	+	+	+	+	+	+	+	+	+	+	+
蜜二糖	+	+	+	+	+	+	+	+	+	+	+	+	+	+	+	+	+	+	+	+	+	+	+	+	+
蔗糖	+	+	+	+	+	+	+	+	+	+	+	+	+	+	+	+	+	+	+	+	+	+	+	+	+
海藻糖	+	+	+	+	+	+	+	+	+	+	+	+	+	+	+	+	+	+	+	+	+	+	+	+	+
菊糖	-	-	-	-	-	-	-	-	-	-	-	-	-	-	-	-	-	-	-	-	-	-	-	-	-
松叁糖	+	+	+	+	+	+	+	+	+	+	+	+	+	+	+	+	+	+	+	+	+	+	+	+	+
棉籽糖	+	+	+	+	+	+	+	+	+	+	+	+	+	+	+	+	+	+	+	+	+	+	+	+	+
淀粉	-	-	-	-	-	-	-	-	-	-	-	-	-	-	-	-	-	-	-	-	-	-	-	-	-
糖原	-	-	-	-	-	-	-	-	-	-	-	-	-	-	-	-	-	-	-	-	-	-	-	-	-
木糖醇	-	-	-	-	-	-	-	-	-	-	-	-	-	-	-	-	-	-	-	-	-	-	-	-	-
龙胆二糖	+	+	+	+	+	+	+	+	+	+	+	+	+	+	+	+	+	+	+	+	+	+	+	+	+
D-松二糖	-	-	-	-	-	-	-	-	-	-	-	-	-	-	-	-	-	-	-	-	-	-	-	-	-
D-来苏糖	-	-	-	-	-	-	-	-	-	-	-	-	-	-	-	-	-	-	-	-	-	-	-	-	-
D-塔格糖	-	-	-	-	-	-	-	-	-	-	-	-	-	-	-	-	-	-	-	-	-	-	-	-	-
D-岩糖	-	-	-	-	-	-	-	-	-	-	-	-	-	-	-	-	-	-	-	-	-	-	-	-	-
L-岩糖	-	-	-	-	-	-	-	-	-	-	-	-	-	-	-	-	-	-	-	-	-	-	-	-	-
D-阿拉伯糖醇	w	w	w	w	w	w	w	w	w	w	w	w	w	+	+	+	+	+	+	+	+	+	+	+	+
L-阿拉伯糖醇	-	-	-	-	-	-	-	-	-	-	-	-	-	-	-	-	-	-	-	-	-	-	-	-	-
葡萄糖酸盐	+	+	+	+	+	+	+	+	+	+	+	+	+	+	+	+	+	+	+	+	+	+	+	+	+
2-酮基-葡萄糖酸盐	-	-	-	-	-	-	-	-	-	-	-	-	-	-	-	-	-	-	-	-	-	-	-	-	-
5-酮基-葡萄糖酸盐	-	-	-	-	-	-	-	-	-	-	-	-	-	-	-	-	-	-	-	-	-	-	-	-	-

注：其中"+"代表"阳性结果"；"w"代表"弱阳性结果"；"-"代表"阴性结果"。A-植物乳植杆菌 P-8 原始菌株；B-植物乳植杆菌 P-8-1+1000；C-植物乳植杆菌 P-8-2+1000；D-植物乳植杆菌 P-8-3+1000；E-植物乳植杆菌 P-8-1+2000；F-植物乳植杆菌 P-8-2+2000；G-植物乳植杆菌 P-8-3+2000；H-植物乳植杆菌 P-8-1+3000；I-植物乳植杆菌 P-8-2+3000；J-植物乳植杆菌 P-8-3+3000；K-植物乳植杆菌 P-8-1+4000；L-植物乳植杆菌 P-8-2+4000；M-植物乳植杆菌 P-8-3+4000；N-植物乳植杆菌 P-8-1-1000；O-植物乳植杆菌 P-8-2-1000；P-植物乳植杆菌 P-8-3-1000；Q-植物乳植杆菌 P-8-1-2000；R-植物乳植杆菌 P-8-2-2000；S-植物乳植杆菌 P-8-3-2000；T-植物乳植杆菌 P-8-1-3000；U-植物乳植杆菌 P-8-2-3000；V-植物乳植杆菌 P-8-3-3000；W-植物乳植杆菌 P-8-1-4000；X-植物乳植杆菌 P-8-2-4000；Y-植物乳植杆菌 P-8-3-4000。

由表 3-3 的实验结果可以看出，益生菌植物乳植杆菌 P-8 的原始菌株可以利用核糖、乳糖、半乳糖、甘露糖及龙胆二糖等，不可以利用肌醇、鼠李糖等，对丙三醇及 D-阿拉伯糖醇的代谢能力弱。与原始菌株相比，植物乳植杆菌 P-8 在普通 MRS 培养基中连续培养至 4000 代时对 49 种碳水化合物的利用能力没有发生变化，在碳源限制性 MRS 培养基中，菌株对 D-阿拉伯糖醇的代谢能力较原始菌株增强，这可能是由于菌株在少糖环境下产生的一种应激反应，对普通情况下利用较少的糖进行了充分的发酵代谢。在实验过程中我们还发现了另外一个现象，在碳源限制性 MRS 中培养的菌株对棉籽糖的利用速率远远快于普通 MRS 培养基中菌株对棉子糖的利用速率，产生这一现象的原因尚未明确，可能需要进一步对菌株进行基因方面的稳定性研究来解释。总体来说，植物乳植杆菌 P-8 在普通 MRS 培养基和碳源限制性 MRS 培养基中连续培养的过程中，对碳水化合物的代谢能力基本没有影响，菌株在此培养过程中仍能够保持稳定。

5. 菌种活力分析

微生物继代时间一般较短，在长期连续传代过程中容易导致菌株的变异或死亡，因此常常会造成工业用菌种的衰退甚至是优良菌种丢失的现象，进而使菌种活力下降。菌种退化过程中，菌株的一个或多个生理性状和形态特征通常会出现逐渐减退或消失的现象。这种退化是从量变到质变逐渐发生的，同时也是整个群体种种特性的变化，而非单个细胞的改变。

对益生菌植物乳植杆菌 P-8 的三株平行菌株在普通 MRS 培养基和碳源限制性 MRS 培养基中连续培养 4000 代期间对其产酸活力的稳定性进行了跟踪研究，结果见表 3-4。分析表中数据可知，在 4000 代的连续培养过程中，植物乳植杆菌 P-8 在两种培养基中的产酸活力没有发生显著性变化（$P>0.05$）。说明益生菌植物乳植杆菌 P-8 的菌株活力在长期传代过程中具有良好的稳定性。

表 3-4　菌株植物乳植杆菌 P-8 在不同时间的菌体产酸活力变化　　单位：U

培养代数/代	植物乳植杆菌 P-8-1+	植物乳植杆菌 P-8-2+	植物乳植杆菌 P-8-3+	植物乳植杆菌 P-8-1-	植物乳植杆菌 P-8-2-	植物乳植杆菌 P-8-3-
0	$5.65\pm0.45^{x,a}$	$5.65\pm0.00^{x,a}$	$5.78\pm0.23^{x,a}$	$5.65\pm0.45^{x,a}$	$5.65\pm0.00^{x,a}$	$5.78\pm0.23^{x,a}$
200	$6.05\pm0.45^{x,a}$	$5.90\pm0.00^{x,a}$	$5.58\pm0.23^{x,a}$	$5.85\pm0.00^{x,a}$	$5.85\pm0.00^{x,a}$	$5.75\pm0.01^{x,a}$
400	$5.93\pm0.23^{x,a}$	$5.90\pm0.00^{x,a}$	$6.03\pm0.23^{x,a}$	$5.93\pm0.23^{x,a}$	$5.70\pm0.00^{x,a}$	$5.70\pm0.02^{x,a}$
600	$5.75\pm0.20^{x,a}$	$5.75\pm0.5^{x,a}$	$5.60\pm0.00^{x,a}$	$5.75\pm0.5^{x,a}$	$5.72\pm0.20^{x,a}$	$5.80\pm0.40^{x,a}$
800	$5.95\pm0.20^{x,a}$	$6.10\pm0.2^{x,a}$	$5.80\pm0.05^{x,a}$	$5.85\pm0.20^{x,a}$	$6.05\pm0.05^{x,a}$	$5.90\pm0.20^{x,a}$
1000	$5.85\pm0.20^{x,a}$	$5.96\pm0.0^{x,a}$	$6.15\pm0.30^{x,a}$	$6.10\pm0.20^{x,a}$	$6.07\pm0.01^{x,a}$	$5.98\pm0.01^{x,a}$
1200	$6.03\pm0.27^{x,a}$	$6.13\pm0.41^{x,a}$	$6.03\pm0.41^{x,a}$	$6.00\pm0.40^{x,a}$	$6.06\pm0.43^{x,a}$	$6.00\pm0.35^{x,a}$
1400	$5.89\pm0.22^{x,a}$	$5.93\pm0.38^{x,a}$	$6.15\pm0.45^{x,a}$	$5.85\pm0.45^{x,a}$	$5.93\pm0.23^{x,a}$	$5.84\pm0.26^{x,a}$
1600	$6.11\pm0.33^{x,a}$	$5.92\pm0.34^{x,a}$	$5.99\pm0.31^{x,a}$	$6.18\pm0.21^{x,a}$	$5.83\pm0.32^{x,a}$	$6.10\pm0.23^{x,a}$
1800	$6.15\pm0.15^{x,a}$	$6.14\pm0.27^{x,a}$	$5.93\pm0.25^{x,a}$	$5.99\pm0.25^{x,a}$	$6.05\pm0.35^{x,a}$	$6.04\pm0.18^{x,a}$
2000	$5.98\pm0.26^{x,a}$	$6.08\pm0.23^{x,a}$	$5.81\pm0.32^{x,a}$	$6.02\pm0.45^{x,a}$	$5.80\pm0.29^{x,a}$	$6.12\pm0.24^{x,a}$

续表

培养代数/代	植物乳植杆菌 P-8-1+	植物乳植杆菌 P-8-2+	植物乳植杆菌 P-8-3+	植物乳植杆菌 P-8-1-	植物乳植杆菌 P-8-2-	植物乳植杆菌 P-8-3-
3000	6.10±0.42[x,a]	5.91±0.16[x,a]	5.92±0.24[x,a]	6.15±0.20[x,a]	6.04±0.42[x,a]	6.17±0.16[x,a]
4000	6.02±0.25[x,a]	6.11±0.32[x,a]	5.83±0.22[x,a]	6.04±0.18[x,a]	5.93±0.13[x,a]	6.06±0.16[x,a]

注:"植物乳植杆菌 P-8-1+"中数字后"+"代表在普通 MRS 培养基中培养,数字后"-"代表在碳源限制性 MRS 培养基中培养;角标中字母相同表示的数据之间差异不显著($P>0.05$),其中字母 a 代表列数据分析,x 代表行数据分析。

(四)益生菌植物乳植杆菌 P-8 连续培养期间基本益生特性分析结果

1. 人工胃肠液耐受能力的测定

菌株对胃肠液的耐受性决定了其能否在胃肠道各个部位生存。如果益生菌想要在胃肠道中保持活力和益生特性,就需要抵御宿主胃肠道系统的一些防御[63]。因此,菌株对胃肠液耐受能力的稳定性便成为人们筛选益生菌的重要标准之一。胃酸和胃蛋白酶是人体胃液的主要成分,这些酸性的分泌物(pH3.0 左右)在消化过程中成为食物中微生物必须经过的一道 pH 和酶障碍。出于此种原因,人们建立了许多用于检验乳酸菌对于胃肠液不良环境抵抗能力的模型。通常情况下,人们会用盐酸酸化的蒸馏水、液体培养基及缓冲液代替新鲜的胃液来对菌株进行体外胃肠液耐受能力的测试[64,65]。

在普通 MRS 培养基和碳源限制性 MRS 培养基中的菌株连续传代 4000 代期间菌株在 pH2.5 的人工胃液中消化 3h 的存活率变化情况见表 3-5。根据表中数据可以看出,在普通 MRS 培养基中,菌株存活率变化范围始终保持在(84.5±1.8)%~(94.8±2.7)%,且存活率在此期间为波动变化,没有呈递增或递减的规律。在碳源限制性 MRS 培养基中菌株存活率在(83.1±2.7)%~(92.4±2.3)%,传代培养期间也没有呈现出规律性变化,实验所得数据与之前实验室对植物乳植杆菌 P-8 在 pH2.5 的人工胃液中消化 3h 的存活率为 90.16%的结果基本一致[66]。总体看来菌株在两种不同的培养基中连续培养 4000 代,菌株在胃液中的存活率变化基本一致,说明植物乳植杆菌 P-8 对胃液的耐受能力并没有因为在两种培养基中的连续培养 4000 代而发生改变。

表3-5 益生菌植物乳植杆菌 P-8 连续培养 4000 代在 pH2.5 人工胃液中存活率变化

单位:%

培养代数/代	植物乳植杆菌 P-8-1+	植物乳植杆菌 P-8-2+	植物乳植杆菌 P-8-3+	植物乳植杆菌 P-8-1-	植物乳植杆菌 P-8-2-	植物乳植杆菌 P-8-3-
0	89.4±2.3[x,bc]	90.2±3.8[x,b]	89.1±2.1[x,abc]	89.4±2.3[x,abc]	90.2±3.8[x,ab]	89.1±2.1[x,ab]
200	92.3±1.4[x,abc]	93.3±1.7[x,ab]	90.4±2.4[xy,abc]	86.8±1.8[y,bcd]	89.1±1.8[xy,ab]	86.3±2.3[y,ab]
400	88.1±2.5[x,c]	89.6±3.2[x,b]	84.5±1.8[x,c]	87.2±2.2[x,bcd]	85.4±2.1[x,c]	89.2±1.8[x,ab]
600	90.3±3.2[x,abc]	90.4±2.8[x,b]	84.5±2.6[x,c]	87.1±3.4[x,bcd]	89.3±2.2[x,ab]	83.1±2.7[x,bc]
800	92.6±1.8[x,abc]	93.2±2.1[x,ab]	91.7±3.1[xy,ab]	85.2±1.6[y,d]	86.3±3.2[xy,bc]	86.2±3.1[xy,ab]

续表

培养代数/代	植物乳植杆菌 P-8-1+	植物乳植杆菌 P-8-2+	植物乳植杆菌 P-8-3+	植物乳植杆菌 P-8-1-	植物乳植杆菌 P-8-2-	植物乳植杆菌 P-8-3-
1000	93.7±1.9^{x,ab}	96.8±1.3^{xy,ab}	92.1±2.7^{xy,ab}	91.2±1.4^{y,a}	88.6±2.3^{y,abc}	89.3±1.6^{y,ab}
1200	91.8±2.3^{x,abc}	94.3±1.7^{x,ab}	85.7±1.9^{x,bc}	89.3±2.1^{x,abc}	90.5±2.1^{x,a}	92.4±2.3^{x,a}
1400	94.8±2.7^{x,abc}	94.1±1.9^{xy,ab}	91.7±2.3^{xy,ab}	90.4±2.3^{xy,ab}	87.4±2.4^{y,abc}	86.6±2.7^{y,ab}
1600	92.2±3.1^{x,a}	93.9±2.5^{xy,a}	90.4±2.2^{y,abc}	91.1±1.7^{xy,a}	87.3±1.7^{y,abc}	90.8±1.8^{y,a}
1800	92.7±2.5^{x,abc}	90.4±3.1^{x,b}	93.3±1.7^{x,a}	89.3±1.9^{x,abc}	88.4±2.6^{x,abc}	90.2±1.5^{x,a}
2000	94.1±1.8^{x,abc}	93.6±2.6^{x,ab}	92.8±3.4^{x,a}	89.5±2.8^{x,ab}	90.1±1.8^{x,a}	88.2±2.4^{x,a}
3000	92.4±3.4^{x,ab}	91.2±2.2^{xy,ab}	90.4±1.8^{x,ab}	85.1±2.0^{y,d}	86.7±1.9^{y,abc}	82.9±3.5^{y,bc}
4000	93.8±2.9^{x,abc}	94.2±1.8^{x,ab}	92.6±2.8^{x,ab}	85.6±3.3^{y,cd}	90.4±1.5^{xy,a}	88.1±2.3^{z,c}

注:"植物乳植杆菌 P-8-1+"中数字后"+"代表在普通 MRS 培养基中培养,数字后"-"代表在碳源限制性 MRS 培养基中培养;角标中字母不同表示数据之间差异显著($P<0.05$),其中字母 a、b、c、d 代表列数据分析,x、y 代表行数据分析。

只有经过胃肠液后仍能保持足够数量的益生菌,才能够保证其在人体肠道内的益生特性发挥作用。2006 年,Maragkoudakis 等对 29 株乳酸菌的耐酸性进行了研究对比,实验结果表明不同菌株的耐酸能力不同,在胃液中的存活率也各不相同,造成这一结果的原因是乳酸菌的种类及同种间的菌株差异对其耐酸能力产生了影响[67]。本实验研究结果表明植物乳植杆菌 P-8 在人工胃液中的良好耐受性经过 4000 代的传代培养仍然能够很好地保持。

2. 人工肠液耐受能力的测定

益生菌经过胃液消化后随即到达小肠,经过小肠的消化运转才能到达定植地从而发挥益生特性,因此菌株对肠液的耐受能力也十分重要。有研究结果表明植物乳植杆菌 P-8 在 pH 为 8.0 的肠液中具有较强的耐受性[66]。

表 3-6 为两种培养基中的菌株在 pH 为 8.0 的人工模拟肠液中消化 4h、8h 后的存活率的变化情况。从表中可以看出,益生菌植物乳植杆菌 P-8 在两种培养基中连续培养 4000 代过程中,菌株存活率基本一致,差异不显著($P>0.05$)。本试验的菌株存活率与植物乳植杆菌 P-8 之前的研究报道一致。

表 3-6 益生菌植物乳植杆菌 P-8 连续培养 4000 代在人工肠液中存活率变化

单位:%

培养代数/代	时间/h	植物乳植杆菌 P-8-1+	植物乳植杆菌 P-8-2+	植物乳植杆菌 P-8-3+	植物乳植杆菌 P-8-1-	植物乳植杆菌 P-8-2-	植物乳植杆菌 P-8-3-
0	4	97.8±2.4^{x,a}	97.3±2.6^{x,a}	97.6±1.7^{x,a}	97.8±2.4^{x,a}	97.3±2.6^{x,a}	97.6±1.7^{x,a}
	8	95.4±1.9^{x,a}	94.7±1.7^{x,a}	95.8±2.1^{x,a}	95.4±1.9^{x,a}	94.7±1.7^{x,a}	95.8±2.1^{x,a}
200	4	95.8±2.7^{x,a}	98.3±2.4^{x,a}	97.6±2.3^{x,a}	97.6±2.1^{x,a}	97.5±2.2^{x,a}	97.3±1.9^{x,a}
	8	94.0±1.3^{x,a}	94.8±1.4^{x,a}	94.6±2.5^{x,a}	94.7±1.8^{x,a}	95.8±2.6^{x,a}	94.8±2.2^{x,a}

续表

培养代数/代	时间/h	植物乳植杆菌 P-8-1+	植物乳植杆菌 P-8-2+	植物乳植杆菌 P-8-3+	植物乳植杆菌 P-8-1-	植物乳植杆菌 P-8-2-	植物乳植杆菌 P-8-3-
400	4	96.3±1.6^{x,a}	95.8±2.5^{x,a}	97.1±1.8^{x,a}	98.1±2.3^{x,a}	98.3±2.4^{x,a}	98.0±2.5^{x,a}
	8	96.1±1.8^{x,a}	94.6±2.8^{x,a}	95.3±2.9^{x,a}	95.7±2.6^{x,a}	96.5±2.5^{x,a}	97.2±2.8^{x,a}
600	4	96.6±2.1^{x,a}	95.9±1.7^{x,a}	97.2±2.3^{x,a}	96.9±2.9^{x,a}	96.1±2.2^{x,a}	96.7±1.6^{x,a}
	8	94.2±2.3^{x,a}	93.8±2.8^{x,a}	95.6±2.6^{x,a}	95.4±2.3^{x,a}	95.6±1.9^{x,a}	95.4±1.9^{x,a}
800	4	96.9±1.5^{x,a}	98.4±3.0^{x,a}	97.9±1.8^{x,a}	97.3±1.9^{x,a}	97.4±3.2^{x,a}	98.0±2.7^{x,a}
	8	93.8±1.8^{x,a}	97.5±2.3^{x,a}	95.6±2.7^{x,a}	94.7±2.8^{x,a}	95.8±2.1^{x,a}	96.5±2.4^{x,a}
1000	4	95.8±1.4^{x,a}	96.7±1.6^{x,a}	97.1±2.3^{x,a}	96.2±2.1^{x,a}	96.5±2.6^{x,a}	97.7±1.5^{x,a}
	8	93.3±2.6^{x,a}	94.1±2.2^{x,a}	95.7±1.9^{x,a}	94.5±1.9^{x,a}	94.3±2.3^{x,a}	95.4±1.7^{x,a}
1200	4	98.2±2.3^{x,a}	97.3±2.4^{x,a}	95.6±1.8^{x,a}	97.2±2.5^{x,a}	96.6±2.1^{x,a}	97.4±2.1^{x,a}
	8	95.5±2.1^{x,a}	95.4±2.6^{x,a}	94.1±2.2^{x,a}	95.2±2.2^{x,a}	94.7±2.6^{x,a}	95.5±2.3^{x,a}
1400	4	97.2±1.9^{x,a}	95.3±1.7^{x,a}	97.8±2.5^{x,a}	97.6±1.6^{x,a}	97.3±1.9^{x,a}	96.5±2.9^{x,a}
	8	95.5±3.2^{x,a}	93.6±2.3^{x,a}	94.4±1.7^{x,a}	95.4±2.7^{x,a}	96.6±2.7^{x,a}	93.4±2.5^{x,a}
1600	4	97.3±2.6^{x,a}	97.8±2.5^{x,a}	96.6±2.5^{x,a}	97.6±2.4^{x,a}	96.8±2.8^{x,a}	97.3±1.8^{x,a}
	8	96.8±2.4^{x,a}	96.7±1.9^{x,a}	94.3±2.3^{x,a}	95.2±1.7^{x,a}	94.1±3.2^{x,a}	94.4±2.6^{x,a}
1800	4	97.5±1.2^{x,a}	97.3±2.6^{x,a}	96.5±2.9^{x,a}	96.9±1.5^{x,a}	96.8±2.3^{x,a}	97.2±2.3^{x,a}
	8	95.2±1.8^{x,a}	94.5±2.7^{x,a}	93.4±1.5^{x,a}	94.4±2.5^{x,a}	95.6±2.1^{x,a}	95.1±2.7^{x,a}
2000	4	97.8±2.7^{x,a}	97.2±1.6^{x,a}	96.5±3.1^{x,a}	95.2±2.7^{x,a}	97.8±2.6^{x,a}	97.8±2.1^{x,a}
	8	95.6±2.2^{x,a}	95.1±2.7^{x,a}	95.4±2.3^{x,a}	93.6±2.4^{x,a}	95.4±2.4^{x,a}	95.4±2.4^{x,a}
3000	4	96.9±1.6^{x,a}	97.3±2.4^{x,a}	97.6±2.6^{x,a}	97.1±2.3^{x,a}	96.5±1.9^{x,a}	96.3±1.5^{x,a}
	8	94.3±1.7^{x,a}	94.8±2.2^{x,a}	95.2±1.9^{x,a}	95.7±2.5^{x,a}	94.8±1.7^{x,a}	95.2±2.7^{x,a}
4000	4	96.8±2.1^{x,a}	97.1±2.6^{x,a}	96.6±1.7^{x,a}	96.8±2.2^{x,a}	97.3±2.8^{x,a}	96.8±1.7^{x,a}
	8	96.4±1.4^{x,a}	94.9±1.7^{x,a}	95.3±2.1^{x,a}	95.2±1.5^{x,a}	94.9±1.7^{x,a}	95.3±2.1^{x,a}

注:"植物乳植杆菌 P-8-1+"中数字后"+"代表在普通 MRS 培养基中培养,数字后"-"代表在碳源限制性 MRS 培养基中培养;角标中字母不同表示数据之间差异显著($P<0.05$),其中字母 a 代表列数据分析,x 代表行数据分析。

3. 胆盐耐受能力的测定

胆盐能够对细胞结构产生破坏作用,因此对活细胞具有一定的副作用。益生菌株能够在宿主肠道中定植、生长、发挥益生功效的重要条件之一便是对胆盐具有一定的耐受能力。由于人体消化道内不同部位的胆盐浓度不同,使得对菌株胆盐耐受能力的研究产生了一定的难度。尽管对于菌株在肠道内得以生存所耐受胆盐的最高浓度尚未确定,但是在菌株筛选时,具有较高胆盐耐受能力仍是筛选菌株的必要条件[68]。新近研究人员对于 Lactobacillus paracasei F19 在长期冻存和发酵生产过程中表型特性的稳定性进行了研究,其中就包括菌株对胆汁耐受性的测定，实验通过琼脂板法，即将受试菌株分别接种于含有和不含有 0.15%（w/v）牛胆汁的 MRS 培养基的平板中进行培养比较，结果表明对于受试菌株在长期冻存后其胆汁耐受性没有显著性差异[69]。

表 3-7 为益生菌植物乳植杆菌 P-8 连续培养 4000 代过程中菌株在浓度为 0.3% 的胆盐中延迟时间的变化情况。

表 3-7　益生菌植物乳植杆菌 P-8 连续培养 4000 代在 0.3% 胆盐中延迟时间变化

单位：h

培养代数/代	植物乳植杆菌 P-8-1+	植物乳植杆菌 P-8-2+	植物乳植杆菌 P-8-3+	植物乳植杆菌 P-8-1-	植物乳植杆菌 P-8-2-	植物乳植杆菌 P-8-3-
0	$0.54\pm0.18^{x,a}$	$0.61\pm0.09^{x,a}$	$0.57\pm0.16^{x,a}$	$0.54\pm0.18^{x,a}$	$0.61\pm0.09^{x,a}$	$0.57\pm0.16^{x,a}$
200	$0.57\pm0.07^{x,a}$	$0.60\pm0.13^{x,a}$	$0.58\pm0.12^{x,a}$	$0.49\pm0.16^{x,a}$	$0.55\pm0.08^{x,a}$	$0.59\pm0.13^{x,a}$
400	$0.55\pm0.13^{x,a}$	$0.57\pm0.09^{x,a}$	$0.60\pm0.17^{x,a}$	$0.54\pm0.09^{x,a}$	$0.58\pm0.16^{x,a}$	$0.57\pm0.08^{x,a}$
600	$0.61\pm0.06^{x,a}$	$0.55\pm0.12^{x,a}$	$0.55\pm0.11^{x,a}$	$0.58\pm0.10^{x,a}$	$0.58\pm0.15^{x,a}$	$0.52\pm0.15^{x,a}$
800	$0.59\pm0.11^{x,a}$	$0.55\pm0.08^{x,a}$	$0.60\pm0.09^{x,a}$	$0.50\pm0.15^{x,a}$	$0.53\pm0.11^{x,a}$	$0.54\pm0.16^{x,a}$
1000	$0.54\pm0.16^{x,a}$	$0.52\pm0.07^{x,a}$	$0.56\pm0.14^{x,a}$	$0.57\pm0.17^{x,a}$	$0.59\pm0.12^{x,a}$	$0.61\pm0.09^{x,a}$
1200	$0.56\pm0.12^{x,a}$	$0.57\pm0.11^{x,a}$	$0.56\pm0.10^{x,a}$	$0.59\pm0.14^{x,a}$	$0.57\pm0.09^{x,a}$	$0.63\pm0.09^{x,a}$
1400	$0.56\pm0.09^{x,a}$	$0.57\pm0.12^{x,a}$	$0.51\pm0.11^{x,a}$	$0.55\pm0.13^{x,a}$	$0.51\pm0.16^{x,a}$	$0.56\pm0.11^{x,a}$
1600	$0.50\pm0.10^{x,a}$	$0.49\pm0.15^{x,a}$	$0.55\pm0.13^{x,a}$	$0.50\pm0.07^{x,a}$	$0.56\pm0.13^{x,a}$	$0.54\pm0.13^{x,a}$
1800	$0.55\pm0.13^{x,a}$	$0.51\pm0.16^{x,a}$	$0.51\pm0.15^{x,a}$	$0.49\pm0.15^{x,a}$	$0.52\pm0.12^{x,a}$	$0.53\pm0.15^{x,a}$
2000	$0.64\pm0.16^{x,a}$	$0.61\pm0.11^{x,a}$	$0.54\pm0.12^{x,a}$	$0.54\pm0.13^{x,a}$	$0.63\pm0.10^{x,a}$	$0.64\pm0.08^{x,a}$
3000	$0.65\pm0.12^{x,a}$	$0.61\pm0.18^{x,a}$	$0.53\pm0.15^{x,a}$	$0.57\pm0.13^{x,a}$	$0.54\pm0.07^{x,a}$	$0.58\pm0.11^{x,a}$
4000	$0.60\pm0.11^{x,a}$	$0.58\pm0.13^{x,a}$	$0.54\pm0.09^{x,a}$	$0.61\pm0.18^{x,a}$	$0.57\pm0.12^{x,a}$	$0.58\pm0.06^{x,a}$

注："植物乳植杆菌 P-8-1+" 中数字后 "+" 代表在普通 MRS 培养基中培养，数字后 "-" 代表在碳源限制性 MRS 培养基中培养；角标中字母相同表示数据之间无显著性差异（$P>0.05$），其中字母 a 代表列数据分析，x 代表行数据分析。

由表 3-7 可以看出，在连续培养 4000 代过程中，益生菌植物乳植杆菌 P-8 在两种培养基中的各个菌株在 0.3% 的胆盐中延迟时间没有显著性差异（$P>0.05$），变化范围保持为（0.49±0.15）h~（0.65±0.12）h，此结果与植物乳植杆菌 P-8 最初筛选时的胆盐耐受结果一致[66]。实验数据表明植物乳植杆菌 P-8 的胆盐耐受能力在普通 MRS 培养基和碳源限制性 MRS 培养基中培养 4000 代仍能够保持稳定。

4. 菌体自凝集能力的测定

如果益生菌想要长时间地滞留在宿主肠道黏膜表面，从而发挥更强的益生效果，那么益生菌就需要定植于肠道黏膜表面，并且需要有一个相对较短的繁殖时间，以防止同肠道内的黏液及管腔内容物一起被移除。黏附，可被视为菌株定植的第一步。对肠黏液或是上皮细胞的黏附被认为是益生菌暂时定植于肠道内的先决条件。大多数商业菌株无法永久性地定植于宿主胃肠道黏膜表面被归因于它们的分裂速率远不如其被移除的速率[70]。因此，黏附特性是对益生菌菌株表面结构和与之相关的肠道屏障效果进行评估的一项非常重要的特性之一[71]。黏附性具有缩短腹泻时间、产生免疫性的效果，很多研究表明乳酸菌的凝集可以形成阻止致病菌定植和感染的屏障[72-74]。研究表明，菌株的自凝集能力与其在肠道中的黏附能力呈正相关[75,76]。因此，判断益生菌是否能够发挥功效的一项重要指标就是其自凝集能力的稳定性。

实验对菌株植物乳植杆菌 P-8 的三株平行菌株在普通 MRS 培养基和碳源限制性 MRS 培养基中连续传代 4000 代期间的自凝集率进行了测定，在两种培养基中的自凝集率的变化规律分别见表 3-8 和表 3-9。

从表 3-8 中可以看出，植物乳植杆菌 P-8 在普通 MRS 培养基中连续培养 4000 代的过程中，其在 20℃和 37℃条件下放置 24h 的自凝集率是不同的，在 20℃条件下，菌株的自凝集率在 (40.4±4.2)%~(47.5±3.1)%，在 37℃条件下，自凝集率为 (47.1±3.6)%~(51.9±1.5)%，由数据可以看出，在 37℃条件下的自凝集率远高于 20℃条件下的自凝集率。Collado 等对乳杆菌的自凝集率进行了研究，研究表明与其他菌株相比，乳杆菌的自凝集率普遍较高，并且在较高温条件比低温条件下要高，这与菌体细胞表面特性密切相关[77]，本次实验结果恰好验证了这一结论。另外，菌株在连续培养 4000 代过程中自凝集率的变化差异不显著（$P>0.05$），这表明植物乳植杆菌 P-8 在普通 MRS 培养基中连续培养 4000 代过程中菌体自凝集率稳定。

表 3-8 益生菌植物乳植杆菌 P-8 在普通 MRS 培养基中培养 4000 代期间自凝集率变化

单位：%

菌株编号	20℃				37℃			
	2h	16h	20h	24h	2h	16h	20h	24h
P-8-1-0	9.1±0.8[a]	28.5±2.1[a]	40.6±3.6[a]	44.3±3.5[a]	9.4±0.9[ab]	32.6±1.7[a]	44.3±3.1[a]	48.2±3.8[a]
P-8-2-0	8.7±0.9[a]	27.6±1.5[a]	39.2±3.0[a]	42.6±2.7[a]	10.3±1.2[ab]	35.1±2.1[a]	45.7±2.7[a]	49.5±3.0[a]
P-8-3-0	8.8±0.5[a]	26.2±2.4[a]	48.7±2.4[a]	43.8±2.4[a]	8.8±0.8[ab]	34.7±2.7[a]	47.6±2.2[a]	47.6±4.0[a]
P-8-1-200	8.6±1.1[a]	28.0±2.3[a]	40.0±3.6[a]	44.0±3.2[a]	9.3±1.2[b]	36.1±2.8[a]	47.8±4.9[a]	49.8±4.2[a]
P-8-2-200	7.6±2.1[a]	27.5±2.5[a]	41.4±2.5[a]	45.8±2.9[a]	9.1±0.5[ab]	37.2±1.4[a]	43.6±4.1[a]	50.7±5.7[a]
P-8-3-200	8.2±0.4[a]	27.0±1.7[a]	38.5±3.2[a]	42.8±2.8[a]	10.8±1.1[a]	37.7±4.2[a]	46.1±7.2[a]	49.2±5.3[a]
P-8-1-400	8.8±1.3[a]	28.9±1.8[a]	41.0±3.5[a]	45.4±3.0[a]	10.2±1.6[b]	37.4±1.9[a]	48.7±3.7[a]	51.3±3.2[a]
P-8-2-400	9.3±0.2[a]	28.0±1.4[a]	37.6±1.2[a]	42.2±1.2[a]	11.7±1.5[ab]	31.4±3.1[a]	44.0±4.3[a]	47.4±4.5[a]
P-8-3-400	8.6±0.5[a]	26.9±2.3[a]	38.1±1.5[a]	43.3±1.1[a]	10.1±1.6[a]	32.8±2.0[a]	46.2±2.3[a]	49.5±2.6[a]
P-8-1-600	8.7±0.5[a]	28.5±1.8[a]	39.7±1.3[a]	44.9±1.0[a]	9.2±0.9[b]	35.9±6.0[a]	43.8±4.1[a]	48.1±4.9[a]
P-8-2-600	7.8±0.2[a]	26.2±2.0[a]	38.8±3.4[a]	41.8±2.2[a]	10.9±0.8[ab]	38.4±1.8[a]	45.0±2.5[a]	49.2±1.5[a]
P-8-3-600	8.5±0.2[a]	26.8±1.2[a]	37.4±2.5[a]	42.5±2.2[a]	9.8±0.8[ab]	31.7±2.1[a]	45.5±2.6[a]	48.6±1.3[a]
P-8-1-800	9.0±1.2[a]	29.0±2.1[a]	38.6±2.5[a]	43.8±2.3[a]	11.3±1.7[ab]	36.5±1.5[a]	43.8±1.5[a]	47.2±4.1[a]

续表

菌株编号	20℃				37℃			
	2h	16h	20h	24h	2h	16h	20h	24h
P-8-2-800	7.4±1.8^a	28.0±2.5^a	39.0±1.1^a	46.5±3.1^a	9.7±1.2^{ab}	32.8±3.1^a	46.2±3.2^a	48.1±5.3^a
P-8-3-800	8.3±0.6^a	25.8±0.8^a	38.6±3.2^a	43.3±1.0^a	10.2±0.8^{ab}	33.7±3.4^a	47.5±2.4^a	49.2±3.7^a
P-8-1-1000	7.8±0.3^a	28.9±1.7^a	40.5±2.6^a	45.9±2.7^a	9.7±0.7^{ab}	35.5±4.1^a	46.7±3.3^a	48.6±2.2^a
P-8-2-1000	8.7±0.4^a	26.4±0.9^a	38.8±3.3^a	42.9±1.1^a	10.7±1.7^{ab}	37.2±1.1^a	45.1±2.6^a	49.6±4.2^a
P-8-3-1000	8.9±0.6^a	26.5±2.2^a	38.4±2.2^a	43.6±1.6^a	10.4±1.1^{ab}	38.6±2.2^a	43.8±3.4^a	47.1±3.6^a
P-8-1-1200	8.5±0.3^a	27.7±2.3^a	42.7±2.0^a	47.5±3.1^a	10.3±1.0^{ab}	35.9±1.2^a	47.4±2.7^a	51.2±3.3^a
P-8-2-1200	7.3±0.4^a	27.6±1.3^a	39.4±1.8^a	44.5±2.6^a	10.1±1.4^{ab}	36.5±1.8^a	45.2±2.2^a	49.7±2.0^a
P-8-3-1200	7.8±0.5^a	26.1±2.1^a	37.2±4.0^a	41.5±1.7^a	9.0±1.5^{ab}	38.2±2.2^a	45.1±2.4^a	51.9±1.5^a
P-8-1-1400	8.0±0.3^a	28.1±2.5^a	36.9±3.1^a	40.6±1.7^a	11.5±0.7^{ab}	35.5±1.7^a	43.6±3.5^a	48.3±5.9^a
P-8-2-1400	8.8±0.8^a	26.3±1.0^a	37.1±1.0^a	42.8±1.9^a	11.9±0.6^{ab}	37.1±3.7^a	45.7±1.6^a	49.7±5.3^a
P-8-3-1400	8.3±0.5^a	26.9±2.4^a	38.2±2.5^a	43.3±3.3^a	9.7±1.0^{ab}	32.0±3.7^a	47.0±3.8^a	50.7±3.8^a
P-8-1-1600	8.9±0.8^a	28.3±1.8^a	42.3±3.6^a	45.4±1.7^a	10.3±0.9^{ab}	33.4±1.6^a	46.1±3.7^a	48.9±3.9^a
P-8-2-1600	7.8±0.3^a	26.7±2.1^a	38.5±3.2^a	41.1±2.8^a	9.9±0.4^{ab}	37.2±2.3^a	47.4±2.1^a	50.3±4.5^a
P-8-3-1600	8.1±0.5^a	27.1±1.7^a	37.8±2.5^a	39.8±2.3^a	11.5±1.5^{ab}	36.5±3.2^a	45.3±4.0^a	49.2±2.6^a
P-8-1-1800	8.8±0.9^a	28.1±1.6^a	39.2±2.1^a	44.7±4.0^a	10.2±0.8^{ab}	34.8±2.5^a	45.8±3.5^a	48.7±4.1^a
P-8-2-1800	7.9±0.6^a	27.5±2.2^a	38.4±2.3^a	42.2±2.7^a	9.4±1.5^{ab}	38.2±3.4^a	44.8±2.7^a	48.3±5.0^a
P-8-3-1800	8.2±0.8^a	26.4±1.9^a	37.8±1.6^a	43.0±2.2^a	10.8±1.0^{ab}	32.9±2.8^a	46.7±1.8^a	50.9±3.8^a
P-8-1-2000	8.2±0.4^a	28.9±2.4^a	39.2±3.4^a	44.8±2.5^a	11.5±0.7^{ab}	35.0±2.6^a	45.2±2.5^a	51.7±3.6^a
P-8-2-2000	8.3±0.9^a	27.7±2.6^a	37.3±3.1^a	42.7±3.5^a	10.3±0.9^{ab}	36.3±2.1^a	47.9±3.2^a	50.6±4.5^a
P-8-3-2000	7.9±1.0^a	26.0±2.3^a	36.8±2.5^a	39.6±3.9^a	9.4±0.6^{ab}	38.1±2.6^a	46.6±3.8^a	48.4±3.4^a
P-8-1-3000	8.6±0.7^a	28.4±1.6^a	39.8±3.1^a	44.2±2.6^a	9.7±1.1^a	37.4±2.4^a	45.5±2.7^a	49.2±3.1^a
P-8-2-3000	8.4±0.4^a	26.1±2.1^a	37.2±2.4^a	41.5±3.8^a	10.5±0.8^a	36.4±2.7^a	47.1±1.9^a	50.9±4.1^a
P-8-3-3000	8.2±0.8^a	27.9±1.7^a	36.7±2.1^a	40.4±4.2^a	10.9±1.1^a	38.6±2.6^a	45.8±2.8^a	49.7±3.2^a
P-8-1-4000	9.0±1.2^a	29.0±2.1^a	38.6±2.5^a	43.8±2.3^a	11.3±1.7^a	36.5±1.5^a	43.8±1.5^a	47.2±4.1^a
P-8-2-4000	7.4±1.8^a	28.0±2.5^a	39.0±1.1^a	46.5±3.1^a	9.7±1.2^{ab}	32.8±3.1^a	46.2±3.2^a	48.1±5.3^a
P-8-3-4000	8.3±0.6^a	25.8±0.8^a	38.6±3.2^a	43.3±1.0^a	10.2±0.8^{ab}	33.7±3.4^a	47.5±2.4^a	49.2±3.7^a

注：角标中字母相同表示列数据之间差异不显著（$P>0.05$）；菌株编号中的1、2、3代表植物乳植杆菌P-8的三株平行菌株。

表 3-9 益生菌植物乳植杆菌 P-8 在碳源限制性 MRS 培养基中培养 4000 代期间自凝集率变化　　　单位：%

菌株编号	20℃				37℃			
	2h	16h	20h	24h	2h	16h	20h	24h
P-8-1+0	9.1±0.8^a	28.5±2.1^a	40.6±3.6^a	44.3±3.5^a	9.4±0.9^a	32.6±1.7^a	42.9±3.1^a	46.2±3.8^a
P-8-2+0	8.7±0.9^a	27.6±1.5^a	39.2±3.0^a	42.6±2.7^a	10.3±1.2^a	35.1±2.1^a	44.5±2.7^a	48.2±3.0^a
P-8-3+0	8.8±0.5^a	26.2±2.4^a	48.7±2.4^a	43.8±2.4^a	8.8±0.8^a	34.7±2.7^a	45.6±2.2^a	47.8±4.0^a
P-8-1+200	7.4±1.1^a	28.7±2.3^a	39.1±3.6^a	42.1±3.2^a	7.3±1.2^b	36.1±2.8^a	47.8±4.9^a	47.8±4.2^a
P-8-2+200	7.2±2.1^a	26.5±2.5^a	37.2±2.5^a	41.3±2.9^a	9.1±0.5^a	37.2±1.4^a	41.4±4.1^a	49.7±5.7^a
P-8-3+200	8.1±0.4^a	24.1±2.4^a	36.7±3.2^a	39.7±2.8^a	10.8±1.1^a	37.7±4.2^a	46.0±7.2^a	50.2±5.3^a
P-8-1+400	6.7±1.3^a	26.9±1.8^a	39.3±3.5^a	42.6±3.0^a	7.2±1.6^b	37.4±1.9^a	48.7±3.7^a	49.3±3.2^a
P-8-2+400	7.5±0.2^a	27.0±1.4^a	38.4±1.2^a	42.7±1.2^a	8.7±1.5^a	31.4±3.1^a	44.0±4.3^a	45.4±4.5^a
P-8-3+400	7.6±0.5^a	25.3±2.3^a	37.2±1.5^a	43.3±1.1^a	9.1±1.6^a	32.8±2.0^a	46.0±2.3^a	46.5±2.6^a
P-8-1+600	8.7±0.5^a	28.9±1.8^a	40.1±1.3^a	42.2±1.0^a	7.2±0.9^b	35.9±6.0^a	42.8±4.1^a	47.1±4.9^a
P-8-2+600	6.8±0.2^a	27.1±2.0^a	37.5±3.4^a	41.3±2.2^a	8.0±0.8^a	38.4±1.8^a	43.0±2.5^a	45.2±1.5^a
P-8-3+600	8.2±0.2^a	25.8±1.2^a	37.4±2.5^a	40.6±2.2^a	9.0±0.8^a	31.7±2.1^a	45.5±2.6^a	47.7±1.3^a
P-8-1+800	8.9±1.2^a	28.4±2.1^a	36.3±2.5^a	39.8±2.3^a	10.0±1.7^a	36.5±1.5^a	43.1±1.5^a	45.2±4.1^a
P-8-2+800	7.2±1.8^a	27.3±2.5^a	38.7±1.1^a	42.6±3.1^a	8.7±1.2^a	32.8±3.1^a	46.8±3.2^a	48.1±5.3^a
P-8-3+800	8.1±0.6^a	25.1±0.8^a	35.8±3.2^a	39.2±1.0^a	9.2±0.8^a	33.7±3.4^a	48.5±2.4^a	49.2±3.7^a
P-8-1+1000	6.7±0.3^a	26.9±1.7^a	38.7±2.6^a	41.6±2.7^a	9.7±0.7^a	35.5±4.1^a	46.2±3.3^a	48.6±2.2^a
P-8-2+1000	8.3±0.4^a	24.8±0.9^a	36.8±3.3^a	40.1±1.1^a	7.7±1.7^a	37.2±1.1^a	43.3±2.6^a	45.6±4.2^a
P-8-3+1000	8.6±0.6^a	25.5±2.2^a	37.2±2.2^a	41.7±1.6^a	8.4±1.1^a	38.6±2.2^a	43.1±3.4^a	46.1±3.6^a
P-8-1+1200	7.5±0.3^a	26.9±2.3^a	38.9±2.0^a	42.4±3.1^a	10.3±1.0^a	35.9±1.2^a	47.3±2.7^a	49.2±3.3^a
P-8-2+1200	7.2±0.4^a	25.4±1.3^a	38.6±1.8^a	41.3±2.6^a	10.1±1.4^a	36.5±1.8^a	46.3±2.2^a	47.7±2.0^a
P-8-3+1200	6.8±0.5^a	26.7±2.1^a	39.1±4.0^a	43.2±1.7^a	9.0±1.5^a	38.2±2.2^a	45.0±2.4^a	46.9±1.5^a
P-8-1+1400	8.9±0.3^a	27.1±1.3^a	35.3±3.1^a	38.7±1.7^a	8.5±0.7^a	35.1±1.7^a	43.7±3.5^a	48.6±5.9^a
P-8-2+1400	7.8±0.8^a	26.3±1.0^a	37.8±1.0^a	41.8±1.9^a	9.9±0.6^a	37.1±3.7^a	43.6±1.6^a	49.3±5.3^a
P-8-3+1400	8.2±0.5^a	25.2±2.4^a	38.2±2.5^a	40.0±3.3^a	7.7±1.0^a	32.0±3.7^a	44.0±3.8^a	47.7±3.8^a
P-8-1+1600	7.9±0.8^a	26.5±1.8^a	39.3±3.6^a	44.5±1.7^a	8.3±0.9^a	33.4±1.6^a	45.1±3.7^a	47.9±3.9^a
P-8-2+1600	7.2±0.3^a	24.7±2.1^a	36.5±3.2^a	40.6±2.8^a	7.9±0.4^a	37.2±2.3^a	47.4±2.1^a	50.1±4.5^a
P-8-3+1600	8.4±0.5^a	25.8±1.7^a	38.1±2.5^a	40.3±2.3^a	9.5±1.5^{ab}	36.5±3.2^a	42.3±4.0^a	45.2±2.6^a
P-8-1+1800	7.8±0.9^a	27.4±1.6^a	39.6±2.1^a	41.7±4.0^a	10.2±0.8^{ab}	34.8±2.5^a	45.8±3.5^a	48.5±4.1^a
P-8-2+1800	6.9±0.6^a	27.9±2.2^a	38.1±2.3^a	42.6±2.2^a	9.4±1.5^{ab}	38.2±3.4^a	43.8±2.7^a	46.3±5.0^a
P-8-3+1800	8.2±0.3^a	25.3±1.9^a	35.4±1.6^a	38.7±2.2^a	8.8±1.0^{ab}	32.9±2.8^a	46.6±1.8^a	48.9±3.8^a
P-8-1+2000	8.6±0.4^a	27.1±2.4^a	36.2±3.4^a	39.8±2.5^a	7.5±0.7^{ab}	35.0±2.6^a	43.2±2.5^a	45.7±3.6^a
P-8-2+2000	7.9±0.9^a	26.9±2.6^a	35.8±3.1^a	40.2±3.5^a	10.3±0.9^{ab}	36.3±2.1^a	47.5±3.2^a	49.6±4.5^a

续表

菌株编号	20℃				37℃			
	2h	16h	20h	24h	2h	16h	20h	24h
P-8-3+2000	8.1±1.0^a	25.2±2.3^a	34.2±2.5^a	37.8±3.9^a	8.4±0.6^{ab}	38.1±2.6^a	46.3±3.8^a	48.4±3.4^a
P-8-1+3000	8.4±0.7^a	28.7±1.6^a	36.9±3.1^a	40.3±2.6^a	7.0±1.1^{ab}	37.4±2.4^a	43.5±2.7^a	45.2±3.1^a
P-8-2+3000	7.6±0.4^a	25.4±2.1^a	36.7±2.4^a	39.7±3.8^a	7.5±0.8^{ab}	36.4±2.7^a	45.1±1.9^a	47.9±4.1^a
P-8-3+3000	8.3±0.8^a	26.1±1.7^a	37.3±2.1^a	39.2±4.2^a	8.9±1.1^{ab}	38.6±2.6^a	46.7±2.8^a	48.6±3.2^a
P-8-1+4000	9.1±0.8^a	28.5±2.1^a	40.6±3.6^a	44.3±3.5^a	9.4±0.9^{ab}	32.6±1.7^a	42.9±3.1^a	46.2±3.8^a
P-8-2+4000	8.7±0.9^a	27.6±1.5^a	39.2±3.0^a	42.6±2.7^a	10.3±1.2^{ab}	35.1±2.1^a	44.5±2.7^a	48.2±3.0^a
P-8-3+4000	8.8±0.5^a	26.2±2.4^a	48.7±2.4^a	43.8±2.4^a	8.8±0.8^{ab}	34.7±2.7^a	45.6±2.2^a	47.8±4.0^a

注：角标中字母不同表示列数据之间差异显著（$P<0.05$）；菌株编号中的1、2、3代表植物乳植杆菌P-8的三株平行菌株。

从表3-9可以看出，菌株在碳源限制性MRS培养基中连续培养4000代其菌体自凝集率与在普通MRS培养基中菌株类似，在20℃和37℃条件下放置24h过程中自凝集率均未发生显著性变化（$P>0.05$），且温度较高条件下的自凝集率同样高于低温条件下的自凝集率。同时也说明了在两种培养基中连续培养4000代并不会影响植物乳植杆菌P-8的自凝集率。对于益生菌而言，发挥功效的一项重要指标就是其能否在肠道内黏附。此研究结果一定程度上反映出益生菌植物乳植杆菌P-8对肠道内的黏附性在传代过程中保持稳定。

三、植物乳植杆菌P-8基因组序列分析

（一）基因组重测序分析

本实验室已于2009年完成了植物乳植杆菌P-8的基因组学研究。结果显示，植物乳植杆菌P-8的基因组由1条染色体和6个质粒组成。染色体长度为3,226,270bp，GC含量为44.60%，共编码3009个开放阅读框，包括5个rRNA基因簇和65个tRNA基因。6个质粒长度分别为51,183bp、46,574bp、39,469bp、30,687bp、16,104bp和8686bp，分别编码73、54、47、36、26和12个开放阅读框。NCBI提供的关于植物乳植杆菌P-8的一些基因组序列信息见表3-10。

表3-10 益生菌植物乳植杆菌P-8基因组序列信息

物种名称	染色体数	质粒数	长度/Mb	GC含量/%
植物乳植杆菌P-8	1	6	3.23	44.6

为探究传代对菌株进化机制的影响，我们对0代和1000代菌株进行了基因组重测序分析。不同代数菌株重测序数据如表3-11所示。植物乳植杆菌P-8在MRS液体培养基中连续传代培养1000代共出现24个突变位点，包括14个SNP位点、3个插入位点和7个缺失位点，突变位点分布如图3-7所示。

表 3-11 不同代数菌株重测序数据统计

菌株名称	测序运行 ID	读序数量/bp	数据量/bp	读序长度/bp	总数据量/bp
植物乳植杆菌 P-8-1-0	Miseq-植物乳植杆菌 P-8-1-0_CTTGTA	1,607,302	242,702,602	151	919,334,206
		1,607,302	242,702,602	151	
		1,607,302	485,405,204	151	
植物乳植杆菌 P-8-1-1000	Miseq-植物乳植杆菌 P-8-1-1000_CTTGTA	6,198,853	936,026,803	151	1,872,053,606
		6,198,853	936,026,803	151	
		6,198,853	1,872,053,606	151	

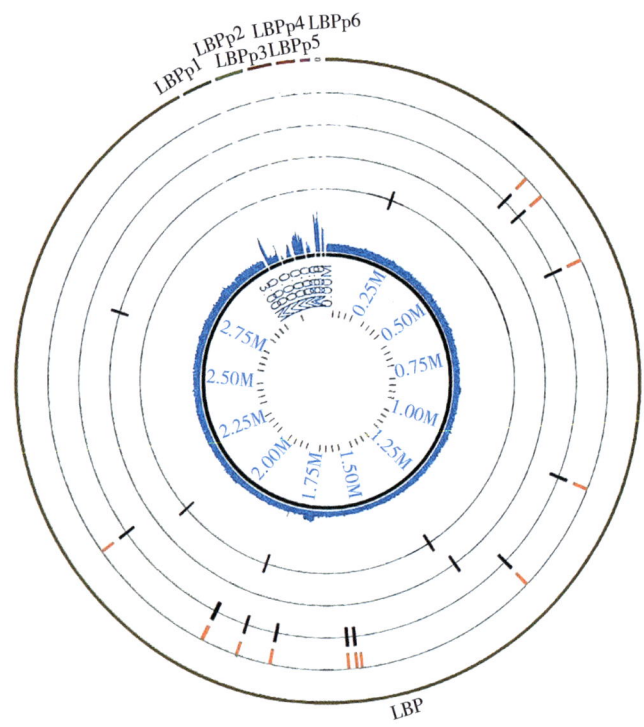

图 3-7 1000 代植物乳植杆菌 P-8 菌株突变位点分布图

[由外到内，圈 1 表示基因组骨架（染色体和质粒）；圈 2 表示 SNP 覆盖比例，蓝色代表与 Reference Base Type 一致的覆盖比例，红色代表与 SNP Base Type 一致的覆盖比例；圈 3 表示 SNP 位点标记位置；圈 4 表示 Insertion 突变位点标记位置；圈 5 表示 Deletion 突变位点标记位置；圈 6 表示重测序覆盖比例；圈 7 表示序列位点标记，刻度：0.1M。]

（二）SNP 位点分析

测序数据经质量过滤后获得的有效序列匹配到植物乳植杆菌 P-8 基因组序列。以原始菌株为参考，连续培养至 1000 代的植物乳植杆菌 P-8 中共出现 14 个 SNP 突变位点，其中 2 个位于非编码区，5 个为同义突变，7 个为非同义突变，具体信息见表 3-12。

表3-12　1000代植物乳植杆菌P-8基因组SNP突变位点分布

突变位点	覆盖率	碱基变化	基因名称	基因标记	基因功能	突变类型	氨基酸变化
39,211	43/420	T>G	hpk1	LBP00031	sensor protein	同义	R248R
414,550	23/384	T>C	murA	LBP00399	UDP-N-acetylglucosamine 1-carboxyvinyltransferase 2	非同义	N264S
457,452	5/563	T>G	hprT	LBP00436	hypoxanthine-guanine phosphoribosyltransferase	非同义	S59R
594,311	5/366	A>C	trxB1	LBP00568	thioredoxin reductase	非同义	T294P
1,022,477	10/298	C>T	—	Non-coding region	between LBP00980 and Rrna004	—	
1,230,459	4/298	T>G	—	Non-coding region	betweenLBP01164 and LBP01165	—	
1,579,472	3/293	G>T	gph2	LBP01515	phosphoglycolate phosphatase	非同义	Q96P
1,586,879	2/289	T>G	nox4	LBP01524	NADH oxidase	非同义	S180P
1,602,595	5/444	T>G	dnaG	LBP01543	DNA primase DnaG	非同义	T81P
1,749,836	10/353	T>G	pts16ABCFructose PTS，EIIABC	LBP01703	fructose PTS，EIIABC	同义	T398T
1,749,841	6/352	A>T	pts16ABCFructose PTS，EIIABC	LBP01703	fructose PTS，EIIABC	非同义	I400K
1,884,411	5/328	A>C	—	LBP01830	integral membrane protein	同义	A48A
1,886,518	10/308	A>C	—	LBP01833	5'-nucleotidase	同义	P55P
2,136,372	9/291	G>T	—	LBP02099	ABC superfamily ATP binding cassette transporter，ABC protein	同义	R170R

由于非同义突变可能引起基因功能的改变，从而引起物种的生物表型发生变化，因此着重讨论非同义突变位点。分析如下。

在 murA 基因编码区出现了一个 SNP 位点。murA 基因编码的 UDP-N-乙酰葡糖胺烯醇丙酮酸转移酶（MurA）对细菌细胞壁的形成有关。吴东婷的研究中指出 murA 是结核分枝杆菌生长的必需基因，因为 MurA 酶可作为抗结核药物的作用靶点[77]。已有报道表明，murA 是大肠杆菌生长的必需因子，也是肺炎双球菌对磷霉素具有抗性的必需因子[78,79]。

在 hprT 基因编码区出现了一个 SNP 位点。该基因编码的酶类在核酸代谢的补救途径中起关键作用[80]。

在编码硫氧还蛋白还原酶的 LBP00568 基因（trxB1）编码区出现了一个 SNP 位点。根据 Karin Vido 等的报道[81]，细菌体内二硫键的平衡通常是通过硫氧还蛋白还原酶或谷胱甘肽来维持的，而乳酸菌不产生谷胱甘肽，因此推测乳酸菌细胞内必定含有硫氧还蛋白还原酶。他们在厌氧环境二硫苏糖醇存在的条件下构建了 trxB1 突变株，结果发现与其他革兰氏阳性细菌不同，trxB1 并不是乳酸菌生长所必需的。

在编码 NADH 氧化酶（NOX）的 LBP01524 基因（nox4）编码区出现了一个 SNP 位点。NOX 广泛存在于乳酸菌中，对乳酸菌细胞内氧化还原水平、能量代谢流向、糖代谢途径具有调控作用。nox 的过量表达，能够解除氧化磷酸化途径产生的大量 ATP 对糖酵解关键酶的变构抑制，从而提高糖酵解速率[82]。此外，nox 的过量表达可以调控乳酸菌产生双乙酰的代谢途径，从而改善乳酸菌产品的风味[83]。

在编码 DNA 引物酶（DnaG）的 LBP01543 基因（dnaG）编码区出现了一个 SNP 位点。DnaG 起引发冈崎片段复制的作用[84]。在基因 LBP01703 编码区发现 2 个 SNP 位点，其中 1 个为非同义突变。该突变可能影响磷酸转移酶系统中 ABC 家族（ATP 结合盒转运子）的合成，从而对细菌的耐药性产生影响。因为细菌的耐药性主要取决于细菌能否将进入菌体的药物排出体外，而此过程需要提供能量。

（三）Insertion 突变位点分析

同样，以植物乳植杆菌 P-8 基因组序列为参考序列，将质量过滤后获得的有效序列匹配到植物乳植杆菌 P-8 基因组序列，比对发现 2 个位于基因编码区的 Insertion 突变位点。

以原始菌株为参考，连续培养至 1000 代的植物乳植杆菌 P-8 中共出现 3 个 Insertion 突变位点，其中 1 个位于非编码区，2 个位于编码区，具体信息见表 3-13。根据表 3-13，在 LBP01292 基因编码区发现一个插入位点（插入 25 个碱基），该基因与细胞膜内蛋白的合成有关，这可能影响细胞与环境的物质、能量、信息交换，但还没有找到文献证实该结论。具体的还应结合蛋白质组做进一步研究。

表 3-13　1000 代植物乳植杆菌 P-8 基因组 Insertion 突变位点分布

突变位点	覆盖率	插入碱基序列	基因标记	相对起始密码子位置	碱基总数	基因功能
1358122	117	TACTTCGGAAGTT AAGTAGGAACGT	LBP01292	284	296	integral membrane protein
2040054	22	G	LBP01985	508	1438	prophage Lp1 protein 50
2629347	26	T	Non-coding region	—	—	betweenLBP02561 and LBP02562

（四）Deletion 突变位点分析

同样，以植物乳植杆菌 P-8 基因组序列为参考序列，将质量过滤后获得的有效序列匹配到植物乳植杆菌 P-8 基因组序列，比对发现 4 个位于基因编码区的 Deletion 突变位点。

以原始菌株为参考，连续培养至 1000 代的植物乳植杆菌 P-8 中共出现 7 个 Deletion 突变位点，其中 3 个位于非编码区，4 个位于编码区，具体信息见表 3-14。

表 3-14 1000 代植物乳植杆菌 P-8 基因组 Deletion 突变位点分布

突变位点	覆盖率	缺失碱基	基因名称	基因标记	相对起始密码子位置	碱基总数	基因功能
591001	373	G	—	LBP00564	83	228	—
1164641	249	A	—	LBP01100	87	92	Transcription regulator
1344662	360	G	fabF	LBP01278	114	120	3-oxoacyl-[acyl-carrier protein] synthase Ⅱ
1573702	215	A	—	Non-coding region	—	—	BetweenLBP01507 and LBP01508
1573718	228	A	—	Non-coding region	—	—	BetweenLBP01507 and LBP01508
1814551	333	CC	prs2	LBP01764	71	327	—
1874872	106	T	—	Non-coding region	—	—	BetweenrRNA007 and rRNA007

根据表 3-14，在 LBP01278 基因（fabF）编码区发现一个缺失位点（缺失 1 个碱基）。据文献报道[85]，该基因编码酰基载体蛋白合酶 Ⅱ（KAS Ⅱ），参与脂肪酸的合成。根据 Wang 等的报道[86]，基因 fabB、fabF、fabH 分别编码 KAS Ⅰ、KAS Ⅱ、KAS Ⅲ 的合成，乳酸乳球菌具有和大肠杆菌相同的脂肪酸合成途径，但乳酸乳球菌的 fabF 基因可以代替大肠杆菌的 fabB 和 fabF 控制脂肪酸的合成。而 Rachael 等[87] 通过实验证实乳酸乳球菌大量繁殖时，fabF 可以代替 fabH 合成 KAS Ⅲ。在 prs2 基因编码区有 2 个碱基缺失。根据 David 等的研究，当大肠杆菌 prs2 基因发生突变时，磷酸二氢酶合酶（PRPP）的合成受阻，对环境温度变得特别敏感[88]。他们对温度敏感型菌株进行测序，在 prs2 基因编码区发现两个突变点。其中一个位于第九位密码子，发生非同义突变，甘氨酸转变为丝氨酸；另一个位于非编码区。但进一步研究发现，温度适宜时（25℃）该突变株同野生型一样具有 PRPP 酶活性，但当温度上调至 42℃ 时则不具有 PRPP 酶活性，这是因为该菌株具有 prs2 的等位基因。此外，在 LBP01100 基因编码区发现一个缺失位点（缺失 1 个碱基），该基因与转录调节有关，具体影响还需结合转录组做进一步研究。

综上所述，益生菌植物乳植杆菌 P-8 进行长期连续传代培养 4000 代，分别对其在普通 MRS 培养基及碳源限制性 MRS 培养基中的菌株在表型特征和益生特性两方面的稳定性进行跟踪研究，在表型特征方面，益生菌植物乳植杆菌 P-8 在连续培养 4000 代期间，植物乳植杆菌 P-8 在两种培养基中的细胞形态与原始菌株相比没有发生变化；活菌数与浊度随培养代数的增加均呈波动性变化,且差异显著($P<0.05$),但这种差异并没有随着培养代数的增加而呈现出递增或递减的规律性变化,在整个传代过程中总数基本维持不变;碳水化合物的代谢能力基本没有发生改变,菌株活力在传代过程中呈波动性变化,但不显著($P>0.05$)。益生菌植物乳植杆菌 P-8 在两种培养基中长期连续传代 4000 代过程中持续了较好的生长情况,表型特征十分稳定,没有发生衰退的现象。在益生特性方面,菌株对胃肠液的耐受能力在传代期间保持稳定,且与之前实验室对植物乳植杆菌 P-8 所做研究结论一致;对胆盐的耐受能力也较稳定,菌株的自凝集率也未受到长期传代培养及 MRS 培养基种类的影响而发生改变。总体而言,益生菌植物乳植杆菌 P-8 在两种培养基中长期连续传代 4000 代过程中的益生特性均保持稳定,也没有发生衰退的现象。

第三节　副干酪乳酪杆菌在碳源丰富和限制环境中的适应性机制

本研究以一株经过多年系统研究的益生乳酸菌副干酪乳酪杆菌 Zhang 为研究对象,首先从菌落表观形态、人工胃肠液耐受性、耐胆盐特性和黏附性等多方面对副干酪乳酪杆菌 Zhang 在长期连续传代过程中的稳定性进行系统评价;之后,采用基于基因组重新测序的方法对其遗传稳定性进行深入剖析;最终将这些动态数据有机结合分析其进化的基本规律,以期揭示变异产生的分子遗传学机制,并为益生菌副干酪乳酪杆菌 Zhang 进一步开发研究以及产业化提供理论基础。

一、副干酪乳酪杆菌 Zhang 连续培养情况

(一)绘制副干酪乳酪杆菌的生长曲线及 pH 变化曲线

1. 副干酪乳酪杆菌 Zhang 在普通 MRS 培养基中培养

以 1%(v/v)的接种量,将菌株副干酪乳酪杆菌 Zhang 的原始菌种接种于普通液体 MRS 培养基(含葡萄糖20g/L)中,37℃恒温培养 30h 的过程中活菌数、OD_{600} 值和 pH 变化情况如图 3-8 所示。

由图 3-8 中 OD_{600} 值的变化趋势可知,副干酪乳酪杆菌 Zhang 在普通 MRS 培养基(含葡萄糖20g/L)中37℃恒温培养,4h 左右开始进入对数期,12h 进入对数期末期,在 18h 以后进入平稳期,菌株的 OD_{600} 曲线呈"S"形。这与薛峰对干酪乳酪杆菌的模式株 *Lactobacillus casei* ATCC393 的生长特性研究一致[70]。活菌数的变化趋势和 OD_{600} 值相似,初始接种时的活菌数为(7.29±0.02)CFU/mL,在对数期(4~12h)活菌数从(7.70±0.02)CFU/mL 增加到(9.18±0.10)CFU/mL,且在 12h 以后不再增加。这表示为 12~18h,虽然总生物量(OD_{600} 值)略有增加,但活菌数基本维持不变,说明副干酪乳酪杆菌 Zhang 的生长已处于稳定期。另外,从图 3-8 可以看出,在整个培养过程中 pH 的变化趋势与 OD_{600} 值的变化趋势相反,12h 时 pH 降到了 4.0 以下,18h 时趋于稳定,维持在 3.84±0.02 直到培养结束,在此期间 pH 共下降了 1.91±0.02。

从副干酪乳酪杆菌 Zhang 在普通的 MRS 培养基中的生长曲线和 pH 的变化可以看出,

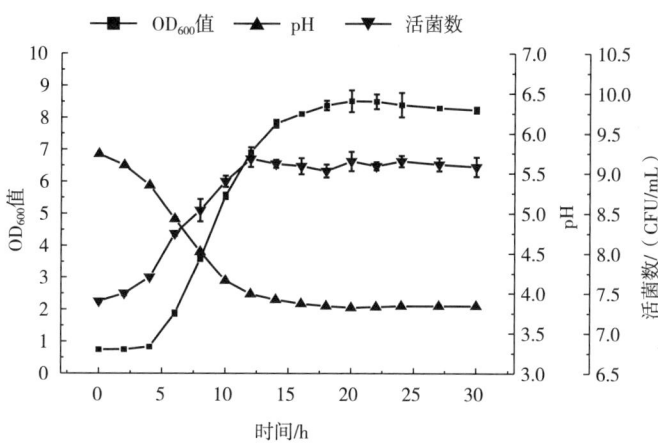

图 3-8　副干酪乳酪杆菌 Zhang 原始菌株在 MRS 培养基中生长曲线及 pH 变化情况

培养在菌株的每一个生长周期内，菌株均经历了 MRS 培养基环境适应的延缓期、旺盛增长的对数期和为有限营养源而竞争生长的稳定期。

2. 副干酪乳酪杆菌 Zhang 在碳源限制性 MRS 培养基中培养

以 1%（v/v）的接种量，菌株副干酪乳酪杆菌 Zhang 的原始菌种接种于碳源限制性液体 MRS 培养基（含葡萄糖 0.2g/L）中，37℃恒温培养 30h 过程中活菌数、OD_{600} 值和 pH 变化情况如图 3-9 所示。

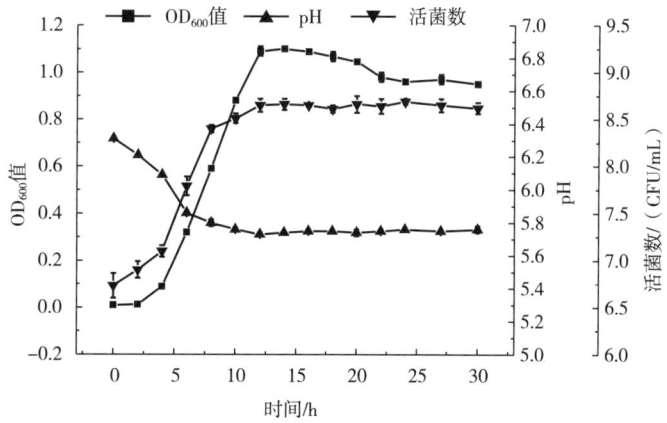

图 3-9　副干酪乳酪杆菌 Zhang 原始菌株在碳源限制性 MRS 培养基中生长曲线及 pH 变化情况

由图 3-9 中 OD_{600} 值的变化趋势可知，益生乳酸菌副干酪乳酪杆菌 Zhang 在碳源限制性 MRS 培养基中 37℃恒温培养时，4h 开始进入对数期，在 12h 时进入平稳期。从活菌数的变化来看，4~8h 为对数增长期，8~12h 为对数期末期，12h 后稳定不再增加。与副干酪乳酪杆菌 Zhang 在普通 MRS 培养基中的生长曲线对比发现，在碳源限制性 MRS 培养基中的总生物量约为普通 MRS 培养基中的 1/10，而且从对数期到稳定期几乎没有过渡。说明有限的碳源对菌株的生长有较大影响，菌体的增长由于消耗殆尽的葡萄糖而基本停止。但值得注意的是活菌数在两种培养基中的差异并不大，在 0h 时活菌数为（6.73±0.13）CFU/mL，

12h 时增加到（8.65±0.07）CFU/mL，各阶段只比在普通 MRS 培养基中少了约 0.5 个 log 单位。从 pH 的变化来看，由于培养基中含糖量较少，同型发酵乳酸菌副干酪乳酪杆菌 Zhang 代谢产生的乳酸也相应较少，pH 从最初的 6.31±0.01 在 12h 降到了 5.73±0.02，只下降了 0.58±0.02，并且在后续培养时不再降低。

（二）菌株连续传代培养

1. 副干酪乳酪杆菌 Zhang 连续培养周期确定

微生物的生长周期较短，特别是细菌一般情况下繁殖快，且有一定的生长阶段，通常分为四个时期，即延迟期、对数期、稳定期和衰亡期。生长时期不同，细胞的生理状态差异很大，对外界环境条件的反应程度也不同。因此，菌种传代和保藏使用处于生长对数期后期或稳定期早期的细胞为宜[71]。从副干酪乳酪杆菌 Zhang 在普通 MRS 培养基生长曲线可以看出，菌株在 18h 时进入了稳定期，且一直培养到 30h 仍然处于稳定期。故选择每个培养周期为（24±0.5）h（约一天），这样菌株传代时仍处于稳定期前期，可以代表实际实验室或工业使用时的"传代活化"，且便于试验进行长期连续操作。

对于副干酪乳酪杆菌 Zhang 在碳源限制性 MRS 培养基而言，由于所含葡萄糖极少，仅为 0.2g/L，是普通 MRS 培养基的 1%，生长明显受限，故相对在普通 MRS 培养基中而言较早进入稳定期（12h），但一直到 30h 仍处于稳定期，说明菌株在为有限碳源而竞争生长，在此过程中优势菌存活。同时参考 Barrick 等的关于大肠杆菌连续培养 40,000 代的实验室遗传进化研究方法[53]，确定培养周期也为（24±0.5）h，与在普通 MRS 培养基中相同。

2. 培养周期内副干酪乳酪杆菌 Zhang 在普通 MRS 培养基中的生长情况

在一个传代生长周期（24h）内，菌株在普通 MRS 培养基中均经历了环境适应 4h 的延缓期（0~4h）、旺盛生长 8h 的对数期（4~12h）、6h 的对数生长末期或稳定期前期（12~18h）和 6h 的生物量不再增加的稳定期（18~24h）。整个传代周期后期 12h 菌体处于 pH 在 3.83~3.99 的酸性环境中。

3. 培养周期内副干酪乳酪杆菌 Zhang 在碳源限制性 MRS 培养基生长情况

在一个传代生长周期（24h）内，菌株在碳源限制性 MRS 培养基中生长情况与普通 MRS 培养基类似，经历了 4h 延缓期（0~4h）、8h 对数期（4~12h）和 12h 为仅存碳源的竞争生长的稳定期（12~24h）。在一个传代周期内 pH 均在 5.7 以上。

4. 菌株培养代数（n）

综上所述，副干酪乳酪杆菌 Zhang 在普通 MRS 培养基和碳源限制性 MRS 培养基中的培养周期均为（24±0.5）h，也即菌株每天生长 6.64 代。本试验以益生菌副干酪乳酪杆菌 Zhang 连续培养 10 个月为研究内容，菌株连续生长了 10（月）×30（天/月）×6.64（代/天）≈ 2000 代。

5. 菌株纯度检测结果

利用 16S rDNA V3 区 PCR 产物进行 DGGE 分析对连续培养的副干酪乳酪杆菌 Zhang 菌体进行的定期检测，确定菌体在此 2000 代的培养过程中均为纯培养物。图 3-10 为副干酪乳酪杆菌 Zhang 在两种培养基中培养至 2000 代时的 PCR-DGGE 检测结果，其中 M 中不同条带 a, b, c 和 d 分别代表菌种植物乳植杆菌、嗜酸乳杆菌、短乳杆菌和副干酪乳酪杆菌的 16S rDNA V3 区基因片段。

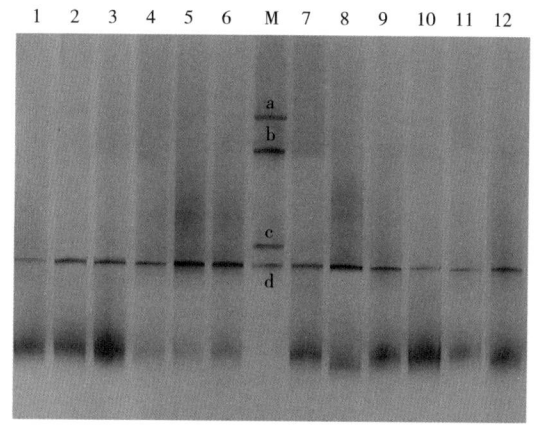

图 3-10 副干酪乳酪杆菌 Zhang 连续培养 2000 代时 PCR-DGGE 检测结果

（图中条带代表如下：1-副干酪乳酪杆菌 Zhang-1+2000；2-副干酪乳酪杆菌 Zhang-2+2000；3-副干酪乳酪杆菌 Zhang-3+2000；4-副干酪乳酪杆菌 Zhang-1-2000；5-副干酪乳酪杆菌 Zhang-2-2000；6-副干酪乳酪杆菌 Zhang-3-2000。M-Marker；a-植物乳植杆菌；b-嗜酸乳杆菌；c-短乳杆菌；d-副干酪乳酪杆菌。）

由图 DGGE 图谱可知，不同代的菌株副干酪乳酪杆菌 Zhang 的 16S rRNA 基因 V3 区扩增片段长度均与 Marker 中的 d 条带一致，且条带单一、无杂带。这表明菌株副干酪乳酪杆菌 Zhang 在 2000 代的传代培养过程中均为纯培养物。

通过对副干酪乳酪杆菌 Zhang 在普通 MRS 培养基和碳源限制性 MRS 培养基中生长曲线和 pH 变化的研究，确定了菌株长期培养时的培养周期为 24h，同时明确了菌株在每一个培养周期内的生长情况，以此来进一步研究副干酪乳酪杆菌 Zhang 在这两种培养环境下连续培养 2000 代的稳定性。

二、副干酪乳酪杆菌 Zhang 在传代期间的表型特征稳定性

（一）细胞形态及菌落形态观察

副干酪乳酪杆菌 Zhang 属于乳杆菌属（*Lactobacillus*），具有该种属的一般特性：革兰氏阳性菌，不产芽孢，无鞭毛，不运动，兼性异型发酵乳糖，不液化明胶；最适生长温度为 37℃，GC 含量为 45.6%~47.2%；菌体长短不一，两端呈方形，常呈链状；菌落粗糙，灰白色，有时呈微黄色，能发酵多种糖[72]。

图 3-11 为副干酪乳酪杆菌 Zhang 的三株原始菌株及连续培养至 1000 代和 2000 代时的显微镜照片。可以看出，在两种培养基中细胞形态是有区别的，在普通 MRS 培养基中培养的菌体细胞杆较短，一般形成链，细胞形态与副干酪乳酪杆菌 Zhang 的最初分离株一致[73]；而在碳源限制性 MRS 培养基中培养的细胞杆较细较长，成链较少。但对比菌株在不同培养代数的镜检图片发现，不论在普通 MRS 培养基中还是在碳源限制性 MRS 培养基

中，副干酪乳酪杆菌 Zhang 的 1000 代、2000 代菌体细胞与其原始菌菌体细胞没有差异，这表明菌株在两种培养基中连续培养时对菌体细胞的基本形态影响并不大。

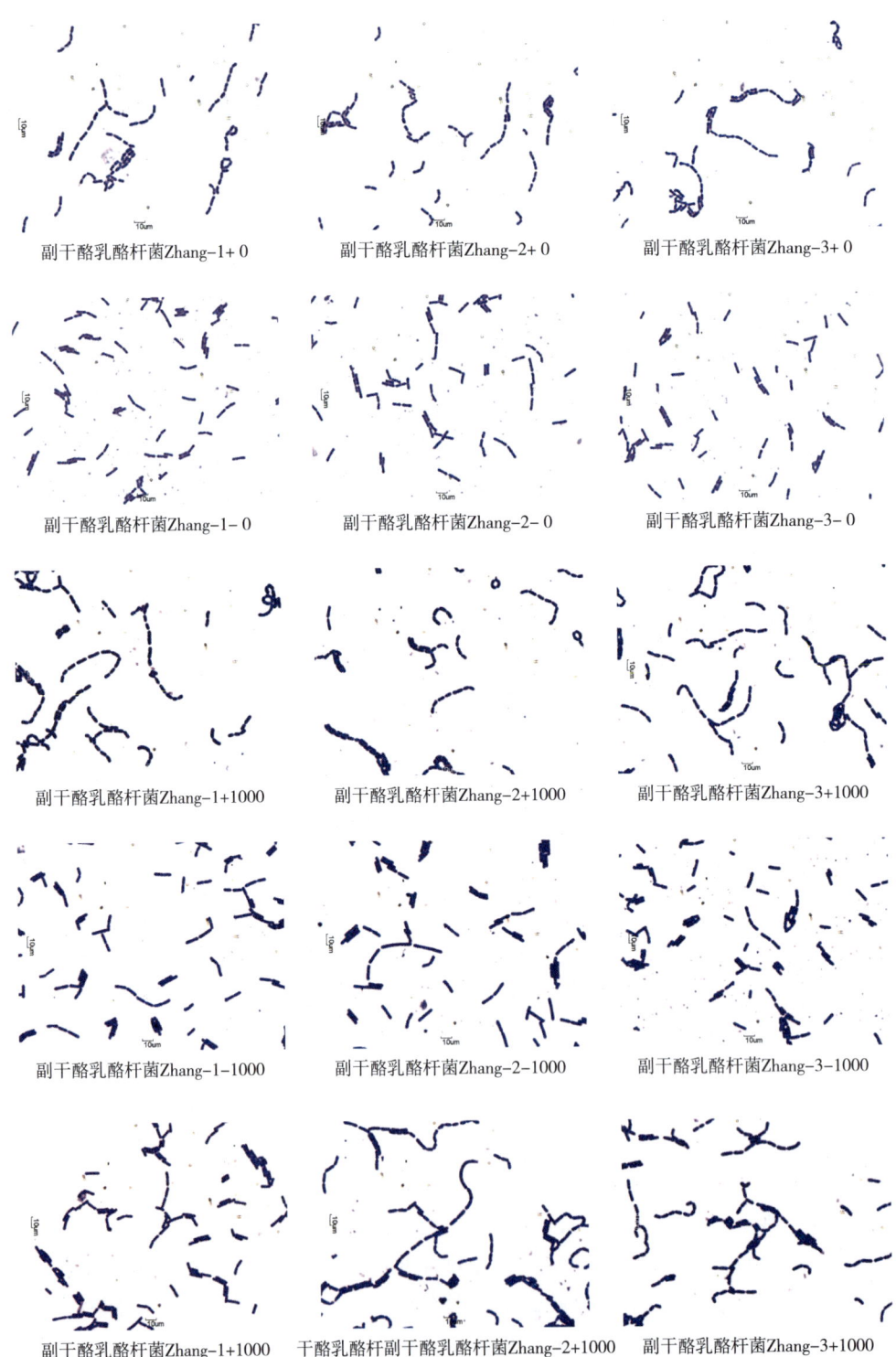

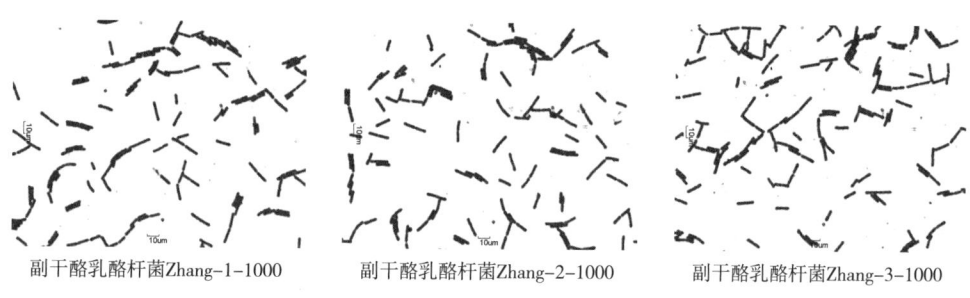

| 副干酪乳酪杆菌Zhang-1-1000 | 副干酪乳酪杆菌Zhang-2-1000 | 副干酪乳酪杆菌Zhang-3-1000 |

图 3-11　副干酪乳酪杆菌 Zhang 传代期间细胞形态对比

图 3-12 为副干酪乳酪杆菌 Zhang 的原始菌株及连续培养至 2000 代时的划线平皿菌落照片。从图中可以看出，对于原始菌株，在普通 MRS 培养基和碳源限制性 MRS 培养基中培养后的菌落形态是一样的，即菌落呈白色，不透明突起，表面光滑，边缘整齐。在两种培养基中连续培养至 2000 代时，菌落形态没有发生改变，且均与副干酪乳酪杆菌 Zhang 最初分离株菌落形态一致[73]。

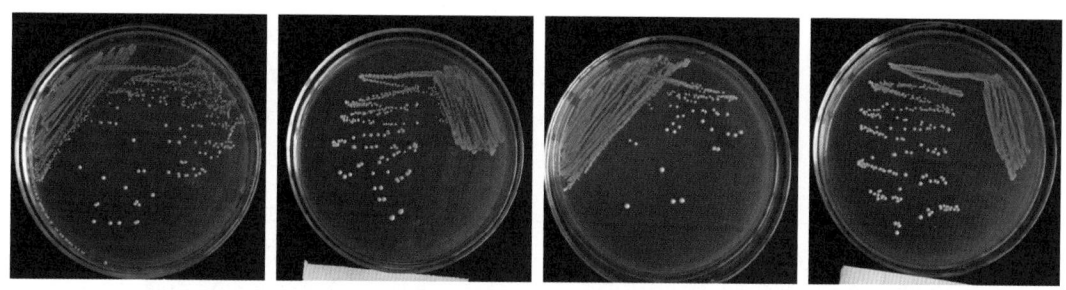

| 副干酪乳酪杆菌Zhang+0 | 副干酪乳酪杆菌Zhang-1+2000 | 副干酪乳酪杆菌Zhang-2+2000 | 副干酪乳酪杆菌Zhang-3+2000 |

| 副干酪乳酪杆菌Zhang-1-2000 | 副干酪乳酪杆菌Zhang-2-2000 | 副干酪乳酪杆菌Zhang-3-2000 |

图 3-12　副干酪乳酪杆菌 Zhang 原始菌株和培养至 2000 代菌落形态对比

（二）生长周期末活菌数变化情况

在连续培养 2000 代过程中，副干酪乳酪杆菌 Zhang 在两种不同培养基中培养周期末各菌株的活菌数变化情况见表 3-15。可以看出在普通 MRS 培养基中，对于每个独立的菌落，其活菌数在传代过程中有变化，且差异显著（$P<0.05$），但并没有随培养代数的增加而呈递增或递减趋势；纵向比较 3 个平行培养的菌落发现，在最初开始培养时活菌数就有差异（$P<0.05$），但这样的差异并没有随培养代数的增加而持续，在连续培养至 2000 代

的过程中 3 个菌落的活菌数变化并不规律。对于副干酪乳酪杆菌 Zhang 在碳源限制性 MRS 培养基中亦是，菌株单个菌落在连续培养至 2000 代期间的活菌数有显著性变化（$P<0.05$），但和培养代数并无线性关系。

表 3-15　副干酪乳酪杆菌 Zhang 在不同 MRS 培养基中活菌数（lg CFU/mL）变化

培养代数/代	副干酪乳酪杆菌 Zhang-1+	副干酪乳酪杆菌 Zhang-2+	副干酪乳酪杆菌 Zhang-3+	副干酪乳酪杆菌 Zhang-1-	副干酪乳酪杆菌 Zhang-2-	副干酪乳酪杆菌 Zhang-3-
0	$8.94\pm0.11^{y,c}$	$9.18\pm0.09^{x,bc}$	$9.05\pm0.04^{xy,d}$	$8.70\pm0.01^{x,cde}$	$8.84\pm0.09^{x,bc}$	$8.75\pm0.05^{x,cde}$
200	$9.21\pm0.03^{y,ab}$	$9.21\pm0.01^{y,abc}$	$9.43\pm0.10^{x,a}$	$8.80\pm0.04^{x,bcd}$	$8.83\pm0.03^{xy,bc}$	$8.90\pm0.04^{x,bcd}$
400	$9.23\pm0.05^{y,ab}$	$9.37\pm0.05^{ax,a}$	$9.34\pm0.06^{xy,a}$	$9.11\pm0.05^{x,a}$	$9.15\pm0.01^{x,a}$	$9.18\pm0.11^{x,a}$
600	$9.05\pm0.03^{y,bc}$	$9.06\pm0.09^{y,c}$	$9.28\pm0.03^{x,abc}$	$8.62\pm0.06^{x,e}$	$8.64\pm0.06^{x,de}$	$8.72\pm0.04^{x,cde}$
800	$9.08\pm0.05^{y,abc}$	$9.19\pm0.01^{x,abc}$	$9.15\pm0.05^{xy,bcd}$	$8.64\pm0.08^{x,de}$	$8.78\pm0.07^{x,cd}$	$8.69\pm0.06^{x,de}$
1000	9.27 ± 0.03^{xa}	$9.13\pm0.06^{y,bc}$	$9.37\pm0.04^{x,a}$	$8.74\pm0.03^{y,bcde}$	$8.70\pm0.07^{y,cde}$	$8.93\pm0.04^{x,bc}$
1200	$9.19\pm0.03^{x,ab}$	$9.06\pm0.11^{x,c}$	$9.14\pm0.03^{x,cd}$	$8.78\pm0.04^{x,bcde}$	$8.85\pm0.05^{x,bc}$	$8.84\pm0.07^{x,bcd}$
1400	$9.05\pm0.15^{x,bc}$	$9.09\pm0.02^{x,bc}$	$9.17\pm0.03^{x,bcd}$	$8.67\pm0.04^{y,cde}$	$8.75\pm0.07^{xy,cd}$	$8.84\pm0.06^{x,bcd}$
1600	$9.17\pm0.04^{x,ab}$	$9.18\pm0.05^{x,bc}$	$2.25\pm0.06^{x,e}$	$8.72\pm0.07^{x,bcde}$	$8.80\pm0.09^{x,bcd}$	$8.84\pm0.11^{x,bcd}$
1800	$9.16\pm0.09^{x,ab}$	$9.26\pm0.06^{x,ab}$	$9.30\pm0.03^{x,ab}$	$8.88\pm0.08^{x,b}$	$8.98\pm0.05^{x,ab}$	$9.01\pm0.04^{x,ab}$
2000	$9.10\pm0.06^{x,abc}$	$9.15\pm0.04^{x,bc}$	$9.15\pm0.08^{x,bcd}$	8.84 ± 0.10^{xbc}	$8.52\pm0.05^{y,e}$	$8.61\pm0.11^{y,e}$

注："副干酪乳酪杆菌 Zhang-1+" 中数字后的 "+" 代表在普通 MRS 培养基中培养，数字后 "-" 代表在碳源限制性 MRS 培养基中培养。角标中含有相同字母的数据之间差异不显著（$P<0.05$），其中字母 a、b、c、d、e 代表列数据分析，x、y 代表行数据分析。

图 3-13 为副干酪乳酪杆菌 Zhang 在两种培养基中活菌数的变化趋势。总的来看，副干酪乳酪杆菌 Zhang 的活菌数在普通 MRS 培养基中始终比在碳源限制性 MRS 培养基中多约 0.5 个 log 单位。在两种培养基中，副干酪乳酪杆菌 Zhang 的活菌数随培养代数的增加呈波动性变化，基本维持总数不变。

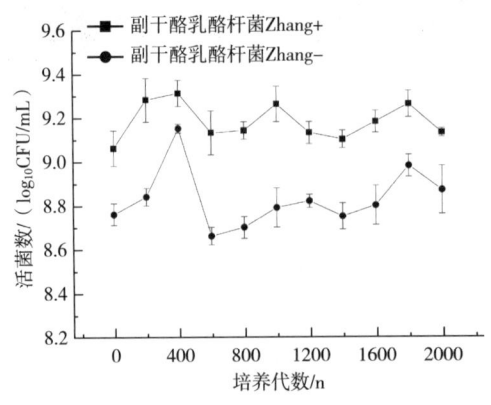

图 3-13　副干酪乳酪杆菌 Zhang 在连续培养时生长周期末活菌数变化情况

(三）生长周期末浊度（OD_{600} 值）变化情况

培养基中浊度的变化反映了总生物量的变化情况。在连续培养 2000 代过程中，副干酪乳酪杆菌 Zhang 在两种不同培养基中培养周期末各菌株的 OD_{600} 值变化情况见表 3-16。可以看出在普通 MRS 培养基和碳源限制性 MRS 培养基中，OD_{600} 值在传代过程中有变化，且差异显著（$P<0.05$），但同活菌数的变化类似，也没有随培养代数的增加而呈递增或递减趋势。

表3-16 菌株副干酪乳酪杆菌 Zhang 在不同 MRS 培养基中 OD_{600} 值变化

培养代数/代	副干酪乳酪杆菌 Zhang-1+	副干酪乳酪杆菌 Zhang-2+	副干酪乳酪杆菌 Zhang-3+	副干酪乳酪杆菌 Zhang-1-	副干酪乳酪杆菌 Zhang-2-	副干酪乳酪杆菌 Zhang-3-
0	$0.77\pm0.07^{x,d}$	$0.74\pm0.04^{x,d}$	$0.72\pm0.07^{x,a}$	$1.03\pm0.02^{x,a}$	$1.03\pm0.01^{x,a}$	$1.04\pm0.02^{x,b}$
200	$0.87\pm0.04^{x,abcd}$	$0.83\pm0.06^{x,bcd}$	$0.83\pm0.06^{x,abcd}$	$1.01\pm0.02^{x,ab}$	$0.99\pm0.02^{x,ab}$	$0.98\pm0.03^{x,bc}$
400	$0.82\pm0.04^{x,bcd}$	$0.79\pm0.08^{x,bcd}$	$0.82\pm0.08^{x,abcd}$	$0.96\pm0.02^{y,bcd}$	$0.92\pm0.02^{y,cde}$	$1.52\pm0.02^{x,a}$
600	$0.79\pm0.0^{x,cd}$	$0.75\pm0.01^{y,cd}$	$0.75\pm0.01^{y,cd}$	$0.91\pm0.01^{xy,de}$	$0.92\pm0.01^{x,cde}$	$0.88\pm0.02^{y,d}$
800	$0.79\pm0.01^{x,cd}$	$0.81\pm0.02^{x,bcd}$	$0.80\pm0.02^{x,bcd}$	$0.94\pm0.03^{x,de}$	$0.91\pm0.02^{x,cde}$	$0.94\pm0.02^{x,cd}$
1000	$0.85\pm0.03^{x,bcd}$	$0.89\pm0.04^{x,ab}$	$0.87\pm0.04^{x,abc}$	$0.92\pm0.01^{x,de}$	$0.87\pm0.02^{y,e}$	$0.93\pm0.02^{x,cd}$
1200	$0.92\pm0.03^{x,ab}$	$0.99\pm0.07^{x,a}$	$0.89\pm0.01^{x,ab}$	$1.01\pm0.02^{x,ab}$	$0.95\pm0.01^{y,bcd}$	$0.98\pm0.01^{y,bc}$
1400	$0.96\pm0.04^{x,a}$	$0.98\pm0.04^{x,a}$	$0.90\pm0.03^{x,ab}$	$1.02\pm0.02^{x,a}$	$0.96\pm0.02^{y,ba}$	$1.02\pm0.03^{x,b}$
1600	$0.91\pm0.02^{x,ab}$	$0.90\pm0.02^{x,ab}$	$0.93\pm0.01^{x,a}$	$1.00\pm0.02^{x,abc}$	$1.03\pm0.03^{x,a}$	$0.98\pm0.02^{x,bc}$
1800	$0.89\pm0.04^{x,abc}$	$0.88\pm0.03^{x,abc}$	$0.86\pm0.03^{x,abc}$	$0.95\pm0.03^{x,cd}$	$0.96\pm0.02^{x,bc}$	$0.99\pm0.01^{x,bc}$
2000	$0.80\pm0.02^{x,cd}$	$0.83\pm0.02^{x,bcd}$	$0.81\pm0.02^{x,abcd}$	$0.89\pm0.01^{x,e}$	$0.90\pm0.02^{x,de}$	$0.93\pm0.02^{x,cd}$

注：普通 MRS 培养基中 OD_{600} 值为原菌液稀释 10 倍后测定值；"副干酪乳酪杆菌 Zhang-1+"中数字后"+"代表在普通 MRS 培养基中培养，数字后"-"代表在碳源限制性 MRS 培养基中培养；角标中含有相同字母的数据之间差异不显著（$P<0.05$），其中字母 a、b、c、d、e 代表列数据分析，x、y 代表行数据分析。

副干酪乳酪杆菌 Zhang 在两种培养基中 OD_{600} 值变化趋势见图 3-14。可以看出连续培养 2000 代培养基中的总生物量呈波动性变化，相对较稳定。对于连续培养菌体而言，在接种量为 1%（v/v）的一个培养周期内，总生物量维持恒定，说明菌体的继代时间在连续培养 2000 代没有改变。

（四）碳水化合物代谢能力测定

由于不同的细菌具有不同的酶系统，对糖的分解能力也不同，有的能分解某些糖产生酸和气体，有的虽能分解糖产生酸，但不产生气体，有的则不分解糖。且种属不同对各种碳水化合物的利用能力也不同，据此可对分解产物进行检测从而可以鉴别细菌种属[77,78]。

对于益生菌而言，人体可以消化利用的糖类和不可利用的糖类均对其在肠道中的定植起着很重要的作用。大多数的益生菌可以利用植物性碳水化合物，而这些化合物常常是不

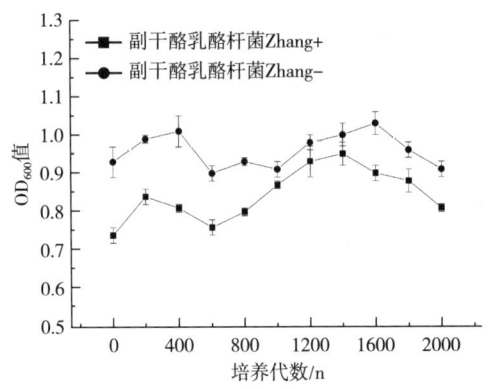

图 3-14　副干酪乳酪杆菌 Zhang 在连续培养 2000 代生长周期末 OD_{600} 值变化情况

（普通 MRS 培养基中 OD_{600} 值为原菌液稀释 10 倍后测定值。）

能被人体所消化的。一些较难被人体吸收的淀粉如果胶、棉子糖（raffinose）和支链淀粉以及寡糖类物质如半乳糖寡糖（galacto-oligosaccharides，GOS）、果糖低聚糖（fructose-oligosaccharides，FOS）是益生菌菌株最好的碳水化合物来源[76]。

本试验对在普通 MRS 培养基和碳源限制性 MRS 培养基中连续培养的益生菌副干酪乳酪杆菌 Zhang 的碳水化合物代谢能力进行了分析。将原始菌株及连续培养到 1000 代和 2000 代时的菌株对 49 种不同碳水化合物的代谢能力进行检测，结果见表 3-17。

表 3-17　副干酪乳酪杆菌 Zhang 碳水化合物发酵试验

序号	试剂条对应底物		A	B	C	D	E	F	G	H	I	J	K	L	M
0	Control	对照	−	−	−	−	−	−	−	−	−	−	−	−	−
1	Glycerol	丙三醇	−	−	−	−	−	−	−	−	−	−	−	−	−
2	Erythritol	赤藓糖醇	−	−	−	−	−	−	−	−	−	−	−	−	−
3	D-Arabinose	D-阿拉伯糖	+	+	+	+	+	+	+	+	+	+	+	+	+
4	L-Arabinose	L-阿拉伯糖	−	−	−	−	−	−	−	−	−	−	−	−	−
5	Ribose	核糖	+	+	+	+	+	+	+	+	+	+	+	+	+
6	D-xylose	D-木糖	−	−	−	−	−	−	−	−	−	−	−	−	−
7	L-xylose	L-木糖	−	−	−	−	−	−	−	−	−	−	−	−	−
8	Adonitol	阿东醇	−	−	−	−	−	−	−	−	−	−	−	−	−
9	β-Methyl-Xyloside	β-甲基-D-木糖苷	−	−	−	−	−	−	−	−	−	−	−	−	−
10	Galactose	半乳糖	+	+	+	+	+	+	+	+	+	+	+	+	+
11	D-GLUcose	D-葡萄糖	+	+	+	+	+	+	+	+	+	+	+	+	+
12	D-FRUctose	D-果糖	+	+	+	+	+	+	+	+	+	+	+	+	+

续表

序号	试剂条对应底物		A	B	C	D	E	F	G	H	I	J	K	L	M
13	D-Mannose	D-甘露糖	+	+	+	+	+	+	+	+	+	+	+	+	+
14	L-Sorbose	L-山梨糖	-	-	-	-	-	-	-	-	-	-	-	-	-
15	L-Rhamnose	L-鼠李糖	-	-	-	-	-	-	-	-	-	-	-	-	-
16	Dulcitol	卫茅醇	+	+	+	+	+	+	+	+	+	+	+	+	+
17	Inositol	肌醇	+	+	+	+	+	+	+	+	+	+	+	+	+
18	D-Mannitol	D-甘露醇	+	+	+	+	+	+	+	+	+	+	+	+	+
19	D-Sorbitol	D-山梨醇	+	+	+	+	+	+	+	+	+	+	+	+	+
20	α-Methyl-D-Mannoside	α-甲基-D-甘露糖苷	-	-	-	-	-	-	-	-	-	-	-	-	-
21	α-Methyl-D-Glucoside	α-甲基-D-葡萄糖苷	+	+	+	+	+	+	+	+	+	+	+	+	+
22	N-Acetyl-Glucosamine	N-乙酰-葡糖胺	+	+	+	+	+	+	+	+	+	+	+	+	+
23	Amygdalin	苦杏仁苷	+	+	+	+	+	+	+	+	+	+	+	+	+
24	Arbutin	熊果苷	+	+	+	+	+	+	+	+	+	+	+	+	+
25	Esculin	七叶灵	+	+	+	+	+	+	+	+	+	+	+	+	+
26	Salicin	水杨苷	+	+	+	+	+	+	+	+	+	+	+	+	+
27	D-Cellobiose	D-纤维二糖	+	+	+	+	+	+	+	+	+	+	+	+	+
28	D-Maltose	D-麦芽糖	+	+	+	+	+	+	+	+	+	+	+	+	+
29	D-Lactose	D-乳糖	-	-	-	-	-	-	-	-	-	-	-	-	-
30	D-Melibiose	D-蜜二糖	-	-	-	-	-	-	-	-	-	-	-	-	-
31	D-Sucrose	D-蔗糖	+	+	+	+	+	+	+	+	+	+	+	+	+
32	D-Trehalose	D-海藻糖	+	+	+	+	+	+	+	+	+	+	+	+	+
33	Inulin	菊糖	+	+	+	+	+	+	+	+	+	+	+	+	+
34	D-Melezitose	D-松叁糖	+	+	+	+	+	+	+	+	+	+	+	+	+
35	D-Raffinose	D-棉子糖	-	-	-	-	-	-	-	-	-	-	-	-	-
36	Starch	淀粉	+	+	+	+	+	+	+	+	+	+	+	+	+
37	Glycogen	糖原	-	-	-	-	-	-	-	-	-	-	-	-	-
38	Xylitol	木糖醇	-	-	-	-	-	-	-	-	-	-	-	-	-
39	Gentiobiose	龙胆二糖	+	+	+	+	+	+	+	+	+	+	+	+	+

续表

序号	试剂条对应底物		A	B	C	D	E	F	G	H	I	J	K	L	M
40	D-Turanose	D-松二糖	+	+	+	+	+	+	+	+	+	+	+	+	+
41	D-Lyxose	D-来苏糖	-	-	-	-	-	-	-	-	-	-	-	-	-
42	D-Tagatose	D-塔格糖	+	+	+	+	+	+	+	+	+	+	+	+	+
43	D-Fucose	D-岩糖	-	-	-	-	-	-	-	-	-	-	-	-	-
44	L-Fucose	L-岩糖	-	-	-	-	-	-	-	-	-	-	-	-	-
45	D-Arabitol	D-阿拉伯糖醇	-	-	-	-	-	-	-	-	-	-	-	-	-
46	L-Arabitol	L-阿拉伯糖醇	-	-	-	-	-	-	-	-	-	-	-	-	-
47	Gluconate	葡萄糖酸盐	+	+	+	+	+	+	+	+	+	+	+	+	+
48	2-Keto-Gluconate	2-酮基-葡萄糖酸盐	-	-	-	-	-	-	-	-	-	-	-	-	-
49	5-Keto-Gluconate	5-酮基-葡萄糖酸盐	w	w	w	w	w	w	w	w	w	w	w	w	w

注：其中"+"代表"阳性结果"；"w"代表"弱阳性结果"；"-"代表"阴性结果"。A-副干酪乳酪杆菌 Zhang 原始菌株；B-副干酪乳酪杆菌 Zhang-1+1000；C-副干酪乳酪杆菌 Zhang-2+1000；D-副干酪乳酪杆菌 Zhang-3+1000；E-副干酪乳酪杆菌 Zhang-1-1000；F-副干酪乳酪杆菌 Zhang-2-1000；G-副干酪乳酪杆菌 Zhang-3-1000；H-副干酪乳酪杆菌 Zhang-1+2000；I-副干酪乳酪杆菌 Zhang-2+2000；J-副干酪乳酪杆菌 Zhang-3+2000；K-副干酪乳酪杆菌 Zhang-1-2000；L-副干酪乳酪杆菌 Zhang-2-2000；M-副干酪乳酪杆菌 Zhang-3-2000。

从表 3-17 中可以看出，副干酪乳酪杆菌 Zhang 的原始菌株可以利用 D-阿拉伯糖、核糖、半乳糖、甘露糖和淀粉等，不可以利用乳糖、木糖醇等，对 5-酮基-葡萄糖酸盐的代谢能力弱。与原始菌株相比，副干酪乳酪杆菌 Zhang 在两种培养基中连续培养至 1000 代和 2000 代对 49 种碳水化合物的利用能力没有发生变化，说明副干酪乳酪杆菌 Zhang 在普通 MRS 培养基和碳源限制性 MRS 培养基中连续培养对其碳水化合物的代谢能力没有影响，菌株在此培养过程中很稳定。

（五）菌种活力测定

微生物具有生命活动能力，其继代时间一般较短，在传代过程中易发生变异甚至死亡，因此常常造成工业生产菌种的退化，并有可能使优良菌种丢失。在有益微生物发酵剂的生产过程中也是如此。菌种退化通常是指在较长时期传代保藏后，菌株的一个或多个生理性状和形态特征逐渐减退或消失的现象。引起菌种退化的原因主要有：基因突变、变异菌株性状分离和连续传代。个别细胞性状改变不足以引起菌种退化，经多次传代时，基因的变化往往就发生在此复制和繁殖过程中，繁殖越频繁，复制的次数越多，基因发生变化的机会也就越多。逐渐退化细胞在数量上占优势，于是退化性状表现逐步明朗化，最终成为一株退化菌株。一般菌种退化是从量变到质变逐渐发生的，同时也是整个群体中产量降低及其相联系的种种特性的变化，而不是指单个细胞的改变。故连续传代是菌种退化的直接原因之一。

益生菌副干酪乳酪杆菌 Zhang 在普通 MRS 培养基和碳源限制性 MRS 培养基中连续培养 2000 代时，每 200 代测定菌株的产酸活力，测定结果见表 3-18。从表中数据分析可以看出，在 2000 代的连续培养过程中，副干酪乳酪杆菌 Zhang 在两种培养基中的产酸活力并没有发生显著性变化（$P<0.05$）。说明益生菌副干酪乳酪杆菌 Zhang 在传代时菌株活力可以很好地维持。

表 3-18 副干酪乳酪杆菌 Zhang 在不同时间的菌体产酸活力变化　　单位：U

培养代数/代	副干酪乳酪杆菌 Zhang-1+	副干酪乳酪杆菌 Zhang-2+	副干酪乳酪杆菌 Zhang-3+	副干酪乳酪杆菌 Zhang-1-	副干酪乳酪杆菌 Zhang-2-	副干酪乳酪杆菌 Zhang-3-
0	$5.95\pm0.45^{x,ab}$	$6.18\pm0.23^{x,a}$	$5.95\pm0.26^{x,a}$	$5.95\pm0.45^{x,a}$	$6.18\pm0.23^{x,a}$	$5.95\pm0.26^{x,a}$
200	$6.28\pm0.25^{x,a}$	$5.93\pm0.23^{x,a}$	$6.18\pm0.13^{x,a}$	$6.13\pm0.23^{x,a}$	$5.81\pm0.45^{x,a}$	$5.90\pm0.21^{x,a}$
400	$6.05\pm0.45^{x,ab}$	$5.83\pm0.23^{x,a}$	$6.17\pm0.26^{x,a}$	$5.88\pm0.28^{x,a}$	$5.98\pm0.28^{x,a}$	$5.80\pm0.12^{x,a}$
600	$5.65\pm0.27^{x,b}$	$5.95\pm0.37^{x,a}$	$6.01\pm0.25^{x,a}$	$5.87\pm0.37^{x,a}$	$6.00\pm0.29^{x,a}$	$5.85\pm0.50^{x,a}$
800	$5.90\pm0.22^{xy,ab}$	$6.20\pm0.35^{xy,a}$	$6.05\pm0.05^{xy,a}$	$6.25\pm0.05^{x,a}$	$6.04\pm0.23^{xy,a}$	$5.81\pm0.35^{y,a}$
1000	$6.15\pm0.20^{x,ab}$	$5.89\pm0.40^{x,a}$	$6.13\pm0.24^{x,a}$	$5.96\pm0.34^{x,a}$	$6.05\pm0.33^{x,a}$	$5.92\pm0.25^{x,a}$
1200	$6.00\pm0.40^{x,ab}$	$6.06\pm0.43^{x,a}$	$6.00\pm0.35^{x,a}$	$6.03\pm0.27^{x,a}$	$6.13\pm0.41^{x,a}$	$6.03\pm0.41^{x,a}$
1400	$5.85\pm0.45^{x,ab}$	$5.93\pm0.23^{x,a}$	$5.84\pm0.26^{x,a}$	$5.89\pm0.22^{x,a}$	$5.93\pm0.38^{x,a}$	$6.15\pm0.45^{x,a}$
1600	$6.18\pm0.21^{x,ab}$	$5.83\pm0.32^{x,a}$	$6.10\pm0.23^{x,a}$	$6.11\pm0.33^{x,a}$	$5.92\pm0.34^{x,a}$	$5.99\pm0.31^{x,a}$
1800	$5.99\pm0.22^{x,ab}$	$6.05\pm0.35^{x,a}$	$6.04\pm0.18^{x,a}$	$6.15\pm0.15^{x,a}$	$6.14\pm0.27^{x,a}$	$5.93\pm0.25^{x,a}$
2000	$6.02\pm0.45^{x,ab}$	$5.80\pm0.29^{x,a}$	$6.12\pm0.24^{x,a}$	$5.98\pm0.26^{x,a}$	$6.08\pm0.23^{x,a}$	$5.81\pm0.32^{x,a}$

注："副干酪乳酪杆菌 Zhang-1+"中数字后"+"代表在普通 MRS 培养基中培养，数字后"-"代表在碳源限制性 MRS 培养基中培养；角标中字母不同表示的数据之间差异显著（$P<0.05$），其中字母 a、b 代表列数据分析，x、y 代表行数据分析。

对益生菌副干酪乳酪杆菌 Zhang 在普通 MRS 培养基和碳源限制性 MRS 培养基中连续培养 2000 代的各项表型特征进行分析发现，副干酪乳酪杆菌 Zhang 的细胞和菌落形态没有变化，且连续培养并没有改变培养周期内总生物量和周期末的活菌数，说明菌株在培养周期内稳定。对各种碳水化合物的代谢能力也没有改变，且菌种活力得到了很好的保持。综上所述，益生菌副干酪乳酪杆菌 Zhang 连续培养 2000 代仍具有非常稳定的表型特征。

三、副干酪乳酪杆菌 Zhang 在传代期间益生特性的稳定性

耐酸、耐胆盐和黏附性是用来筛选益生菌的重要标准，因为益生菌被摄入人体后，在肠道内存活能力高低直接关系到益生菌能否发挥健康的促进作用，因此益生菌耐酸、耐胆盐和黏附性特性是益生菌作为功能性食补因子的重要指标[61]。对于最终以产品的形式供人们消费的益生菌制品而言，除必须保证有效的活菌数外，连续培养的益生菌菌种还需要保留其筛选时应有的良好益生特性[102-104]。

(一)人工模拟胃液中的耐受能力

在胃肠转运过程中,益生菌菌株能够耐受低 pH 是一个非常关键的因素。益生菌副干酪乳酪杆菌 Zhang 在普通 MRS 培养基和碳源限制性 MRS 培养基中连续培养 2000 代过程各菌株在 pH 为 2.5 的人工模拟胃液中消化 3h 的存活率变化见表 3-19。

表 3-19 副干酪乳酪杆菌 Zhang 连续培养 2000 代在 pH2.5 人工胃液中存活率变化

单位:%

培养代数/代	副干酪乳酪杆菌 Zhang-1+	副干酪乳酪杆菌 Zhang-2+	副干酪乳酪杆菌 Zhang-3+	副干酪乳酪杆菌 Zhang-1-	副干酪乳酪杆菌 Zhang-2-	副干酪乳酪杆菌 Zhang-3-
0	$68.4\pm3.3^{x,cd}$	$69.5\pm1.5^{x,bcde}$	$70.9\pm1.6^{x,bcde}$	$68.4\pm2.0^{x,bcd}$	$69.5\pm2.4^{x,bcd}$	$70.9\pm1.8^{x,abc}$
200	$74.6\pm1.9^{x,ab}$	$72.7\pm2.3^{xyz,abcd}$	$70.1\pm1.3^{yz,bcde}$	$73.3\pm1.8^{xy,a}$	$70.5\pm2.3^{yz,abcd}$	$69.4\pm2.6^{z,abc}$
400	$76.4\pm2.3^{x,a}$	$75.5\pm2.4^{xy,a}$	$73.0\pm4.1^{xyz,ab}$	$71.2\pm2.4^{yz,ab}$	$72.6\pm1.9^{xyz,abc}$	$69.8\pm2.4^{z,abc}$
600	$64.3\pm2.7^{z,d}$	$68.3\pm3.1^{xyz,e}$	$71.4\pm2.7^{xy,abcd}$	$65.3\pm2.7^{z,d}$	$67.5\pm2.2^{yz,d}$	$73.2\pm3.4^{x,a}$
800	$72.1\pm1.6^{x,abc}$	$73.1\pm2.3^{x,abc}$	$72.0\pm2.3^{x,abc}$	$66.2\pm1.7^{y,cd}$	$68.1\pm2.6^{y,cd}$	$72.7\pm1.7^{x,ab}$
1000	$71.8\pm3.1^{xy,bc}$	$68.3\pm2.5^{xy,e}$	$67.6\pm2.9^{xy,cde}$	$71.7\pm3.6^{xy,ab}$	$72.3\pm3.5^{xy,abc}$	$66.0\pm4.4^{y,c}$
1200	$71.7\pm2.6^{xy,bc}$	$74.3\pm2.6^{x,a}$	$75.7\pm1.7^{x,a}$	$73.3\pm3.8^{x,a}$	$67.0\pm3.3^{y,d}$	$67.7\pm2.8^{y,bc}$
1400	$72.7\pm2.5^{xy,abc}$	$69.1\pm3.2^{xy,cde}$	$67.1\pm3.4^{y,de}$	$71.9\pm2.5^{xy,ab}$	$70.4\pm2.1^{xy,abcd}$	$68.8\pm3.9^{xy,abc}$
1600	$68.5\pm2.8^{xy,cd}$	$71.6\pm2.9^{xy,abcde}$	$70.5\pm3.0^{xy,bcde}$	$72.3\pm2.9^{xy,ab}$	$67.8\pm1.5^{y,d}$	$73.3\pm3.5^{x,a}$
1800	$70.8\pm1.8^{xy,bc}$	$73.7\pm1.3^{xy,ab}$	$72.8\pm1.9^{xy,ab}$	$70.1\pm2.1^{y,abc}$	$74.1\pm1.8^{x,a}$	$69.4\pm2.6^{y,abc}$
2000	$72.2\pm3.0^{xy,abc}$	$68.4\pm3.4^{xy,de}$	$66.9\pm2.4^{y,e}$	$73.7\pm3.3^{x,a}$	$68.1\pm3.7^{y,cd}$	$69.2\pm2.8^{xy,abc}$

注:"副干酪乳酪杆菌 Zhang-1+"中数字后"+"代表在普通 MRS 培养基中培养,数字后"-"代表在碳源限制性 MRS 培养基中培养;角标中字母不同表示的数据之间差异显著($P<0.05$),其中字母 a、b、c、d、e 代表列数据分析,x、y 代表行数据分析。

从表中可以看出,在连续培养 2000 代过程中,两种培养基中的不同菌株间在 pH 为 2.5 的人工模拟胃液中消化 3h 后的存活率有显著性变化($P<0.05$)。在普通 MRS 培养基中,3 个单菌落在此期间的存活率变化范围为(64.3 ± 2.7)%~(75.7 ± 1.7)%,且在此期间存活率的变化是波动的,没有固定的增加或降低趋势;在碳源限制性 MRS 培养基中,存活率变化范围为(65.3 ± 2.7)%~(74.1 ± 1.8)%,变化同样不稳定。此结果与之前报道的益生菌副干酪乳酪杆菌 Zhang 在 pH2.5 人工模拟胃液中 3h 存活率为 69.4% 基本一致[105]。总体来看在两种培养基连续培养过程中存活率变化范围没有差异,说明副干酪乳酪杆菌 Zhang 的胃液耐受能力并没有因为在两种培养基中的连续培养 2000 代而发生改变。

对酸的耐受性也是评价益生菌的重要指标之一,Maragkoudakis 等对 29 株乳酸菌进行了体外耐酸性评价中得出结论,各个菌株对人工胃液的耐受性差异明显,这是由于乳酸菌的种类及同种间的菌株差异决定了其对酸性环境耐受的差异[106]。本研究结果说明对于副干酪乳酪杆菌 Zhang,其对人工胃液的良好耐受性在 2000 代培养过程中可以很好地保持。

（二）人工模拟肠液中耐受能力

益生菌副干酪乳酪杆菌 Zhang 在普通 MRS 培养基和碳源限制性 MRS 培养基中连续培养 2000 代过程各菌株在 pH 为 8.0 的人工模拟肠液中消化 4h、8h 的存活率变化见表 3-20。

表 3-20　副干酪乳酪杆菌 Zhang 连续培养 2000 代在人工肠液中存活率变化

单位：%

培养代数/代	时间/h	副干酪乳酪杆菌 Zhang-1+	副干酪乳酪杆菌 Zhang-2+	副干酪乳酪杆菌 Zhang-3+	副干酪乳酪杆菌 Zhang-1-	副干酪乳酪杆菌 Zhang-2-	副干酪乳酪杆菌 Zhang-3-
0	4	$96.3\pm2.1^{x,a}$	$97.1\pm1.7^{x,a}$	$97.7\pm2.5^{x,a}$	$96.3\pm2.1^{x,a}$	$97.1\pm1.7^{x,a}$	$97.7\pm2.5^{x,a}$
	8	$95.5\pm1.9^{x,a}$	$94.7\pm2.0^{x,a}$	$95.7\pm1.4^{x,a}$	$95.5\pm1.9^{x,a}$	$94.7\pm2.0^{x,a}$	$95.7\pm1.4^{x,a}$
200	4	$97.8\pm1.8^{x,a}$	$96.5\pm1.1^{x,a}$	$96.2\pm2.6^{x,a}$	$96.8\pm1.8^{x,a}$	$97.3\pm2.3^{x,a}$	$97.4\pm2.7^{x,a}$
	8	$94.2\pm3.1^{x,a}$	$93.7\pm1.3^{x,a}$	$94.1\pm1.8^{x,a}$	$93.7\pm2.5^{x,a}$	$95.0\pm1.5^{x,a}$	$94.6\pm2.3^{x,a}$
400	4	$97.4\pm1.8^{x,a}$	$97.5\pm2.3^{x,a}$	$97.7\pm2.8^{x,a}$	$95.6\pm3.2^{x,a}$	$97.1\pm1.5^{x,a}$	$95.4\pm2.7^{x,a}$
	8	$95.0\pm1.5^{x,a}$	$94.3\pm3.1^{x,a}$	$95.3\pm1.6^{x,a}$	$94.0\pm2.5^{x,a}$	$93.7\pm2.8^{x,a}$	$94.7\pm2.1^{x,a}$
600	4	$96.9\pm2.4^{x,a}$	$96.4\pm2.7^{x,a}$	$98.4\pm1.2^{x,a}$	$96.3\pm2.6^{x,a}$	$95.9\pm2.3^{x,a}$	$96.8\pm2.2^{x,a}$
	8	$95.5\pm2.8^{x,a}$	$95.2\pm1.5^{x,a}$	$94.4\pm3.0^{x,a}$	$94.9\pm1.8^{x,a}$	$94.2\pm2.5^{x,a}$	$93.6\pm2.6^{x,a}$
800	4	$98.1\pm1.6^{x,a}$	$96.3\pm1.4^{x,a}$	$95.8\pm2.3^{x,a}$	$95.9\pm1.6^{x,a}$	$95.8\pm2.4^{x,a}$	$96.5\pm1.1^{x,a}$
	8	$94.0\pm2.5^{x,a}$	$95.5\pm1.8^{x,a}$	$94.3\pm1.5^{x,a}$	$94.2\pm2.3^{x,a}$	$94.7\pm2.9^{x,a}$	$95.0\pm2.9^{x,a}$
1000	4	$96.9\pm1.5^{x,a}$	$96.6\pm2.7^{xy,b}$	$96.6\pm2.3^{xy,a}$	$97.2\pm2.7^{x,a}$	$96.9\pm3.0^{x,a}$	$98.4\pm1.5^{x,a}$
	8	$96.0\pm1.8^{x,A}$	$94.8\pm2.4^{x,a}$	$93.9\pm2.8^{x,a}$	$95.2\pm2.4^{x,a}$	$94.0\pm2.2^{x,a}$	$96.8\pm1.9^{x,a}$
1200	4	$96.9\pm2.0^{x,a}$	$96.3\pm1.6^{x,a}$	$97.2\pm1.7^{x,a}$	$97.8\pm2.3^{x,a}$	$96.8\pm2.5^{x,a}$	$97.4\pm2.4^{x,a}$
	8	$95.4\pm2.5^{x,a}$	$94.6\pm2.8^{x,a}$	$95.2\pm2.4^{x,a}$	$95.9\pm2.6^{x,a}$	$94.5\pm2.7^{x,a}$	$95.9\pm2.8^{x,a}$
1400	4	$97.1\pm2.4^{x,a}$	$96.3\pm1.2^{x,a}$	$97.4\pm2.4^{x,a}$	$95.8\pm1.4^{x,a}$	$97.3\pm2.6^{x,a}$	$97.2\pm2.1^{x,a}$
	8	$95.1\pm3.1^{x,a}$	$94.4\pm2.5^{x,a}$	$93.3\pm2.8^{x,a}$	$93.8\pm1.7^{x,a}$	$95.0\pm2.9^{x,a}$	$96.0\pm2.5^{x,a}$
1600	4	$97.7\pm1.5^{x,a}$	$96.3\pm1.7^{x,a}$	$96.0\pm3.0^{x,a}$	$95.5\pm1.4^{x,a}$	$96.2\pm2.1^{x,a}$	$97.4\pm2.1^{x,a}$
	8	$94.3\pm1.7^{x,a}$	$96.3\pm2.8^{x,a}$	$95.7\pm1.6^{x,a}$	$95.8\pm2.1^{x,a}$	$96.4\pm1.5^{x,a}$	$94.8\pm3.2^{x,a}$
1800	4	$96.6\pm2.8^{x,a}$	$97.5\pm2.3^{x,a}$	$95.9\pm1.5^{x,a}$	$96.7\pm2.7^{x,a}$	$97.3\pm1.7^{x,a}$	$96.1\pm1.5^{x,a}$
	8	$95.6\pm2.4^{x,a}$	$94.8\pm1.9^{x,a}$	$93.5\pm2.4^{x,a}$	$95.6\pm3.1^{x,a}$	$94.1\pm1.3^{x,a}$	$96.2\pm2.0^{x,a}$
2000	4	$96.4\pm2.1^{x,a}$	$97.9\pm1.9^{x,a}$	$95.8\pm2.5^{x,a}$	$96.0\pm3.0^{x,a}$	$97.2\pm2.5^{x,a}$	$97.1\pm2.2^{x,a}$
	8	$94.6\pm1.8^{x,a}$	$95.2\pm2.6^{x,a}$	$93.7\pm2.6^{x,a}$	$94.4\pm1.6^{x,a}$	$95.0\pm2.4^{x,a}$	$94.9\pm2.9^{x,a}$

注："副干酪乳酪杆菌 Zhang-1+"中数字后"+"代表在普通 MRS 培养基中培养，数字后"-"代表在碳源限制性 MRS 培养基中培养；角标中字母不同表示的数据之间差异显著（$P<0.05$），其中字母 a 代表列数据分析，x、y 代表行数据分析。

从表中可以看出，益生菌副干酪乳酪杆菌 Zhang 在普通 MRS 培养基中连续培养 2000 代过程中，1000 代时菌株副干酪乳酪杆菌 Zhang-2+和副干酪乳酪杆菌 Zhang-3+在 pH8.0 人工肠液中消化 4h 后的存活率略低于其他生长代数，不过培养到 8h 时与其他生长代数的菌株存活率基本一致，差异不显著（$P>0.05$）。在碳源限制性 MRS 培养基中，菌株副干酪乳酪杆菌 Zhang-1-、副干酪乳酪杆菌 Zhang-2-和副干酪乳酪杆菌 Zhang-3-在连续培养 2000 代过程中存活率不变（$P>0.05$）。本试验的菌株存活率与副干酪乳酪杆菌 Zhang 之前的研究报道一致[105]。同时本研究表明，该菌株对人工肠液耐受性在 2000 代培养过程中可以很好地保持。

（三）胆盐耐受能力

益生菌产品中发挥益生作用的主要是活菌制剂，但胆盐会破坏活细胞的细胞膜，因此对胆盐的耐受能力是评价益生菌的重要指标之一[107,108]。在消化道中胆盐浓度并不是固定不变的，在进食消化开始 1h 时浓度可达到 1.5%～2.0%（w/v），之后浓度下降到 0.3%左右[109]。乳酸菌在通过胃肠过程中，可以在正常的胆盐浓度下存活[110]，然而，不同菌株对胆盐的耐受能力与菌株自身的特性和胆盐的浓度有关。故胆盐耐受能力也是评价益生菌的重要指标之一。益生菌副干酪乳酪杆菌 Zhang 在普通 MRS 培养基和碳源限制性 MRS 培养基中连续培养 2000 代过程各菌株在 0.3%胆盐中延迟时间（LT）变化见表 3-21。

从表中可以看出，在连续培养 2000 代过程中，益生菌副干酪乳酪杆菌 Zhang 在两种培养基中的各个菌株在 0.3%胆盐中延迟时间（LT）没有显著性差异（$P>0.05$），在（0.47±0.16）～（0.63±0.09）h 范围内变化，此结果与副干酪乳酪杆菌 Zhang 最初筛选时的胆盐耐受结果一致[100]。表明副干酪乳酪杆菌 Zhang 的胆盐耐受能力较稳定，在普通 MRS 培养基和碳源限制性 MRS 培养基中培养 2000 代不会影响该菌株对胆盐的耐受性。

表 3-21　益生菌副干酪乳酪杆菌 Zhang 连续培养 2000 代在 0.3%胆盐中延迟时间变化

单位：h

培养代数/代	副干酪乳酪杆菌 Zhang-1+	副干酪乳酪杆菌 Zhang-2+	副干酪乳酪杆菌 Zhang-3+	副干酪乳酪杆菌 Zhang-1-	副干酪乳酪杆菌 Zhang-2-	副干酪乳酪杆菌 Zhang-3-
0	0.54±0.18^{x,a}	0.61±0.09^{x,a}	0.47±0.16^{x,a}	0.54±0.18^{x,a}	0.61±0.09^{x,a}	0.47±0.16^{x,a}
200	0.57±0.09^{x,a}	0.50±0.11^{x,a}	0.48±0.12^{x,a}	0.49±0.16^{x,a}	0.55±0.08^{x,a}	0.59±0.13^{x,a}
400	0.55±0.15^{x,a}	0.57±0.14^{x,a}	0.54±0.14^{x,a}	0.54±0.09^{x,a}	0.58±0.16^{x,a}	0.57±0.08^{x,a}
600	0.52±0.08^{x,a}	0.53±0.13^{x,a}	0.55±0.11^{x,a}	0.58±0.10^{x,a}	0.58±0.15^{x,a}	0.52±0.15^{x,a}
800	0.61±0.11^{x,a}	0.55±0.08^{x,a}	0.50±0.09^{x,a}	0.50±0.15^{x,a}	0.53±0.11^{x,a}	0.48±0.16^{x,a}
1000	0.53±0.14^{x,a}	0.54±0.16^{x,a}	0.52±0.07^{x,a}	0.53±0.10^{x,a}	0.55±0.14^{x,a}	0.60±0.10^{x,a}
1200	0.56±0.14^{x,a}	0.62±0.09^{x,a}	0.58±0.10^{x,a}	0.59±0.14^{x,a}	0.57±0.09^{x,a}	0.63±0.09^{x,a}
1400	0.57±0.09^{x,a}	0.56±0.12^{x,a}	0.57±0.11^{x,a}	0.51±0.13^{x,a}	0.51±0.16^{x,a}	0.55±0.11^{x,a}
1600	0.50±0.10^{x,a}	0.49±0.15^{x,a}	0.55±0.13^{x,a}	0.50±0.07^{x,a}	0.54±0.13^{x,a}	0.51±0.13^{x,a}
1800	0.55±0.13^{x,a}	0.51±0.16^{x,a}	0.51±0.15^{x,a}	0.49±0.15^{x,a}	0.52±0.12^{x,a}	0.53±0.15^{x,a}
2000	0.60±0.16^{x,a}	0.58±0.11^{x,a}	0.54±0.12^{x,a}	0.50±0.13^{x,a}	0.57±0.10^{x,a}	0.58±0.08^{x,a}

注：角标中含有相同字母的数据之间差异不显著（$P<0.05$），其中字母 a 代表列数据分析，x 代表行数据分析。

（四）菌体自凝集能力

判别益生菌是否发挥功效的一项重要指标就是其能否在肠道内黏附。对肠上皮和黏膜表面的黏附能力对作为益生菌使用的菌株而言是一项重要特性[111]。很多研究结果已证明乳酸菌的凝集可以形成阻止致病菌定植和感染的屏障[112-114]。同时菌株凝集与益生菌菌株对致病菌的抑制能力相关。有研究显示，菌株的自凝集能力与其在肠道中的黏附能力呈正相关[115,116]。菌株的凝集包括同一菌株之间的凝集现象，如自凝集（auto-aggregation）及不同菌间的凝集现象——交互凝集（coaggregation）。本研究对益生菌副干酪乳酪杆菌 Zhang 在普通 MRS 培养基和碳源限制性 MRS 培养基中连续培养 2000 代过程各菌株的自凝集率变化进行测定，结果分别见表3-22和表3-23。在两种培养基中连续培养时的3个菌株分别来自单菌落副干酪乳酪杆菌 Zhang-1、副干酪乳酪杆菌 Zhang-2 和副干酪乳酪杆菌 Zhang-3，因此在最初"0代"时3个菌株的自凝集率是一样的。

从表3-22中可以看出，在普通 MRS 培养基中连续培养 2000 代过程中，益生菌副干酪乳酪杆菌 Zhang 在 20℃和 37℃条件下放置 24h 自凝集率是不一样的，于 37℃条件下的自凝集率（45.2±4.1）%~（50.2±5.3）%，明显高于 20℃条件下的（33.7±3.5）%~（40.9±1.0）%。此研究结果与 Collado 等的报道一致，乳杆菌的自凝集率普遍较高，且在高温条件较低温要高，这与菌体细胞表面特性密切相关[86]。但各个菌株在连续培养过程中自凝集率基本没有变化，差异不显著（$P>0.05$）。表明副干酪乳酪杆菌 Zhang 在普通 MRS 培养基中连续培养 2000 代过程中菌体自凝集率稳定。

表3-22 益生菌副干酪乳酪杆菌 Zhang 在普通 MRS 培养基中培养 2000 代期间自凝集率变化　　单位：%

菌株名称	20℃				37℃			
	2h	16h	20h	24h	2h	16h	20h	24h
副干酪乳酪杆菌 Zhang-1+0	6.1±0.8^a	21.5±2.1^a	33.6±3.6^a	37.3±3.5^a	9.4±0.9^{ab}	32.6±1.7^a	42.9±3.1^a	46.2±3.8^a
副干酪乳酪杆菌 Zhang-2+0	7.7±0.9^a	23.6±1.5^a	31.2±3.0^a	36.6±2.7^a	10.3±1.2^{ab}	35.1±2.1^a	44.5±2.7^a	48.2±3.0^a
副干酪乳酪杆菌 Zhang-3+0	6.8±0.5^a	24.2±2.4^a	30.0±2.4^a	33.8±2.4^a	8.8±0.8^{ab}	34.7±2.7^a	45.6±2.2^a	47.8±4.0^a
副干酪乳酪杆菌 Zhang-1+200	7.0±1.1^a	24.0±2.3^a	36.0±3.6^a	40.0±3.2^a	7.3±1.2^b	36.1±2.8^a	47.8±4.9^a	47.8±4.2^a
副干酪乳酪杆菌 Zhang-2+200	6.6±2.1^a	20.5±2.5^a	31.4±2.5^a	39.8±2.9^a	9.1±0.5^{ab}	37.2±1.4^a	41.4±4.1^a	49.7±5.7^a
副干酪乳酪杆菌 Zhang-3+200	7.2±0.4^a	21.0±2.4^a	32.5±3.2^a	34.0±2.8^a	10.8±1.1^a	37.7±4.2^a	46.0±7.2^a	50.2±5.3^a

续表

菌株名称	20℃				37℃			
	2h	16h	20h	24h	2h	16h	20h	24h
副干酪乳酪杆菌 Zhang-1+400	6.8±1.3^a	24.9±1.8^a	31.0±3.5^a	35.4±3.0^a	7.2±1.6^b	37.4±1.9^a	48.7±3.7^a	46.3±3.2^a
副干酪乳酪杆菌 Zhang-2+400	7.3±0.2^a	25.0±1.4^a	34.6±1.2^a	37.2±1.2^a	8.7±1.5^{ab}	31.4±3.1^a	44.0±4.3^a	45.4±4.5^a
副干酪乳酪杆菌 Zhang-3+400	6.6±0.5^a	24.9±2.3^a	35.1±1.5^a	37.3±1.1^a	9.1±1.6^{ab}	32.8±2.0^a	46.0±2.3^a	46.5±2.6^a
副干酪乳酪杆菌 Zhang-1+600	6.7±0.5^a	23.5±1.8^a	34.7±1.3^a	40.9±1.0^a	7.2±0.9^b	35.9±6.0^a	42.8±4.1^a	47.1±4.9^a
副干酪乳酪杆菌 Zhang-2+600	7.8±0.2^a	22.2±2.0^a	34.8±3.4^a	34.8±2.2^a	8.0±0.8^{ab}	38.4±1.8^a	43.0±2.5^a	45.2±1.5^a
副干酪乳酪杆菌 Zhang-3+600	6.5±0.2^a	22.8±1.2^a	33.4±2.5^a	36.5±2.2^a	9.0±0.8^{ab}	31.7±2.1^a	45.5±2.6^a	47.7±1.3^a
副干酪乳酪杆菌 Zhang-1+800	7.0±1.2^a	21.0±2.1^a	35.6±2.5^a	33.8±2.3^a	10.0±1.7^{ab}	36.5±1.5^a	43.1±1.5^a	45.2±4.1^a
副干酪乳酪杆菌 Zhang-2+800	7.4±1.8^a	25.0±2.5^a	30.0±1.1^a	36.5±3.1^a	8.7±1.2^{ab}	32.8±3.1^a	46.8±3.2^a	46.1±5.3^a
副干酪乳酪杆菌 Zhang-3+800	5.3±0.6^a	23.8±0.8^a	37.6±3.2^a	35.3±1.0^a	9.2±0.8^{ab}	33.7±3.4^a	48.5±2.4^a	49.2±3.7^a
副干酪乳酪杆菌 Zhang-1+1000	7.8±0.3^a	20.9±1.7^a	30.5±2.6^a	36.9±2.7^a	9.7±0.7^{ab}	35.5±4.1^a	46.2±3.3^a	48.6±2.2^a
副干酪乳酪杆菌 Zhang-2+1000	6.7±0.4^a	23.4±0.9^a	31.8±3.3^a	36.9±1.1^a	7.7±1.7^{ab}	37.2±1.1^a	43.3±2.6^a	45.6±4.2^a
副干酪乳酪杆菌 Zhang-3+1000	6.6±0.6^a	22.5±2.2^a	34.4±2.2^a	37.6±1.6^a	8.4±1.1^{ab}	38.6±2.2^a	43.1±3.4^a	46.1±3.6^a
副干酪乳酪杆菌 Zhang-1+1200	7.5±0.3^a	25.7±2.3^a	33.7±2.0^a	35.5±3.1^a	10.3±1.0^{ab}	35.9±1.2^a	47.3±2.7^a	49.2±3.3^a
副干酪乳酪杆菌 Zhang-2+1200	7.3±0.4^a	21.6±1.3^a	36.4±1.8^a	38.5±2.6^a	10.1±1.4^{ab}	36.5±1.8^a	46.3±2.2^a	47.7±2.0^a
副干酪乳酪杆菌 Zhang-3+1200	6.8±0.5^a	22.1±2.1^a	34.2±4.0^a	37.5±1.7^a	9.0±1.5^{ab}	38.2±2.2^a	45.0±2.4^a	46.9±1.5^a
副干酪乳酪杆菌 Zhang-1+1400	6.0±0.3^a	24.1±2.5^a	36.9±3.1^a	39.6±1.7^a	8.5±0.7^{ab}	35.5±1.7^a	43.7±3.5^a	48.6±5.9^a

续表

菌株名称	20℃				37℃			
	2h	16h	20h	24h	2h	16h	20h	24h
副干酪乳酪杆菌 Zhang-2+1400	7.0±0.8^a	22.3±1.0^a	31.1±1.0^a	37.8±1.9^a	9.9±0.6^{ab}	37.1±3.7^a	43.6±1.6^a	49.3±5.3^a
副干酪乳酪杆菌 Zhang-3+1400	5.3±0.5^a	21.9±2.4^a	33.1±2.5^a	37.3±3.3^a	7.7±1.0^{ab}	32.0±3.7^a	44.0±3.8^a	47.7±3.8^a
副干酪乳酪杆菌 Zhang-1+1600	6.3±0.8^a	20.3±1.8^a	32.3±3.6^a	33.4±1.7^a	8.3±0.9^{ab}	33.4±1.6^a	45.1±3.7^a	47.9±3.9^a
副干酪乳酪杆菌 Zhang-2+1600	6.8±0.3^a	21.7±2.1^a	34.5±3.2^a	39.1±2.8^a	7.9±0.4^{ab}	37.2±2.3^a	47.4±2.1^a	50.1±4.5^a
副干酪乳酪杆菌 Zhang-3+1600	7.1±0.5^a	24.8±1.7^a	36.8±2.5^a	36.3±2.3^a	9.5±1.5^{ab}	36.5±3.2^a	42.3±4.0^a	45.2±2.6^a
副干酪乳酪杆菌 Zhang-1+1800	5.8±0.9^a	20.1±1.6^a	33.2±2.1^a	34.7±4.0^a	10.2±0.8^{ab}	34.8±2.5^a	45.8±3.5^a	48.5±4.1^a
副干酪乳酪杆菌 Zhang-2+1800	6.9±0.6^a	22.5±2.2^a	35.4±2.3^a	37.2±2.7^a	9.4±1.5^{ab}	38.2±3.4^a	43.8±2.7^a	46.3±5.0^a
副干酪乳酪杆菌 Zhang-3+1800	6.2±0.8^a	23.4±1.9^a	37.0±1.6^a	35.0±2.2^a	8.8±1.0^{ab}	32.9±2.8^a	46.6±1.8^a	48.9±3.8^a
副干酪乳酪杆菌 Zhang-1+2000	7.2±0.4^a	25.9±2.4^a	37.2±3.4^a	34.8±2.5^a	7.5±0.7^{ab}	35.0±2.6^a	43.2±2.5^a	45.7±3.6^a
副干酪乳酪杆菌 Zhang-2+2000	6.3±0.9^a	23.7±2.6^a	35.3±3.1^a	33.7±3.5^a	10.3±0.9^a	36.3±2.1^a	47.5±3.2^a	49.6±4.5^a
副干酪乳酪杆菌 Zhang-3+2000	5.9±1.0^a	22.0±2.3^a	33.8±2.5^a	34.2±3.9^a	8.4±0.6^{ab}	38.1±2.6^a	46.3±3.8^a	48.4±3.4^a

注：角标中字母不同表示的列数据之间差异显著（$P<0.05$）。

从表3-23中可以看出，益生菌副干酪乳酪杆菌Zhang在碳源限制性MRS培养基中连续培养2000代过程中菌体自凝集率与在普通MRS培养基中菌株类似，在20℃和37℃条件下放置24h过程中自凝集率均未发生显著性变化（$P>0.05$）。同时说明，在两种培养基中连续培养2000代并不会影响副干酪乳酪杆菌Zhang的自凝集率。对于益生菌而言，发挥功效的一项重要指标就是其能否在肠道内黏附。此研究结果一定程度上反映出，益生菌副干酪乳酪杆菌Zhang对肠道内黏附性在传代过程中稳定。

表 3-23　益生菌副干酪乳酪杆菌 Zhang 在碳源限制性 MRS
培养基中培养 2000 代期间自凝集率变化　　单位：%

菌株名称	20℃				37℃			
	2h	16h	20h	24h	2h	16h	20h	24h
副干酪乳酪杆菌 Zhang-1-0	6.1±0.8^{ab}	21.5±2.1^a	33.6±3.6^a	37.3±3.5^a	9.4±0.9^{ab}	32.6±1.7^{abc}	42.9±3.1^a	46.2±3.8^a
副干酪乳酪杆菌 Zhang-2-0	7.7±0.9^a	23.6±1.5^a	31.2±3.0^a	36.6±2.7^a	10.3±1.2^{ab}	35.1±2.1^{ab}	44.5±2.7^a	48.2±3.0^a
副干酪乳酪杆菌 Zhang-3-0	6.8±0.5^{ab}	24.2±2.4^a	30.0±2.4^a	33.8±2.4^a	8.8±0.8^{ab}	34.7±2.7^{ab}	45.6±2.2^a	47.8±4.0^a
副干酪乳酪杆菌 Zhang-1-200	7.8±0.3^a	24.5±2.2^a	32.0±3.2^a	35.8±4.9^a	8.3±2.0^b	36.2±4.4^{ab}	40.4±2.6^a	44.7±2.4^a
副干酪乳酪杆菌 Zhang-2-200	6.5±0.6^{ab}	20.6±2.1^a	31.8±3.7^a	33.8±3.2^a	9.0±1.0^{ab}	31.8±2.9^{abc}	43.1±6.5^a	43.1±4.1^a
副干酪乳酪杆菌 Zhang-3-200	6.0±0.9^{ab}	19.4±1.1^a	31.8±4.1^a	34.9±4.1^a	8.3±2.1^{ab}	25.9±1.9^c	45.1±4.3^a	46.1±5.3^a
干酪乳酪杆菌 *L. casei* Zhang-1-400	6.2±0.5^{ab}	19.3±2.5^a	33.1±1.3^a	33.1±2.9^a	7.9±1.7^b	32.2±2.6^{abc}	42.9±3.3^a	43.4±4.9^a
副干酪乳酪杆菌 Zhang-2-400	7.4±0.5^{ab}	23±1.9^a	34.9±3.9^a	36.2±1.9^a	9.9±1.1^{ab}	34.8±2.8^{ab}	45.9±1.5^a	46.3±0.1^a
副干酪乳酪杆菌 Zhang-3-400	5.0±0.3^b	20.9±0.9^a	30.5±2.1^a	34.1±2.2^a	10.5±1.6^{ab}	32.1±2.0^{abc}	44.5±1.7^a	45.5±4.5^a
副干酪乳酪杆菌 Zhang-1-600	7.6±0.4^a	21.9±5.3^a	30.9±4.9^a	37.8±2.2^a	9.2±1.9^{ab}	31.1±1.5^{bc}	40.5±1.1^a	45.2±1.7^a
副干酪乳酪杆菌 Zhang-2-600	7.3±1.6^{ab}	23.8±3.3^a	29.7±2.8^a	36.4±4.1^a	10.4±0.9^{ab}	38.7±1.9^{ab}	45.5±2.1^a	49.2±0.5^a
副干酪乳酪杆菌 Zhang-3-600	6.2±0.3^{ab}	22.1±2.3^a	29.6±0.7^a	33.0±1.1^a	8.6±1.1^{ab}	35.5±2.7^{ab}	42.9±1.9^a	46.2±0.9^a
副干酪乳酪杆菌 Zhang-1-800	6.6±0.2^{ab}	21.6±1.9^a	34.8±2.5^a	33.8±3.3^a	9.3±1.1^{ab}	33.0±4.0^{ab}c	44.4±2.5^a	48.8±0.7^a
副干酪乳酪杆菌 Zhang-2-800	6.9±0.2^{ab}	19.9±1.9^a	30.4±1.7^a	34.7±2.1^a	8.1±1.2^b	34.5±3.1^{ab}	45.1±3.1^a	48.5±1.9^a
副干酪乳酪杆菌 Zhang-3-800	7.4±1.3^{ab}	23.2±0.9^a	32.5±1.3^a	35.9±1.1^a	11.6±1.7^{ab}	34.4±2.3^{ab}	42.0±3.3^a	47.1±0.8^a
副干酪乳酪杆菌 Zhang-1-1000	5.9±0.2^{ab}	20.9±0.7^a	29.7±1.9^a	33.7±3.2^a	8.5±0.6^{ab}	35.8±2.3^{ab}	40.6±2.1^a	45.4±1.4^a

续表

菌株名称	20℃				37℃			
	2h	16h	20h	24h	2h	16h	20h	24h
副干酪乳酪杆菌 Zhang-2-1000	6.8±0.2^{ab}	24.2±1.4^a	30.9±3.4^a	35.9±1.4^a	11.2±0.8^{ab}	39.4±1.0^a	45.8±3.5^a	47.6±0.3^a
副干酪乳酪杆菌 Zhang-3-1000	5.7±0.3^{ab}	24.9±0.7^a	29.9±2.3^a	33.5±2.1^a	11.3±0.9^a	36.9±1.5^{ab}	44.8±1.3^a	46.8±0.9^a
副干酪乳酪杆菌 Zhang-1-1200	7.2±0.5^{ab}	21.0±3.8^a	30.1±1.2^a	37.4±1.3^a	10.5±2.4^{ab}	37.5±2.5^{ab}	45.9±1.0^a	48.7±0.3^a
副干酪乳酪杆菌 Zhang-2-1200	5.5±0.9^{ab}	20.3±0.3^a	28.5±0.2^a	35.8±2.7^a	8.8±0.5^{ab}	35.0±1.5^{ab}	42.9±2.3^a	46.0±1.7^a
副干酪乳酪杆菌 Zhang-3-1200	7.4±0.3^{ab}	24.3±1.5^a	33.6±3.3^a	35.9±1.1^a	12.3±1.2^a	32.4±1.7^{abc}	41.8±1.2^a	44.4±0.9^a
副干酪乳酪杆菌 Zhang-1-1400	6.7±0.9^{ab}	24.4±1.2^a	33.7±1.8^a	37.1±1.6^a	9.8±0.6^{ab}	35.0±2.3^a	42.3±2.7^a	47.7±1.2^a
副干酪乳酪杆菌 Zhang-2-1400	7.5±1.2^{ab}	23.6±1.3^a	34.4±2.5^a	37.9±2.3^a	9.3±0.8^{ab}	31.9±1.4^{ab}c	42.8±2.3^a	46.2±1.7^a
副干酪乳酪杆菌 Zhang-3-1400	7.3±0.9^{ab}	23.8±3.4^a	33.9±2.0^a	36.7±3.3^a	9.0±0.9^{ab}	39.3±1.5^a	46.4±1.9^a	49.7±2.0^a
副干酪乳酪杆菌 Zhang-1-1600	5.9±1.3^{ab}	20.7±1.3^a	30.2±2.4^a	34.2±3.2^a	8.7±1.1^{ab}	32.4±1.8^{abc}	41.0±1.4^a	45.3±2.3^a
副干酪乳酪杆菌 Zhang-2-1600	6.3±0.8^{ab}	23.4±2.2^a	33.7±1.6^a	37.4±1.7^a	8.2±0.9^b	37.3±1.7^{ab}	46.2±2.2^a	49.1±2.7^a
副干酪乳酪杆菌 Zhang-3-1600	7.2±1.0^{ab}	24.1±1.8^a	34.1±3.6^a	36.8±1.5^a	9.3±1.0^{ab}	34.3±2.7^a	42.8±1.8^a	44.9±1.8^a
副干酪乳酪杆菌 Zhang-1-1800	7.0±0.6^{ab}	23.2±3.5^a	32.7±2.3^a	36.1±2.1^a	9.4±0.7^{ab}	35.6±2.1^{ab}	43.3±2.6^a	47.5±1.4^a
副干酪乳酪杆菌 Zhang-2-1800	6.5±0.7^{ab}	22.7±1.2^a	31.6±2.7^a	35.6±2.2^a	9.9±0.8^{ab}	36.7±3.2^{ab}	44.7±3.1^a	47.3±3.1^a
副干酪乳酪杆菌 Zhang-3-1800	5.8±0.9^{ab}	21.9±1.6^a	29.2±1.9^a	35.0±2.6^a	8.6±1.2^{ab}	33.4±1.6^{ab}c	42.5±2.5^a	45.8±2.8^a
副干酪乳酪杆菌 Zhang-1-2000	6.2±1.0^{ab}	21.8±2.9^a	32.4±2.8^a	37.4±1.8^a	8.2±0.8^b	35.8±1.9^{ab}	45.4±2.1^a	48.8±2.5^a

续表

菌株名称	20℃ 2h	20℃ 16h	20℃ 20h	20℃ 24h	37℃ 2h	37℃ 16h	37℃ 20h	37℃ 24h
副干酪乳酪杆菌 Zhang-2-2000	6.8±1.1^{ab}	22.6±1.7^{a}	32.1±1.5^{a}	37.7±2.5^{a}	8.9±0.7^{ab}	38.0±2.3^{ab}	47.2±2.6	49.9±3.0^{a}
副干酪乳酪杆菌 Zhang-3-2000	7.4±1.2^{ab}	24.3±2.3^{a}	33.8±3.2^{a}	37.3±3.4^{a}	9.6±1.2^{ab}	34.1±2.8^{ab}	42.9±3.4	45.7±3.3^{a}

注：角标中字母不同表示的列数据之间差异显著（$P<0.05$）。

对益生菌副干酪乳酪杆菌 Zhang 在普通 MRS 培养基和碳源限制性 MRS 培养基中连续培养 2000 代期间的各项基本益生特征进行了跟踪测定，发现副干酪乳酪杆菌 Zhang 对 pH2.5 的人工胃液以及 pH8.0 的人工肠液耐受能力始终没有变化，对胆盐的耐受能力也较稳定，反应益生菌黏附性的自凝集率也不受连续培养代数及 MRS 培养基种类的影响。总体上可以说，益生菌副干酪乳酪杆菌 Zhang 在连续培养 2000 代期间其基本益生特性没有发生改变，较稳定。

四、副干酪乳酪杆菌 Zhang 传代期间基因组稳定性

通过以上研究发现，副干酪乳酪杆菌 Zhang 在普通 MRS 培养基和碳源限制性 MRS 培养基中连续培养 2000 代过程中的表型特征以及益生特性基本稳定。为了深入了解传代过程中菌株的变化，从基因组水平探索其突变的机制，选取在两种培养基中连续培养至 1000 代和 2000 代的培养物，以及 0 代菌株进行基因组重测序分析。

（一）基因组重测序分析

通过 MiSeq 高通量测序平台，大规模测序得到平均长度为 2×150bp 的 Paired-End 序列片段。以 5bp 为单位依次计算每一个单位的平均质量值大于 20 的标准，获得有效的测序数据。如表 3-24 中所示，为不同代菌株的测序量以及覆盖量。

表 3-24 副干酪乳酪杆菌 Zhang 不同代菌株重测序覆盖量

菌株名称	数据源	配对	原始读取/bp	原始数据/bp	覆盖
副干酪乳酪杆菌 Zhang-0	Raw	4,862,358	9,724,716	1,458,707,400	503
	Trim	4,377,061	8,754,122	1,313,118,300	453
副干酪乳酪杆菌 Zhang-1000-	Raw	2,568,339	5,136,678	770,501,700	265
	Trim	2,389,629	4,779,258	716,888,700	247
副干酪乳酪杆菌 Zhang-1000+	Raw	3,252,277	6,504,554	975,683,100	336
	Trim	2,600,786	5,201,572	780,235,800	269
副干酪乳酪杆菌 Zhang-2000-	Raw	954,501	1,909,002	286,350,300	98
	Trim	882,956	1,765,912	264,886,800	91

续表

菌株名称	数据源	配对	原始读取/bp	原始数据/bp	覆盖
副干酪乳酪杆菌 Zhang-2000+	Raw	1,286,134	2,572,268	385,840,200	133
	Trim	1,203,987	2,407,974	361,196,100	124

注：副干酪乳酪杆菌 Zhang 基因组（染色体：CP001084 和质粒：CP000935）共计 2,898,335bp。

（二）SNP 突变位点分析

将获得的有效序列匹配到副干酪乳酪杆菌 Zhang 基因组序列，建立与基因组序列的比对结果，识别 SNP 位点。以 0 代副干酪乳酪杆菌 Zhang 菌株 MiSeq 结果为参照，副干酪乳酪杆菌 Zhang 在普通 MRS 培养基和碳源限制性 MRS 培养基中连续培养 1000 代、2000 代不同菌株中共发现 44 个 SNP 位点。副干酪乳酪杆菌 Zhang 在普通 MRS 培养基和碳源限制性 MRS 培养基中连续培养至 1000 代和 2000 代时的 SNP 位点分布如图 3-15 所示。具体的，菌株副干酪乳酪杆菌 Zhang-1-1000-、副干酪乳酪杆菌 Zhang-1-1000+、副干酪乳酪杆菌 Zhang-1-2000-和副干酪乳酪杆菌 Zhang-1-2000+分别发现了 11、9、18 和 22 个单核苷酸多样性位点突变位点（SNP）。

其中，副干酪乳酪杆菌 Zhang 碳源限制性 MRS 培养基中 1000 代菌株出现 11 个 SNP 位点，4 个 SNP 位于非编码区，1 个同义突变和 6 个非同义突变。副干酪乳酪杆菌 Zhang 碳源限制性 MRS 培养基中 2000 代菌株有 18 个 SNP 位点，5 个 SNP 位于非编码区，1 个同义突变，12 个非同义突变。副干酪乳酪杆菌 Zhang 普通 MRS 培养基 1000 代菌株有 9 个 SNP 位点，非编码区发现 2 个 SNP 位点，1 个同义突变和 6 个非同义突变。副干酪乳酪杆菌 Zhang 普通 MRS 培养基 2000 代菌株有 22 个 SNP 位点，1 个 SNP 位于非编码区，8 个同义突变和 13 个非同义突变。SNP 位点突变频率以及详细位置见图 3-15 与表 3-25。

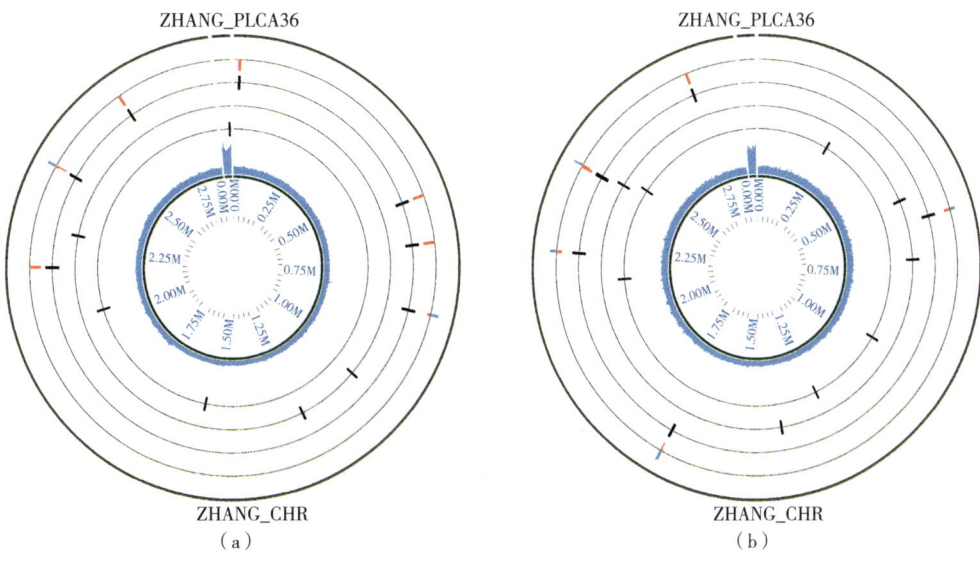

(a)　　　　　　　　　　　　　(b)

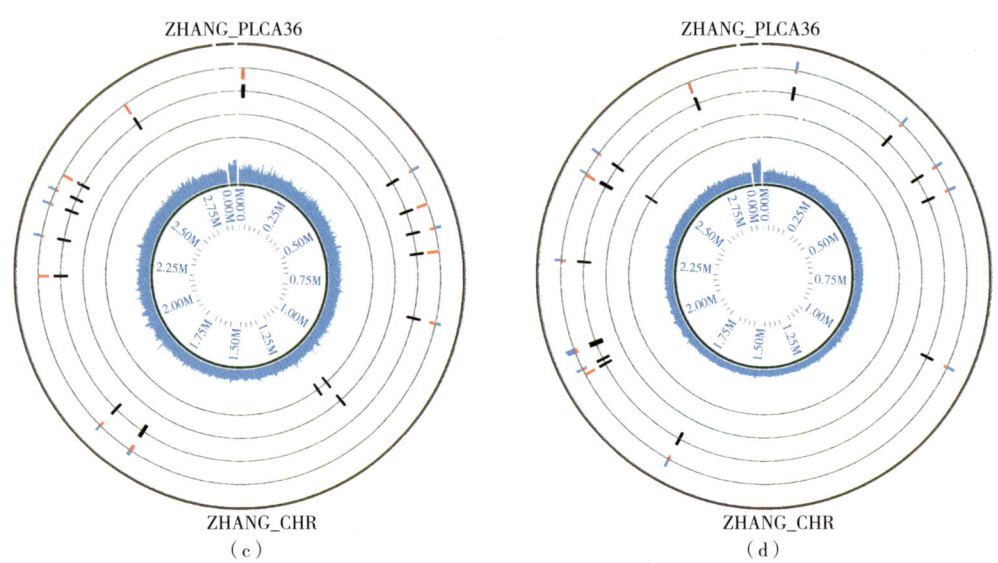

图 3-15 副干酪乳酪杆菌 Zhang 不同代菌株突变位点分布图

(a) 为碳源限制性 MRS 培养基中连续培养 1000 代　(b) 为碳源限制性 MRS 培养基中连续培养 2000 代
(c) 为普通 MRS 培养基中连续培养 1000 代　(d) 为普通 MRS 培养基中连续培养 2000 代

[由外到内圈 1 表示基因组骨架（染色体和质粒）；圈 2 表示 SNP 覆盖，蓝色代表与 Reference Base 一致的覆盖比例，红色代表与 SNP Base 一致的覆盖比例；圈 3 表示 SNP 位点标记位置；圈 4 表示 Insertion 突变位点位置；圈 5 表示 Deletion 突变位点位置；圈 6 表示重测序覆盖比例；圈 7 表示序列位点标记。]

在基因组水平进行实验室进化研究，不仅能揭示进化改变的机制，还将揭示突变带来的选择性改变的原理[32,53,64]。过去研究认为进化由于受到选择的压力而具有某种倾向性，随后的研究表明进化更多地趋向于多样性的改变。但是这种多样性本身并没有得到很好地阐明。

副干酪乳酪杆菌 Zhang 在碳源限制性 MRS 培养基中传代菌株发现的 SNP 突变位点平均数量少，但多数为高频率突变，一旦建立，将稳定遗传。培养到 1000 代时，平均可检出 SNP 的频率 75%，表明副干酪乳酪杆菌 Zhang 在碳源限制性 MRS 培养基中连续传代培养经历了显著的选择压力，使其发生了受选择压力而产生的特定进化，使得群体有效种群数量（efficient population size，EPS）偏低。副干酪乳酪杆菌 Zhang 在碳源限制性 MRS 培养基中连续传代培养 2000 代和 1000 代相比，高频率 SNP 突变位点增加 2 个，其余 SNP 突变位点均保留下来了，表明在碳源限制性 MRS 培养基中培养到 2000 代时选择压力已经下降，并且伴随着出现了较多低频率（20%~60%）的 SNP 突变点，出现种群开始分化，EPS 升高。

先前报道的 ALE 方面研究中均表明在受到某一选择压力时，传代菌株的突变均使得全局调控基因——rpoS（RNA polymerase，sigma factor）发生较多的突变，以期改变菌株在不同环境压力下的适应性[117-122]。在本研究中，副干酪乳酪杆菌 Zhang 在碳源限制性 MRS 培养基中传代培养 1000 代和 2000 代菌株中，基因 rpoS 的另一个组分 rpoC（RNA polymerase，beta factor）产生了高频率突变，详见图 3-16。这一现象可能是受到环境压力应急产生的，从而起到全局调控的作用。

表 3-25 益生菌副干酪乳酪杆菌 Zhang 连续培养至 1000 代和 2000 代时基因组 SNP 位点分布

基因组位置	覆盖率[a]				碱基变化	注释基因[b]	基因名称	氨基酸变化[c]
	副干酪乳酪杆菌 Zhang-1000-	副干酪乳酪杆菌 Zhang-1000+	副干酪乳酪杆菌 Zhang-2000-	副干酪乳酪杆菌 Zhang-2000+				
10,969	—	—	6/134	—	C>T	LCAZH_0008	DNA gyrase subunit A	I744T
12,937	5/260	—	1/86	—	G>A	Non-coding region	Between LCAZH_0011 and LCAZH_0012	—
78,960	—	—	—	104/29	A>G	LCAZH_0087	Indole-3-glycerol phosphate synthase	A78V
349,677	—	—	—	84/33	T>C	LCAZH_0354	Ribose operon repressor	P50S
472,083	—	—	117/42	112/64	T>C	LCAZH_0471	Metal-dependent hydrolase	P83L
482,716	—	—	—	—	A>C	LCAZH_0482	Transcriptional antiterminator	A241D
531,972	—	—	—	102/43	T>C	LCAZH_0519	Branched-chain amino acid permease	V217V
564,042	7/202	—	2/97	—	T>C	LCAZH_0550	Alpha, alpha-phosphotrehalase	Y36Y
597,418	—	30/33	—	—	G>T	Non-coding region	Between LCAZH_0580 and LCAZH_0581	—
620,563	—	—	46/34	—	T>C	LCAZH_0601	Hypothetical protein LCAZH_0601	A170V
673,028	2/221	—	0/91	—	T>G	Non-coding region	Between LCAZH_0660 and LCAZH_0661	—
835,833	—	—	44/46	—	C>A	LCAZH_0854	Ion Mg (2+) /Co (2+) transport protein	F258C
836,073	145/56	—	—	—	T>C	LCAZH_0854	Ion Mg (2+) /Co (2+) transport protein	G178D
938,948	—	—	—	65/25	T>C	LCAZH_0948	Na+ efflux pump permease	I321I
1,688,747	—	138/27	—	62/25	A>G	LCAZH_1730	Antimicrobial peptide ABC transporter permease	T307I
1,688,750	—	47/114	—	49/37	T>G	LCAZH_1730	Antimicrobial peptide ABC transporter permease	T306K
1,688,762	—	132/15	—	61/20	A>G	LCAZH_1730	Antimicrobial peptide ABC transporter permease	S302L
1,727,057	—	—	64/74	—	T>C	LCAZH_1767	Transcriptional regulator	V211I

续表

基因组位置	副干酪乳酪杆菌 Zhang-1000-	副干酪乳酪杆菌 Zhang-1000+	副干酪乳酪杆菌 Zhang-2000-	副干酪乳酪杆菌 Zhang-2000+	碱基变化	注释基因[b]	基因名称	氨基酸变化[c]
1,729,966	—	—	43/50	—	A>G	LCAZH_1769	PTS system lactose/cellobiose specific subunit IIC	P241L
1,816,805	—	—	60/48	—	A>G	Non-coding region	Between LCAZH_1861 and LCAZH_1862	—
1,959,040	—	—	—	2/65	C>T	LCAZH_2000	Transposase	H128H
1,972,607	—	—	—	48/34	A>G	LCAZH_2012	Wze	S63F
2,013,495	—	—	—	54/25	G>A	LCAZH_2054	Hypothetical protein LCAZH_2054	K13E
2,013,500	—	—	—	58/22	T>C	LCAZH_2054	Hypothetical protein LCAZH_2054	G15G
2,013,503	—	—	—	56/22	A>G	LCAZH_2054	Hypothetical protein LCAZH_2054	G16G
2,019,691	—	—	—	95/24	C>T	LCAZH_2056	Hypothetical protein LCAZH_2056	G224G
2,019,694	—	—	—	92/27	G>A	LCAZH_2056	Hypothetical protein LCAZH_2056	G223G
2,019,699	—	—	—	91/30	T>C	LCAZH_2056	Hypothetical protein LCAZH_2056	E221K
2,188,678	2/180	—	1/78	—	A>G	Non-coding region	Between LCAZH_2222 and LCAZH_2223	—
2,188,742	5/201	—	1/89	—	C>A	Non-coding region	Between LCAZH_2222 and LCAZH_2223	—
2,222,957	—	107/87	—	70/48	G>A	Non-coding region	Between LCAZH_2252 andLCAZH_2253	—
2,278,984	—	—	69/22	—	T>G	LCAZH_2311	CBS domain-containing protein	L168I
2,352,804	—	—	43/17	—	A>C	LCAZH_2398	Hypothetical protein LCAZH_2398	A121D
2,386,372	—	—	51/19	—	T>G	LCAZH_2434	Antimicrobial peptide ABC transporter ATPase	K176N
2,423,047	—	4/196	—	3/104	G>C	LCAZH_2480	DNA-directed RNA polymerase subunit beta丶	L1130F
2,424,009	—	175/42	—	67/50	A>C	LCAZH_2480	DNA-directed RNA polymerase subunit beta丶	D809Y

续表

基因组位置	覆盖率[a] 副干酪乳酪杆菌 Zhang-1000-	覆盖率[a] 副干酪乳酪杆菌 Zhang-1000+	覆盖率[a] 副干酪乳酪杆菌 Zhang-2000-	覆盖率[a] 副干酪乳酪杆菌 Zhang-2000+	碱基变化	注释基因[b]	基因名称	氨基酸变化[c]
2,424,443	220/77	—	—	—	G>T	LCAZH_2480	DNA-directed RNA polymerase subunit beta、	N665S
2,424,444	222/78	—	—	—	A>T	LCAZH_2480	DNA-directed RNA polymerase subunit beta、	N665S
2,424,575	1/333	—	2/113	—	T>G	LCAZH_2480	DNA-directed RNA polymerase subunit beta、	S621Y
2,424,576	131/204	—	0/114	—	G>A	LCAZH_2480	DNA-directed RNA polymerase subunit beta、	S620P
2,425,484	—	77/147	—	79/41	C>T	LCAZH_2480	DNA-directed RNA polymerase subunit beta、	H318R
2,478,932	—	—	—	96/35	A>G	LCAZH_2535	UDP-N-acetylglucosamine enolpyruvyl transferase	P338L
2,637,320	1/257	—	0/96	—	T>C	LCAZH_2691	Transcriptional antiterminator	A494V
2,743,186	—	6/252	—	0/129	T>G	LCAZH_2807	Acetylornithine deacetylase	I180I
Total	11	9	18	22				

注：[a] 产生变异的菌株及覆盖率。
[b] 在 SNP 区域鉴定到的开放阅读框。
[c] 由于点突变导致的氨基酸变化，与野生型菌株相比较。如果没有变化，表示突变发现在预测的开放阅读框上游。

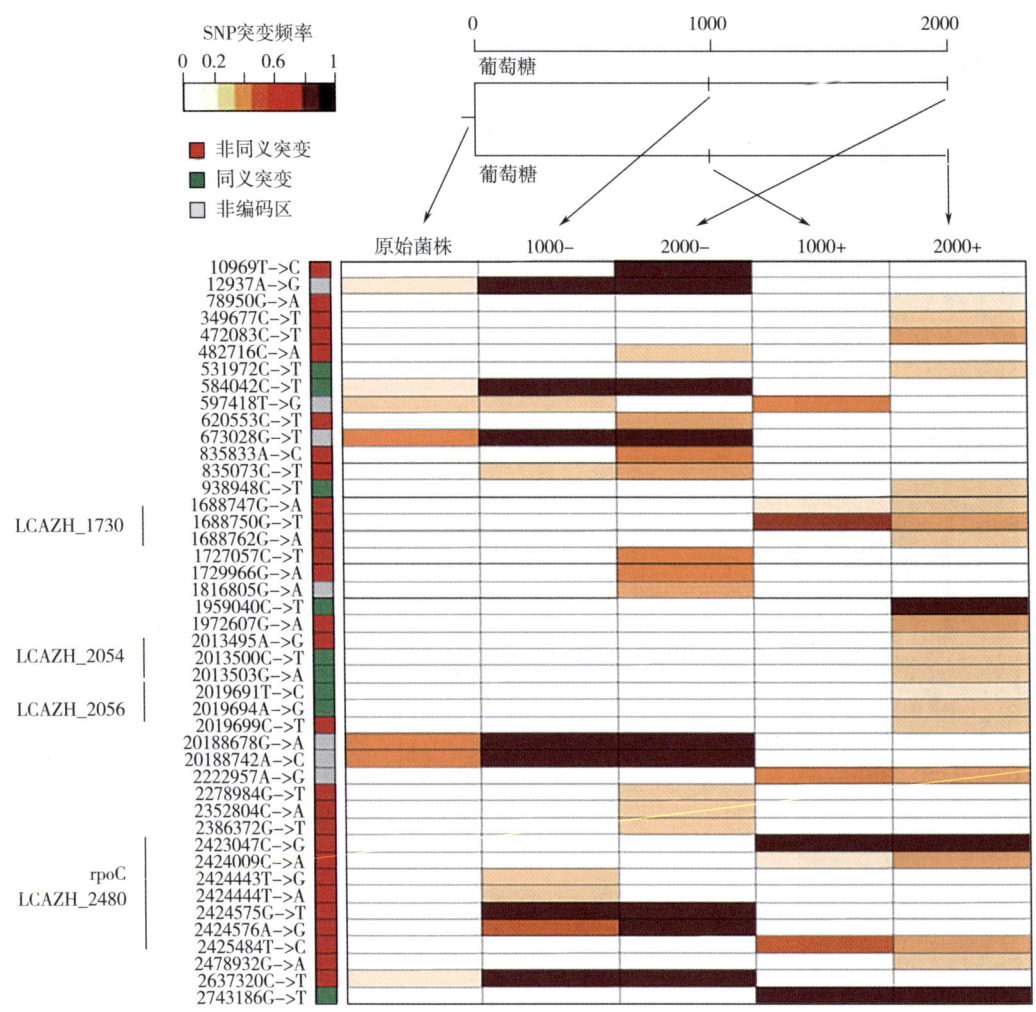

图 3-16 副干酪乳酪杆菌 Zhang 不同代菌株 SNP 突变频率热图

副干酪乳酪杆菌 Zhang 在普通 MRS 培养基连续传代培养的菌株中发现的 SNP 突变频率相对较低，并且高频率 SNP 出现的速度也极低。同时副干酪乳酪杆菌 Zhang 在普通 MRS 培养基培养至 2000 代和 1000 代时发现有多个突变位点的 SNP 频率先增加后减少（表 3-25），这表明种群内部的选择压力主要是由于亚结构（进化上的不同分支）的变化，而不是整个群体的改变，表明该菌株已经适应在这一类似的环境中可以存在并已长期存在。通过对 SNP 突变位点的统计，副干酪乳酪杆菌 Zhang 在普通 MRS 培养基中连续传代培养至 1000 代时菌株中有一个分支占多数，但培养到 2000 代时该分支数量减少，伴随着其他分支比率的提高。这一现象类似于美国密歇根大学 Richard Lenski 等在进化学研究的发现，他们证实带有长期进化利益性突变的"突变频率发生较慢的菌株"最终战胜了短期优势的"快速出现突变的菌株"。表明突变频率慢的细菌长期适应性更强，有更多有益的突变克服了短期进化过程中的不利。而快速出现突变的菌株虽然生成了可获得短期适应利益的突变，然而却阻碍了获得进一步改良的道路[123]。这一现象也显示了菌株已适应在这一类似的环境中可以存在并已长期存在。

在普通 MRS 培养基连续传代培养的副干酪乳酪杆菌 Zhang 菌株中也发现在基因 *rpoC*（RNA polymerase，beta factor）中出现了高频率突变，因此我们推测副干酪乳酪杆菌 Zhang 在不同培养条件下发生着一种趋同进化（convergence），可能代表了细菌在"适应环境"与"高速生长"之间的一种选择，也就是说在培养基环境中，外界选择压力不大，高速生长的细菌有竞争优势[39]。

（三）InDel 突变位点分析

同样，以副干酪乳酪杆菌 Zhang 基因组序列为参考序列，通过匹配对 MiSeq 产生的有效序列进行处理，以 0 代副干酪乳酪杆菌 Zhang 菌株的 MAP 结果为参照，副干酪乳酪杆菌 Zhang 在普通 MRS 培养基和碳源限制性 MRS 培养基中连续培养 1000 代、2000 代不同菌株中共发现 23 个 InDel 突变位点。具体的，菌株副干酪乳酪杆菌 Zhang-1-1000-、副干酪乳酪杆菌 Zhang-1-1000+、副干酪乳酪杆菌 Zhang-1-2000- 和副干酪乳酪杆菌 Zhang-1-2000+ 重测序发现了 7、11、5 和 1 个碱基插入/缺失位点（insertions/deletions，InDel），具体基因组变化位点见表 3-26。

副干酪乳酪杆菌 Zhang 在碳源限制性 MRS 培养基中连续培养至 1000 代时菌株的质粒基因组上发现一个碱基缺失，处于一个编码基因 LCAZH_p036（hypothetical protein）。在染色体基因组上发生了 2 个位于 2 个非编码区的碱基缺失。在 LCAZH_0032 基因（hypothetical protein）发现 1 个碱基缺失，LCAZH_1082 基因（hypothetical protein）发现有 1 个碱基的插入，LCAZH_1287 基因（hypothetical protein）发现 2 个插入位点，各插入 1 个碱基。副干酪乳酪杆菌 Zhang 在碳源限制性 MRS 培养基中连续培养至 2000 代菌株发现 5 个 InDel 突变位点中，非编码区有 3 个缺失位点，在编码乙酰基转移酶（acetyltransferase，编码区 LCAZH_1210）的基因发生一个碱基的缺失，导致提前出现终止子，可能导致该蛋白失去生物学功能。另发现 2 个碱基的插入位点位于非编码区。

在普通 MRS 培养基中连续培养至 1000 代时副干酪乳酪杆菌 Zhang 菌株出现了 11 个 InDel 突变位点，其中非编码区发现 4 个 InDel 突变位点，分别插入 3 个碱基和 1 个缺失突变位点（缺失 1 个碱基）。编码异构脱氢酶（inositol dehydrogenase，编码区 LCAZH_0257）基因发现 1 个缺失位点（缺失 1 个碱基），编码转录调节因子（transcriptional regulator，编码区 LCAZH_0698）发现插入 1 个碱基的插入突变位点，通过预测仍具有原编码基因的生物学功能。编码 hypothetical protein 基因的编码区 LCAZH_1287 和 LCAZH_2513 分别出现 1 个碱基的缺失突变。编码 γ-氨酪酸透酶（gamma-aminobutyrate permease，编码区 LCAZH_0987）基因发现 3 个碱基缺失位点（分别缺失 1 个碱基），即有 3 个突变区域，通过预测均出现终止子，预测该原编码基因已失去相应的生物学功能。在普通 MRS 培养基中连续培养至 2000 代的副干酪乳酪杆菌 Zhang 菌株中共发现 1 个缺失突变位点，位于编码 hypothetical protein（编码区，LCAZH_2513）的基因上。

在 ALE 试验中出现的全基因组突变位点能够直接观测到。在大肠杆菌的 ALE 试验研究发现，单核苷酸突变是最常见的突变类型，占测定突变的 61%，缺失（29%），插入（7%），插入序列移动（3%）也比较常见[32,39,40,44]。在本研究中，单核苷酸突变占测定突变的 66%，缺失和插入分别占 21% 和 13%。

表 3-26 益生菌副干酪乳酪杆菌 Zhang 连续培养至 1000 代和 2000 代时在基因组 INDEL 分布

基因组位置[a]	覆盖率[b]/% 副干酪乳酪杆菌 Zhang-1000-	覆盖率[b]/% 副干酪乳酪杆菌 Zhang-1000+	覆盖率[b]/% 副干酪乳酪杆菌 Zhang-2000-	覆盖率[b]/% 副干酪乳酪杆菌 Zhang-2000+	注释基因[c]	插入/缺失类型	插入/缺失的碱基	相对于起始密码子的位点	注释基因的长度（以碱基类表示）	基因名称
30,667	5	—	—	—	LCAZH_0032	Deletion	A	del	1101	2150	Hypothetical protein LCAZH_0032
249,582	—	16	—	—	LCAZH_0257	Deletion	G	del	153	1052	Inositol dehydrogenase
532,903	—	7	—	—	Non-coding region	Insertion	T	TC	—	—	LCAZH_0520 与 LCAZH_0521 之间
705,214	—	15	—	—	LCAZH_0698	Insertion	A	AT	327	458	Transcriptional regulator
972,488	—	12	—	—	LCAZH_0987	Deletion	T	del	588	1388	Gamma-aminobutyrate permease-like permease
972,544	—	14	—	—	LCAZH_0987	Deletion	T	del	644	1388	Gamma-aminobutyrate permease-like permease
972,966	—	7	—	—	LCAZH_0987	Deletion	T	del	1066	1388	Gamma-aminobutyrate permease-like permease
1,058,634	5	—	—	—	LCAZH_1082	Insertion	C	CA	1580	1592	Hypothetical protein LCAZH_1082
1,132,633	—	—	5	—	Non-coding region	Insertion	A	AGT	—	—	Between LCAZH_1166 and LCAZH_1167
1,132,636	—	—	5	—	Non-coding region	Deletion	C	del	—	—	Between LCAZH_1166 and LCAZH_1167
1,132,637	—	—	5	—	Non-coding region	Deletion	T	del	—	—	Between LCAZH_1166 and LCAZH_1167
1,132,638	—	—	5	—	Non-coding region	Deletion	A	del	—	—	Between LCAZH_1166 and LCAZH_1167
1,171,173	—	—	48	—	LCAZH_1210	Deletion	T	del	1171173	894	Acetyltransferase
1,244,349	—	5	—	—	LCAZH_1287	Deletion	T	del	131	260	Hypothetical protein LCAZH_1287

续表

基因组位置[a]	覆盖率[b]/%				注释基因[c]	插入/缺失类型	插入/缺失的碱基	相对于起始密码子的位点	注释基因的长度（以碱基类表示）	基因名称
	副干酪乳酪杆菌Zhang-1000-	副干酪乳酪杆菌Zhang-1000+	副干酪乳酪杆菌Zhang-2000-	副干酪乳酪杆菌Zhang-2000+						
1,244,471	7	—	—	—	LCAZH_1287	Insertion	C	CT	253	260	Hypothetical protein LCAZH_1287
1,244,473	7	—	—	—	LCAZH_1287	Insertion	G	GT	255	260	Hypothetical protein LCAZH_1287
1,381,909	—	6	—	—	Non-coding region	Insertion	G	GA	—	—	Between LCAZH_1413 and LCAZH_1414
1,551,668	5	—	—	—	Non-coding region	Deletion	A	del	—	—	Between LCAZH_1584 and LCAZH_1585
2,047,165	6	—	—	—	Non-coding region	Deletion	T	del	—	—	Between LCAZH_2081 and LCAZH_2082
2,149,418	—	5	—	—	Non-coding region	Deletion	A	del	—	—	Between LCAZH_2179 and LCAZH_2180
2,279,415	12	—	—	—	LCAZH_2311	Insertion	C	CCTGTCATCG	73	623	CBS domain-containing protein
2,434,668	—	7	—	—	Non-coding region	Insertion	A	AG	—	—	Between LCAZH_2483 and LCAZH_2513
2,459,331	—	24	—	32	LCAZH_2513	Deletion	A	del	657	1370	Hypothetical protein LCAZH_2513
	7	11	5	1						

注：[a] 副干酪乳酪杆菌Zhang的基因组位置。
[b] 产生变异的菌株及覆盖率。
[c] 在插入和缺失区域鉴定的开放阅读框。

（四）突变位点验证

针对部分 SNP 突变位点，采用了 PCR 扩增、测序的方法对 1000 代和 2000 代菌株相关位点进行验证，证实了发生突变的真实性。

实验发现突变除基因 *rop*C 外，都属于非直系同源基因（non-orthologous gene），这些基因是基因组进化可溯性的重要来源。据 Jeremiah 等的报道[124]，种群的遗传多样性更多地来源于遗传异质性（genetic heterogeneity），是指同一种群的基因组中具有不同的等位基因而造成的多样性。同时，不同菌株中含有的非等位基因以及独特的应急基因等通过基因水平转移（horizontal gene transfer，HGT）来实现菌株基因组的可塑性，吸收适于环境的外源基因，丢弃不适于环境的古老基因，使之更有利于适应环境，即分布式基因假说（distributed genome hypothesis，DGH），以此进行特定的生物进化。Hiller 等提出的关于种群的"supragenome"研究分析即可进一步解释此现象[125]。在本研究中，完成副干酪乳酪杆菌在普通 MRS 培养基和碳源限制性 MRS 培养基中连续培养过程中的发生突变也与这一报道的现象吻合。

在本研究中，副干酪乳酪杆菌 Zhang 在碳源限制性 MRS 培养基中传代菌株发现的 SNP 突变位点平均数量少，但多数为高频率突变，一经建立将稳定遗传；在普通 MRS 培养基连续传代培养的菌株中发现的 SNP 突变频率相对较低，并且高频率 SNP 出现的速度也极低。在两种培养基中培养的副干酪乳酪杆菌 Zhang 菌株中也发现在基因 *rpo*C（RNA polymerase，beta factor）中出现了高频率突变，因此我们推测副干酪乳酪杆菌 Zhang 在不同培养条件下发生着一种趋同进化（convergence），可能代表了细菌在"适应环境"与"高速生长"之间的一种选择，也就是说在培养基环境中，外界选择压力不大，高速生长的细菌有竞争优势。

通过对菌株副干酪乳酪杆菌 Zhang-1-1000-、副干酪乳酪杆菌 Zhang-1-1000+、副干酪乳酪杆菌 Zhang-1-2000-和副干酪乳酪杆菌 Zhang-1-2000+重测序分析可以看出：益生菌副干酪乳酪杆菌 Zhang 的基因组在普通 MRS 培养基和碳源限制性 MRS 培养基中连续传代培养 2000 代过程中高频突变较少，1000 代低频突变在 2000 代有消失的迹象，同时显示出菌株已适应在这一类似的环境中存在并已长期存在。另外，从基因组水平编码基因的突变水平也证实副干酪乳酪杆菌 Zhang 在长期传代培养过程中具有稳定的表型特征及益生特性。同时，通过克隆测序，发现部分突变在 400 代或 600 代时已出现，并稳定遗传到 2000 代。

参考文献

[1] 闫海, 尹春华, 刘晓璐. 益生菌培养与应用 [M]. 北京: 清华大学出版社, 2018.

[2] Broekaert I J, Walker W A. Probiotics and chronic disease [J]. Journal of Clinical Gastroenterology, 2006, 40 (3): 270-274.

[3] WHO/FAO. Evaluation of health and nutritional properties of powder milk with live lactic acid bacteria [J]. Food and Nutrition Paper, 2001: 71.

[4] Correia M I T D, Liboredo J C, Consoli M L D. The role of probiotics in gastrointestinal surgery [J]. Nutrition, 2012, 28 (3): 230-234.

[5] Charalampopoulos D, Rastall R A. Prebiotics and probiotics science and technology [M]. Berlin: Springer Verlag, 2009.

[6] Shah N. Probiotics and prebiotics [J]. Agro Food industry Hi Tech, 2004, 15 (1): 13-17.

[7] Shah N P. Functional cultures and health benefits [J]. International Dairy Journal, 2007, 17 (11): 1262-1277.

[8] Kurmann J, Robinson R. The health potential of products containing bifidobacteria [M] //Robinson R K. Therapeutic properties of fermented milks. London: Elsevier Applied Science Publishers, 1991: 117-157.

[9] Shah, N P. Effects of milk-derived bioactives: an overview [J]. British Journal of Nutrition, 2000, 84 (1): 3-10.

[10] Khani S, Hosseini H, Taheri M, Nourani M, Imani F A A. Probiotics as an Alternative Strategy for Prevention and Treatment of Human Diseases: A Review [J]. Inflammation & Allergy Drug Targets, 2012, 11 (2): 79-89.

[11] Playne, M, Bennett L, Smithers G. Functional dairy foods and ingredients [J]. Australian Journal of Dairy Technology, 2003, 58 (3): 242-264.

[12] Shah, N. Probiotic bacteria: selective enumeration and survival in dairy foods [J]. Journal of Dairy Science, 2000, 83 (4): 894-907.

[13] Oelschlaeger T A. Mechanisms of probiotic actions-Areview [J]. International Journal of Medical Microbiology, 2010, 300 (1): 57-62.

[14] Lee Y K, Salminen S. Handbook of probiotics and prebiotics [M]. Hoboken: Wiley-Interscience, 2009.

[15] Wu R, Wang L, Wang J, et al. Isolation and preliminary probiotic selection of lactobacilli from koumiss in Inner Mongolia [J]. Journal of Basic Microbiology, 2009, 49 (3): 318-326.

[16] Zhang, W, Yu D, Sun Z, et al. Complete genome sequence of Lacticaseibacillus paraasei Zhang, a new probiotic strain isolated from traditional homemade koumiss in Inner Mongolia, China [J]. Journal of Bacteriology, 2010, 192 (19): 5268-5269.

[17] Wang, J, Zhang W, Zhong Z, et al. Gene expression profile of probiotic Lacticaseibacillus paraasei Zhang during the late stage of milk fermentation [J]. Food Control, 2012, 25 (1): 321-327.

[18] Ben Amor K, Vaughan E E, de Vos W M. Advanced molecular tools for the identification of lactic acid bacteria [J]. The Journal of Nutrition, 2007, 137 (3): 741-747.

[19] Tanigawa K, Watanabe K. Multilocus sequence typing reveals a novel subspeciation of Lactobacillus

delbrueckii [J]. Microbiology, 2011, 157 (3): 727-738.

[20] Diancourt L, Passet V, Chervaux C, et al. Multilocus sequence typing of Lactobacillus casei reveals a clonal population structure with low levels of homologous recombination [J]. Applied and Environmental Microbiology, 2007, 73 (20): 6601-6611.

[21] Parolo C C F, Do T, Henssge U, et al. Genetic diversity of Lactobacillus paracasei isolated from in situ human oral biofilms [J]. Journal of Applied Microbiology, 2011, 111 (1): 105-113.

[22] Picozzi C, Bonacina G, Vigentini I, et al. Genetic diversity in Italian Lactobacillus sanfranciscensis strains assessed by multilocus sequence typing and pulsed-field gel electrophoresis analyses [J]. Microbiology, 2010, 156 (7): 2035-2045.

[23] Bentley D R. Whole-genome re-sequencing [J]. Current Opinion in Genetics & Development, 2006, 16 (6): 545-552.

[24] Herring C D, Raghunathan A, Honisch C, et al. Comparative genome sequencing of Escherichia coli allows observation of bacterial evolution on a laboratory timescale [J]. Nature Genetics, 2006, 38 (12): 1406-1412.

[25] Metzker M L. Sequencing technologies-The next generation [J]. Nature Reviews Genetics, 2009, 11 (1): 31-46.

[26] Brockhurst M A, Colegrave N, Rozen D E. Next-Generation sequencing as a tool to study microbial evolution [J]. Molecular Ecology, 2011, 20 (5): 972-980.

[27] Albert T J, Dailidiene D, Dailide G, et al. Mutation discovery in bacterial genomes: metronidazole resistance in Helicobacter pylori [J]. Nature Methods, 2005, 2 (12): 951-953.

[28] Friedman L, Alder J D, and Silverman J A. Genetic changes that correlate with reduced susceptibility to daptomycin in Staphylococcus aureus [J]. Antimicrobial Agents and Chemotherapy, 2006, 50 (6): 2137-2145.

[29] Velicer G J, Raddatz G, Keller H, et al. Comprehensive mutation identification in an evolved bacterial cooperator and its cheating ancestor [J]. Proceedings of the National Academy of Sciences, 2006, 103 (21): 8107-8112.

[30] Gresham D, Desai M M, Tucker C M, et al. The repertoire and dynamics of evolutionary adaptations to controlled nutrient-limited environments in yeast [J]. PLoS Genetics, 2008, 4 (12): e1000303.

[31] Barrick J E, Lenski R E. Genome-wide mutational diversity in an evolving population of Escherichia coli. NIH Public Access, 2009, 44 (517): 119-129.

[32] Conrad T M, Joyce A R, Applebee M K, et al. Whole-genome resequencing of Escherichia coli K-12 MG1655 undergoing short-term laboratory evolution in lactate minimal media reveals flexible selection of adaptive mutations [J]. Genome Biol, 2009, 10 (10): R118.

[33] Araya C L, Payen C, Dunham M J, et al. Whole-genome sequencing of a laboratory-evolved yeast strain [J]. BMC Genomics, 2010, 11 (1): 88-98.

[34] Atsumi S, Wu T Y, Machado I M P, et al. Evolution, genomic analysis, and reconstruction of isobutanol tolerance in Escherichia coli [J]. Molecular Systems Biology, 2010, 6: 449.

[35] Charusanti P, Conrad T M, Knight E M, et al. Genetic basis of growth adaptation of Escherichia coli after deletion of pgi, a major metabolic gene [J]. PLoS Genetics, 2010, 6 (11): e1001186.

[36] Kishimoto T, Iijima L, Tatsumi M, et al. Transition from positive to neutral in mutation fixation along with continuing rising fitness in thermal adaptive evolution [J]. PLoS Genetics, 2010, 6

(10): e1001164.

[37] Lee D H, Palsson B O. Adaptive evolution of Escherichia coli K-12 MG1655 during growth on a Non-native carbon source, L-1, 2-propanediol [J]. Applied and Environmental Microbiology, 2010, 76 (13): 4158-4168.

[38] Lee H H, Molla M N, Cantor C R, et al. Bacterial charity work leads to population-wide resistance [J]. Nature, 2010, 467 (7311): 82-85.

[39] Zwick M E, Mcafee F, Cutler D J, et al. Microarray-based resequencing of multiple Bacillus anthracis isolates [J]. Genome Biology, 2004, 6 (1): R10.

[40] 诸葛健, 李华钟. 生物工程 [M]. 北京: 化学工业出版社, 2009.

[41] 刘衍芬. DVS 乳酸菌种菌株传代和保存与遗传稳定性分析 [D]. 哈尔滨: 东北农业大学, 2005.

[42] Conrad, T M, Lewis N E. Microbial laboratory evolution in the era of genome-scale science [J]. Molecular Systems Biology, 2011, 7 (1): 509-518.

[43] Wagner A. Neutralism and selectionism: a network-based reconciliation [J]. Nature Reviews Genetics, 2008, 9 (12): 965-974.

[44] Lenski R E. Experimental studies of pleiotropy and epistasis in Escherichia coli. I. Variation in competitive fitness among mutants resistant to virus T4 [J]. Evolution, 1988, 42 (3): 425-432.

[45] Barrick J E, Yu D S, Yoon S H, et al. Genome evolution and adaptation in a long-term experiment with Escherichia coli [J]. Nature, 2009, 461 (7268): 1243-1247.

[46] Ferea T L, Botstein D, Brown P O, et al. Systematic changes in gene expression patterns following adaptive evolution in yeast [J]. Proceedings of the National Academy of Sciences, 1999, 96 (17): 9721-9726.

[47] Elena S F and Lenski R E. Evolution experiments with microorganisms: the dynamics and genetic bases of adaptation [J]. Nature Reviews: Genetics, 2003, 4 (6): 457-469.

[48] Agostoni C, Axelsson I, Braegger C, et al. Probiotic bacteria in dietetic products for infants: a commentary by the ESPGHAN Committee on Nutrition [J]. Journal of Pediatric Gastroenterology and Nutrition, 2004, 38 (4): 365-374.

[49] Samuelsson C, Kvanta E, Weiner J I, et al. Lactic acid producing bacteria for use as probiotic organisms in the human vagina: SE0103127D0 [P]. 2010-09-20.

[50] Saarela M, Virkajarvi I, Alakomi H L, et al. Stability and functionality of freeze-dried probiotic Bifidobacterium cells during storage in juice and milk [J]. International Dairy Journal, 2006, 16 (12): 1477-1482.

[51] Clements M, Levine M, Ristaino P, et al. Exogenous lactobacilli fed to man-their fate and ability to prevent diarrheal disease [J]. Progress in Food & Nutrition Science, 1983, 7 (3/4): 29-39.

[52] Elo S, Saxelin M, Salminen S. Attachment of Lactobacillus casei strain GG to human colon carcinoma cell line Caco-2: comparison with other dairy strains [J]. Letters in Applied Microbiology, 1991, 13 (3): 154-156.

[53] Tuomola E, Crittenden R, Playne M, et al. Quality assurance criteria for probiotic bacteria [J]. The American Journal of Clinical Nutrition, 2001, 73 (2): 393S-398S.

[54] Dillon V M. Lactic acid Bacteria: Microbiology and Functional Aspects [J]. International Journal of Food Science & Technology, 1998, 33 (2): 195-196.

[55] Morelli L, Campominosi E. Genetic stability of Lactobacillus paracasei subsp. paracasei F19 [J]. Microbial Ecology in Health and Disease, 2002, 14 (1): 14-16.

[56] Bachmann H, Starrenburg M J C, Molenaar D, et al. Microbial domestication signatures of Lactococcus lactis can be reproduced by experimental evolution [J]. Genome Research, 2012, 22 (1): 115-124.

[57] 周朝晖, 范小兵, 傅昌年, 等. 昂立植物乳植杆菌发酵及其稳定性能的研究 [J]. 中国微生态学杂志, 2004, 16 (6): 356-358.

[58] 刘衍芬, 高学军, 张明辉, 等. DVS乳酸菌种菌株传代过程中遗传稳定性分析 [J]. 生物技术, 2005, 15 (2): 48-50.

[59] 刘衍芬, 高学军, 张明辉, 等. DVS乳酸菌种菌株保存过程中遗传稳定性分析 [J]. 中国乳品工业, 2005, 33 (1): 7-10.

[60] 刘晓辉, 冀宝营, 高晓梅, 等. 直投式酸奶发酵剂乳酸菌种遗传稳定性的研究 [J]. 中国酿造, 2008, (4): 33-35.

[61] Wu R, Wang W, Yu D, et al. Proteomics analysis of Lacticaseibacillus paracasei Zhang, a new probiotic bacterium isolated from traditional home-made koumiss in Inner Mongolia of China [J]. Molecular & Cellular Proteomics, 2009, 8 (10): 2321-2338.

[62] 薛峰. 干酪乳酪杆菌ATCC 393在不同环境因子胁迫下的生理应答 [D]. 无锡: 江南大学, 2010.

[63] 陶天申, 杨瑞馥, 东秀珠. 原核生物系统学 [M]. 北京: 化学工业出版社, 2007.

[64] 布南坎, 吉布斯. 伯杰氏细菌学鉴定手册 [M]. 北京: 科学出版社, 1995.

[65] 王立平. 内蒙古传统酸马奶酒中乳杆菌潜在益生特性的研究 [D]. 呼和浩特: 内蒙古农业大学, 2005.

[66] Murray P R, Baron E J, Pfaller M A, et al. Manual of Clinical Microbiology [M]. Chicago: ASM Press, 1995.

[67] Versalovic J. Manual of clinical microbiology [M]. Chicago: ASM Press, 2011.

[68] Klijn A, Mercenier A, Arigoni F. Lessons from the genomes of bifidobacteria [J]. FEMS Microbiology Reviews, 2005, 29 (3): 491-509.

[69] Kinnersley M A, Holben W E, Rosenzweig F E. Unibus Plurum: genomic analysis of an experimentally evolved polymorphism in Escherichia coli [J]. PLoS Genetics, 2009, 5 (11): e1000713.

[70] Notley-McRobb L, Ferenci T. Adaptive mgl-regulatory mutations and genetic diversity evolving in glucose-limited Escherichia coli populations [J]. Environmental Microbiology, 1999, 1 (1): 33-43.

[71] Notley-McRobb L, Ferenci T. The generation of multiple co-existing mal-regulatory mutations through polygenic evolution in glucose-limited populations of Escherichia coli [J]. Environmental Microbiology, 1999, 1 (1): 45-52.

[72] Notley-McRobb L, Seeto S, Ferenci T. The influence of cellular physiology on the initiation of mutational pathways in Escherichia coli populations [J]. Proceedings of the Royal Society of London, Series B: Biological Sciences, 2003, 270 (1517): 843-848.

[73] Wick L M, Quadroni M, Egli T. Short- and long-term changes in proteome composition and kinetic properties in a culture of Escherichia coli during transition from glucose-excess to glucose-limited growth conditions in continuous culture and vice versa [J]. Environmental Microbiology, 2001, 3 (9): 588-599.

[74] Wick L M, Weilenmann H, Egli T. The apparent clock-like evolution of *Escherichia coli* in glucose-

limited chemostats is reproducible at large but not at small population sizes and can be explained with Monod kinetics [J]. Microbiology, 2002, 148 (9): 2889-2902.

[75] Woods R J, Barrick J E, Cooper T F, et al. Second-order selection for evolvability in a large Escherichia coli population [J]. Science, 2011, 331 (6023): 1433-1436.

[76] Jeremiah D, Josh E, Fen H, et al. Comparative analysis and supragenome modeling of twelve Moraxella catarrhalis clinical isolates [J]. BMC Genomics, 2011, 12: 70.

[77] Hiller N L, Janto B, Hogg J S, et al. Comparative genomic analyses of seventeen Streptococcus pneumoniae strains: insights into the pneumococcal supragenome [J]. Journal of Bacteriology, 2007, 189 (22): 8186-8195.

第四章

抗生素环境中乳酸菌的适应性机制

第一节　益生菌在抗生素环境中的适应性机制概述

第二节　植物乳植杆菌在抗生素环境中的适应性机制

第三节　副干酪乳酪杆菌在抗生素环境中的适应性机制

参考文献

第一节　益生菌在抗生素环境中的适应性机制概述

一、抗生素概述

抗生素，是指由微生物（包括细菌、真菌、放线菌属）或高等动植物在生命过程中所产生的具有抗病原体或其他活性的一类次级代谢产物，该类物质能干扰其他细胞的生长发育甚至导致其死亡[1]。目前在临床实践中常用的抗生素主要有两大类，一类是通过从微生物培养液中提取获得，另一类是用化学方法合成或半合成的化合物制品[2]。"抗生素"这一概念最早由英国科学家 Selman 于 1941 年提出[3]。但在这一概念提出之前，青霉素在 1928 年就已被英国科学家 Fleming 首次发现[4]。1945 年，美国科学家 Vax 从链霉菌中分离得到了链霉素，成为继青霉素之后第二种生产并用于临床实验的抗生素[5]。随着科学技术的不断飞跃，抗生素的研究取得了显著进展，一系列功能各异、效果显著的抗生素逐渐走进公众视野，并被广泛应用于医疗实践中。科技进步的浪潮不断推动着抗生素领域的发展，使其成为现代医药体系中一个至关重要的组成部分，对人类健康维护与医疗事业的进步作出了不可磨灭的巨大贡献。值得一提的是，我国抗生素的年使用量高达 162,000 吨，几乎占据了全球总量的一半，因此，我国被誉为名副其实的"抗生素大国"[6]。

根据抗生素的结构可将抗生素分为两大类，即 β-内酰胺类抗生素和非 β-内酰胺类抗生素。抗生素除根据其结构的不同进行分类外，可以根据抗生素对细菌不同位点的作用划分。最常见的 5 种作用为抑制细菌细胞壁合成、增强细菌细胞膜通透性、干扰细菌蛋白质合成、抑制细菌核酸复制转录和抑制细胞代谢[7][8]。

氨苄西林（ampicillin）作为广谱 β-内酰胺类抗生素的一种，自 1941 年问世以来，经过深入探究已证实其能有效抗击多种由细菌引起的感染性疾病[9-11]。无论是呼吸道感染、脑膜炎、泌尿道感染，还是内膜炎、沙门菌感染等疾病，氨苄西林都展现出了卓越的治疗效果[12-14]。它主要是通过干扰细菌细胞壁的合成来达到杀灭细菌的效果[10]。其给药途径多样，包括口服、肌内注射和静脉注射等方式，方便灵活[15]。此外，氨苄西林还位列世界卫生组织基本药物标准清单之中，成为基础公共卫生体系不可或缺的重要药物之一[16]。然而，值得注意的是，在 2017 年 10 月 27 日世界卫生组织国际癌症研究机构（IARC）公布的致癌物清单中，氨苄西林被归类为Ⅲ类致癌物，表明其对人体致癌性尚待明确[17]。在益生菌的适应性进化研究中，抗生素的环境压力会触发益生菌的应激反应，进而调整其代谢途径以适应这种压力，确保能够在不利环境中生存[6]。

二、益生菌在抗生素环境中面临的研究现状

益生菌的生长与繁殖依赖于环境条件，而各异的环境因素也会对其益生效能产生一定影响。在极端环境中，益生菌可能面临突变甚至死亡的风险[18]。为了应对外界的不良刺激，益生菌拥有独特的防御机制，例如合成应激蛋白、调节代谢机制和采取强制休眠等方式来保护自身[19]。随着科技工业的快速发展，实验环境的限制条件变得越来越严格，益

生菌面临着各种环境胁迫的挑战，包括食品加工中的渗透压、温度、酸碱度等胁迫，以及临床试验中的化学药物胁迫等[20]。近年来，抗生素在临床治疗中的应用日益广泛，成为治疗细菌感染性疾病的首选药物[21-23]。对于长期在人体肠道内和谐共生、维持肠道微生态平衡起着至关重要作用的益生菌而言，抗生素的引入无疑构成了一种全新的、不容忽视的环境胁迫因素。

（一）抗生素耐药性

根据2014年世界卫生组织公布的信息表明，肺炎克雷伯杆菌和大肠埃希菌对第三代头孢菌素、大肠埃希菌和志贺菌对氟喹诺酮类抗生素以及肺炎双球菌对青霉素均产生了耐药性[24]。Christopher Murray 教授在 2019 年的一项跨国界研究，集结了全球各地数百名研究者的力量，通过整合系统性文献回顾、医院电子记录和政府监控系统中的庞大信息——共计 4.71 亿条个人数据记录，运用高级统计模型全面评估了全球抗生素耐药性状况。这项研究覆盖了全球 204 个区域，聚焦于 23 种主要病原体以及它们与 88 种抗生素的反应，揭示了一个严峻的事实：当年，直接归因于抗生素耐药性的死亡人数高达 127 万，另外有 495 万例死亡与耐药性有关。这一数字远超同年艾滋病（68 万死亡）和疟疾（62.7 万死亡）的致死人数。尤其突出的是，下呼吸道和血液感染，如耐药性肺炎和败血症，分别造成了超 40 万和约 37 万的死亡案例。在被研究的病原体中，大肠埃希菌、金黄色葡萄球菌等六种关键细菌的耐药性直接导致了 92.9 万人死亡，耐甲氧西林金黄色葡萄球菌单一菌种即造成了超 10 万人死亡，强调了耐药性问题对人类健康的巨大威胁[25]。由此可见，细菌出现抗生素耐药性已经不是个例，它已成为一个在全球范围内日益严峻且不容忽视的公共卫生挑战。这一现象的普遍性、复杂性和持续性，不仅要求我们在医学领域投入更多的研究力量，还促使社会各界共同反思抗生素使用的现状及其长远影响。鉴于此，多国政府正加大对抗生素耐药性问题的关注，并加速推动新型抗生素的研发以应对这一全球危机。

乳酸菌对抗生素的耐药性主要分为两种，分别是获得耐药性和固有耐药性[26]。获得耐药性是指在抗生素的环境下通过自身 DNA 突变或水平传播而产生耐药性[27]。这种耐药性通常是由外界环境导致的，因此在环境消失或者改变之后，其耐药性可能会随之消失或改变[28]。固有耐药性是指乳酸菌对于某一种抗生素的天然耐药性，主要原因是某些乳酸菌具有较厚的细胞壁，使得部分抗生素难以进入，从而产生了耐药性[29]。固有耐药性相对稳定，不易发生转移，所以较为安全[30]。

（二）抗生素适应性进化菌株

当抗生素被摄入或注射进入生物体内，它们会迅速分布至全身，如肠道、口腔及呼吸道等，从而触发一系列错综复杂的生物化学反应。这些反应不仅直接作用于目标病原体，抑制其生长与繁殖，同时也不可避免地影响到了共生于这些部位的众多非目标微生物，其中就包括益生菌群。针对特定种类的乳酸菌而言，这些微生物凭借其长期进化所赋予的卓越适应能力，在面对抗生素营造的胁迫环境时，主动调整自身的代谢机制，以适应这种不利条件。这一过程可能涉及基因表达的调控、代谢途径的重构以及细胞壁结构的改变等多个层面，旨在增强细胞对抗生素的抗性或降低抗生素对其的毒性作用。最终进化为具有显著抗生素适应性的进化菌株。针对这一现象，学术界产生了不同的观点。一部分学者持积极态度，认为抗生素适应性进化菌株的出现是积极的，因为这些益生菌通过增强适应能力，为未来的工业化生产等领域带来了潜在的促进效果[31]。然而，也有另一部分学者表达了担忧，他们指出虽然抗生素能有效杀灭部分有害微生物，但这些微生物同样有可能通过适应性进化，演化成毒性更强或具有多重耐药性的细菌，这类细菌甚至可能变得难以通过抗生素杀灭[32]。从当前的科学发展态势来看，新抗生素的研发速度显然滞后于抗生素适应性菌株的涌现速度[33]。这意味着，在抗生素的使用和管理上，我们需要秉持更加审慎和科学的态度，以确保其在医疗和公共卫生领域的有效应用，同时防范潜在的风险和挑战。

（三）细菌抗性基因的研究进展

细菌抗性基因的传播具有高度稳定性，使得细菌能迅速适应并保留抗性，即使没有持续的抗生素选择压力，这些抗性基因也难以根除。全球范围内，细菌耐药性持续攀升且难以逆转至先前水平[34]。不过，古巴和匈牙利的例子提供了一种可能，通过严格控制特定抗生素的使用，可以使耐药性下降[35-36]。然而，这种下降往往是部分的，且一旦抗生素使用恢复，耐药性会迅速反弹，如 Gerding[37] 等关于庆大霉素和妥布霉素的研究所示。这些发现突显了耐药性研究的复杂性和紧迫性，因此需要更广泛和深入的研究来全面理解耐药性动态，并寻找有效的遏制策略。

目前全球对于抗生素研究已经颇为深入，其中 β-内酰胺类抗生素的研究尤为突出，紧随其后的是对氨基糖苷类、四环素类、喹诺酮类以及万古霉素等抗生素耐药性机制的探索，这些抗生素类别频繁遭遇由诸如大肠埃希菌、金黄色葡萄球菌、铜绿假单胞菌、肺炎克雷伯杆菌和鲍曼不动杆菌等重要病原体产生的耐药性挑战。科研活动集中于这些抗生素类别及临床常见致病菌的耐药性问题，彰显了科学界对于解决抗生素耐药危机的高度关注与积极应对。目前，针对细菌耐药性及其作用机理的研究正不断扩展，标志着该领域正处于持续增长和加速推进的态势。

鉴于抗性基因流动的隐患，强化监控益生菌特别是乳酸菌的耐药性特征变得尤为重要。乳酸菌作为益生菌的主力，在发酵制品与益生制剂中被广泛应用，并在人体肠道微生物群中占据关键位置，能够促进肠道内细菌间的基因交流。值得注意的是，若益生菌携带位于可移动遗传元件上的抗性基因，它们便可能成为抗性基因的储备库[38-39]，由此对健康构成潜在风险，类似于致病菌的威胁模式。

抗性基因的水平传播主要是通过接合转座子、质粒等工具实现，这一过程称为水平基因转移（HGT/LGT）。并非所有转座子都涉及耐药性编码，实际上，众多环境中发现的转座子携带的基因让细菌能够抵抗环境中的化学物质，如芳香族化合物（甲苯、氯苯、酚类等），或是编码分解有害物质（包括药物和致癌物）的代谢途径，这些都是细菌适应特定生存挑战的策略。转座子介导的基因流动不仅推进了细菌的长期演化，还加快了它们对严苛环境，比如抗生素压力下的快速适应，确保其存活。通过基因组测序技术，科学家能更深入地解析细菌物种内外基因转移的动态，为理解及预测抗性基因的传播提供了强有力的工具[39]。

Scott[39,20] 等在他们的综述中详细探讨了肠道微生物中耐药基因的转移现象，指出频繁曝露于抗生素环境中——部分原因是食物中残留的抗生素——能激活诸如 Tn916 和 CTnDOT 之类的接合转座子的转移活动，从而加剧了肠道细菌对抗生素的耐受性。特别值得关注的是，乳酸菌基因组内嵌的接合转座子可能在穿越肠道过程中，促进耐药基因向其他共生微生物的横向传递。众多研究[40-42] 已证实乳酸菌耐药基因具有高度的可转移性。

（四）乳酸菌耐药性检测方法

乳酸菌的耐药性评估核心在于其最小抑菌浓度（minimum inhibitory concentration, MIC），这一指标标志着能够遏制其生长的最低抗生素浓度。然而，由于不同菌株的生长特性各异，确定 MIC 时需考虑其最适宜的生长条件[43]。当某一菌株的 MIC 值超出标准值时，我们便可认定该菌株对此抗生素具有耐药性[44]。

1. 纸片扩散敏感性检测法

纸片扩散敏感性检测法（disk diffusion susceptibility testing），作为一种经典的微生物学检测技术，其历史可追溯到 1966 年，由杰出的科学家 Bauer 提出并成功应用于最小抑菌浓度（MIC）的测定之中。该方法通过在已接种的培养基上，按照预定的布局精确放置含有特定浓度抗生素的纸片（通常这些纸片是标准化的，含有已知量的抗生素）。将培养基置于适宜的温度和湿度条件下进行培养，通过测量抑菌圈的直径，并参考标准曲线或对照表，可以估算出该抗生素对测试微生物的 MIC 值。其中，抑菌圈的直径与 MIC 值成反比关系，即抑菌圈直径越大，MIC 值越低[45]。

2. 稀释法

稀释法作为细菌最小抑菌浓度检测的一种主流方法，因其操作简便、结果可靠而广泛应用于临床微生物学、药物研发及实验室研究中。根据所使用培养基的不同，稀释法可细分为肉汤稀释法和琼脂稀释法两种形式，它们各有特点，但共同目标均是在体外模拟环境下，评估特定抗生素对细菌的抑制效果。其中，肉汤稀释法包含宏量和微量两种形式，而宏量肉汤稀释法因其实用性在抗生素抑制性实验中更为常见[46]。本研究使用肉汤稀释法，通过梯度稀释制备不同浓度抗生素的液体培养基，在试管中加入培养基和定量细菌，在预设的温湿度及氧气条件下进行培养。培养结束后，通过肉眼观察培养基的浑浊程度，来读取 MIC 值[47]。

3. E-test 法

E-test，全称为 Epsilometer test，是 AB Biodisk 公司（现隶属 bioMérieux 集团）于 1991 年创新推出的一种高效、精确的细菌耐药性检测技术。这一技术的诞生是微生物学检测领域的一次重要进展，它巧妙地融合了纸片扩散法的直观性和稀释法的精确性，为临床微生物实验室及科研机构提供了一种全新的、更加全面地评估细菌对抗生素敏感性的方法。该方法通过测量抑菌圈与刻度试纸条的交点来确定 MIC 值，使用 Epsilometer 设备直接显示结果，有效减少了肉眼观测的误差[48]。E-test 特别适用于营养需求高或需特殊培养条件的病原菌检测。

第二节 植物乳植杆菌在抗生素环境中的适应性机制

益生菌的种类极为丰富，在属的分类层面上，我们常见的有双歧杆菌属、乳杆菌属、乳球菌属、链球菌属以及肠球菌属等[16]。在这些菌属家族中，链球菌属、双歧杆菌属及乳杆菌属的研究占据了尤为突出的地位。尤其是乳杆菌在乳酸菌的庞大分类中独树一帜，不仅种类最为丰富多样，还是益生菌领域内最为常见且重要的菌属之一。在这一庞大的益生菌群体中，植物乳植杆菌、干酪乳酪杆菌及嗜酸乳杆菌因其独特的性质与广泛的应用前景，成为科学家们最为热衷研究的三大菌属。

植物乳植杆菌是由 Moro 科学家于 1990 年首次从婴儿粪便中分离得到的。植物乳植杆菌展现出了极强的适应性，不仅广泛存在于人类的肠道内，也可见于动物的肠道中，是肠道内的优势菌群之一[17,18]。

一、植物乳植杆菌 P-8 适应氨苄西林过程中生长特性的研究

（一）进化菌株与亲本菌株的活菌数、pH 和 OD_{600} 值变化

在氨苄西林培养基中，经过 1600 代的连续传代与筛选将进化后的植物乳植杆菌 P-8-A-1600 与原始的亲本菌株进行生长特性的测定。图 4-1 表明，植物乳植杆菌 P-8 和植物乳植杆菌 P-8-A-1600 在氨苄西林环境中均呈"S"形生长曲线。然而在生长后期，进化菌株的活菌数显著高于亲本菌株。具体来说，0~6h 的生长迟滞期中，两菌株的活菌数增长缓慢；6~12h 的对数期时，两菌株活菌数均有所增长，但进化菌株的增长速率更高；到了 12~18h 的稳定期，两菌株的活菌数保持稳定，进化菌株的数量依旧高于亲本菌株；而进入 18h 后的衰亡期，活菌数开始下降，但进化菌株的活菌数依旧高于亲本菌株。综上，进化菌株在氨苄西林环境下展现了更强的生长能力和适应性。

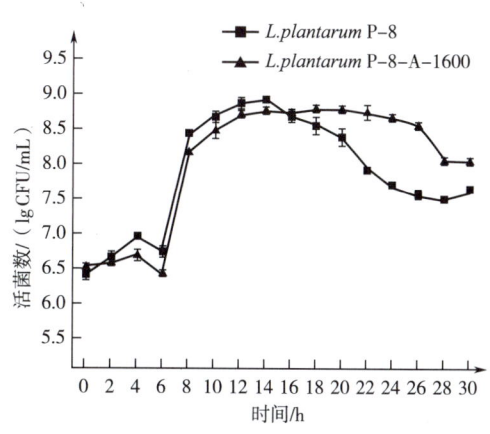

图 4-1 亲本菌株与进化菌株在氨苄西林 LSM 培养基中活菌数的变化

（*L. plantarum* P-8 代表植物乳植杆菌 P-8。*L. plantarum* P-8-A-1600 是植物乳植杆菌 P-8 经过 1600 的连续传代与筛选，进化后的菌株命名。）

图 4-2 表明，在含氨苄西林的 LSM 培养基中，植物乳植杆菌 P-8 和植物乳植杆菌 P-8-A-1600 的 pH 均先下降后平稳。初始时，培养基 pH 设定在 6.8 以支持菌株生长。在 0~6h 内，pH 基本保持不变；而在 6~12h 内，随着细菌产酸，pH 迅速下降至约 4.3 并保持稳定。12h 后，pH 在 4.3 附近波动。尽管植物乳植杆菌 P-8 的产酸起始时间稍早，但植物乳植杆菌 P-8-A-1600 的产酸速率较快，且在稳定期时其 pH 略低于植物乳植杆菌 P-8。这表明进化菌株的产酸能力和对酸性环境的适应性略有提升，显示出更强的生长潜力。

图 4-3 显示了植物乳植杆菌 P-8 与植物乳植杆菌 P-8-A-1600 在菌体生长上的差异。初期曲线平稳，OD_{600} 无明显差异。对数期时，菌体密度急剧增加，亲本菌株在 12h 达到峰值 2.17，而进化菌株在 14h 达到最大峰值 2.52。进入生长迟滞和衰亡期后，菌体密度开始降低。显然，进化菌株不仅达到最大密度的时间稍晚，而且其最大密度也更高，这证明了进化菌株植物乳植杆菌 P-8-A-1600 的生长性能优于亲本菌株植物乳植杆菌 P-8。

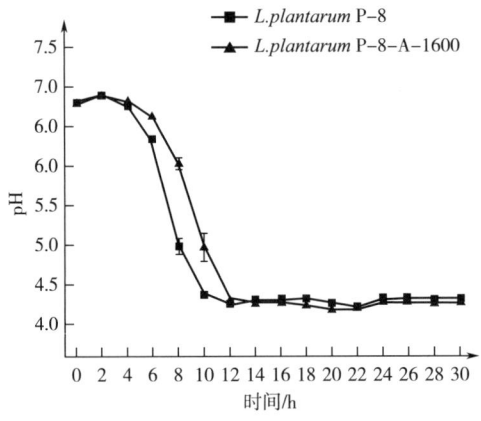

图 4-2　亲本菌株与进化菌株在氨苄西林 LSM 培养基中 pH 的变化

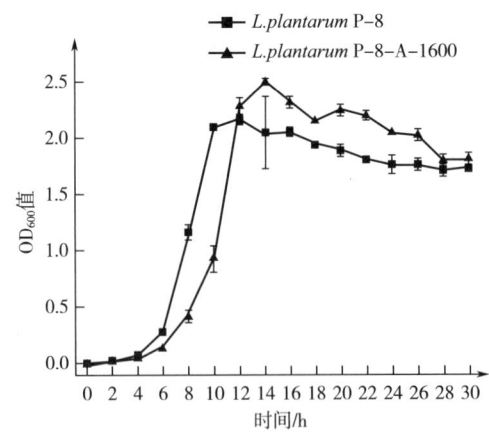

图 4-3　亲本菌株与进化菌株在氨苄西林 LSM 培养基中 OD_{600} 值的变化

（二）植物乳植杆菌 P-8 进化菌株与亲本菌株生长特性变化分析

在严格控制的实验室环境中，经过 1600 代的连续传代与筛选，进化后的菌株植物乳植杆菌 P-8-A-1600 与原始的亲本菌株相比，植物乳植杆菌 P-8-A-1600 展现出了多方面的显著差异，这些差异深刻地反映了长期适应抗生素环境所带来的进化优势。首先，在活菌数上，尽管长期的抗生素曝露并未显著改变两种菌株的总活菌数量或是它们基本的生长趋势，但在培养周期的中后期，差异开始显现。特别是当亲本菌株逐渐进入衰亡期，活菌数开始显著下降时，进化菌株植物乳植杆菌 P-8-A-1600 却能在这一阶段依然维持较高的活菌数和生物活性，显示出其卓越的生存能力和对抗生素压力的持久抵抗。其次，在 pH 方面，进化菌株同样展现出了其独特的优势。虽然亲本菌株在培养初期能够更快地启动产酸过程并进入对数期，但随着时间的推移，其产酸能力却逐渐显现出局限性，无法与进化菌株相媲美。进化菌株植物乳植杆菌 P-8-A-1600 不仅拥有更强的产酸能力，能够在短时间内达到更低的 pH，更重要的是，它还表现出了对酸性环境更高的耐受性，这使得它在某些需要强酸环境的应用中具备更大的潜力。此外，通过 OD_{600} 值的测定，我们进一步揭示了两种菌株在菌体密度和代谢活性上的差异。在培养的前期阶段，进化菌株的菌体密度相较于亲本菌株略显不足，这可能是由于其正在经历适应期的调整。然而，随着培养时间的推移，特别是在中后期阶段，进化菌株展现出了更高的代谢活性和生长潜力，其 OD_{600} 值持续上升并最终超越了亲本菌株，这一变化不仅体现了进化菌株在生长速率上的优势，也预示着其在资源利用和竞争中的强大能力。综上所述，长期适应抗生素环境的进化历程对植物乳植杆菌 P-8-A-1600 的生长特性产生了深远影响。通过优化其代谢途径、增强产酸能力和提高酸性环境耐受性等多方面的进化改变，进化菌株在特定条件下展现出了显著的生长优势。

二、植物乳植杆菌 P-8 适应氨苄西林过程中蛋白质组学的研究

本研究中，我们对一些经过前处理的进化菌株植物乳植杆菌 P-8-A-1600 与亲本菌株植物乳植杆菌 P-8 进行蛋白质组学分析。首先，将活化培养后的两株菌进行蛋白质的分离提取；再采用二喹啉甲酸（BCA）试剂盒法测定蛋白质浓度；将样品中的蛋白质消化酶解后进行 TMT 肽段标记；之后放入强阳离子柱进行肽段的分离及纯化；运用 Easy-n LC 超高效液相色谱与 Q-Exactive MS 四级杆质谱的串联技术进行液相色谱-质谱分析，以实现对蛋白质的精确鉴定和深入分析；通过 KEGG 和 COG 数据库筛选出的蛋白质进行比对和功能注释，最后将筛选出的差异蛋白进行平行反应监测（Parallel reaction monitoring，PRM）验证分析。

通过对两株菌株进行蛋白质组学分析，共识别到 42 个显著差异蛋白。其中 22 个蛋白表达显著上调，20 个蛋白则显著下调。利用 KEGG 数据库对这些差异蛋白进行了比对，并依据 COG 功能进行了分类，总共分为 11 个不同的类别。图 4-4 详细展示了各类差异蛋白的数量分布。

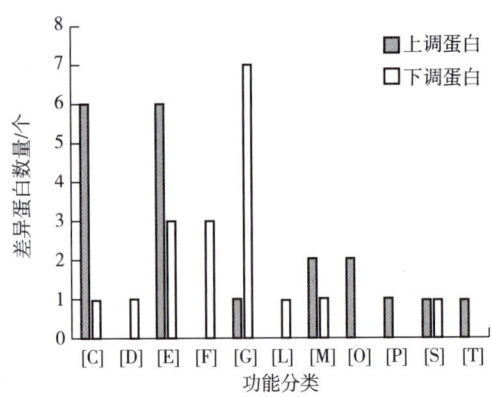

图 4-4 进化菌株的差异蛋白数量及功能分类

(一) 进化菌株的上调蛋白

如表 4-1 所示,进化菌株植物乳植杆菌 P-8-A-1600 在特定条件下的蛋白质组学研究中,其显著上调的蛋白质被归类至 8 个不同的 COG 分类中。这些分类不仅涵盖了细胞基础代谢的关键环节,如 [C] 能量生成和转化,它是细胞活动的核心驱动力;还涉及氨基酸 [E]、碳水化合物 [G] 等生物分子的转运与代谢,这些过程对于细胞构建、能量储存及信息传递至关重要。此外,还包括了细胞结构维护的细胞壁/膜/包膜生物合成 [M],翻译后修饰、蛋白周转和分子伴侣 [O],以及无机离子转运和代谢 [P],信号转导机制 [T],功能未知 [S]。它们共同确保了细胞内环境的稳态与高效运作。

表 4-1 进化菌株植物乳植杆菌 P-8-A-1600 的上调蛋白

蛋白位点	COG 分类	功能描述	变化倍数	P 值
LBP_cg2703	COG1882 [C]	Formate C-acetyltransferase	3.26	4.88E-06
LBP_cg2927	COG1012 [C]	Bifunctional acetaldehyde-CoA/alcohol dehydrogenase	3.01	8.16E-05
LBP_cg0288	COG1012 [C]	Acetaldehyde dehydrogenase	2.84	5.94E-04
LBP_cg0880	COG0114 [C]	Fumarate hydratase	2.48	2.15E-04
LBP_cg2434	COG0778 [C]	Nitroreductase	2.32	3.72E-05
LBP_cg0871	COG0039 [C]	L-lactate dehydrogenase 2	2.04	6.52E-05
LBP_cg0397	COG1760 [E]	L-serine dehydratase, beta subunit	3.32	3.92E-04
LBP_cg0398	COG1760 [E]	L-serine dehydratase, alpha subunit	2.83	1.04E-04
LBP_cg0644	COG0028 [EH]	Pyruvate oxidase	2.77	1.68E-05
LBP_cg1450	COG2755 [E]	SGNH superfamily hydrolase	2.51	4.85E-04
LBP_cg2842	COG0169 [E]	Shikimate 5-dehydrogenase	2.23	5.29E-05
LBP_cg0396	COG0814 [E]	Serine transporter	2.06	3.35E-05

续表

蛋白位点	COG 分类	功能描述	变化倍数	P 值
LBP_cg1489	COG0574 [G]	Pyruvate, water dikinase	3.31	4.84E-06
LBP_cg1793	COG0768 [M]	Penicillin binding protein 2B	2.14	5.19E-08
LBP_p6g001	COG3409 [M]	YkuG protein	2.14	5.19E-08
LBP_cg2704	COG1180 [O]	Formate acetyltransferase activating enzyme	3.95	3.96E-06
LBP_cg1134	COG0719 [O]	ABC transporter component, iron regulated	2.21	2.13E-03
LBP_cg0872	COG0471 [P]	Cation transport protein	2.43	5.87E-05
LBP_cg0842	COG4939 [S]	Lipoprotein	2.18	7.69E-05
LBP_cg1738	COG3480 [T]	Endopeptidase La (Putative)	2.36	6.20E-05
LBP_p3g026		hypothetical protein	3.97	1.25E-05
LBP_cg2450		hypothetical protein	2.52	1.98E-03

在严格筛选条件（变化倍数>2 且 P<0.05）下，共识别出 22 个显著上调的蛋白。值得注意的是，这些差异表达蛋白中，约 27.3%直接参与能量的生成与转化过程，具体表现为脱氢酶类（如 LBP_cg2927、LBP_cg0288、LBP_cg0871）等催化酶类的活跃表达，它们通过促进氧化还原反应、水解反应等方式，高效地将化学能转化为细胞可利用的 ATP。特别地，LBP_cg2703 乙酰转移酶以 3.26 倍的差异变化倍数，成为能量代谢中最为突出的调控因子。

同时，另有 27.3%的蛋白与氨基酸的转运与代谢紧密相连，包括丝氨酸脱水酶及其亚基（LBP_cg0398、LBP_cg0397）、丙酮酸氧化酶（LBP_cg0644）等，这些蛋白不仅参与氨基酸的生物合成与降解，还间接影响能量代谢与信号传导。特别是丝氨酸相关的酶系（LBP_cg0397、LBP_cg0398、LBP_cg0396），展现了菌株在应对环境变化时，对特定氨基酸代谢途径的精细调控。

此外，蛋白质翻译后修饰与周转方面的调控也不容忽视，乙酰转移酶（LBP_cg2704）与 ABC 转运蛋白-ATP 结合蛋白（LBP_cg1134）的上调，暗示了菌株在提升蛋白质功能多样性与稳定性方面的策略。而功能未知的 LBP_cg0824 蛋白，则可能为未来研究揭示新的生物学功能提供线索。

在碳水化合物代谢、细胞壁结构维护、无机离子转运、信号转导等关键生命活动中，同样有上调控蛋白的积极参与，如丙酮酸水激酶（LBP_cg1489）促进糖酵解，青霉素结合蛋白 2B（LBP_cg1793）参与细胞壁构建，阳离子转运蛋白（LBP_cg0872）调节离子平衡，以及内肽酶（LBP_cg1738）在信号级联反应中的重要作用。最后，还发现了 LBP_p3g026 和 LBP_cg2450 两个功能尚不明确的差异表达蛋白。

（二）进化菌株的下调蛋白

如表 4-2 所示，进化菌株植物乳植杆菌 P-8-A-1600 在特定实验条件下所展现出的蛋白质表达调控模式中，下调控蛋白被明确归类至 8 个不同的 COG 分类。这些分类不仅覆盖了细胞能量代谢的核心环节 [C] 能量生成和转化, 还涉及了细胞增殖与遗传稳定性的关键过程, 如 [D] 控制细胞周期、细胞分裂、染色体分配, 以及生物分子如氨基酸 [E]、核苷酸 [F]、碳水化合物 [G] 的转运与代谢, 还有 [L] 复制、重组和修复这一维护遗传信息完整性的重要机制, 和 [M] 细胞壁/膜/包膜的生物合成这一保障细胞结构的基石。此外, 还有一类 [S] 功能未知的蛋白, 预示着潜在的未知生物学功能等待探索。

在严格筛选标准(变化倍数>2 且 $P<0.05$)下, 共鉴定出 20 个显著下调的蛋白质(表4-2)。值得注意的是, 这些下调蛋白中, 35.0%直接参与了碳水化合物的转运和代谢过程, 凸显了菌株在适应环境变化时, 对糖类利用策略的灵活调整。具体而言, 包括 4 种糖苷酶——α-葡萄糖苷酶(LBP_cg2862)、β-葡萄糖苷酶(LBP_cg2554)以及两个 β-半乳糖苷酶(LBP_p2g004 和 LBP_p2g005), 它们通过水解作用释放糖类单体以供细胞利用; 此外, 还有 GPH 家族的转运蛋白(LBP_p2g010)和 PTS 糖转运蛋白(LBP_p1g047)参与糖类物质的跨膜运输, 以及一个结构域蛋白(LBP_p1g007)可能在此过程中发挥辅助作用。

与氨基酸的转运和代谢相关的下调蛋白虽数量较少(3 个, 占比 15.0%), 但涵盖了 ABC 家族转运蛋白-ATP 结合蛋白(LBP_cg1226)这一重要的转运系统, 以及精氨酸-琥珀酸合成酶(LBP_cg0579)和丙酮酸氧化酶(LBP_cg2156)等参与氨基酸合成与代谢的关键酶类, 表明菌株在特定条件下对氨基酸代谢途径的精细调控。

表4-2 进化菌株植物乳植杆菌 P-8-A-1600 的下调蛋白

蛋白位点	COG 分类	功能描述	变化倍数	P 值
LBP_p2g050	COG1249 [C]	Pyridine nucleotide-disulfide oxidoreductase family protein	-2.43	1.14E-05
LBP_p1g033	COG1192 [D]	Copy number control protein	-2.38	1.26E-05
LBP_cg1226	COG1174 [E]	Glycine betaine/carnitine/choline ABC transporter-ATP binding protein	-2.08	8.64E-05
LBP_cg0579	COG0137 [E]	Argininosuccinate synthase	-2.08	3.19E-02
LBP_cg2156	COG0028 [EH]	Pyruvate oxidase	-2.17	3.52E-03
LBP_cg2232	COG0152 [F]	Phosphoribosylaminoimidazole-succinocarboxamide synthase	-2.22	7.26E-03
LBP_cg2224	COG0151 [F]	Phosphoribosylamine-glycine ligase	-2.22	2.86E-02
LBP_cg2228	COG0034 [F]	Amidophosphoribosyltransferase	-2.56	1.15E-02
LBP_cg2554	COG2723 [G]	6-phospho-beta-glucosidase	-2.08	1.68E-03
LBP_p2g010	COG2190 [G]	GPH family glycoside-pentoside-hexuronide: cation symporter	-2.17	2.64E-03
LBP_cg2862	COG1501 [G]	Alpha-glucosidase	-2.56	2.93E-06

续表

蛋白位点	COG 分类	功能描述	变化倍数	P 值
LBP_p2g005	COG3250 [G]	Beta-galactosidase large subunit	-2.56	4.36E-02
LBP_plg047	COG2190 [G]	PTS sugar transporter subunit LLA	-4.76	1.26E-03
LBP_plg007	COG0662 [G]	Cupin 2 conserved barrel domain protein	-7.14	3.18E-03
LBP_p2g004	COG3250 [G]	Beta-galactosidase	-3.57	3.35E-04
LBP_plg016	COG1961 [L]	Resolvase	-3.70	9.99E-05
LBP_cg1351	COG0744 [M]	Penicillin binding protein LA	-3.70	2.77E-06
LBP_p2g025	COG1307 [S]	hypothetical protein	-2.86	6.17E-06
LBP_p2g030		Transcription regulator	-2.22	6.22E-03
LBP_p2g047		hypothetical protein	-4.35	7.29E-05

同样地，有3个下调蛋白（占比15.0%）涉及核苷酸的转运和代谢，包括磷酸核糖胺合成酶（LBP_cg2232）、磷酸核糖胺连接酶（LBP_cg2224）和磷酸核糖胺转移酶（LBP_cg2228），这些酶在核苷酸从头合成及补救合成途径中扮演重要角色，其表达下调可能反映了菌株在特定条件下对核苷酸需求的调整。

此外，还有一系列下调蛋白分别参与了能量生成和转化（LBP_p2g050，占比5.0%）、细胞周期与分裂（LBP_p1g033，占比5.0%）、DNA复制与修复（LBP_p1g016，占比5.0%）、细胞壁/膜/包膜的生物合成（LBP_cg1351，占比5.0%）等关键细胞过程，以及1个功能未知的差异蛋白（LBP_p2g025，占比5.0%），这些蛋白的下调可能共同构成了菌株应对环境变化的复杂调控网络。最后，列表中还包括2个目前功能尚不清楚的差异表达蛋白（LBP_p2g030和LBP_p2g047）。

（三）平行反应监测技术验证差异蛋白的表达量

在深入挖掘和验证先前的蛋白质组学研究成果的过程中，我们特别聚焦于基因LBP_cg0720所编码的一个假定蛋白。为了精准评估该假定蛋白在特定实验条件下的实际表达水平，我们采用了先进的PRM技术。PRM技术以其高灵敏度、高特异性和高定量精度的优势，在复杂生物样品中目标蛋白质的精准鉴定与定量分析中展现出了卓越的性能。通过实验，我们成功地从进化菌株植物乳植杆菌P-8-A-1600及其亲本菌株的蛋白质提取物中，捕获并富集了与LBP_cg0720假定蛋白相对应的特异性多肽片段。实验结果表明，在进化菌株植物乳植杆菌P-8-A-1600中，LBP_cg0720假定蛋白的表达量相较于其亲本菌株而言，呈现出显著上升的趋势。这一发现不仅与我们先前通过传统蛋白质组学方法获得的数据高度一致，而且通过PRM技术的深入验证，进一步巩固了蛋白质组学研究结果的坚实基础，彰显了其在揭示微生物基因表达调控复杂性及功能多样性方面的强大能力。

(四)参与细胞壁和细胞膜生物合成的差异蛋白

细菌对于外界环境的抵御作用主要通过细胞壁来完成,而组装细胞壁的关键在于转肽酶的合成。本研究中所用的抗生素氨苄西林是作为一种不可逆的转肽酶抑制剂进入细胞,从而使细胞无法正常合成细胞壁,进而杀死细胞。因此,对于氨苄西林适应性进化的一种常见机制是通过调节青霉素结合蛋白(PBP)转肽酶的表达来实现对抗生素的适应[49,52]。PBP 是一类参与细菌细胞壁肽聚糖生物合成的酶,主要包括转肽酶、羧肽酶和内肽酶等[50,53]。其中,PBP1、PBP2、PBP3 是细菌生长所必需的,且该物质与 β-内酰胺类抗菌药物具有高度的亲和性[51]。植物乳植杆菌 P-8-A-1600 中编码的 PBP1A 蛋白(LBP_cg1351)表达水平受到抑制。PBP1A 是细菌生长的非必需蛋白,属于双功能酶,可通过肽键的聚合反应交联聚糖链,这种催化反应一般发生在细菌肽聚糖合成的最后阶段[52]。

此外,在进化菌株植物乳植杆菌 P-8-A-1600 中,PBP2B(LBP_cg1793)的表达略有升高。PBP2B 的作用是维持植物乳植杆菌的基本形态,使菌体保持杆棒状,基因突变会引起 PBP2 的减少,此时的细菌不能维持基本的杆状形态而变成圆球形,这样就会导致其溶解死亡,该蛋白同样还参与外周伸长以及隔膜的合成和定位[53]。

(五)参与碳水化合物转运和代谢的差异蛋白

植物乳植杆菌 P-8 具有卓越的环境适应性,具有较强的耐酸特性,这主要归功于其独特的选择性营养摄取机制。当遭遇环境压力时,植物乳植杆菌 P-8 会通过调整细胞机制,确保在变化的环境中保持其生命力[54]。在细菌的营养摄取中,碳源扮演着至关重要的角色,本研究选用葡萄糖作为培养基的主要碳源,以模拟细菌生长过程中的典型环境。通过对比分析,我们发现植物乳植杆菌 P-8-A-1600 与植物乳植杆菌 P-8 在碳水化合物转运与代谢的蛋白质表达层面,展现出了显著的差异。具体而言,转运蛋白家族 LBP_p2g010 在进化菌株中表现出了表达差异;其次是磷酸转运酶系统,如 LBP_p1g047,其表达模式的变化可能反映了菌株在能量代谢上的适应性调整;最后,还涉及糖苷水解酶类的广泛变化,包括 LBP_cg2862、LBP_p2g005、LBP_p2g004 等,这些酶类在进化菌株中的差异化表达,很可能促进了更广泛、更灵活的碳水化合物分解利用能力。转运蛋白作为膜蛋白家族中的重要成员,其在细胞内外化学物质及信号的传输中扮演着核心角色,对于营养物质的摄取、代谢产物的释放以及信号传导等细胞活动具有不可或缺的作用[55]。然而,GPH 家族的转运蛋白 LBP_p2g010 的表达水平出现了显著的下降,这一现象深刻揭示了进化菌株在营养摄取和代谢途径上可能正在进行一种精细的适应性调整。磷酸转移酶系统(PTS),作为细菌细胞内不可或缺的一环,扮演着糖分转运与磷酸化的核心角色,其高效运作对于细菌维持能量代谢和生存至关重要。其核心功能是将葡萄糖分子转运至细胞内并进行磷酸化反应,生成葡萄糖-6-磷酸,进而参与糖酵解过程,为细胞提供能量[56,57]。PTS 的构造相当复杂,它由酶Ⅰ、酶Ⅱ以及两个非特异性蛋白(Hpr)组成,其中酶Ⅱ是识别特定糖类的复合体,包含ⅡA、ⅡB、ⅡC 和ⅡD 四个亚基[58]。在本研究中,我们还发现一种现象:酶ⅡA 相关蛋白的表达量出现了明显的下调。这一发现为我们提供了一种可能,即当植物乳植杆菌 P-8 在应对氨苄西林这样的抗生素环境时,其 PTS 在调控转运相关蛋白的功能上可能发生了特定的适应性调整。糖苷水解酶，作为一类专门负责水解糖苷键的酶，对于单糖苷、寡糖苷和多糖苷等多种糖类的分解合成起到关键性作用[59]。值得注意的是，本研究结果显示，α-葡萄糖（LBP_cg2862）、β-半乳糖（LBP_p2g004）及其相关大亚基（LBP_p2g004）的特定蛋白也呈现出下调趋势。这一现象暗示，在面对抗生素压力时，植物乳植杆菌 P-8 可能通过降低糖苷水解酶的活性来减少碳水化合物的消耗，从而维持细胞的稳定。因此，这些差异蛋白表达量的下调，进一步证实了我们的观点：在氨苄西林存在的环境下，植物乳植杆菌 P-8 通过降低对碳水化合物的摄取与消耗，实现了对环境适应性的增强。

（六）参与氨基酸转运和代谢的差异蛋白

氨基酸作为构成蛋白质的基本单元，是细菌在生长与繁殖过程中不可或缺的营养素。其结构核心包含氨基和羧基两种官能团，这些官能团在蛋白质合成、碳水化合物与脂肪的转化、二氧化碳和水的氧化，以及能量产生等生命活动中发挥着关键作用[60]。对于乳杆菌属而言，氨基酸的精细调控对于维持其正常生长以及增强抗逆性至关重要。对于乳杆菌属这一益生菌群体而言，氨基酸的精细调控机制不仅是其维持正常生长周期、促进细胞增殖与分裂的基础，更是增强其面对环境压力如温度变化、酸碱度波动及抗生素曝露时抗逆性的关键所在。由于乳酸菌在自然界中并不具备完全独立合成所有必需氨基酸的能力，它们演化出了一套高度专业化的蛋白酶水解系统，这一系统仿佛是其生存的"氨基酸工厂"，可以巧妙地从外部环境中捕获并转化所需养分。该系统由一系列精密编排的酶类与转运机制构成，这些酶类不仅与细胞膜的合成与功能紧密相关，还直接参与到蛋白质及多肽的预处理过程中。当外界环境中的蛋白质或多肽分子接触到乳酸菌细胞时，这些酶会迅速启动，像精密的剪刀一样将它们切割成更小的、易于跨越细胞膜屏障的片段。随后，这些片段要么直接被乳酸菌细胞吸收利用，要么在细胞内进一步被转化为特定的氨基酸，从而满足乳酸菌生长和代谢的多样化需求。

在针对氨苄西林这一广谱抗生素的特定研究背景下，我们发现了一系列与丝氨酸生物合成及水解过程密切相关的蛋白质发生了显著的上调表达。这些蛋白质包括丝氨酸脱水酶（LBP_cg0397 和 LBP_cg0398）、丝氨酸转运蛋白（LBP_cg0396）以及丙酮酸氧化酶（LBP_cg0644），在植物乳植杆菌 P-8 菌株内部形成了一个高效协同的工作网络，共同推动了丝氨酸从细胞外到细胞内的快速转运及其后续的代谢转化。具体而言，丝氨酸转运蛋白作为"守门人"，负责将丝氨酸分子运送到细胞内部；随后，丝氨酸脱水酶则发挥其催化作用，使丝氨酸经历脱水脱氨反应，转变为丙酮酸这一中间产物；最终，丙酮酸氧化酶接过接力棒，进一步催化丙酮酸的氧化过程，将其引导至氨基酸代谢途径上，为菌株的生长提供源源不断的能量与原料。

这一系列蛋白质的上调表达，是植物乳植杆菌 P-8 菌株在面临氨苄西林压力时所采取的一种适应性策略。通过加速丝氨酸的利用速率，菌株不仅提高了氨基酸的转运效率，还优化了自身的代谢调控机制，从而增强了在抗生素环境中的生存与竞争能力。因此，我们可以合理推测，丝氨酸与丙酮酸在植物乳植杆菌 P-8 应对抗生素胁迫的过程中扮演了至关重要的角色，它们通过促进菌株内部的代谢重编程，帮助菌株在逆境中站稳脚跟。此外，在本研究的深入探索中，我们还观察到了一个有趣的现象：寡肽 ABC 转运蛋白-ATP 结合蛋白（LBP_cg1226）的表达水平出现了显著的下调。这一变化与蛋白酶水解系统其他组分普遍保持稳定的表达模式形成了鲜明对比。我们推测，这种特异的下调现象可能源于 LBP_cg1226 在寡肽转运过程中并非不可或缺的核心组件，或者其表达变化幅度相对较小，在当前的实验条件下难以被精确捕捉。

ABC 转运蛋白家族作为一类历史悠久的转运机制，广泛分布于多种细菌中[61]。其独特的结构由两个 ATPase 结构域和两个跨膜结构域组成，其中 ATPase 结构域负责形成底物运输通道并决定底物的特异性，而跨膜结构域则具有 ATP 酶活性，这种结构不仅支持特异性结合转运，还能转运与之相似的其他蛋白[62]。值得注意的是，已有研究证实 ABC 转运蛋白与抗生素耐药性之间存在关联。例如，从葡萄球菌中分离出的 ABC 转运蛋白 MsrA，已被证实与大环内酯类抗生素和 B-型链阳霉素的耐药性有关[63]。同样，乳酸乳杆菌中的 ABC 转运蛋白 LmrA 在 1996 年的研究中也被证明与多重耐药性相关[64,65]。

（七）参与核苷酸转运和代谢的差异蛋白

核苷酸是一类由嘌呤碱或嘧啶碱基、核糖或脱氧核糖以及磷酸三种物质组成的化合物。是核糖核酸（RNA）和脱氧核糖核酸（DNA）的基础组成单位[66,67]。核苷酸在细胞内的能量转换和 DNA、RNA、蛋白质等多种合成过程中扮演着不可或缺的角色[68]。本研究显示，特定蛋白质如磷酸核糖氨基咪唑-琥珀酰胺合成酶（LBP_cg2232）、磷酸核糖胺-甘氨酸连接酶（LBP_cg2224）以及酰胺基磷酸核糖基转移酶（LBP_cg2228）的表达在特定条件下显著降低。在这些蛋白质中，puvC 基因编码的磷酸核糖基氨基咪唑-琥珀酰胺合成酶是肌苷酸（IMP）生物合成路径中的关键基因。此基因的功能在于催化羧酰氨基咪唑核糖核苷酸（CAIR）转化为琥珀酰氨基咪唑甲酰胺核苷酸（SAICAR），该物质是生物合成途径的关键酶之一[69]。而 puvD 基因则负责编码磷酸核糖胺-甘氨酸连接酶，这是嘌呤生物合成过程中的第二个关键酶[70]。

在深入探究植物乳植杆菌 P-8 这一益生菌菌株的基因组特性时，发现其基因组中巧妙地嵌入了一个与多种细菌共享的嘌呤生物合成基因簇——puvCDFHKLM。该基因簇由 12 个不同基因组成，共同构建了一个高效且复杂的嘌呤生物合成网络。基于当前对差异蛋白质表达模式的深入分析结果，我们可以做出以下合理推断：在缺乏外源性嘌呤类化合物的培养基条件下，植物乳植杆菌 P-8 展现出了其强大的自我合成能力，自主合成所需的核苷酸。然而，当植物乳植杆菌 P-8 置身于氨苄西林这样的抗生素压力环境中时，尽管菌株仍在努力维持其核苷酸生物合成过程，但该过程的速率却受到了不同程度的抑制。

三、植物乳植杆菌 P-8 突变菌株的构建以及关键蛋白生物学功能验证

为了进一步揭示调控差异蛋白的关键基因的作用机制，通过应用 Cre/loxP 基因敲除系统，我们成功构建了突变菌株，进而验证了这些突变对菌株表型以及关键蛋白生物学功能的具体影响。主要包含以下步骤：特异性引物的设计；目的基因同源臂的扩增；重组质粒的构建；感受态细胞的制备；突变菌株的构建；抗性基因的消除；目的基因的功能验证。

基于 TMT 蛋白组分析和 PRM 验证结果，选定与生物学功能密切相关的 LBP_cg0720

和 LBP_cg0721，并利用 Cre/loxP 系统成功进行了基因敲除实验，获得了缺失这些基因的突变菌株植物乳植杆菌 P-8-A-1600-0720 和植物乳植杆菌 P-8-A-1600-0721。以原始的植物乳植杆菌 P-8 和植物乳植杆菌 P-8-A-1600 为参照，菌株的 MIC 值结果如图 4-5 所示。

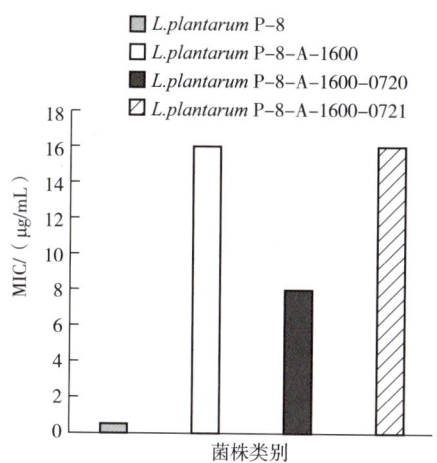

图 4-5 不同菌株的 MIC 值

（*L. plantarum* P-8—植物乳植杆菌 P-8；*L. plantarum* P-8-A-1600—植物乳植杆菌 P-8 经过 1600 的连续传代与筛选，进化后的菌株命名；*L. plantarum* P-8-A-1600-0720/0721 均为 *L. plantarum* P-8-A-1600 进行基因敲除后的突变菌株。）

图 4-5 显示了不同菌株在面对抗生素压力时的抗性表现差异。具体而言，突变菌株植物乳植杆菌 P-8-A-1600-0721 的 MIC 值维持在稳定的 16μg/mL 水平，这一结果不仅与亲本菌株形成了鲜明对比，也保持了与进化菌株相近的抗性水平，暗示了该突变菌株在遗传变异过程中可能保留了对抗氨苄西林的关键抗性机制。相比之下，突变菌株植物乳植杆菌 P-8-A-1600-0720 则展现出了显著的抗性减弱趋势，其 MIC 值为 8μg/mL，这一数值虽然仍高于亲本菌株的 0.5μg/mL，但已明显低于进化菌株，表明该菌株在突变过程中可能失去了部分对氨苄西林的抗性能力。

为了深入了解这一现象背后的生物学机制，并探究这些菌株在不同抗生素浓度下的生理响应与适应性策略，如图 4-6 至图 4-8 所示，我们分别在不同浓度的氨苄西林环境下，对菌株的活菌数、培养液 pH 以及光密度值（OD_{600}）进行了详尽的测定与分析。

从图 4-6 的数据中，我们可以观察到进化菌株植物乳植杆菌 P-8-A-1600 在不同浓度的氨苄西林环境下，其活菌数保持稳定，这显示出该菌株对氨苄西林的耐受性相当稳定。然而，与进化菌株相比，突变菌株植物乳植杆菌 P-8-A-1600-0720 和植物乳植杆菌 P-8-A-1600-0721 的活菌数普遍较低，且无论是否添加抗生素或抗生素浓度的变化，两株突变菌株的活菌数均呈现显著的变化。具体而言，突变菌株植物乳植杆菌 P-8-A-1600-0720 的活菌数随着抗生素浓度的增加，呈现出先小幅上升后逐渐下降的趋势，但总体上其变化范围相对较小，活菌数主要维持在 $10^6 \sim 10^8$ CFU/mL。

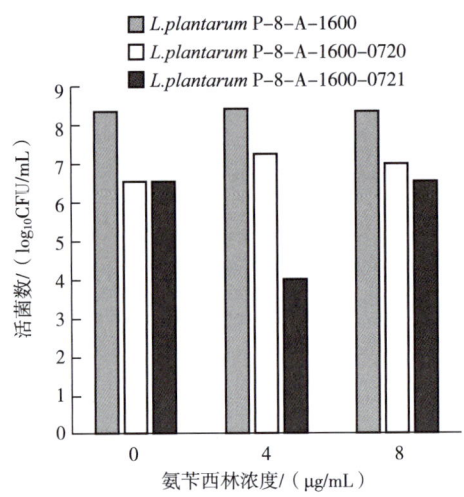

图4-6 进化菌株与突变菌株在不同浓度氨苄西林LSM培养基中的活菌数变化

图4-6表明，进化菌株植物乳植杆菌P-8-A-1600在面对不同浓度梯度的氨苄西林环境时，其活菌数量在整个实验过程中几乎保持恒定，未出现大幅度的波动或衰减，这表现了该进化菌株对氨苄西林抗生素具有卓越的耐受能力。相比之下，突变菌株植物乳植杆菌P-8-A-1600-0720与植物乳植杆菌P-8-A-1600-0721的活菌数普遍低于进化菌株。即便是在未添加抗生素的对照条件下，它们的活菌数也未能达到进化菌株的稳定水平，暗示了突变可能已对菌株的生长性能产生了不利影响。且突变菌株植物乳植杆菌P-8-A-1600-0720的活菌数随氨苄西林浓度的变化呈现出一种非典型的响应模式。起初，随着抗生素浓度的微增，其活菌数竟出现了小幅上升，这可能与菌株内部的某种应激反应机制被激活有关，促使部分细胞进入一种暂时的抗性状态。然而，随着抗生素浓度的持续升高，这种抗性机制似乎逐渐失效，导致活菌数开始逐步下降。尽管如此，与另一突变菌株相比，植物乳植杆菌P-8-A-1600-0720的活菌数变化范围仍相对有限，主要波动在$10^6 \sim 10^8$ CFU/mL之间，这在一定程度上反映了其可能仍保留有一定的生长潜力和适应性。而突变菌株植物乳植杆菌P-8-A-1600-0721的活菌数变化则与植物乳植杆菌P-8-A-1600-0720相反，呈现出先大幅下降后逐渐上升的趋势，且其变化幅度相对较大。特别地，在氨苄西林浓度为$4\mu g/mL$时，其活菌数显著下降至10^4 CFU/mL。

根据图4-7的结果展示，植物乳植杆菌P-8-A-1600的pH保持相对稳定。相比之下，两株突变菌株的pH普遍高于进化菌株，并且两者的pH变化均呈现相似的上升后下降模式。具体来说，植物乳植杆菌P-8-A-1600-0720的pH波动较小，稳定在4.3~5.1的范围内；而植物乳植杆菌P-8-A-1600-0721的pH变化则较为显著，当处于$4\mu g/mL$的浓度时，其pH升高至6.6，随后在氨苄西林浓度提升至$8\mu g/mL$时，pH下降到约5.8。

从图4-8的数据中，我们可以看到进化菌株植物乳植杆菌P-8-A-1600的OD_{600}值保持稳定状态。而突变菌株植物乳植杆菌P-8-A-1600-0720与植物乳植杆菌P-8-A-1600-0721随着氨苄西林浓度的逐步增加，它们的OD_{600}值呈明显先下降后上升趋势。尤为突出的是，LBP_cg0720或LBP_cg0721基因的敲除，直接导致了突变菌株浊度的急剧降低，表明了这两个基因在维持菌株生长活力方面具有不可或缺的作用。

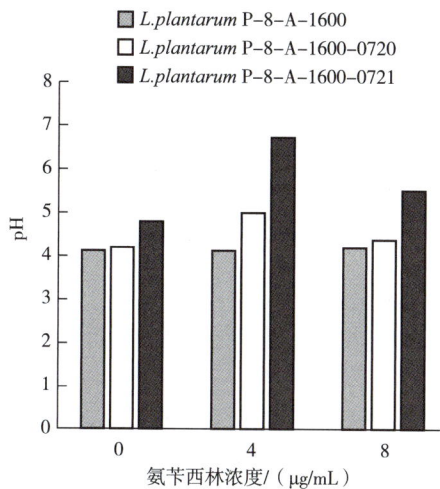

图 4-7　进化菌株与突变菌株在不同浓度氨苄西林 LSM 培养基中的 pH 变化

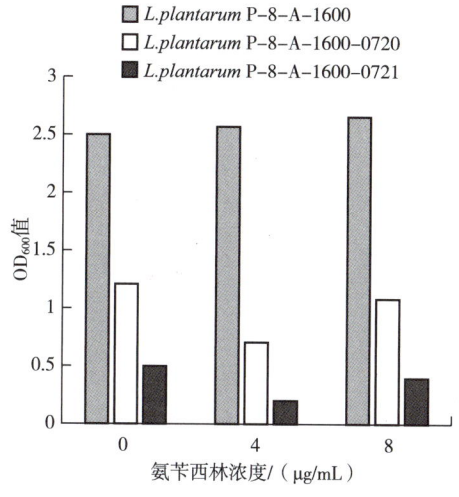

图 4-8　进化菌株与突变菌株在不同浓度氨苄西林 LSM 培养基中的 OD_{600} 值变化

在对基因敲除实验结果进一步深入探讨中,我们注意到植物乳植杆菌 P-8-A-1600 在特定基因被敲除后,展现出了显著的生长特征变化:活菌计数和 OD_{600} 值均有所下降,同时伴随 pH 的上升,这反映了菌株内部代谢活动的调整。特别地,LBP_cg0721 基因的失活虽未直接改变菌株对氨苄西林的最小抑菌浓度(MIC),但已足以引发其表型上的明显变化。而 LBP_cg0720 基因缺失的影响更为复杂,不仅改变了其 MIC 值,还深刻影响了菌株的整体表现型。

综上所述,LBP_cg0720 与 LBP_cg0721 基因在植物乳植杆菌 P-8-A-1600 菌株对氨苄西林环境的适应性进化中扮演着至关重要的角色,它们与菌株的抗生素耐受性进化机制紧密相连,共同构成了菌株在抗生素压力下生存与进化的关键遗传基础。

在氨苄西林的选择压力下，植物乳植杆菌 P-8-A-1600 相较于植物乳植杆菌 P-8 出现了两种小幅上调的差异蛋白。假定蛋白 LBP_cg0720，上调的倍数仅为 1.79。碱性休克蛋白 LBP_cg0721，其上调倍数为 1.28。其中，碱性休克蛋白作为一种常见的应激蛋白，其主要功能在于修复或解析受损的蛋白质[71]。进一步的研究发现，编码这两种蛋白的基因不仅存在于植物乳植杆菌 P-8 的基因组中，而且在金黄色葡萄球菌中还有一个相似的基因簇，这些基因与细胞壁的应激和稳态紧密相关[72]。在金黄色葡萄球菌中，当编码碱性休克蛋白的基因曝露于碱性环境时，会导致细胞内可溶性蛋白质的累积，这也是该菌体内蛋白质丰富的原因之一[73]。值得注意的是，虽然该基因的具体功能在 COG 注释中尚未找到明确描述，但有研究表明其缺失可能导致细胞膜的应激反应[74]。为了深入探究 LBP_cg0721 碱性休克蛋白以及假定蛋白 LBP_cg0720 在植物乳植杆菌 P-8-A-1600 应对氨苄西林胁迫时的具体作用，以及它们之间是否存在复杂的基因协同调控机制，本研究精心设计了两组实验，分别构建了植物乳植杆菌 P-8-A-1600-0720（缺失 LBP_cg0720 假定蛋白）和植物乳植杆菌 P-8-A-1600-0721（缺失 LBP_cg0721 碱性休克蛋白）两个突变菌株。实验结果显示，仅当 LBP_cg0720 假定蛋白被敲除后，植物乳植杆菌 P-8-A-1600-0720 突变菌株的最小抑菌浓度（MIC）显著降低，表明该菌株对氨苄西林的敏感性增强，即其耐药性有所减弱。这一发现强烈暗示了 LBP_cg0720 假定蛋白在菌株抵抗氨苄西林抗生素压力过程中可能扮演着重要角色，尽管其确切的生物学功能尚待进一步阐明。此外，LBP_cg0720 包含一个 DUF2273 结构域，这类结构域通常与未知功能的蛋白质家族相关联，其功能的揭示往往需要跨学科的合作和深入的研究。另一方面，植物乳植杆菌 P-8-A-1600-0721 突变菌株（缺失 LBP_cg0721 碱性休克蛋白）的 MIC 值并未发生显著变化。此外，假定蛋白 LBP_cg0720 与编码碱性休克蛋白 LBP_cg0721 的基因在基因组中的紧密相邻排列，可能预示着它们之间在功能上的相互关联或协同作用。

本研究致力于探究植物乳植杆菌 P-8 在含有氨苄西林环境中的适应性调节机制。揭示了其背后的适应机制，其机制主要分为三个方面：首先是对与能量生成紧密相关的碳水化合物代谢途径的精细调控，确保了即使在抗生素压力下，菌株也能有效获取并转化能量；其次是对涉及生长必需的氨基酸和核苷酸转运及代谢过程的优化，通过调整这些关键营养物质的代谢网络，菌株维持了生长潜力；最后，是加强了对细胞壁和细胞膜生物合成的控制，增强了细胞结构的稳定性和对外部压力的抵抗力。尤为重要的是，这些代谢途径中的核心蛋白质通过基因表达的精确调控——包括上调和下调表达，提升植物乳植杆菌 P-8 在氨苄西林环境中的生存能力。

第三节　副干酪乳酪杆菌在抗生素环境中的适应性机制

乳杆菌和双歧杆菌作为肠道中最普遍的两类乳酸菌[75]，不仅自然栖息于人体肠道生态系统中，还被广泛应用于食品发酵及微生态保健品的制备。令人担忧的是，一些位于可移动遗传元件上的特定抗生素耐药基因，例如常见的四环素抗性基因，在乳酸菌中被发现。这类含抗性基因的乳酸菌在肠道环境中的存在，可能对宿主健康构成潜在风险。乳酸菌对抗生素的耐药性可分为三种基本类型：天然耐药性、获得性耐药性，以及通过基因突变产生的耐药性[76]。其中，固有耐药性基因的水平转移概率较低，乳酸菌的耐药机制主要涵盖四个方面。

酶解作用：乳酸菌能够分泌多种酶，这些酶能够分解特定抗生素的结构，令其失效。例如，某些乳杆菌属成员（如植物乳植杆菌、嗜酸乳杆菌和副干酪乳酪杆菌），以及片球菌属、明串珠菌属和肠球菌属，通过拥有与D-丙氨酰-D-丙氨酸连接酶相关的酶，展现出了对万古霉素的耐药性[77]。

作用位点修饰：对于β-内酰胺类、氨基糖苷类、大环内酯类、四环素类、氟喹诺酮类、磺胺类抗生素及万古霉素等，乳酸菌可通过改变其细胞壁上的靶标蛋白（如青霉素结合蛋白），来减弱抗生素的结合能力，从而提升耐药性[78]。

代谢途径调整：通过内部代谢路径的重编程，乳酸菌能够促成细胞内环境的变化，阻止抗生素在常规作用位点发挥效能，保护自身免受损害[79]。

药物外排与膜渗透性调整：增强的药物外排泵活性和降低的细胞膜渗透性是另外一种策略。乳酸菌利用高效的药物外排系统，如多药物外排泵，有效将抗生素排出细胞外，同时减少抗生素的进入，这对抗生素如四环素和大环内酯类的效果有显著的削弱作用[78-80]。综上所述，乳酸菌利用多种复杂的生物学机制来实现对抗生素的耐受，这些机制不仅限于分子层面的直接防御，还包括了细胞结构与功能的适应性调整。

尽管现有的科学研究对致病菌的进化机制积累了丰富的资料，但针对益生菌，尤其是其在抗生素压力下连续传代过程中的进化特征，相关研究仍然匮乏。鉴于先前研究已提示益生菌间存在抗性基因的水平传播现象，对于那些常用于食品工业及保健品中的益生菌抗药性问题的研究显得尤为迫切。本研究分析了乳杆菌在抗生素胁迫下耐药性的发展及其伴随的基因表达模式与基因组变异，旨在从分子层面上阐明其在抗生素逆境中的遗传稳定性维持机制及耐药性增强的具体途径，填补了益生菌在抗生素选择压力下进化研究的空白。

一、副干酪乳酪杆菌抗生素耐药性

乳酸菌对抗生素的抗性以MIC作为衡量指标，其测定需要符合国际标准。在选择培养基时，应选择能满足乳酸菌生长所需营养，但又不能影响抗生素效果的培养基。Klare[81]等用肉汤稀释法测定乳杆菌、片球菌、乳杆菌、双歧杆菌等19种抗生素耐药试验结果，发现MRS中某些组分可与抗生素产生拮抗作用，尤其是对胸腺嘧啶脱氧核苷、磺胺类抗生素（对氨基苯甲酸）具有抑制作用；低pH MRS（pH6.2±0.2）可影响氨基糖苷类抗生素抗菌活性。这种培养基同时也是乳杆菌在抗生素环境下的传代培养基。

表4-3概括了植物乳植杆菌和副干酪乳酪杆菌对不同抗生素的MIC测定结果，从表中可知，两种乳杆菌对抗生素没有明显的差别，而有些菌株则表现出完全相同的耐药性。所有乳杆菌均对氨苄西林、红霉素敏感，但对万古霉素均不敏感。氨苄西林的MIC值均在1μg/mL以下，是目前仅有的几种测定结果稳定的抗生素，结果均为敏感。现有标准中尚无对阿莫西林耐药及易感性的报道。Danielsen[82]等对不同抗生素的耐药性进行了研究，发现阿莫西林克拉维酸钾对副干酪乳酪杆菌、植物乳植杆菌MIC均低于1μg/mL，低于阿莫西林对副干酪乳酪杆菌和植物乳植杆菌MIC 1μg/mL（2μg/mL），表明阿莫西林

表 4-3 植物乳植杆菌和副干酪乳酪杆菌在不同抗生素环境下的 MIC 值

单位：μg/mL

菌株	氨苄西林	阿莫西林	氯霉素	环丙沙星	红霉素	庆大霉素	卡那霉素	新霉素	链霉素	四环素	万古霉素
IMAU60006	1/S	2	8/R	1/S	0.125/S	1/S	16/S	4/S	32/R	1/S	>512/R
IMAU60015	1/S	2	8/R	1/S	0.125/S	2/S	32/S	4/S	32/R	1/S	>512/R
IMAU60017	1/S	2	8/R	1/S	0.125/S	1/S	512/R	1/S	32/R	2/S	>512/R
IMAU60023	1/S	1	4/S	2/S	0.125/S	1/S	32/S	4/S	16/R	2/S	>512/R
IMAU60032	1/S	2	8/R	2/S	0.125/S	4/S	64/S	4/S	16/R	2/S	>512/R
IMAU60062	1/S	2	4/R	2/S	0.125/S	4/S	32/S	2/S	64/R	2/S	>512/R
IMAU60063	1/S	1	4/R	2/S	0.125/S	1/S	256/R	4/S	8/S	2/S	>512/R
IMAU60074	1/S	2	8/R	2/S	0.125/S	2/S	16/S	2/S	8/S	2/S	>512/R
IMAU60097	1/S	2	8/R	1/S	0.25/S	1/S	128/R	4/S	8/S	1/S	>512/R
IMAU60103	1/S	1	8/R	1/S	0.125/S	2/S	32/S	4/S	16/R	2/S	>512/R
IMAU60108	1/S	2	8/R	2/S	0.125/S	1/S	32/S	4/S	16/R	8/S	>512/R
IMAU60126	1/S	2	4/R	2/S	0.125/S	1/S	16/S	32/R	32/R	2/S	>512/R
IMAU60127	1/S	1	4/R	2/S	0.125/S	8/S	128/S	4/S	8/S	2/S	>512/R
IMAU60136	1/S	1	8/R	2/S	0.125/S	1/S	32/S	4/S	8/S	4/S	>512/R
IMAU60160	1/S	2	8/R	1/S	0.0625/S	16/S	32/S	2/S	8/S	1/S	>512/R
IMAU60161	1/S	1	8/R	2/S	0.125/S	2/S	64/S	4/S	8/S	1/S	>512/R
IMAU60165	1/S	2	8/R	2/S	0.125/S	2/S	64/S	4/S	32/R	1/S	>512/R
ATCC334	1/S	2	8/R	1/S	0.125/S	2/S	32/S	4/S	16/R	2/S	>512/R
IMAU60042	0.5/S	1	4/S	32/R	0.125/S	16/S	32/S	2/S	16/R	16/S	>512/R
IMAU60045	0.5/S	1	8/S	64/R	<0.0625/S	32/R	64/S	2/S	16/R	32/S	>512/R
IMAU60051	1/S	2	8/S	32/R	<0.0625/S	16/S	32/S	2/S	16/R	16/S	>512/R

续表

菌株	氨苄西林	阿莫西林	氯霉素	环丙沙星	红霉素	庆大霉素	卡那霉素	新霉素	链霉素	四环素	万古霉素
IMAU30043	0.5/S	1	4/S	16/R	0.25/S	4/S	32/S	8/S	512/R	8/S	>512/R
IMAU30116	1/S	2	8/S	32/R	0.125/S	4/S	64/S	8/S	16/R	16/S	>512/R
IMAU10014	1/S	0.5	4/S	64/R	0.25/S	64/R	16/S	16/S	32/R	32/S	>512/R
IMAU10015	0.5/S	0.5	8/S	32/R	0.125/S	1/S	16/S	4/S	32/R	8/S	>512/R
IMAU10016	0.5/S	11	4/S	16/R	0.25/S	1/S	128/R	2/S	64/R	8/S	>512/R
IMAU40072	0.5/S	1	4/S	16/R	0.25/S	16/S	64/S	2/S	16/R	16/S	>512/R
IMAU40089	1/S	2	8/S	32/R	<0.0625/S	4/S	32/S	32/R	16/R	32/S	>512/R
IMAU80002	0.5/S	0.5	8/S	16/R	0.5/S	32/R	128/R	2/S	256/R	8/S	>512/R
IMAU80007	0.5/S	1	4/S	64/R	0.5/S	32/R	64/S	32/R	128/R	32/S	>512/R
IMAU80091	1/S	2	4/S	64/R	0.25/S	16/S	128/R	32/R	256/R	32/S	>512/R
IMAU20014	1/S	1	8/S	64/R	<0.0625/S	2/S	64/S	2/S	32/R	16/S	>512/R
IMAU20697	0.5/S	0.25	4/S	32/R	<0.0625/S	16/S	512/R	64/R	32/R	16/S	>512/R
ATCC14917	1/S	1	4/S	32/R	0.25/S	1/S	32/S	2/S	16/R	16/S	NaN
p-value	0.00028	0.006638	0.101301	3.57E-07	0.319407	0.003282	0.719247	0.784465	0.012854	5.84E-07	

注：S—敏感（susceptible）；R—抗性（resistant）；NaN—Not a Number；p-value 指对于抗生素，副干酪乳酪杆菌 MIC 测定值与植物乳植杆菌 MIC 测定值的差异性，$P<0.05$ 时差异显著。

与克拉维酸钾联用具有更强的抗菌效果。本项目同时还确定了阿莫西林克拉维酸钾 $2\mu g/mL$ 的敏感性及耐药性阈值。根据以上试验结果,将阿莫西林的耐药性与敏感性阈值定义为 $2\mu g/mL$ 以上,取其中一个值。结果表明,乳杆菌对阿莫西林的 MIC 值总体较低,与氨苄西林测定值相近;乳杆菌对氨苄西林(β-内酰胺)均比较敏感,但对万古霉素有天然耐药性,该特性可为从混合菌种中分离乳杆菌或筛选菌种提供思路。万古霉素(VAN)的固有耐药来源于其产生的多肽多糖前体在乳酸中被终止[83],而 D-丙氨酸代谢相关酶的产生,阻碍了 VAN 与细菌的结合。该类真菌具有较强的抗性,但不能跨属、跨种间传播[84]。

除了乳酸菌 IMAU60108,其他乳酸菌均对四环素具有敏感性,但两者的 MIC 值存在显著的差别($P=5.84E-07$)。结果表明,四环素对植物乳植杆菌的 MIC 值大于对副干酪乳酪杆菌的 MIC 值。这种非特异性的分子机理,例如跨膜转运蛋白和逆境应激反应等,以及细胞壁自身的功能缺失,都是导致细菌耐药性产生的原因[85]。在前期工作中,我们已证实副干酪乳酪杆菌和植物乳植杆菌($8\mu g/mL$)的 MIC($4\mu g/mL$),但其对可抑制蛋白质生物合成的抗生素(氯霉素、红霉素、四环素等)非常敏感[82]。

在此项研究中,氨基糖苷类药物(庆大霉素、卡托利嗪、新霉素、链霉素)对乳杆菌菌株的 MIC 值最高。但从阈值来看,大多数细菌对庆大霉素比较敏感。其中,以植物乳植杆菌为代表的细菌(*Lactobacillus sp.* IMAU30043),对部分细菌有很高的 MIC,而不同种类的植物乳植杆菌对链霉菌素都表现出不同程度的抗菌作用。在图 4-9 中显示了各种抗生素的 MIC 值,因为植物乳植杆菌对链霉素的抗性存在很大的差异,所以在增加抗生素含量的条件下,可以选用乳酸菌和链霉素进行传代试验。

目前,我国乳酸菌菌种资源丰富,样本种类丰富,但样本数量有限。然而,我们前期研究中,从四川产的 3 株来自我国南方的乳酸菌(IMAU80002、IMAU80007 和 IMAU80091)均表现出了比其他来自我国的乳酸菌更强的抗性,但目前尚不能确定该菌的抗性水平与地理位置及样本来源之间的关系。McCormick 等的研究表明,地理上的差异导致了对抗生素抗性的不同[86]。本项目拟从地理和样本两个方面对我国乳酸菌的抗性进行深入研究(表 4-3)。

二、副干酪乳酪杆菌抗性基因的检测

副干酪乳酪杆菌和植物乳植杆菌抗性基因的结果见表 4-4,由表可看出,乳杆菌中均未检出 β-内酰胺类抗生素的相关基因 *bla*,说明测定的乳杆菌中不含有该基因,该结果符合乳杆菌对 β-内酰胺类抗生素氨苄西林敏感的表型。

在所测定的乳杆菌中均未检测到与氯霉素抗药性相关的 *cat* 基因,但有 12 株副干酪乳酪杆菌表现出对氯霉素的抗性,说明这 12 株副干酪乳酪杆菌对氯霉素的耐药可能被其他与氯霉素相关的抗性基因所调控。一株植物乳植杆菌(IMAU10015)中检测出 *cat* 基因,但是 MIC 测定结果则显示该菌株对氯霉素敏感,这可能是由于在 RNA 水平上该基因并未被表达,或者由于核苷酸序列在调节基因表达时发生基因突变导致该基因无法被表达[87]。

乳酸菌对抗生素环丙沙星的耐药性是被 *gyr*A 和 *par*C 基因所调控的,其中 *gyr*A 基因在

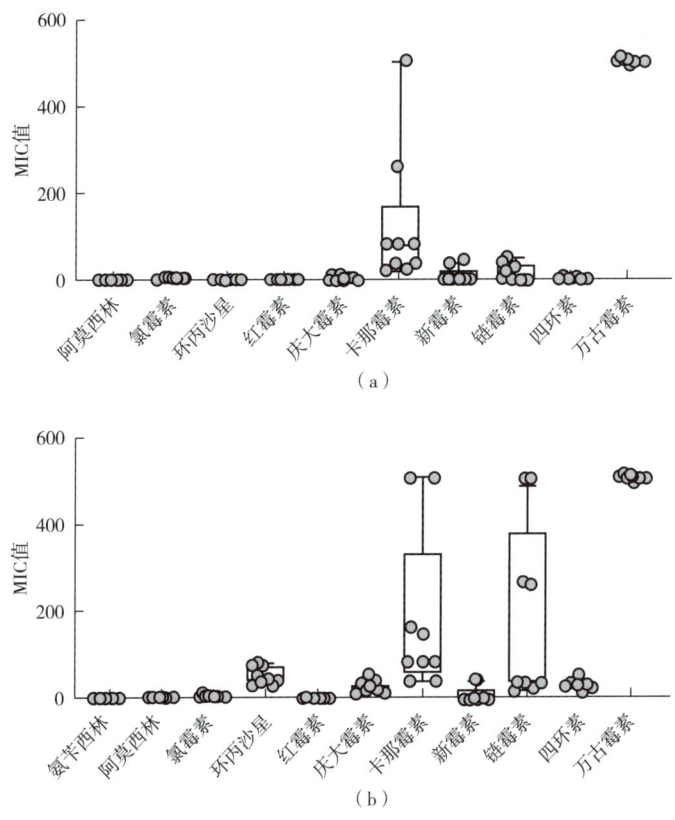

图 4-9　副干酪乳酪杆菌和植物乳植杆菌 MIC 测定值（μg/mL）的分布情况
（a）副干酪乳酪杆菌 MIC 值的测定　（b）植物乳植杆菌 MIC 值的测定

4 株植物乳植杆菌（IMAU10014、IMAU10015、IMAU40089 和 IMAU20697）中被检出，且 MIC 测定结果显示为抗性，而副干酪乳酪杆菌中却未检测出该基因，且均对环丙沙星表征为敏感。同样，在琼脂糖凝胶电泳中乳杆菌对抗生素环丙沙星表达抗性的 parC 基因表达结果均为阴性。受到 gyrA 和 parC 基因对喹诺酮类抗生素耐药性决定性区域突变的影响，或可导致拓扑异构酶结构发生改变（酶中氨基酸的替换），进而导致植物乳植杆菌对该类抗生素产生耐药性[88]。

由表 4-4 可见，副干酪乳酪杆菌和植物乳植杆菌中均检测出与对红霉素抗性相关的耐药基因 erm（B），但是 MIC 测定结果则显示所有菌株对红霉素都表现为敏感，一些携带 erm（B）基因的菌株具有较高的 MIC 值且高于不含该基因的菌株。除此之外，植物乳植杆菌 IMAU80002 具有相对较高的 MIC 值，但在菌株 DNA 中未检测出 erm（B）基因。

erm（B）基因，主要为乳杆菌属如嗜酸乳杆菌、格氏乳杆菌、鼠李糖乳酪杆菌、约氏乳杆菌、瑞士乳杆菌、清酒乳杆菌、发酵乳杆菌、罗伊氏黏液乳杆菌、弯曲乳杆菌、卷曲乳杆菌和唾液乳杆菌等以及嗜热链球菌、乳酸乳球菌等，由该表可看出该基因的分布较广。罗伊氏黏液乳杆菌、植物乳植杆菌、约氏乳杆菌、鼠李糖乳酪杆菌和短乳杆菌也都携带 erm（C）基因，但本研究中未发现 erm（C）基因存在于副干酪乳酪杆菌和植物乳植杆菌中。

进一步研究了关于编码氨基葡萄糖苷修饰酶的基因，其中 aac（$6'$）-aph（$2''$）编码基因在一株植物乳植杆菌（IMAU80007）中检测出，该菌株对庆大霉素的 MIC 测定值为 $32\mu g/mL$，表明对该抗生素具有耐药性。

对新霉素耐药性相关的基因 aph（$3''$）-Ⅲ 在副干酪乳酪杆菌和植物乳植杆菌中均被检出，其中，在所有菌株中对新霉素的耐药性最强是植物乳植杆菌 IMAU20697（MIC 值为 $64\mu g/mL$），该菌株对庆大霉素的耐药性 MIC 检测值为 $16\mu g/mL$，相对较高，由此可见对于抗性基因来说，该基因不仅能够调控和表达其对应的抗生素耐药性，又能同时调控与该抗生素化学结构相近的其他抗生素的耐药性。

乳酸菌中的 aph（$3''$）-Ⅲ 基因调控着其对卡那霉素和新霉素的耐药性，且 aph（$3''$）-Ⅲ 基因可编码 Ⅲ 型氨基糖苷磷酸转移酶，在副干酪乳酪杆菌 IMAU60063，IMAU60127 和植物乳植杆菌 IMAU20697 中均被检出，且这 3 个菌株表型也显示出对卡那霉素的耐药性。但这 2 株副干酪乳酪杆菌表现出了对新霉素的敏感性，不同的是植物乳植杆菌 IMAU20697 对新霉素具有耐药性。

本研究筛选了 5 个乳酸菌对链霉素耐药的相关基因，尽管大部分菌株对链霉素具有耐药性，但大部分菌株中都未检测出 $strA$ 和 $strB$ 基因。其他三种相关基因编码腺苷酰转移酶和核苷酸基转移酶的 $aadA$，$aadE$ 和 ant（6）基因在副干酪乳酪杆菌 IMAU60015、IMAU60062、IMAU60103 和植物乳杆菌 IMAU60045、IMAU30043、IMAU80002、IMAU80007，IMAU80091 中被检测出，这些菌株对链霉素均表现为抗性。

由于乙酰基转移酶，核苷酸基转移酶和磷酸转移酶作用于氨基糖苷类抗生素并使乳杆菌属失活[89]，因此乳杆菌属通常对氨基糖苷类抗生素具有较高的耐药性。导致乳杆菌对氨基糖苷类抗生素产生耐药的其他原因可能是抗生素导致乳杆菌减少了对氨基葡糖苷的吸收，细胞膜通透性减弱，以及改变核糖体结合位点（只针对链霉素）等[90]。

对表 4-3 和表 4-4 进行比较后发现，植物乳植杆菌 IMAU60045 和 IMAU80091 都携带有 ant（6）和 $aad4$ 基因，但是两株菌对链霉素的 MIC 测定值却差异较大，分别为 $16\mu g/mL$（表型为敏感）和 $256\mu g/mL$（表型为抗性），由于在检测链霉素对乳杆菌的 MIC 时发现 MIC 值域较大且分布甚广（图 4-9），后期将从基因表达水平方面研究 ant（6）和 $aad4$ 基因对植物乳植杆菌高抗链霉素的影响，以低 MIC 值植物乳植杆菌 IMAU60045 作为研究对象，将其置于重复的和不断增加的链霉素应激环境中进行高水平、高强度的链霉素胁迫实验，验证该菌株在链霉素胁迫下的适应性进化，并在该环境中构建高抗链霉素的 IMAU60045 菌株。

乳酸菌中与四环素相关联的抗性基因 tet(M)、tet(L)、tet(K)和 tet(S)中，tet(M)基因在 10 个菌株中被检出，该基因广泛分布在多种乳杆菌属，可编码细菌核糖体的防御蛋白，对 tet(M)基因的关注在于有研究报道显示其存在于质粒上[91,92]，因此具有可移动并转移至其他菌株的可能性，可能会对人体健康产生影响（表 4-4）。

表 4-4　PCR 检测副干酪乳酪杆菌和植物乳植杆菌中所含抗性基因

乳杆菌	菌株	抗性基因
副干酪乳酪杆菌	IMAU60006	—
	IMAU60015	$ant(6)$
	IMAU60017	—
	IMAU60023	$tet(M)$
	IMAU60032	—
	IMAU60062	$aadA$
	IMAU60063	$aph(3'')$-Ⅲ
	IMAU60074	—
	IMAU60097	$erm(B)$
	IMAU60103	$aadE$
	IMAU60108	$ner(M)$
	IMAU60126	—
	IMAU60127	$tet(M)$, $aph(3'')$-Ⅲ
	IMAU60136	$tet(M)$
	IMAU60160	—
	IMAU60161	$erm(B)$
	IMAU60165	—
植物乳植杆菌	IMAU60042	—
	IMAU60045	$aad4$, $ant(6)$
	IMAU60051	—
	IMAU30043	$aad4$, $erm(B)$
	IMAU30116	$ser(M)$
	IMAU10014	$gyrA$
	IMAU10015	$tet(M)$, $gyrA$, cat
	IMAU10016	—
	IMAU40072	—
	IMAU40089	$tet(M)$, $tet(S)$, $gyrA$
	IMAU80002	$tet(M)$, $aadE$
	IMAU80007	$tet(M)$, $aadA$, $aac(6')-aph(2'')$, $erm(B)$
	IMAU80091	$aad4$, $ant(6)$
	IMAU20014	—
	IMAU20697	$tet(M)$, $aph(3'')$-Ⅲ, $gyrA$

乳杆菌属对万古霉素具有天然的耐药性，但是与之相关的基因 vanA、vanB 和 vanX 在本研究中均未被检出。Liu[57] 等研究了副干酪乳酪杆菌、植物乳植杆菌、保加利亚乳杆菌、嗜酸乳杆菌和鼠李糖乳酪杆菌中 vanA、vanB、vanC、vanE、vanH、vanR、vanS、vanY 和 vanZ 基因的分布情况，结果显示仅编码 D-丙氨酰-D-丙氨酸二肽酶的 vanX 基因在植物乳植杆菌中可检出。

致病菌对万古霉素耐药性是世界性的重要问题，原因在于该抗生素能够有效和广泛地抑制多重耐药的与临床疾病相关的致病菌。乳杆菌对万古霉素的抗性是固有的，一般不会水平基因转移到其他致病菌中，因此在使用万古霉素时，乳杆菌仍可以保持较高的活力。

三、副干酪乳酪杆菌 Zhang 在含有抗生素的培养基中的适应性进化

（一）副干酪乳酪杆菌 Zhang 的生长曲线和代数计算

根据副干酪乳酪杆菌 Zhang 一个生长周期的生长规律，能够计算出副干酪乳酪杆菌 Zhang 的 3 个平行株每个生长周期内的代数分别为 6.58、6.58 和 6.57 代，三者的生长代数较一致，因此对每一批次 3 个平行取样测定相关指标时能保证 3 个平行株在同一代数。

（二）副干酪乳酪杆菌 Zhang 在抗生素环境传代过程中 MIC 的变化

表 4-5 至表 4-8 总结了副干酪乳酪杆菌 Zhang 在不同抗生素环境下传代过程中对抗生素耐药性的变化，由表 4-5 可知，在不含抗生素的培养基中，传代过程中对于阿莫西林、庆大霉素及阿莫西林和庆大霉素混合环境，副干酪乳酪杆菌 Zhang 的耐药性未发生变化。由表 4-6 可知，各代副干酪乳酪杆菌 Zhang 对庆大霉素具有敏感性（S），且 3 个平行菌株对阿莫西林和庆大霉素的 MIC 测定值一致。阿莫西林对副干酪乳酪杆菌 Zhang 原始菌株的 MIC 为 2μg/mL，且经测定当阿莫西林的浓度为 0.5μg/mL 时，能够抑制 50% 的副干酪乳酪杆菌 Zhang 生长，即阿莫西林的半抑制浓度（IC_{50}）测定值为 0.5μg/mL；庆大霉素对副干酪乳酪杆菌 Zhang 原始菌株的 MIC 为 2μg/mL，且经测定当庆大霉素的浓度为 1μg/mL 时，能够抑制 50% 的副干酪乳酪杆菌 Zhang 生长，即庆大霉素 IC_{50} 测定值为 1μg/mL；阿莫西林和庆大霉素混合抗生素对副干酪乳酪杆菌 Zhang 原始菌株 MIC 测定值为（0.5+1）μg/mL，当混合抗生素浓度为（0.25+0.5）μg/mL 时能够抑制 50% 的副干酪乳酪杆菌 Zhang 生长，即阿莫西林和庆大霉素混合抗生素 IC_{50} 为（0.25+0.5）μg/mL。由阿莫西林的 IC_{50} 值可见，MIC 和 IC_{50} 无线性关系。将上述测定的不同 IC_{50} 值作为相应抗生素添加至 LSM 培养基中的浓度值，并作为传代培养基。

表 4-5　副干酪乳酪杆菌 Zhang 在 LSM 培养基传代过程中不同抗生素条件下 MIC 值的测定　　　　单位：μg/mL

抗生素环境	菌株	0 代	200 代	400 代	600 代	800 代	1000 代	1200 代	1400 代	1600 代	1800 代	2000 代
阿莫西林	副干酪乳酪杆菌 Zhang-1	2	2	2	2	2	2	2	2	2	2	2

续表

抗生素环境	菌株	0代	200代	400代	600代	800代	1000代	1200代	1400代	1600代	1800代	2000代
阿莫西林	副干酪乳酪杆菌Zhang-2	2	2	2	2	2	2	2	2	2	2	2
	副干酪乳酪杆菌Zhang-3	2	2	2	2	2	2	2	2	2	2	2
庆大霉素	副干酪乳酪杆菌Zhang-1	2	2	2	2	2	2	2	2	2	2	2
	副干酪乳酪杆菌Zhang-2	2	2	2	2	2	2	2	2	2	2	2
	副干酪乳酪杆菌Zhang-3	2	2	2	2	2	2	2	2	2	2	2
阿莫西林+庆大霉素	副干酪乳酪杆菌Zhang-1	0.5+1	0.5+1	0.5+1	0.5+1	0.5+1	0.5+1	0.5+1	0.5+1	0.5+1	0.5+1	0.5+1
	副干酪乳酪杆菌Zhang-2	0.5+1	0.5+1	0.5+1	0.5+1	0.5+1	0.5+1	0.5+1	0.5+1	0.5+1	0.5+1	0.5+1
	副干酪乳酪杆菌Zhang-3	0.5+1	0.5+1	0.5+1	0.5+1	0.5+1	0.5+1	0.5+1	0.5+1	0.5+1	0.5+1	0.5+1

如表4-6所示,在含阿莫西林的LSM中传代的副干酪乳酪杆菌Zhang在200代时,3个平行菌株对阿莫西林的耐药性均增加了2倍,由2μg/mL增加至4μg/mL,到400代时,副干酪乳酪杆菌Zhang-1和副干酪乳酪杆菌Zhang-3的耐药性未发生变化,而副干酪乳酪杆菌Zhang-2的耐药性变为8μg/mL。从600代开始所有菌株对阿莫西林耐药性均保持恒定不变。因此,后续选择600代的阿莫西林传代菌作为去掉选择胁迫,在不含抗生素培养基中传代的起始菌株。

表 4-6 副干酪乳酪杆菌 Zhang 在 LSM-A 培养基传代过程中在阿莫西林环境中 MIC 值的变化　　单位：μg/mL

菌株	0 代	200 代	400 代	600 代	800 代	1000 代	1200 代	1400 代	1600 代	1800 代	2000 代
副干酪乳酪杆菌 Zhang-1	2	4	4	8	8	8	8	8	8	8	8
副干酪乳酪杆菌 Zhang-2	2	4	8	8	8	8	8	8	8	8	8
副干酪乳酪杆菌 Zhang-3	2	4	4	8	8	8	8	8	8	8	8

同样地，副干酪乳酪杆菌 Zhang 在 1200 代开始，所有在庆大霉素环境中的传代菌株的 MIC 测定值均不再发生变化，测定值为 32μg/mL（表 4-7）。因此，后续选择 1200 代的庆大霉素传代菌作为去掉选择压力，在不含抗生素培养基中传代的起始菌株。该测定值虽已达到欧洲食品安全局 EFSA 的副干酪乳酪杆菌对庆大霉素耐药的临界值，但根据 EFSA 判定耐药性的标准可知，副干酪乳酪杆菌 Zhang 对庆大霉素依然敏感。在 1000 代时，副干酪乳酪杆菌 Zhang-2 的耐药性相对其他 2 个平行菌株增加 2 倍，结合其在阿莫西林环境中传代 MIC 测定值的变化，可见副干酪乳酪杆菌 Zhang-2 在传代过程中可能更易受到抗生素的影响而发生变化。

表 4-7 副干酪乳酪杆菌 Zhang 在 LSM-G 培养基传代过程中在庆大霉素环境中 MIC 值的变化　　单位：μg/mL

菌株	0 代	200 代	400 代	600 代	800 代	1000 代	1200 代	1400 代	1600 代	1800 代	2000 代
副干酪乳酪杆菌 Zhang-1	2	8	8	8	16	16	32	32	32	32	32
副干酪乳酪杆菌 Zhang-2	2	8	8	8	16	32	32	32	32	32	32
副干酪乳酪杆菌 Zhang-3	2	4	8	8	16	16	32	32	32	32	32

在含阿莫西林和庆大霉素混合的培养基中，副干酪乳酪杆菌 Zhang 传代过程中对不同抗生素耐药性的变化如表 4-8 所示。通过对单一阿莫西林、单一庆大霉素和混合抗生素 MIC 的测定发现，由于副干酪乳酪杆菌 Zhang 同时受到 2 种抗生素的影响，LSM-a+g 中传

代的菌株对阿莫西林或庆大霉素的耐药性变化较上述在 LSM-A 和 LSM-G 中传代的菌株耐药性变化迟缓。对阿莫西林的耐药性在 1200 代时才开始恒定，而对庆大霉素的耐药性最大到 16μg/mL。这是由于混合培养基中 2 种抗生素的浓度均小于单一抗生素培养基中抗生素的浓度，说明菌株耐药性的变化与抗生素浓度相关。混合抗生素对副干酪乳酪杆菌 Zhang 的 MIC 在 1000 代开始保持恒定，而在 1200 代时，除对混合抗生素的耐药性开始恒定，对单一阿莫西林的耐药性也开始恒定。因此选择 1000 代和 1200 代的混合抗生素传代菌株进行去选择压力的传代实验。

表 4-8　副干酪乳酪杆菌 Zhang 在 LSM-a+g 培养基传代过程中在不同抗生素条件下 MIC 值的变化（μg/mL）

抗生素环境	菌株	0代	200代	400代	600代	800代	1000代	1200代	1400代	1600代	1800代	2000代
阿莫西林	副干酪乳酪杆菌 Zhang-1	24	224	2	4	4	4	8	8	8	8	8
	副干酪乳酪杆菌 Zhang-2	2	2	2	4	4	4	8	8	8	8	8
	副干酪乳酪杆菌 Zhang-3	2	2	2	4	8	8	8	8	8	8	8
庆大霉素	副干酪乳酪杆菌 Zhang-1	2	2	4	4	8	16	16	16	16	16	16
	副干酪乳酪杆菌 Zhang-2	2	2	4	8	16	16	16	16	16	16	16
	副干酪乳酪杆菌 Zhang-3	22	2	4	8	8	16	16	16	16	16	16
阿莫西林+庆大霉素	副干酪乳酪杆菌 Zhang-1	0.5+1	1+2	1+2	1+2	2+4	2+4	2+4	2+4	2+4	2+4	2+4
	副干酪乳酪杆菌 Zhang-2	0.5+1	1+2	1+2	1+2	2+4	2+4	2+4	2+4	2+4	2+4	2+4
	副干酪乳酪杆菌 Zhang-3	0.5+1	1+2	1+2	1+2	1+2	2+4	2+4	2+4	2+4	2+4	2+4

(三)副干酪乳酪杆菌 Zhang 在去抗生素选择压力培养基中的传代

取在不同抗生素中传代耐药性出现恒定的相应代数甘油保藏的副干酪乳酪杆菌 Zhang 菌株活化,并接种至不含抗生素的 LSM 培养基中连续传代 200 代。通过测定传代 200 代过程中的 MIC 值发现,所述的 4 种菌在 LSM 培养基的传代过程中的 MIC 测定值都未发生变化。该结果说明,在传代 200 代的过程中,副干酪乳酪杆菌 Zhang 对阿莫西林和庆大霉素的耐药性不可逆。

四、副干酪乳酪杆菌 Zhang 在 β-内酰胺类抗生素和氨基糖苷类抗生素中的适应性进化

(一)副干酪乳酪杆菌 Zhang 对 β-内酰胺类抗生素和氨基糖苷类抗生素耐药性的变化

分别取 1000 代和 2000 代的副干酪乳酪杆菌 Zhang 在 LSM-A 和 LSM-G 中的传代菌,活化并检测其对与阿莫西林化学结构相似的 β-内酰胺类抗生素氨苄西林以及与庆大霉素化学结构相似的氨基糖苷类抗生素卡那霉素、链霉素和新霉素的耐药性相对于原始菌株是否有增长的趋势,结果如表 4-9 所示。

表 4-9　副干酪乳酪杆菌 Zhang 对 β-内酰胺类抗生素和氨基糖苷类抗生素耐药性

单位:$\mu g/mL$

抗生素环境	原始菌株	1000 代	2000 代
氨苄西林	1/S	2/S	2/S
卡那霉素	32/S	128/R	128/R
链霉素	8/S	8/S	16/S
新霉素	4/S	8/S	8/S

由上表可见,副干酪乳酪杆菌 Zhang 在 LSM-A 和 LSM-G 培养基传代过程中除了对阿莫西林和庆大霉素的耐药性发生变化,对与之同化学结构的其他抗生素的耐药性也均有不同程度的增加。其中对卡那霉素的耐药性由原来的敏感变为具有抗药性。该实验再次验证和说明在一种抗生素选择压力下筛选得到的菌株,其对同化学结构的抗生素有交叉耐药性。

(二)副干酪乳酪杆菌 Zhang 在传代过程中活菌数和 OD_{600} 值的变化

1. 活菌数的变化

副干酪乳酪杆菌 Zhang 在传代过程中活菌数的变化如图 4-10 所示,3 个平行菌株在不同环境传代过程中活菌数的变化趋势较一致。由于传代培养基中加入抗生素,副干酪

乳酪杆菌的生长受到了抑制，传代起始 24h 时活菌数都开始下降，同时在不含抗生素 LSM 中传代的对照菌也稍有下降，由于菌株活化所用培养基为 MRS，在接种至传代培养基 LSM 中初始时会对新的环境不完全适应，然而随着传代数的增加对照菌株的活菌数逐步升高并很快趋于平稳。在抗生素环境中，随着传代数的增加，副干酪乳酪杆菌 Zhang 逐渐适应环境，传代周期末的活菌数逐渐上升，传至约 800 代时所有环境下传代菌株的活菌数开始趋于平稳。由图 4-10 可知，随着传代数的增加在 LSM-G 中传代的菌株生长末期活菌数更趋近于在 LSM 培养基中传代的对照菌株，在 LSM-A 中传代的菌株生长末期活菌数始终处于较低的水平，而在 LSM-a+g 中传代的菌株活菌数则介于 LSM-G 和 LSM-A 之间。说明在庆大霉素培养基中传代的菌株更加适应来自庆大霉素的选择压力，而阿莫西林对传代菌株的影响较大，传代菌株并没有因为较长时间受到阿莫西林刺激而充分适应该环境。

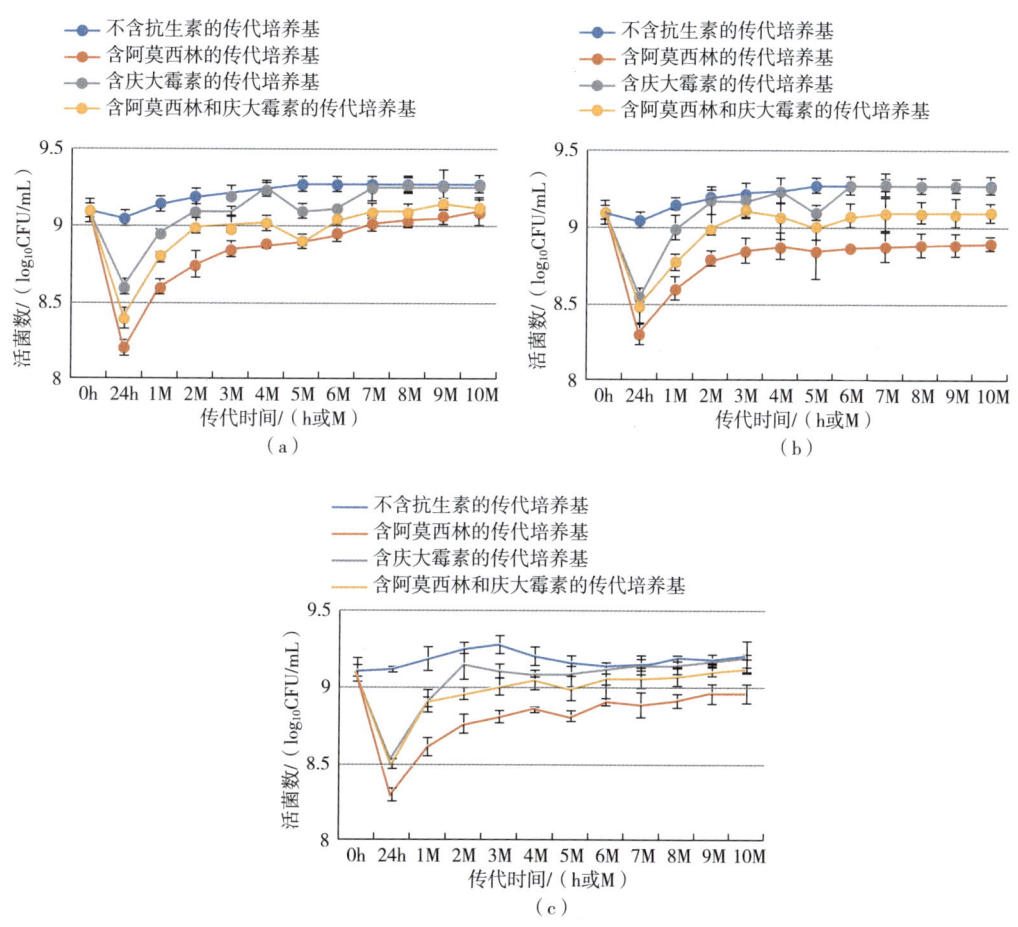

图 4-10　副干酪乳酪杆菌 Zhang 在不同抗生素环境下传代过程中活菌数的变化

（a）副干酪乳酪杆菌 Zhang-1 在传代过程中活菌数的变化　（b）副干酪乳酪杆菌 Zhang-2 在传代过程中活菌数的变化　（c）副干酪乳酪杆菌 Zhang-3 在传代过程中活菌数的变化

（图中单位：h—小时；M—月。）

2. OD_{600} 值的变化

在副干酪乳酪杆菌 Zhang 传代过程中，对照菌在 400 代时 OD_{600} 值趋于平稳，而抗生素菌株在 600~800 代间趋于平稳。同样地，除对照菌外，抗生素菌株均在第一天时 OD_{600} 值有明显下降，随着传代数的增加 OD_{600} 值升高，整体变化趋势与活菌数相似。

（三）副干酪乳酪杆菌 Zhang 传代过程中各谱系基因组重测序

对 200 代、400 代、600 代、800 代、1000 代、1200 代、1400 代、1600 代、1800 代、2000 代菌株用 4 种不同传代培养基（LSM，LSM-A，LSM-G 和 LSM-a+g）传代得到的副干酪乳酪杆菌 Zhang 进行基因组重测序分析。每种传代培养基有 3 个平行菌株，每一代 12 个测序样品，共 120 个样品做重测序分析。

各代不同传代环境下副干酪乳酪杆菌 Zhang 基因组中基因突变的检测

本研究检测了副干酪乳酪杆菌 Zhang 在 LSM、LSM-A、LSM-a+g、LSM-G 等不同代数和传代环境中的连续传代情况，包括基本突变位点、结构变异和大片段 InDel 的检测。基本突变位点包括 SNP、多核苷酸变异（MNV）、InDel、结构变异等。其中，InDel 需要在同一个高通量测序序列中检出，大片段的插入与缺失在 6~200bp。

（1）SNP，MNV 和小片段 InDel 本研究用 CLUGenomics Workbench 7.5 软件进行突变检测，检测 SNP、MNV 和小片段 InDel，设定过滤条件，保留覆盖度大于设定值的序列，过滤掉断续序列，筛选出位点基因信息，包括覆盖度、检测次数和频率等。

在此基础上，筛选出与测序相关的序列，剔除因测序扩增而产生的偏倚或错误序列，并剔除与测序相关的序列，从而获得相对可信的基因突变位点。图 4-11 显示，*Lacticaseibacillus casei* Zhang-A1-200 在 1,614,512 位产生单核苷酸多态性，其碱基 C 发生了 G 点突变，并将其定位于 LCAZH_1652。在 *Lacticaseibacillus casei* Zhang A3-200 中，另外一个位点 1,613,923 也发现了一个覆盖度 171 的突变，支持 170 个（间断的序列不计算），发现的频率为 99.42%。

如图 4-12 和图 4-13 所示，副干酪乳酪杆菌 Zhang 基因突变点的检测，在四种不同的环境中连续传递。LSM-A、LSM-A +g、LSM-G 和 LSM-passed 副干酪乳酪杆菌 Zhang 突变总数分别为 138、145、185 和 144 个。与 LSM-A、LSM-A+g、LSM-G 和 LSM 培养的副干酪乳酪杆菌 Zhang 突变位点相比，LSM-A、LSM-G 和 LSM 培养的副干酪乳酪杆菌 Zhang 特异性的基本突变位点分别为 38、49 和 81 个。图 4-12、图 4-13 和图 4-14 显示了在选择压力下通过这三种环境的突变位点的信息。在四种环境中检测到的基因突变数量为 94 个。阿莫西林与阿莫西林和庆大霉素混合中传代共有 2 个突变位点（1,634,163 和 1,614,547），阿莫西林与阿莫西林和庆大霉素混合中传代共有 15 个突变位点，阿莫西林与阿莫西林和庆大霉素混合中传代共有 1 个突变位点。在选择压力下的 3 种环境中，副干酪乳酪杆菌没有共同的突变位点。从图 4-13 可以看出，在相同的抗生素培养基中传代的副干酪乳酪杆菌 Zhang 基因组中基因突变位点的分布是相似的。

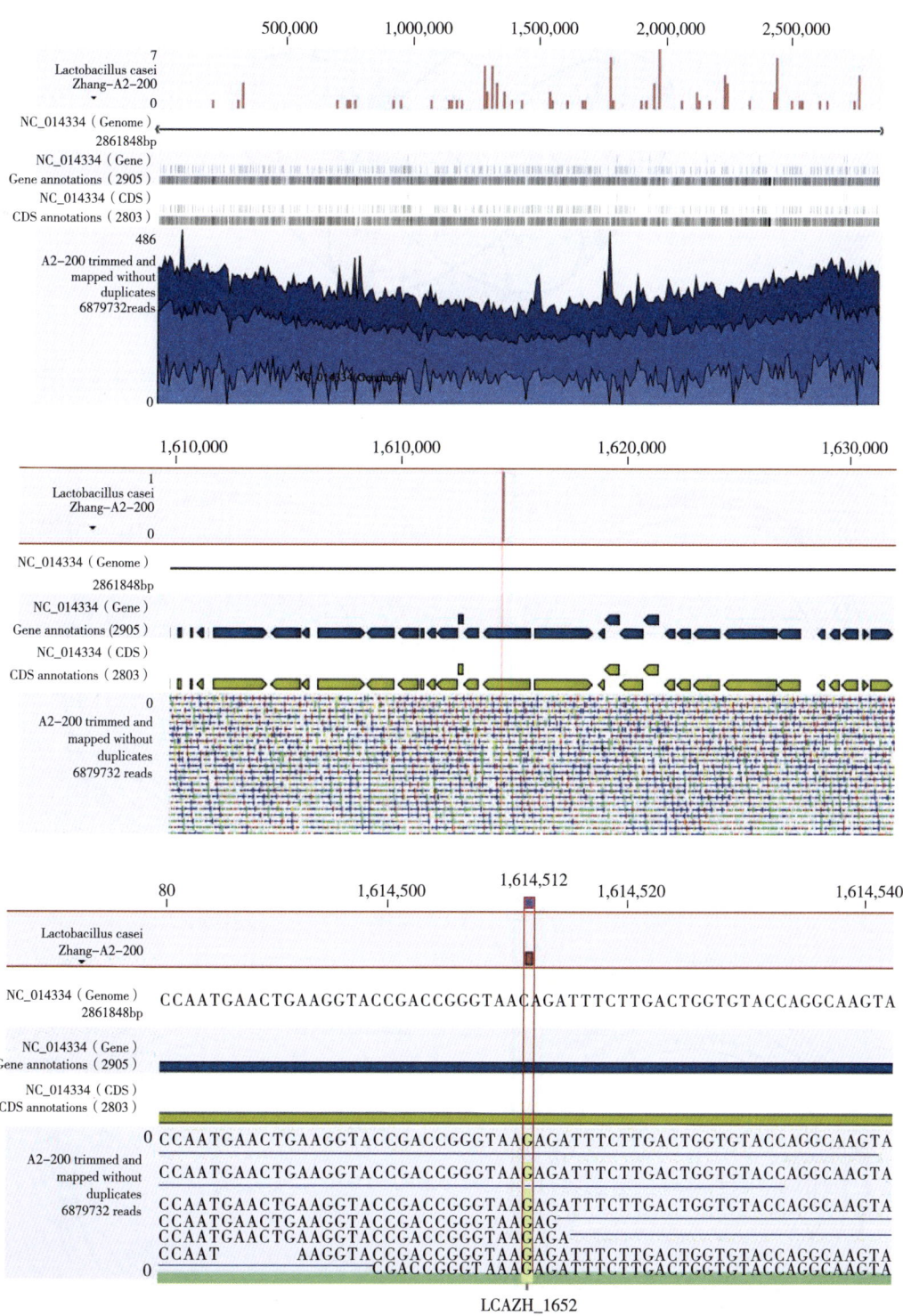

图 4-11 *Lactobacillus casei* Zhang-A2-200 突变位点的检测

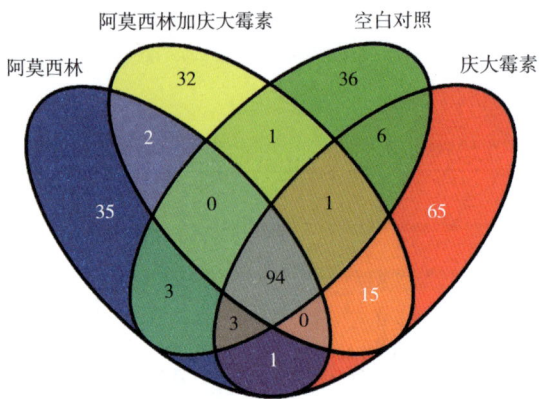

图 4-12　4 种不同培养基中传代的副干酪乳酪杆菌 Zhang 基本突变的检出情况

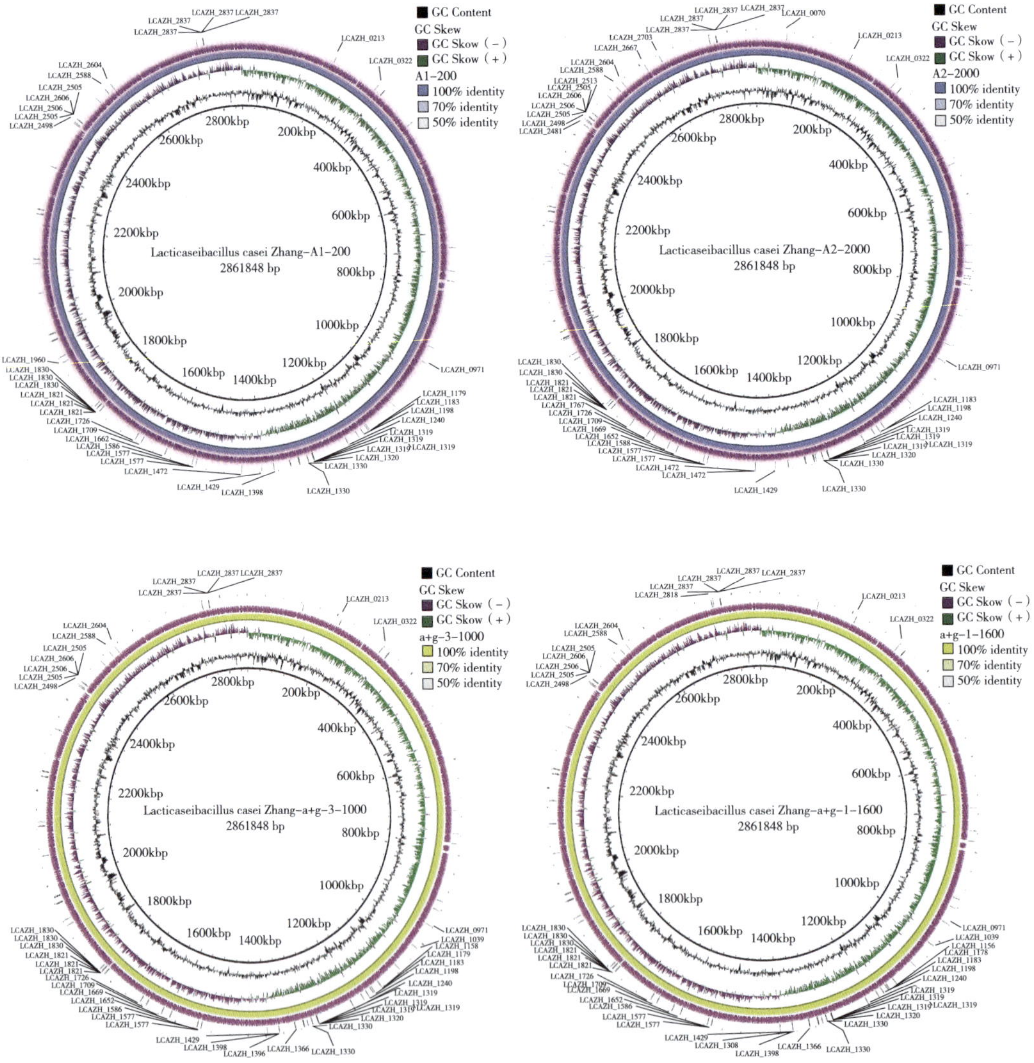

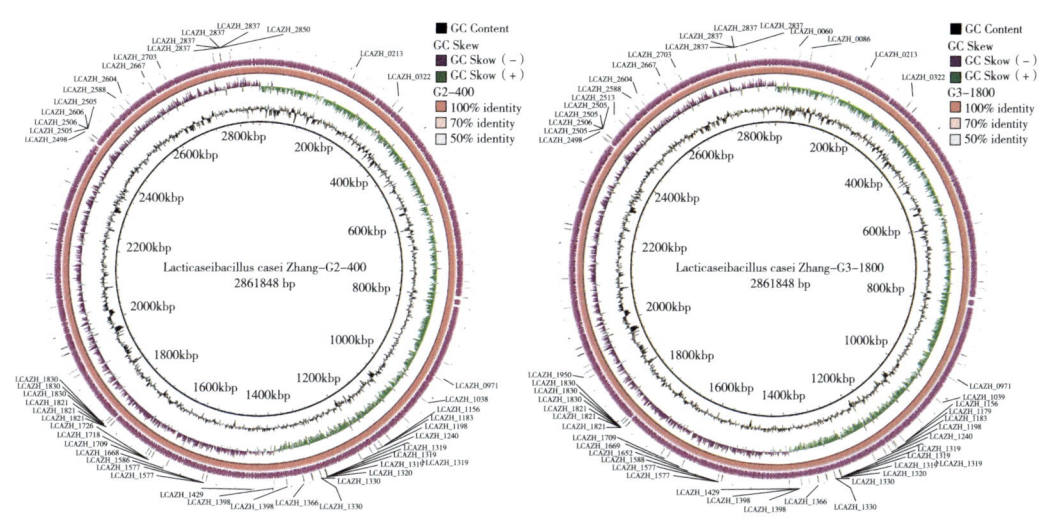

图 4-13 LSM-A、LSM-a+g 和 LSM-G 中连续传代的副干酪乳酪杆菌 Zhang 基因突变位点分布

根据图 4-12 至图 4-14 可知，不同代数的基因突变位点不同，并非所有突变均能持续检测到。LCAZH_1472 突变位点在副干酪乳酪杆菌 Zhang 3 个谱系中均出现，自 1000 代至 2000 代稳定检测到，但 1,438,844 突变位点仅在副干酪乳酪杆菌 A1-200、副干酪乳酪杆菌 A1-400 和副干酪乳酪杆菌 A1-600 中检测到，在副干酪乳酪杆菌 A1-800 及其后未检测到，表明其不稳定。细菌的自我修复能力导致遗传现象不连续。进化的 3 个谱系均来自副干酪乳酪杆菌 Zhang，因此在基因组环形图的基因突变位点分布中，同一谱系不同代数的差异较小。

随着副干酪乳酪杆菌 Zhang 经过不同的抗生素培养基进行了 1000 代的传代，不同谱系的突变数目增长逐渐减缓，在 1000 代后各谱系的基因突变数均维持在一个相对稳定的水平。从图 4-14 可以看出，在不同培养基和不同代数条件下，副干酪乳酪杆菌 Zhang 的 3 个谱系非同义突变数量的变化趋势。LSM 中传代的 3 个谱系在 400 代时就开始趋于平稳，这可能是因为在传代前活化培养基为 MRS，当接种至 LSM 中传代时，该菌株并未完全适应新的环境。副干酪乳酪杆菌 Zhang 在新环境 LSM 中传代到约 400 代后，活菌数开始趋于平稳。这可能是因为各谱系对新环境已充分适应。此外，在抗生素浓度高 2 倍的 LSM-A 和 LSM-G 环境中传代的各谱系，在约 1000 代时，突变位点开始趋于平稳；而在 LSM-a+g 环境中传代的副干酪乳酪杆菌 Zhang 在约 1400 代时，突变位点才开始稳定。而且，随着传代数的增加，突变位点的增长比在 LSM-A 和 LSM-G 环境中传代的菌株要迟缓。由图中可以看出，LSM-A 培养基上传代的三个菌系的标准偏差相对于其他几种培养基较小。较多出现的突变位点可以稳定遗传给下一代，这表明在有阿莫西林的环境下，副干酪乳酪杆菌 Zhang 在传代过程中具有较好的遗传稳定性。然而，在 LSM-G 培养基上传代的过程中，每个传代时间点的突变位点差异较大，尽管每个时间点的非同义突变位点数均小于 LSM-A 培养基上传代的各菌系，但突变位点的种类和总量却高于 LSM-A 培养基上传代的菌系。

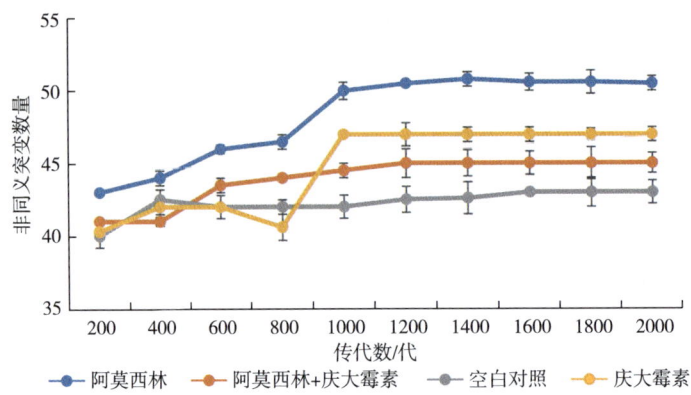

图 4-14 不同培养基中传代的副干酪乳酪杆菌 Zhang 非同义突变数量的变化

从副干酪乳酪杆菌 Zhang-A1 基因组圈图中的第 200 代到第 2000 代（从内到外），不同代之间的基因组差异相对较小。图中标记的突变位点不同于对照培养基代菌株中的基因突变。所有检测到的基因突变在后续代中持续出现，并稳定遗传至第 2000 代。

在这项研究中，非同义突变在所有不同介质中传播的谱系特异性基因突变中最为丰富，而非编码区突变排名中等（图 4-15 和图 4-16）。非同义突变是指导致氨基酸变化从而改变蛋白质功能的 DNA 序列变化。统计方法可以用来定量分析进化过程中选择压力对蛋白质编码区域的影响，其中 dN/dS 比值的测量因其简便性和稳定的结果而被广泛使用。该方法通过比较非同义（dN）和同义（dS）突变位点的替换率来确定选择压力的程度。在本研究中，计算了具有非同义突变基因的 dN/dS 比值，显示不同世代相关基因的 dN/dS 比值均<0.01。当群体内的 dN/dS 比值小于 1 时，可能同时由正选择和负选择引起并发生。正选择对于新蛋白质功能或蛋白质功能的改进在进化过程中至关重要，因为它增加了有利突变在生物体中出现的可能性[94]。

（2）大片段 InDel 和结构变异　大型片段插入/缺失（InDel）和结构变异是通过匹配序列中未对齐的末端（软剪切）信息来检测的。因此，如果在匹配过程中匹配序列中没有未对齐的末端，就无法检测到结构变异。对于大型片段插入/缺失和结构变异的参数设置，相关算法将识别超过匹配中左端和右端未对齐末端的位置。一旦确定了未对齐末端和一致序列的位置，算法将把确定的一致序列与其他未对齐末端前后的参考序列进行匹配。如果匹配成功且在结构变异范围内，将检索到变异信息。

有必要设置 P 值阈值，该阈值可以衡量不同位置上序列中未对齐末端的百分比。值越高，检测结构变异的可能性就越大。序列匹配中的未对齐末端不仅可能由结构变异引起，还可能由低质量的测序序列或低质量的匹配引起。因此，有必要区分由结构变异引起的未对齐末端和由其他因素引起的未对齐末端，以获得更可靠的结果。最大错配值可以确定无效的未对齐末端序列。通过结合未对齐末端序列百分比的二项分布临界值和最大错配值，可以提高数据的可靠性。

表 4-10、表 4-11 和表 4-12 分别显示了与 LSM 相比，在 LSM-A、LSM-a+g 和 LSM-G 中传代的副干酪乳酪杆菌 Zhang 中检测到的大片段 InDel 的差异，插入和缺失的片段长度最小为 6bp，最大为 120bp，表中仅列举了非同义突变，这些突变的基因中，

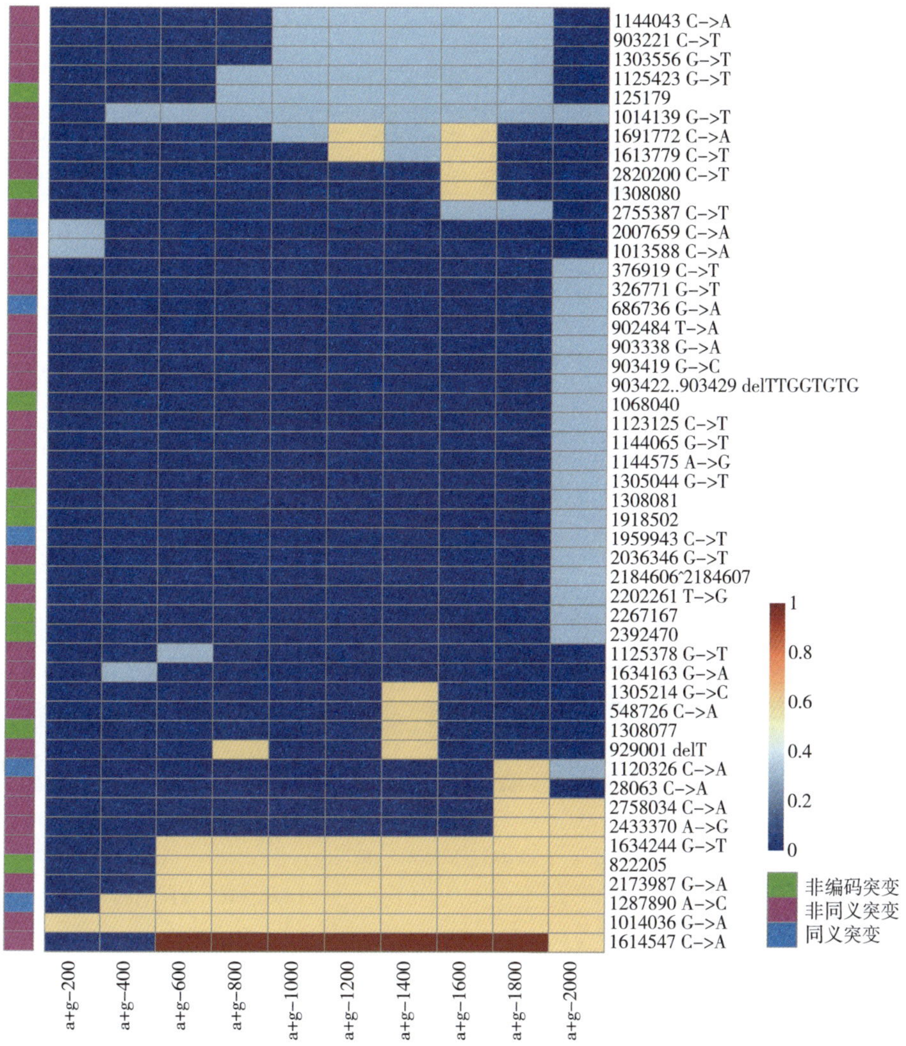

图 4-15　*Lactobacillus casei* Zhang-a+g 不同代数菌株突变频率热图

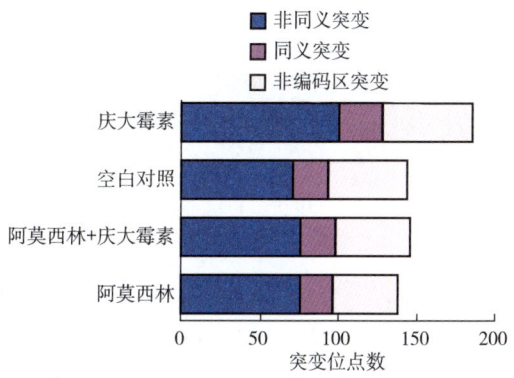

图 4-16　不同培养基中传代的副干酪乳酪杆菌 Zhang 的突变类型

大部分调控假想蛋白（hypothetical protein），这部分功能未知的蛋白质很可能与抗生素的耐药性有一定关联。

表4-10　LSM-A 与传代的副干酪乳酪杆菌 Zhang 检出大片段 InDel 的不同

突变位置	类型	长度/bp	检出样品	基因标识	产物	非同义突变
788930..788931	Insertion	9	A1-2000	LCAZH_0806	hypothetical protein	Yes
1081460..1081579	Deletion	120	A2-1800 A1-2000	LCAZH_1106	phosphoglycerol transferase-like protein	Yes
1553607..1553664	Deletion	58	A1-1400	LCAZH_1588	RNA-binding protein, KH domain serine/threonine protein kinase with	Yes
1578288..1578311	Deletion	24	A2-2000	LCAZH_1612	beta-lactam	Yes
2315467..2315491	Deletion	25	A1-200	LCAZH_2350	（PASTA）domains sensor histidine kinase PrcK	Yes

表4-11　LSM-a+g 与 LSM 传代的副干酪乳酪杆菌 Zhang 检出大片段 InDel 的不同

突变位置	类型	长度/bp	检出样品	基因标识	产物	非同义突变
66433..66434	Insertion	11	a+g-3-1400	LCAZH_0072	glycine betaine/camitine/choline ABC Transporter ATP-binding protein	Yes
638991..638998	Deletion	8	a+g-3-1800 a+g-2-2000	LCAZH_0623	esterase	Yes
1794617..1794630	Deletion	14	a+g-2-1000	LCAZH_1835	hypothetical protein	Yes
2421291..2421292	Insertion	6	a+g-2-1600	LCAZH_2478	hypothetical protein	Yes

表4-12　LSM-G 与 LSM 传代的副干酪乳酪杆菌 Zhang 检出大片段 InDel 的不同

突变位置	类型	长度/bp	检出样品	基因标识	产物	非同义突变
148383..148388	Deletion	6	G-2-2000	LCAZH_0153	membrane-associated phospholipid phosphatase	Yes
403394..403395	Insertion	8	G-2-1800	LCAZH_0404	levC protein	Yes
1723466..1723514	Deletion	49	G-1-2000	LCAZH_1763	hypothetical protein	Yes
1814842..1814874	Deletion	33	G3-400	LCAZH_1859	pyruvate carboxylase	Yes

续表

突变位置	类型	长度/bp	检出样品	基因标识	产物	非同义突变
2333396..2333444	Deletion	49	G1-800	LCAZH_2377	hypothetical protein	Yes
2333402..2333450	Deletion	49	G2-800	LCAZH_2377	hypothetical protein	Yes
2718134..2718168	Deletion	35	G2-800	LCAZH_2778	Sugar ABC transporter ATPase	Yes
2807341..2807342	Insertion	15	G2-400	LCAZH_2870	glycosyltransferase	Yes
2808039..2808052	Deletion	14	G2-600	LCAZH_2870	glycosyltransferase	Yes

表 4-13、表 4-14 和表 4-15 分别展示了在 LSM-A、LSM-a+g 和 LSM-G 中培养的 30 株副干酪乳酪杆菌中的结构变异，检测率相对较高。在本研究中，仅检测到两种类型的结构变异：替换和倒位。倒位仅在 LSM-G 中培养的菌株中检测到，突变检测率为 40%。从表中可以看出，大多数结构变异在三种环境中都是相同的。然而，在仅在庆大霉素培养基中培养的菌株中，发现了调节 α-L-岩藻糖苷酶和磷酸转移酶系统下的甘露醇/果糖转运蛋白亚基的基因发生了结构变异。

表 4-13　LSM-A 中传代的副干酪乳酪杆菌 Zhang 高频结构变异

突变位置	突变类型	基因标识	产物	检出频率/%
1280339..1280347	Replacement	LCAZH_1319	hydrolase	93.33
1312199..1312203	Replacement	LCAZH_1347	5′-nucleotidase	76.67
1368770..1368780	Replacement	LCAZH_1398	pyruvate-formate lyase-activating enzyme	26.67
1788739..1788740	Replacement	LCALH_1830	seryl-tRNA synthetase	93.33
2231069..2231080	Replacement	LCAZH_2263	50S ribosomal protein L33	100
2448240..2448249	Replacement	LCAZH_2505	tRNA（Ile）-lysidine synthetase MesJ	76.67
2774892..2774904	Replacement	LCAZH_2837	major facilitator superfamily permease	93.33
959304..959305	Replacement	LCAZH_0971	hypothetical protein	93.33

表 4-14　LSM-a+g 中传代的副干酪乳酪杆菌 Zhang 高频结构变异

突变位置	突变类型	基因标识	产物	检出频率/%
1280339..1280347	Replacement	LCAZH_1319	hydrolase	80
1312199..1312203	Replacement	LCAZH_1347	5′-nucleotidase	46.67

续表

突变位置	突变类型	基因标识	产物	检出频率/%
1368770..1368780	Replacement	LCAZH_1398	pyruvate-formate lyase-activating enzyme	70
1788739..1788740	Replacement	LCAZH_1830	seryl-tRNA synthetase	83.33
2231069..2231080	Replacement	LCAZH_2263	50S ribosomal protein L33	100
2448240..2448249	Replacement	LCAZH_2505	tRNA（Ile）-lysidine synthetase MesJ	70
2774892..2774904	Replacement	LCAZH_2837	major facilitator superfamily permease	100
959304..959305	Replacement	LCAZH_0971	hypothetical protein	96.67

表4-15　LSM-G中传代的副干酪乳酪杆菌Zhang高频结构变异

突变位置	突变类型	基因标识	产物	检出频率/%
1773047..1773146	Inversion	LCAZH_1811	alpha-L-fucosidase	40
1280339..1280347	Replacement	LCAZH_1319	hydrolase	90
1300002..1300004	Replacement	LCAZH_1335	PTS system mannitol/fructose-specific transporter subunit IIABC	26.67
1312199..1312203	Replacement	LCAZH_1347	5'-mucleotidase	66.67
1368770..1368780	Replacement	LCAZH_1398	pyruvate-formate lyase-activating enzyme	53.33
1788739..1788740	Replacement	LCAZH_1830	seryl-tRNA synthetase	80
2231069..2231080	Replacement	LCAZH_2263	50S ribosomal protein L33	100
2448240..2448249	Replacement	LCAZH_2505	tRNA（Ile）-lysidine synthetase MesJ	66.67
2774892..2774904	Replacement	LCAZH_2837	major facilitator super family permease	100
959304..959305	Replacement	LCAZH_0971	hypothetical protein	86.67

（四）突变基因产物直系同源簇和代谢通路的分析

1. 直系同源基因簇分析

基于已知的副干酪乳酪杆菌Zhang基因功能分类，对突变位点的基因产物进行了直系同源群（COG）分析。图4-17、图4-18、图4-19和图4-20分别显示了 *Lactobacillus casei* Zhang 在LSM-A、LSM-a+g、LSM-G和LSM培养基中传代后基因产物突变的COG分类。每个COG包括一组具有特定功能描述的蛋白质，涵盖一个或多个功能类别，并以字母缩写表示。

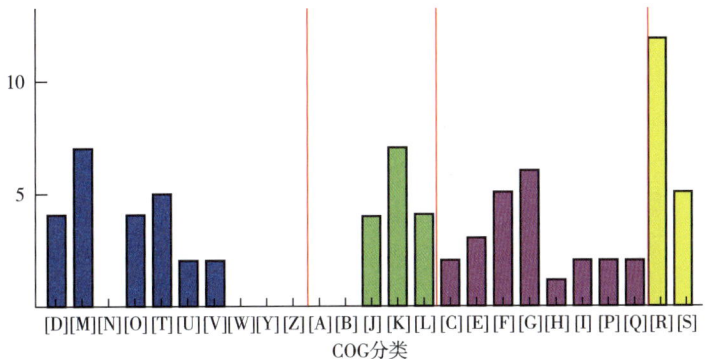

图 4-17　LSM-A 中连续传代发生突变的基因产物直系同源簇分析

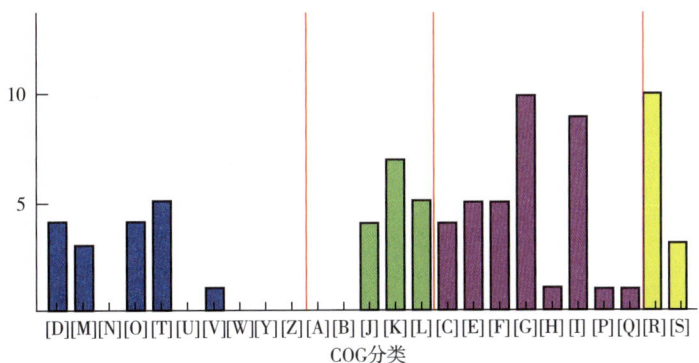

图 4-18　LSM-a+g 中连续传代发生突变的基因产物直系同源簇分析

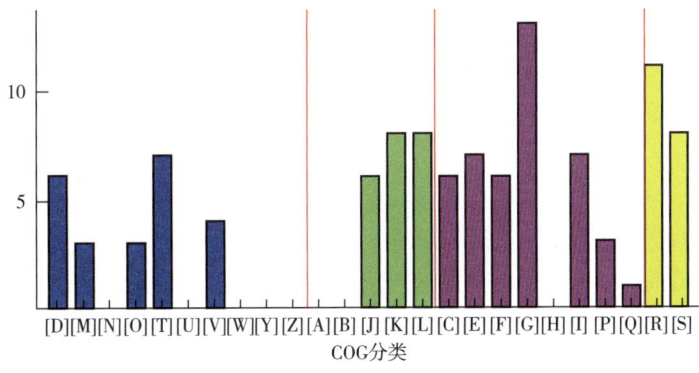

图 4-19　LSM-G 中连续传代发生突变的基因产物直系同源簇分析

如图所示，在不同培养基中继代培养的副干酪乳酪杆菌 Zhang 的调控蛋白，其基因突变的 COG 分类有所不同。细胞过程与信号传导、信息存储与处理以及代谢等功能类别的数量也有所不同。在细胞过程与信号传导这一功能类别中，LSM-A、LSM-a+g、LSM-G 和 LSM 的比例分别为 30.38%、20.73%、21.5% 和 17.3%。这表明阿莫西林对细菌细胞过程和信号传导有显著影响，而在没有抗生素的情况下影响较小。在 LSM-A 中继代培养的细菌中，[M] 类（细胞壁/膜/包膜生物合成）的比例最高，为 29.17%，这表明阿莫西林可能显著影响细菌细胞壁和细胞膜的合成。[T] 类（信号转导机制）的数量在 LSM-a+g

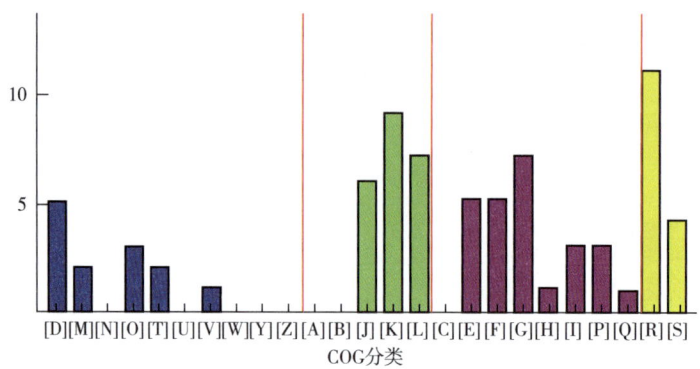

图 4-20　LSM 中连续传代发生突变的基因产物直系同源簇分析

和 LSM-G 中最高。关于信息存储和处理，四种环境中的突变主要集中在［J］类（翻译、核糖体结构和生物合成）、［K］类（转录）和［L］类（复制、重组和修复）。在 LSM-G 中继代培养的细菌中，这一类别的突变总数最高，有 22 个突变，这表明庆大霉素对细胞转录、翻译和核糖体结构有显著影响。在 LSM-a+g 和 LSM-G 中继代培养的细菌中，代谢类别的突变总数和比例最高，分别为 36（43.9%）和 43（40.19%）。此外，［E］类（氨基酸转运和代谢）、［G］类（碳水化合物转运和代谢）和［I］类（脂质转运和代谢）的数量也相对较高。数据还显示，在四种培养条件下，功能分类不明确的类别占相当大比例。

2. 发生突变的基因相关代谢通路分析

在这项研究中，利用 BlastKOALA 在 KEGG 数据库中的注释，比较了基因突变对应的氨基酸序列，以研究与突变基因相关的代谢通路，并分析这些突变基因在细菌代谢中的作用。表 4-16、表 4-17 和表 4-18 分别总结了在 LSM-A、LSM-a+g 和 LSM-G 中亚培养的副干酪乳酪杆菌 Zhang 不同谱系中突变基因的代谢通路、KO 编号①及相关代谢通路的功能。

在本研究中，与亚培养过程中发生的基因突变相关的代谢通路包括：碳水化合物代谢（糖酵解、果糖和甘露糖代谢、半乳糖代谢、淀粉和蔗糖代谢、氨基糖和核苷酸糖代谢），能量代谢（氧化磷酸化、光合作用、甲烷代谢、氮代谢），脂类代谢（三酰甘油代谢、甘油磷脂代谢），核苷酸代谢（嘌呤代谢、嘧啶代谢），氨基酸代谢（丙氨酸、天冬氨酸和谷氨酸代谢，半胱氨酸和甲硫氨酸代谢，苯丙氨酸、酪氨酸和色氨酸生物合成，硒化合物代谢，D-丙氨酸代谢），多糖生物合成和代谢（肽聚糖合成），维生素代谢（维生素 B_6 代谢），萜类和聚酮代谢（萜类生物合成）；遗传信息处理，包括转录（RNA 聚合酶），翻译（核糖体，氨酰 tRNA 生物合成），折叠、分类和降解（蛋白质运输，RNA 降解），复制和修复（碱基切除修复，核苷酸切除修复，同源重组）；环境信息处理，包括膜运输（ABC 转运体，磷酸转移酶系统，细菌分泌系统），信号转导（双组分系统、HIF-1 信号通路）；以及人类疾病，包括细菌耐药性（β-内酰胺抗生素耐药性）。

---

① KO 编号是 KEGG 中的基因标识符，用于分类蛋白质（酶）的功能。不同物种间相同的基因 KO 编号一样，表示不分物种的通路。

表 4-16　LSM-A 中传代的副干酪乳酪杆菌 Zhang 发生突变的基因相关代谢通路

代谢通路	KO 编号	酶
氧化磷酸化作用	K02114	F-type H+-transporting ATPase subunit epsilon
光能作用	K02114	F-type H+-transporting ATPase subunit epsilon
甘油磷脂代谢	K01126	Glycerophosphoryl diester phosphodiesterase
嘌呤代谢	K03043	DNA-directed RNA polymcrase subunit beta
嘧啶代谢	K03043	DNA-directed RNA polymerase subunit beta
D-丙氨酸代谢	K03367	D-alanine-poly (phosphoribitol) ligase subunit
肽聚糖合成	K05366	penicillin-binding protcinlA
核糖核酸聚合酶	K03043	DNA-directed RNA polymerase subunit beta
蛋白质外排	K03070	Preprotein translocase subunit SecA
细菌分泌系统	K03070	Preprotein translocase subunit SecA
β-内酰胺类抗生素抗药性	K05366	penicillin-binding protein1A

表 4-17　LSM-a-g 中传代的副干酪乳酪杆菌发生突变的基因相关代谢通路

代谢通路	KO 编号	酶
氧化磷酸化作用	K02114	F-type H+-transporting ATPase subunit epsilon
	K02115	F-type H+-transporting ATPase subunit gamma
光能作用	K02114	F-type H+-transporting ATPase subunit epsilon
维生素 B_6 代谢	K02115	F-type H+-transporting ATPase subunit gamma
	K00868	Pyridoxine kinase
	K07652	sensor histidine kinase VicK

表 4-18　LSM-G 中传代的副干酪乳酪杆菌发生突变的基因相关代谢通路

代谢通路	KO 编号	酶
糖酵解	K01689	enolase
半乳糖代谢	K00965	UDP-glucose-hexose-1-phosphate uridylyltransferase
淀粉和蔗糖代谢	K00688	Starch phosphorylase
氨基糖和核苷糖代谢	K00965	UDP-glucose-hexose-1-phosphate uridylyltransferase
氧化磷酸化作用	K02111	F-type H+-transporting ATPase subunit alpha
	K02114	F-type H+-transporting ATPase subunit epsilon
	K02115	F-type H+-transporting ATPase subunit gamma
	K02111	F-type H+-transporting ATPase subunit alpha

续表

代谢通路	KO 编号	酶
光能作用	K02114	F-type H+-transporting ATPase subunit epsilon
	K02115	F-type H+-transporting ATPase subunit gamma
甲烷代谢	K01689	enolase
氮素代谢	K00266	glutamatesynthase (NADPH/NADH) small chain
丙氨酸、天冬氨酸、谷氨酸代谢	K00266	glutamatesynthase (NADPH/NADH) small chain
半胱氨酸和甲硫氨酸代谢	K14155	cystathione beta-lyase
苯丙氨酸、酪氨酸和色氨酸的生物合成	K01817	Phosphoribosyl anthranilate isomerase
硒化合物	K14155	cystathione beta-lyase
缬氨酸-tRNA 合成酶	K01873	valyl-tRNA synthetase
RNA 降解	K01689	enolase
核苷酸切除修复	K03701	excinuclease ABC subunit A
同源重组	K03553	recombination protein RecA
信号转导	K01689	enolase

(五) 副干酪乳酪杆菌 Zhang 对阿莫西林和庆大霉素耐药性增强机制

结合在不同抗生素培养基中连续传代过程中检测到的不同世代和系的副干酪乳酪杆菌 Zhang 中的 SNP、InDel 以及基因组结构变异 (SV) 与副干酪乳酪杆菌 Zhang 在传代过程中 MIC 和活菌计数的变化，进一步分析了阿莫西林和庆大霉素对副干酪乳酪杆菌 Zhang 的作用机制及其耐药性增强的机制。

1. 传代过程中副干酪乳酪杆菌 Zhang 对阿莫西林耐药性增强机制研究

(1) 青霉素结合蛋白 (PBPs) 在增强副干酪乳酪杆菌 Zhang 抗性中的作用机制　在这项研究中，将副干酪乳酪杆菌 Zhang 在含有阿莫西林和阿莫西林与庆大霉素混合物的培养基中进行亚培养，显示出对阿莫西林的耐药性逐渐增加，并在与 PBP 相关的基因中检测到突变。青霉素结合蛋白 (PBP) 是细菌的重要组成部分，参与肽聚糖合成的最后步骤。它们可以催化肽聚糖合成过程中的某些反应，调节并去除肽聚糖前体中的 D-丙氨酸。PBP 的减少会导致细胞壁结构的变化和不规则结构的形成，如细胞壁延长，导致细胞损伤和选择性、通透性降低[95]。PBP 蛋白酶包括 D-丙氨酸羧肽酶、糖肽转移酶和肽聚糖内肽酶。它们包含一个对青霉素不敏感的转糖基酶 N 端结构域 (参与直链聚糖链的形成) 和一个对青霉素敏感的转肽酶 C 端结构域 (参与肽亚基的交联，如图 4-21 所示)。β-内酰胺类抗生素与 PBP 的 C 端转肽酶结构域不可逆结合会导致 PBP 失活[96-97]。这种蛋白质与 β-内酰胺类抗生素结合的能力是由于它们具有相似的化学结构。当 PBP 与 β-内酰胺类抗生素结合时，β-内酰胺抗生素中的酰胺键被打破，与 PBP 活性位点的丝氨酸残基形成共价键[98]。这个过程是不可逆的，可以使相关酶 (PBP) 失活，从而抑制肽聚糖的合成和细菌生长。

副干酪乳酪杆菌 Zhang 对阿莫西林耐药性的增加是由于细菌细胞膜中 PBP（青霉素结合蛋白）的高产和 PBP 与阿莫西林之间的低结构相似性。这种突变可能导致 PBP 活性位点的化学结构改变，降低其对阿莫西林的亲和力，防止形成共价键，从而减弱阿莫西林的抑制作用。图 4-22（KEGG 注释）显示了肽聚糖的生物合成，表明 PBP 参与了肽聚糖合成的最后一步，绿色标记的部分表示在本研究中检测到 SNP 的基因。在图 4-23（KEGG 注释）表示在本研究中与阿莫西林耐药性相关的不同谱系的代谢途径。

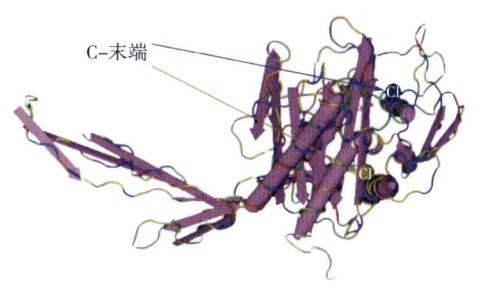

图 4-21　PBP 转肽酶的分子结构

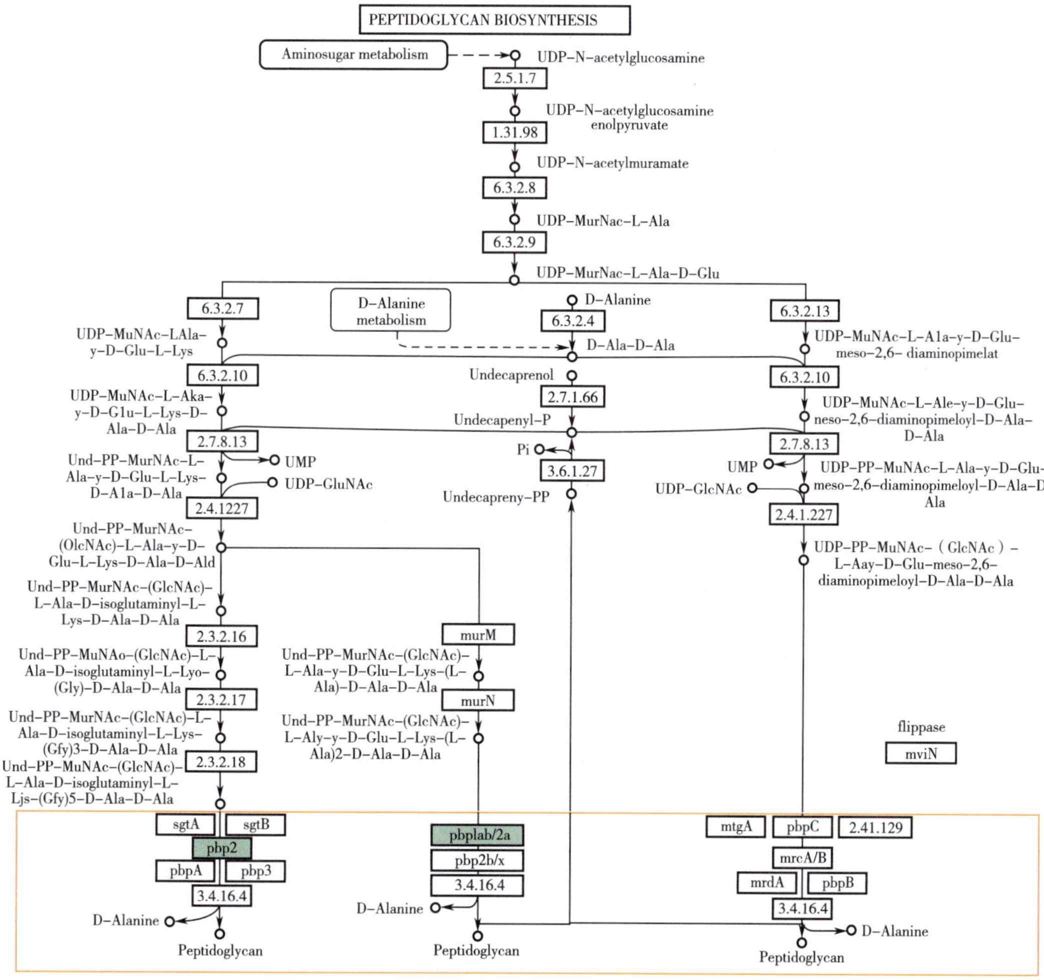

图 4-22　肽聚糖的生物合成

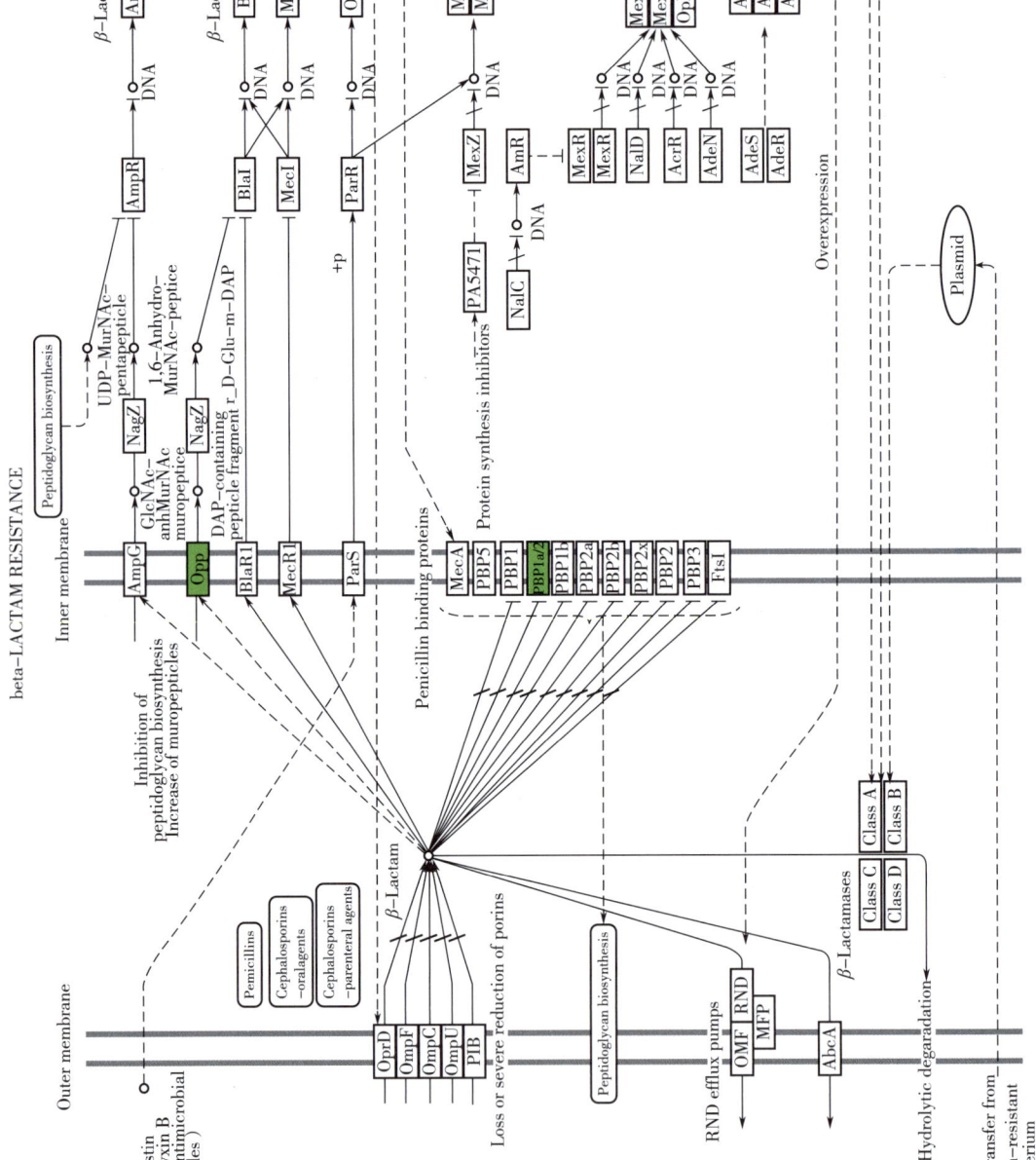

图4-23 细菌对β-内酰胺类抗生素抗药机制

在 LSM-A 和 LSM-a+g 中亚培养的菌株中，检测到与 PBP 蛋白酶相关的基因突变。在副干酪乳酪杆菌 Zhang 的一个谱系中，在 200 代时可以检测到与 PBP1a/PBP-1a 相关的基因突变，而在另外两个谱系中，直到 1000 代才检测到这些突变。调节这种酶的 $mrcA$ 基因可以稳定遗传至 2000 代。所有三个谱系在 200 代时都检测到与 PBP-2 和 PbpB/FtsI 相关的基因突变。同样，调节这种蛋白质的 $mrdA/pbpA$ 和 $pbpB/ftsI$ 基因可以稳定遗传至 2000 代，在各代中这些基因突变的检测率为 100%。

对于在 LSM-a+g 中亚培养的菌株，没有检测到与 PBP1a/PBP-1a 相关的基因突变。只检测到与 PBP-2 和 PbpB/FtsI 相关的基因突变，这些基因突变在所有三个谱系的 600 代样本的基因组 DNA 中检测到。所有在 LSM-a+g 中亚培养的副干酪乳酪杆菌 Zhang 谱系在 600 代时表现出增加的耐药性。因此，很明显，在 600 代出现的与细胞分裂蛋白 FtsI 和青霉素结合蛋白 PBP-2 相关的基因突变可能在增强副干酪乳酪杆菌 Zhang 的耐药性中起调节作用。

在不同培养条件下经过 200 代后，*Lactobacillus casei* Zhang 的形态变化如图所示，并且这种形态保持至 2000 代。在含有阿莫西林的培养基中，传代的细菌呈长杆状，明显比原始菌株或在不含抗生素的培养基中传代的细菌长（图 4-24 和图 4-25）。这些细菌表现出丝状外观，在显微镜下，传代于 LSM-A 中的菌株比传代于 LSM-a+g 中的菌株更细，而 LSM-a+g 菌株的厚度与传代于 LSM-G 中的菌株更为相似。传代于 LSM-a+g 中的菌株（图 4-27）的长度介于传代于 LSM-G（图 4-26）和 LSM-A 中的菌株之间。根据表 4-19，传代于 LSM-A 中的 *Lactobacillus casei* Zhang 菌株的长度是 LSM 中细菌的 7 倍以上，而传代于 LSM-G 中的菌株长度仅是 LSM 中的 1.85 倍，这表明阿莫西林对细菌形态有显著影响。这是由于阿莫西林对细菌中的 PBPs（青霉素结合蛋白）的影响，减少了 PBPs 的数量并限制了肽聚糖的合成，导致细胞壁延长。未在 LSM-a+g 中检测到与 PBP1a/PBP-1a 相关的基因突变，这表明与 PBP-2 和 PbpB/FtsI 相比，PBP1a/PBP-1a 对细菌生长和形态更为关键，这意味着高分子量 PBPs 对细菌生长和繁殖更为重要。PBPs 按分子量分类，低分子量 PBPs（如 PBP4、PBP5、PBP6、PBP6b、PBP7）主要参与调节多肽交联，对细菌生长并非必需[99]。本研究检测到的高分子量 PBPs，包括 PBP1a、PBP-2 和 PbpB，在维持正常细菌分裂和杆状形态中起着至关重要的作用。PBPs 的失活或限制可以直接导致细菌呈延长的丝状[100-102]。

当在含抗生素培养基中传代的菌株转移到无抗生素的培养基中进行连续传代时，它们的形态变得更短，并逐渐恢复到原始状态。根据表 4-20，传代于 LSM-A 中的细菌长度减少了 3/4 以上。然而，传代于 LSM-A 中的细菌无法完全恢复到初始状态，并会保持最长的形态。传代于 LSM-G 中的菌株长度更接近于传代于 LSM 中的菌株，而 LSM-a+g 菌株的长度则介于 LSM-G 和 LSM-A 之间。这表明 PBPs 在维持正常细菌形态中起着关键作用，并且细菌具有强大的自我修复能力。随着选择压力的消失，细菌细胞壁的结构逐渐恢复到正常状态。

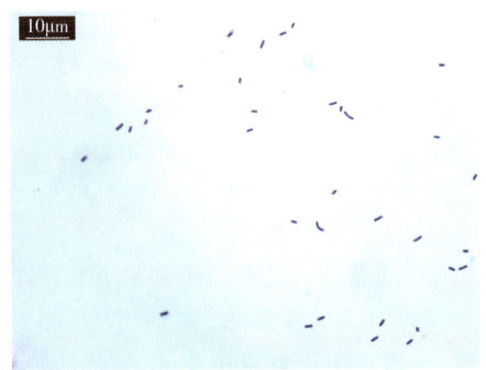

图 4-24　LSM 中传代的副干酪乳酪杆菌 Zhang 形态

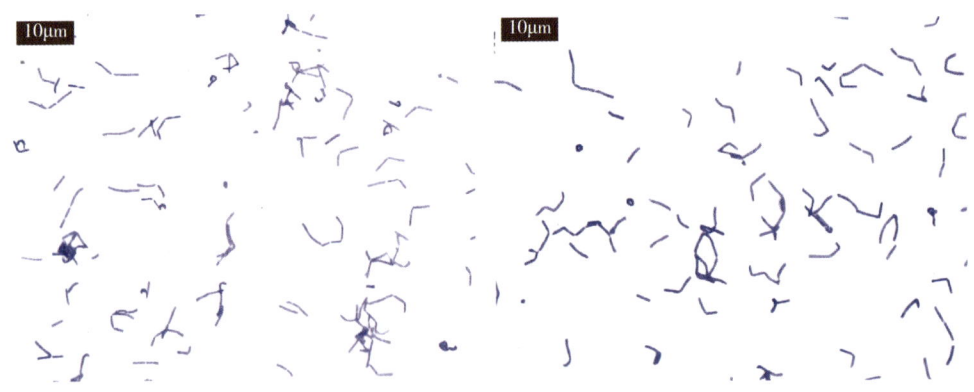

图 4-25　LSM-A 中传代的副干酪乳酪杆菌 Zhang 形态

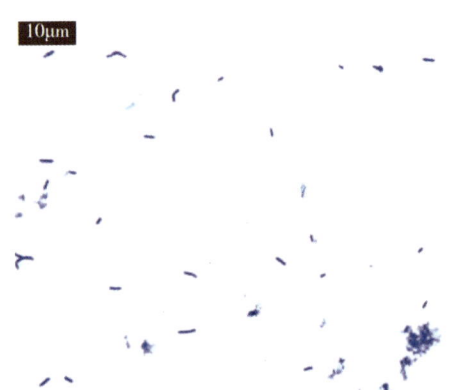

图 4-26　LSM-G 中传代的
副干酪乳酪杆菌 Zhang 形态

图 4-27　LSM-a+g 中传代的
副干酪乳酪杆菌 Zhang 形态

表4-19 不同环境中传代的副干酪乳酪杆菌 Zhang 的 3 个谱系细菌长度

单位：μm

不同环境	3 个谱系细菌长度		
LSM	1.4604±0.3688	1.6282±0.3314	1.3±0.34070
LSM-A	10.31±2.7204	9.3978±2.3633	9.5777±2.4404
LSM-G	2.7006±0.5639	2.5865±0.4449	2.8906±0.62
LSM-a+g	4.2668±0.8306	4.5155±0.8972	4.6071±1.0531

表4-20 去选择压力的环境中传代的副干酪乳酪杆菌 Zhang 的 3 个谱系细菌长度

单位：μm

不同环境	3 个谱系细菌长度		
LSM-A	2.5091±0.4502	2.7266±0.6109	2.8959±0.5891
LSM-G	1.9487±0.366	1.9258±0.2557	1.6952±0.2058
LSM-a+g	2.2193±0.4248	2.015±0.6446	2.202±0.6401

（2）SecA 对副干酪乳酪杆菌 Zhang 耐药性增强的作用机制　在本研究中，在含有阿莫西林的培养基中所培养的细菌中，发现了调控前蛋白转位酶亚基 SecA 的基因突变。该酶系统在蛋白质（如青霉素结合蛋白）跨膜运输中起重要作用[103]。一些在细胞质中合成的功能性蛋白质需要被运送到细胞质外才能发挥作用。细菌中的蛋白质转运过程如图 4-28 所示（KEGG 注释）。SecA 促进 PBPs 的转运，使它们能够参与肽聚糖的合成。与这种蛋白质转位酶相关的基因突变可能会积极影响 PBPs 的加速转运，从而使更多的 PBPs 及时参与到肽聚糖的合成中，间接减少阿莫西林对细胞的损害。在本研究中，SecA 仅在 LSM-A 中亚培养的菌株中检测到。在副干酪乳酪杆菌 Zhang 菌株中，相关基因的 SNP 在 1000 代时的两个谱系中被检测到，而另一个谱系在 400 代时被检测到。这种突变在所有菌株中持续存在到 2000 代，表明其具有良好的遗传稳定性。

（3）丝氨酸/苏氨酸蛋白磷酸酶对副干酪乳酪杆菌 Zhang 耐药性增强作用机制　在副干酪乳酪杆菌 Zhang-A2 经过在 LSM-A 培养基中传代 1000 次后，检测到与编码丝氨酸/苏氨酸蛋白磷酸酶相关的基因发生突变，并且这些突变能够稳定遗传至 2000 次传代。肽聚糖合成的最后阶段需要两种转肽酶：D,D-转肽酶和 L,D-转肽酶，它们是 β-内酰胺类抗生素的作用靶点。丝氨酸/苏氨酸蛋白磷酸酶可以调节蛋白质去磷酸化，蛋白质磷酸化的增加能激活 L,D-转肽酶。这些酶可以在肽聚糖中交联四肽茎，从而促进其聚合。相关基因的突变对于提高肽聚糖聚合反应的效率起着重要作用，这对于维持细菌正常生长和复制至关重要[104]。萨科等发现丝氨酸/苏氨酸蛋白磷酸酶参与了屎肠球菌（*Enterococcus faecalis*）对氨苄西林的抗性[104]。

（4）PASTA 结构域——与 β-内酰胺类抗生素结合的蛋白质结构域　在本次研究过程中，在副干酪乳酪杆菌 Zhang（*Lactobacillus casei* Zhang-A2-2000）于 LSM-A 培养基中传代时检测到一个与编码 PASTA 结构域的基因相关的 24bp 缺失。这一突变可能改变阿莫西林的作用靶点。PASTA 结构域（即青霉素结合蛋白和丝氨酸/苏氨酸激酶相关结构域）是

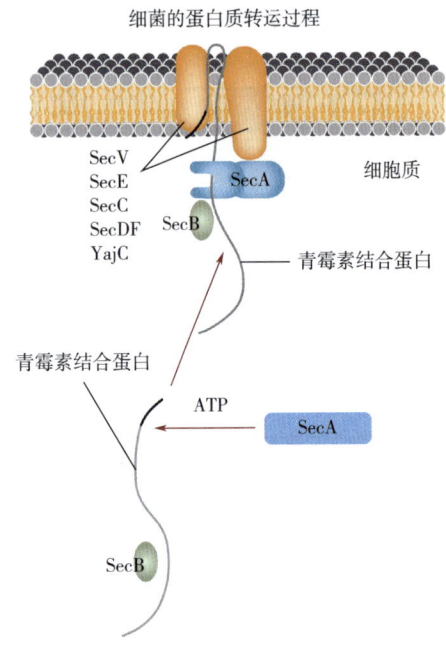

图 4-28 SecA 在青霉素结合蛋白（PBPs）转运过程中的作用

能够结合 β-内酰胺类抗生素的小型蛋白质结构域，在抗生素抗性中扮演着关键角色。丝氨酸/苏氨酸激酶（PSTKs）作为典型的信号分子参与细菌生长和繁殖，对于激活细胞内的信号传导途径至关重要[105]。研究表明，PASTA 结构域和 PSTKs 都是抗生素作用的目标，并且调节 PASTA 结构域的基因是突变热点，这些突变倾向于在同一位置持续存在[106]。

（5）脂质激酶（lipid kinase）——可参与钝化庆大霉素的激酶 在所有经过 LSM-G 和 LSM-a+g 培养基传代的谱系中，检测到了与脂质激酶编码基因相关的突变。在三个经过 LSM-G 培养的谱系中，相关的单核苷酸多态性（SNP）在第 400 代样本中被检测到，而在 LSM-a+g 中，从第 200 代开始就能检测到这种突变，并且稳定地遗传至第 2000 代，每一代都能以 100% 的比例检测到相关的 SNP。

细菌对氨基糖苷类抗生素产生抗性的表现主要涉及三个方面：外排和细胞通透性降低[107]、核糖体结合位点的改变，以及产生能够修饰氨基糖苷结构使其失活的酶[108]。激酶是细菌细胞中普遍存在的一类酶，参与各种细胞代谢。它们可以催化 ATP 末端磷酸基团向底物如脂质、蛋白质或抗生素分子的转移。氨基糖苷激酶，如 APH(2″)，在结构和功能上与脂质激酶相似[109-110]。在 ATP 存在的情况下，脂质激酶可以将底物上的羟基（—OH）磷酸化，添加一个磷酸基团（-PO$_4$），如图 4-29 所示。与脂质激酶基因相关的突变在加速庆大霉素 C 的磷酸化，导致其失活方面扮演着重要角色。

（6）主要促进者超家族——对庆大霉素的转运与外排 在通过 LSM-G 和 LSM-a+g 培养的副干酪乳酪杆菌（*Lactobacillus casei* Zhang）谱系中，仅检测到了与主要促进者超家族（major facilitator superfamily，MFS）编码转运蛋白相关的基因突变（包括单核苷酸多态性 SNP 和插入缺失 InDel）。这表明，在庆大霉素存在的条件下，细菌中调控转运蛋白的基因发生突变可以刺激多药转运蛋白的过量产生，使细菌能够及时将庆大霉素从细胞内排出。细菌中的多重药物转运蛋白有五个家族[112]：ATP 结合盒式转运蛋白（ABC）、多重药物和毒素外排蛋白（MATE）、小型多重抗药性蛋白（SMR）、抵抗-结节化-分裂蛋白（RND），以及主要促进者超家族（MFS）转运蛋白。MFS 是这些膜转运蛋白家族中最大的一个，它在化学渗透条件下促进溶质跨膜移动，将抗生素从细胞内排出以保护细胞免受损害，并在细菌对抗生素的耐药性中发挥重要作用[113]。

（7）RecA——对副干酪乳酪杆菌 Zhang 基因组 DNA 进行修复 在这项研究中，仅在通过 LSM-G 传代的菌株中检测到了与 RecA 相关基因的突变，这表明 RecA 可能是高浓度

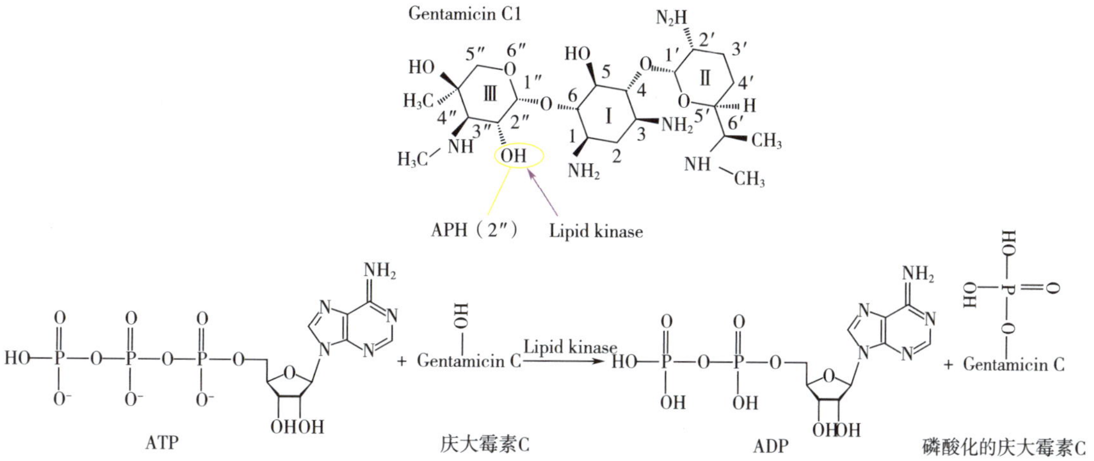

图 4-29 庆大霉素 C 的化学结构及脂质激酶催化庆大霉素 C 磷酸化的反应

庆大霉素的作用目标。相关基因中的突变改变了它的结合位点，使其能够继续其 DNA 修复的角色，这对于副干酪乳酪杆菌 Zhang 对庆大霉素的抗性起着关键作用。RecA 是一种分子质量约为 38kDa 的 DNA 修复蛋白。抗生素可以造成 DNA 损伤，而细菌依赖 RecA 来修复这种损伤。因此，在正常情况下，RecA 的抑制剂可以增强抗生素的效果。因为 RecA 使细菌能够克服由抗生素带来的代谢压力，它可能成为抗生素作用的一个潜在目标[114]。

（8）ATP 合成酶——为维持副干酪乳酪杆菌 Zhang 在应激环境中的正常代谢发挥作用 在本研究中，在通过 LSM-G 和 LSM-a+g 传代的不同乳杆菌菌株中检测到了与 ATP 合酶相关的突变。该酶由质子电化学梯度驱动，催化从二磷酸腺苷（ADP）和磷酸合成三磷酸腺苷（ATP）的过程。相反，在驱动力较低的情况下，ATP 合成酶则作为 ATP 酶起作用，在 ATP 水解过程中产生跨膜的质子（或钠离子）梯度[115]。ATP 合成酶由两个结构和功能上截然不同的实体组成：一个是膜结合的离子转运 F_0 复合体，另一个是带有催化位点的外周 F_1 部分。当 F_0 和 F_1 通过静电和疏水相互作用耦合时，便可在质子电化学梯度的驱动下发生 ATP 合成。这一过程对于细菌在抗生素选择压力下维持能量平衡至关重要，它使各种功能如跨膜运输得以实现，从而间接影响了抗生素抗性[115]。

在通过 LSM-a+g 传代的谱系中这些突变的检出率较低，这表明高浓度的庆大霉素可能破坏了副干酪乳酪杆菌 Zhang 的能量代谢平衡。在这种条件下，相关基因突变在维持细胞代谢均衡中扮演着重要角色。

2. 其他耐药机制

（1）组氨酸激酶——抗生素的作用靶位点 在所有连续传代于 LSM-A、LSM-a+g 和 LSM-G 培养基中的副干酪乳酪杆菌 Zhang 菌株中检测到了与这个双组分系统相关的突变，但在那些在不含抗生素的 LSM 中传代的菌株中则未发现。此外，在 SM-A 中，突变不仅出现在与信号传导组氨酸激酶相关的基因中，而且也出现在与传感器组氨酸激酶相关的基因中。这些基因突变是在第 600 代样品的基因组 DNA 中发现的。从第 600 代开始，副干酪乳酪杆菌 Zhang 在氨苄西林培养基中传代的耐药性保持不变，MIC 值稳定在 8μg/mL。这个组氨酸激酶可能在副干酪乳酪杆菌 Zhang 对氨苄西林环境的适应中扮演着重要角色。

在LSM-G和LSM-a+g中传代的菌株中,仅检测到参与信号传导的组氨酸激酶,而这些突变只在第1000代后被识别。组氨酸激酶可能作为抗生素的目标位点,本研究中检测到与组氨酸激酶相关的基因SNP,这可能有助于改变抗生素的目标位点。

组氨酸激酶(HKs),作为促进双组分系统的成分,在细菌中普遍存在,它们在信号传递中扮演关键角色,对于细菌应对物理和化学环境压力至关重要,特别是在它们处于应激状态时[116]。双组分系统在调节抗性基因以及间接与抗生素防御相关的基因方面起着核心作用。在双组分系统中,组氨酸激酶既作为感觉元件又作为信号转换器[116]。信号转导过程始于细菌在其组氨酸激酶的分叉结构域上检测信号分子;与这些信号分子结合触发组氨酸残基的自发磷酸化,将胞外刺激转化为高能磷酸盐,调控信号传递[116]。磷酸化的组氨酸与配对的响应调节因子相互作用,将磷酸基团转移到响应调节因子接收域的天冬氨酸残基上。磷酸基团的转移协调了响应调节因子的DNA结合特性,并调控初始转录过程,控制特定基因的表达[117]。细菌的耐药性在于它们能够改变抗生素的目标位点[112];在这项研究中,相关基因突变对于副干酪乳酪杆菌Zhang在组氨酸激酶上的抗生素目标位点改变具有重大意义。

(2)外膜孔蛋白(Omp)——副干酪乳酪杆菌Zhang细胞膜分子筛 在这项研究中,检测到了在 *Lactobacillus casei* Zhang 通过LSM-A、LSM-a+g和LSM-G三种环境时OmpR基因相关的突变。并且,*Lactobacillus casei* Zhang 中与OmpR相关的基因的突变位点在三种环境下有所不同。在LSM-A环境中,在基因LCAZH_1669的第1,634,163位检测到一个SNP(单核苷酸多态性),此变异在77%的谱系中被发现;而在LSM-a+g环境中,在第1,634,244位检测到突变(在53%的谱系中被检测到);在LSM-G环境中,则在第1,634,239位观察到了突变(在30%的谱系中被检测到)。

Oz等[118]将88株同源的大肠杆菌连续培养在含有22种不同抗生素的培养基中长达21天,随后对这些经过培养的菌株进行了全基因组测序以检测SNP和InDel。他们的研究发现,在使用氨苄西林、头孢西丁、哌拉西林、磺胺间甲氧嘧啶和呋喃妥因等抑制细胞壁合成、叶酸合成及β-内酰胺类抗生素处理的大肠杆菌中 *OmpR* 基因发生了突变。

其他研究人员从IC_{50}浓度开始,每24h增加1.5倍抗生素浓度,在含有12种抗生素的培养基中连续培养了336代大肠杆菌。对各种抗生素培养的谱系进行全基因组测序后检测到SNP、小InDel(<15bp)、大InDel以及SV(结构变异),并发现了与转录调控相关的突变。这些突变与双组分调节系统相关,并且涉及细菌对外部应激环境防御的调控。在使用头孢西丁和呋喃妥因处理的谱系中检测到了OmpR基因的突变[119]。Suzuki等[120]也发现在连续使用头孢克洛、氯霉素、依诺沙星和环丙沙星处理的大肠杆菌中OmpR基因存在与抗药性相关的突变。

外膜孔蛋白是跨膜的β桶状蛋白质,它们作为孔道允许分子通过。与其他膜转运蛋白不同,孔蛋白较大,能选择性地允许特定物质从高浓度向低浓度区域被动扩散穿过细胞膜[121]。这种选择性意味着膜蛋白只能运输一种类型或特定的分子。抗生素必须通过这些孔蛋白才能达到其作用目标,而细菌则通过突变与孔蛋白相关的基因来筛选抗生素,从而阻止有害抗生素穿透细胞膜[121]。

(3)ABC转运蛋白对副干酪乳酪杆菌Zhang耐药性增强的作用机制 本研究中,在

LSM-A 和 LSM-G 中传代的 *Lactobacillus casei* Zhang-A1-600、G1-800、G3-800 中检测出与多药物 ABC 转运蛋白 ATPase（multidrug ABC transporter ATPase）相关的基因突变，ATPase 能够使 ATP 水解产生能量并供给 ABC 蛋白质，协调运送相关的物质[122]，该基因的突变对提高副干酪乳酪杆菌 Zhang 对抗生素的耐药性有一定作用，其中，A1 在 600 代时耐药性增加到最大，而 G1 和 G3 在 800 代时细菌耐药性相比 600 代增加 2 倍。细菌中的 ABC 转运蛋白（ATP-binding cassette transporter）是细胞维持其生命活力的一类重要蛋白质，包含多种细胞膜蛋白，能够转运各种物质如糖类物质、氨基酸、化学药物、抗生素等，许多 ABC 转运蛋白均为多药外排泵（multidrug efflux pump），以保护细菌不受抗生素的影响，细菌的多药耐药性（multidrug resistance）经常伴随着 ABC 转运蛋白的过量表达，而进行蛋白的转运则需要水解 ATP 为其提供能量。

在本研究中，我们观察到在连续曝露于具有相似化学结构的抗生素下，副干酪乳酪杆菌 Zhang 出现了交叉抗性现象。已有研究表明，交叉抗性不仅发生在作用于相同靶点的不同类型的抗生素之间，也可能出现在看似没有关联的抗生素之间，例如，在 β-内酰胺类抗生素培养下的菌株对红霉素和依诺沙星的抗性增强[123]。此外，有时对一种抗生素的抗性会伴随对另一种抗生素敏感性的增加，如氯霉素处理的菌株对氨基糖苷类抗生素变得更加敏感[120]。

为了全面理解副干酪乳酪杆菌 Zhang 中的交叉抗性现象，除了测试与之有类似化学结构的抗生素抗性外，我们还需要测试其他类别的抗生素（包括作用于相同和不同靶点）。我们将采用在不同传代次数下的副干酪乳酪杆菌 Zhang，特别是那些抗性发生改变的世代，进行广泛的抗生素抗性测试，以获得全面的认识。通过全基因组分析，我们可以进一步阐明交叉抗性的机制。

我们在许多副干酪乳酪杆菌 Zhang 的 LSM-A 培养基传代过程中检测到了 *rpo*B 基因（由 DNA 指导的 RNA 聚合酶的 β 亚单位）的突变，与利福平抗性相关，检出率高达 73%。利福平是一种抑制 mRNA 合成的利福霉素类抗生素，其机制与阿莫西林截然不同。我们的研究发现，在阿莫西林培养基上传代的菌株中检测到了利福平抗性基因的突变，阿莫西林对细菌的影响与利福平抗性基因之间的关系需要进一步的分析和研究。

研究发现，在一段时间无抗生素使用后，相关菌株的抗性也会减弱[21-22]。在我们的实验中，先前在含抗生素培养基上传代的副干酪乳酪杆菌 Zhang 被转移到不含抗生素选择压力的 LSM 培养基上继续传代（直至 1000 代）。然而，副干酪乳酪杆菌 Zhang 对相应抗生素的抗性并未显示出下降的趋势。目前，该菌株仍在含抗生素和不含抗生素的 LSM 培养基中同时传代。移除选择压力后菌株是否会表现出抗性的减少仍有待确定。同时，我们将持续对相应传代菌株的全基因组进行重测序，分析基因组中的遗传信息是否能恢复原状。副干酪乳酪杆菌 Zhang 对阿莫西林和庆大霉素的抗性是否可逆，需要通过长期传代来验证。

在副干酪乳酪杆菌的全基因组分析中，我们未发现位于转座子或质粒上的抗性基因。在涉及长期使用常见抗生素如阿莫西林和庆大霉素的连续传代进化研究中，以及对副干酪乳酪杆菌 Zhang 谱系基因组在不同传代阶段的重测序数据分析表明，经过长期进化，副干酪乳酪杆菌 Zhang 对阿莫西林和庆大霉素的抗性仅分别增加了四倍和八倍。而且，抗性在更长时期的传代和进化中保持稳定，没有出现高度抗性的"超级菌株"。本研究所检测到的与副干酪乳酪杆菌直接或间接相关的基因突变并未出现在转座子和质粒上，进一步表明副干酪乳酪杆菌是一种安全的益生菌。

益生菌的抗性问题正日益受到关注，然而，全球对于益生菌抗性的安全性评估体系仍然较为薄弱。国际上尚无全面的标准来评估益生菌的抗性及其抗性基因的可转移性。具体而言，各种标准在评价益生菌抗性方面存在差异，使得某些结果是否代表抗性难以判断。抗性基因的多样性和丰富性使得全面测试变得困难且带有盲目性。随着下一代测序技术的发展和测序成本的降低，现在有可能在全基因组水平上研究益生菌的抗性基因及其在基因组中的位置。相信随着技术的进步，益生菌抗性的安全性评估体系将更加完善。

参考文献

[1] 王润玲. 药物化学 [M]. 北京: 中国医药科技出版社, 2014: 295-326.

[2] Lietman P S. What is an antibiotic? [J]. Journal of Pediatrics, 1986, 108 (2): 824.

[3] Daniali M, Nikfar S, Abdollahi M. Antibiotic resistance propagation through probiotics [J]. Expert Opinion on Drug Metabolism & Toxicology, 2020, 16 (12): 1-18.

[4] Cox J A, Worthington T. The "Antibiotic Apocalypse" -scaremongering or scientific reporting? [J]. Trends in Microbiology, 2016, 25 (3): 167-169.

[5] Diallo O O, Baron S A, Abat Cédric, et al. Antibiotic resistance surveillance systems: A review [J]. Journal of Global Antimicrobial Resistance, 2020, 23: 430-438.

[6] 付登聪. 滥用抗生素的危害 [N]. 大众健康报, 2020-09-23 (045).

[7] 刘治军. 抗生素不等于消炎药 [N]. 人民政协报, 2020-12-30 (007).

[8] Guliy O I, Evstigneeva S S, Bunin V D. Bacteria-based electro-optical platform for ampicillin detection in aquatic solutions [J]. Talanta, 2021, 225: 122007.

[9] Kim S W, Seo J S, Park S B, et al. Significant increase in the secretion of extracellular vesicles and antibiotics resistance from methicillin-resistant Staphylococcus aureus induced by ampicillin stress [J]. Scientific Reports, 2020, 10 (1): 12.

[10] João B F, Priscila B R, Eulália S, et al. Efficacy and safety of sultamicillin (ampicillin/sulbactan) and amoxicillin/clavulanic acid in the treatment of upper respiratory tract infections in adults-anopen-label, multicentric, randomized trial [J]. Brazilian Journal of Otorhinolaryngology, 2006, 72 (1): 104-111.

[11] Anton P A, Kemp J A, Butler T, et al. Comparative efficacies of ceftriaxone, moxalactam, and ampicillin in experimental Salmonella typhimurium infection [J]. Antimicrobial Agents and Chemotherapy, 1992, 22 (2): 312-315.

[12] Amstey M S, Gibbs R S. Is penicillin G a better choice than ampicillin for prophylaxis of neonatal group B streptococcal infections? [J]. Obstetrics and Gynecology, 1994, 84 (6): 1058.

[13] Teruo M, Karino S, Noriko N, et al. Influence of administration routes of sodium ampicillin on the cecal flora in rats: role of biliary excretion [J]. Chemical and Pharmaceutical Bulletin, 2004, 32 (10): 4175-4178.

[14] 宋圣帆, 叶露.《国家基本药物目录》与《世界卫生组织基本药物标准清单》的比较 [J]. 中国卫生资源, 2011, 14 (6): 375-378.

[15] 邵淑珍. 简析儿童泌尿道感染的诊疗 [J]. 世界最新医学信息文摘, 2015, 15 (20): 80-83.

[16] 李雅迪. 益生菌降胆固醇机制初探 [D]. 昆明: 昆明理工大学, 2017.

[17] Laesson M J, Van Sinderen D, Otoole P W. The genus Lactobacillus-a genomic basis for understanding its diversity [J]. Fems Microbiol Letters, 2007, 269 (1): 22-28.

[18] De V A, Laguerre G, Diviès C, et al. Enterococcus asini sp. nov. isolated from the caecum of donkeys (Equus asinus) [J]. International Journal of Systematic Bacteriology, 1998, 48 (2): 383-387.

[19] 郭慧玲. 植物乳植杆菌P-8适应抗生素环境过程中潜在分子机制的研究 [D]. 呼和浩特: 内蒙古农业大学, 2018.

[20] 李雪飞. 两种乳杆菌比较基因组学研究及细菌素生物合成基因功能解析 [D]. 广州: 华南农业

大学，2016.

[21] Koutsoumanis K, Allende A, Alvarez Ordonez A, et al. Update of the list of QPS recommended biological agents intentionally added to food or feed as notified to EFSA 10: Suitability of taxonomic units notified to EFSA until March 2019 [J]. Efsa Journal, 2019, 17 (7): 1831.

[22] Bao Y, Zhang Y, Li H, et al. In vitro screen of Lactobacillus plantarum as probiotic bacteria and their fermented characteristics in soymilk [J]. Annals of Microbiology, 2012, 62 (3): 1311-1320.

[23] 郭建林, 高鹏飞, 姚国强, 等. 益生菌植物乳植杆菌 P-8 在酸乳保鲜中的应用研究 [J]. 食品科技, 2013, (10): 2-6.

[24] Bao Y, Wang Z, Zhang Y, et al. Effect of Lactobacillus plantarum P-8 on lipid metabolism in hyperlipidemic rat model [J]. European Journal of Lipid Science & Technology, 2012, 114 (11): 1230-1236.

[25] Kwok L Y, Guo Z, Zhang J, et al. The impact of oral consumption of Lactobacillus plantarum P-8 on faecal bacteria revealed by pyrosequencing [J]. Beneficial Microbes, 2015, 6 (4): 405-411.

[26] 刘华伟, 赵金山, 吕孝国, 等. 植物乳杆菌 P-8 对热应激肉鸡生产性能、血液指标和肠道形态及免疫功能的影响 [J]. 中国家禽, 2020, 42 (2): 59-63.

[27] 侯强川. 益生菌植物乳植杆菌 P-8 对人体肠道菌群的影响 [D]. 呼和浩特: 内蒙古农业大学, 2015.

[28] 李妍. 益生菌 Lactobacillus casei Zhang 高密度培养技术及发酵过程中关键酶基因表达变化的研究 [D]. 呼和浩特: 内蒙古农业大学, 2008.

[29] Hecker M, Schumann W, Völker U. Heat-shock and general stress response in Bacillus subtilis [J]. Molecular Microbiology, 2003, 19 (3): 417-428.

[30] Susan M, Catherine S, Fitzgerald G F, et al. Enhancing the stress responses of probiotics for a lifestyle from gut to product and back again [J]. Microbial Cell Factories, 2011, 10 (1): 1-15.

[31] Nezhad M H, Hussain M A, Britz M L. Stress Responses in Probiotic Lactobacillus casei [J]. Critical Reviews in Food Science and Nutrition, 2015, 55 (6): 740-749.

[32] Senan S, Prajapati J B, Joshi C G. Comparative genome-scale analysis of niche-based stressresponsive genes in Lactobacillus helveticus strains [J]. Genome, 2014, 57 (4): 185-192.

[33] Mills S, Stanton C, Fitzgerald G F, et al. Enhancing the stress responses of probiotics for a lifestyle from gut to product and back again [J]. Microbial Cell Factories, 2011, 10 (Suppl 1): 1-15.

[34] Organization W H. Antimicrobial resistance: global report on surveillance [J]. Australasian Medical Journal, 2014, 7 (4): 237.

[35] Ting L, Da T, R Mao, et al. A critical review of antibiotic resistance in probiotic bacteria [J]. Food Research International, 2020, 136: 109571.

[36] 崔泽林, 郭晓奎. 食物链中抗生素耐药性基因的转移 [J]. 中国微生态学杂志, 2011, 23 (1): 89-92, 97.

[37] 沙国萌, 陈冠军, 陈彤, 等. 抗生素耐药性的研究进展与控制策略 [J]. 微生物学通报, 2020, 47 (10): 3369-3379.

[38] Durdu B, Meric K M, Hakyemez I N, et al. Risk factors affecting patterns of antibiotic resistance and treatment efficacy in extreme drug resistance in intensive care unit-acquired klebsiella pneumoniae infections: a 5-year analysis [J]. Medical Science Monitor: International Medical Journal of Experimental and Clinical Research, 2019, 25: 35.

[39] Tan. Use of molecular techniques for the detection of antibiotic resistance in bacteria [J]. Expert Review of Molecular Diagnostics, 2003, 3 (1): 93-103.

[40] 高鑫, 刘恩, 赵荣, 等. 抗生素替代品研究进展 [J]. 黑龙江畜牧兽医, 2020 (1): 41-44, 47.

[41] Pinchas M D, Lacross N C, Dawid S. An electrostatic interaction between BlpC and BlpH dictates pheromone specificity in the control of bacteriocin production and immunity in Streptococcus pneumoniae [J]. Journal of Bacteriology, 2015, 197 (7): 1236-1248.

[42] 刘昌孝. 当代抗生素发展的挑战与思考 [J]. 中国抗生素杂志, 2017, 42 (1): 1-12.

[43] Andrews J M. Determination of minimum inhibitory concentrations [J]. Journal of Antimicrobial Chemotherapy, 2001, 48 (1): 5-16.

[44] Olsson P, Larsson P, Walder M, et al. Antimicrobial susceptibility testing in Sweden III methodology for susceptibility testing [J]. Scandinavian Journal of Infectious Diseases Supplementum, 1997, 105: 13-23.

[45] Bauer A W, Kirby M M, Sherris J C, et al. Antibiotic susceptibility testing by a standardized single disk method [J]. American Journal of Clinical Pathology, 1966, 45 (4): 493-496.

[46] CLSI. Methods for dilution antimicrobial susceptibility tests for bacteria that grow aerobically; approved standard-seventh edition: CLSI M07-A9 and M100-S74 Package [S]. Pennsylvania: CLSI, 2014.

[47] 胡明, 李璐璐, 赵敏, 等. 96点阵琼脂稀释法与微量肉汤稀释法药敏实验结果的对比 [J]. 中国抗生素杂志, 2018, 43 (6): 729-733.

[48] 顾一心, 何利华, 陶晓霞, 等. 空肠弯曲菌琼脂稀释法和E-test法抗生素敏感性检测结果差异分析 [J]. 中国人兽共患病学报, 2013, 29 (4): 335-338, 348.

[49] Zapun A, Contreras M C, Vernet T. Penicillin-binding proteins and beta-lactam resistance [J]. FEMS Microbiology Reviews, 2008, 32 (2): 361-385.

[50] Deka R K, Machius M, Norgard M V, et al. Crystal structure of the 47-kDa lipoprotein of Treponema pallidum reveals a novel penicillin-binding protein [J]. The Journal of Biological Chemistry, 2002, 277 (44): 41857.

[51] 王艺晖, 杨慧君, 李晓娜, 等. 青霉素结合蛋白与产β-内酰胺酶细菌耐药性的研究进展 [J]. 畜牧与兽医, 2016, 8 (11): 105-107.

[52] Welsh M A, Taguchi A, Schaefer K, et al. Identification of a functionally unique family of penicillin-binding proteins [J]. Journal of the American Chemical Society, 2017, 139 (49): 101-107.

[53] David B, Duchêne M, Haustenne G L, et al. PBP2b plays a key role in both peripheral growth and septum positioning in Lactococcus lactis [J]. Plos One, 2018, 13 (5): 684-696.

[54] Dan T, Chen H, Li T, et al. Influence of Lactobacillus plantarum P-8 on fermented milk flavor and storage stability [J]. Frontiers in Microbiology, 2018, 9 (1): 25.

[55] 苏思韵, 杨思婷, 张宇博, 等. 益生菌ABC转运体寡糖结合蛋白的结构学研究进展 [J]. 食品工业科技, 2020, 41 (17): 327-334.

[56] 张文羿. 益生菌Lactobacillus casei Zhang全基因组序列的测定及比较分析 [D]. 呼和浩特: 内蒙古农业大学, 2010.

[57] 郑玉琦. 溶藻弧菌耐四种抗生素的蛋白质组学研究 [D]. 湛江: 广东海洋大学, 2011.

[58] Reizer J, Jr S M. Modular multidomain phosphoryl transfer proteins of bacteria [J]. Current Opinion in Structural Biology, 1997, 7 (3): 407-415.

[59] Breslawec A P, Wang S, Li Crystal, et al. Anionic amino acids support hydrolysis of poly-β-(1,6)-N-acetylglucosamine exopolysaccharides by the biofilm dispersing glycosidase Dispersin B [J]. The Journal of Biological Chemistry, 2020, 5 (1): 38-50.

[60] Wang J C, Zhang W Y, Zhong Z, et al. Gene expression profile of probiotic Lactobacillus casei Zhang during the late stage of milk fermentation [J]. Food Control, 2012, 25 (1): 321-327.

[61] Fuellen G, Spitzer M, Cullen P, et al. Correspondence of function and phylogeny of ABC proteins based on an automated analysis of 20 model protein data sets [J]. Proteins-Structure Function & Bioinformatics, 2005, 61 (4): 888-899.

[62] 冯振月. 大肠杆菌ABC家族药物外排转运体YbhFSR及YddA功能的研究 [D]. 大庆: 黑龙江八一农垦大学, 2020.

[63] 任远, 司维, 任恒, 等. ABC家族转运蛋白及应对抗生素耐药性的概述 [J]. 河南医学研究, 2016, (1): 82-84.

[64] Dawson R J, Locher K P. Structure of a bacterial multidrug ABC transporter [J]. Nature, 2006, 443 (7108): 180-185.

[65] Veen H, Venema K, Bolhuis H, et al. Multidrug resistance mediated by a bacterial homolog of the human multidrug transporter MDR1 [J]. Proceedings of the National Academy of Sciences of the United States of America, 1996, 93 (20): 168-172.

[66] Jie C, Hao Y, Feng Y, et al. A single nucleotide mutation drastically increases the expression of tumor-homing NGR TNF-α in the E. coli M15-pQE30 system by improving gene transcription [J]. Applied Microbiology and Biotechnology, 2021 (5): 20.

[67] 汪维鹏, 倪坤仪, 周国华. 单核苷酸多态性检测方法的研究进展 [J]. 遗传, 2006, 28 (1): 117-126.

[68] Dickely F, Nilsson D, Hansen E B, et al. Isolation of Lactococcus lactis nonsense suppressors and construction of a food-grade cloning vector [J]. Molecular Microbiology, 1995, 15 (5): 839-847.

[69] 杨佩珊, 张娟, 刘为佳, 等. 过量表达purC基因对Lactococcus lactis NZ9000酸胁迫抗性的影响 [J]. 食品与发酵工业, 2019, 45 (8): 8-14.

[70] Zhang T, Feng P, Li Y, et al. Virescent-albino leaf 1 regulates leaf colour development and cell division in rice [J]. Journal of Experimental Botany, 2018, 69 (20): 35.

[71] Inga P, Rabea S, Katharina J, et al. Non-invasive and label-free 3D-visualization shows in vivo oligomerization of the staphylococcal alkaline shock protein 23 (Asp23) [J]. Scientific Reports, 2020, 10 (6): 28.

[72] 林娅, 叶永志, 屠雷钧, 等. 耐甲氧西林金黄色葡萄球菌SCCmec基因分型及耐药性分析 [J]. 中国现代应用药学, 2021, 38 (2): 184-188.

[73] Kuroda M, Ohta T H. Isolation and the gene cloning of an alkaline shock protein in methicillin resistant Staphylococcus aureus [J]. Biochemical & Biophysical Research Communications, 1995, 207 (3): 978-984.

[74] Müller M, Rei S, Schlüter R, et al. Deletion of membrane-associated Asp23 leads to upregulation of cell wall stress genes in Staphylococcus aureus [J]. Molecular Microbiology, 2014, 93 (6): 1259-1268.

[75] Gueimonde M, Sanchez B, de los Reyes-Gavilán C G, Margolles A. Antibiotic resistance in probiotic bacteria [J]. Frontiers in Microbiology, 2013 (4): 202.

[76] Sharma P, Tomar S K., Goswami P, Sangwan Y, Singh R. Antibiotic resistance among commercially available probiotics [J]. Food Research International, 2014 (57): 176-195.

[77] Elisha B G, Courvalin P. Analysis of genes encoding D-alanine: D-alanine ligase-related enzymes in *Leuconostoc mesenteroides* and *Lactobacillus* spp [J] Gene, 1995, 152 (1): 79-83.

[78] Belletti N, GattiM, Bottari B, Neviani E, Tabanelli G, Gardini F. Antibiotic resistance of Lactobacilli isolated from two Italian hard cheeses [J]. Journal of Food Protection, 2009, 72 (10): 2162-2169.

[79] Madhavan H N, Sowmiya M. Mechanisms of development of antibiotic resistance in bacteria among clinical specimens [J]. Journal of Clinical and Biomedical Sciences, 2011, 1 (2): 42-48.

[80] Li X, Nikadio H. Efflux-mediated drug resistance in bacteria: An update [J] Drugs, 2009, 69 (12): 1555-1623.

[81] Klare I, Konstabel C, Müller-Bertling S, et al. Evaluation of new broth media for microdilution antibiotic susceptibility testing of Lactobacilli, pediococci, lactococci, and bifidobacteria [J]. Applied and Environmental Microbiology, 2005, 71 (12): 8982-8986.

[82] Danielsen M, Wind A. Susceptibility of Lactobacillus spp. to antimicrobial agents [J]. International journal of food microbiology, 2003, 82 (1): 1-11.

[83] Handwerger S, Pucci M J, Volk K J, et al. Vancomycin-resistant Leuconostoc mesenteroides and Lactobacillus casei synthesize cytoplasmic peptidoglycan precursors that terminate in lactate [J]. Journal of Bacteriology, 1994, 176 (1): 260-264.

[84] Sharma P, Tumar S K, Goswami P, Sangwan V, Singh R. Antibiotic resistance among commercially available probiotics [J]. Food Research International, 2014 (57): 176-195.

[85] Kim K S, Morrison J O, Bayer A S. Deficient autolytic enzyme activity in antibiotic-tolerant lactobacilli [J]. Infection and immunity, 1982, 36 (2): 582-585.

[86] McCormick A W, Whitney C G, Farley M M, et al. Geographic diversity and temporal trends of antimicrobial resistance in Streptococcus pneumoniae in the United States [J]. Nature medicine, 2003, 9 (4): 424-430.

[87] Hummel A, Holzapfel W H, Franz C M. Characterisation and transfer of antibiotic resistance genes from enterococcin isolated from food [J]. Systematic Applied Microbiology, 2007, 30 (1): 1-7.

[88] Ogbolu D O, Daini O A, Ogunledun A, et al. Effects of gyrA and parC mutations in quinolones resistant clinical gram negative Bacteria from Nigeria [J]. African Journal of Biomedical Research, 2012, 15 (2): 97-104.

[89] Shaw K J, Rather P N, Hare R S, et al. Molecular genetics of aminoglycoside resistance genes and familial relationships of the aminoglycoside-modifying enzymes [J]. Microbiological reviews, 1993, 57 (1): 138-163.

[90] Chaudhary M, Payasi A. Resistance patterns and prevalence of the aminoglycoside modifying enzymes in clinical isolates of gram negative pathogens [J]. Global Journal of Pharmacology, 2014, 8 (1): 73-79.

[91] Gevers D, Danielson M, Huys G, et al. Molecular characterization of tet (M) genes in Lactobacillus isolates from different types of fermented dry sausage [J]. Applied Environmental Microbiology, 2003, 69 (2): 1270-1275.

[92] Danielsen M. Characterization of the tetracycline resistance plasmid pMD5057 from Lactobacillus planta-

rum 5057 reveals a composite structure [J]. Plasmid, 2002, 48 (2): 98-103.

[93] Kryazhimskiy S, Plotkin J B. The population genetics of dN/dS [J]. PLoS genetics, 2008, 4 (12): e1000304.

[94] Guinane C M, Cotter P D, Ross R P, et al. Contribution of penicillin-binding protein homologs to antibiotic resistance, cell morphology, and virulence of Listeria monocytogenes EGDe [J]. Antimicrobial agents and chemotherapy, 2006, 50 (8): 2824-2828.

[95] Spratt B G. Properties of the penicillin - binding proteins of Escherichia coli K12 [J]. European Journal of Biochemistry, 1977, 72 (2): 341-352.

[96] Basu J, Chattopadhyay R, Kundu M, et al. Purification and partial characterization of a penicillin-binding protein from Mycobacterium smegmatis [J]. Journal of bacteriology, 1992, 174 (14): 4829-4832.

[97] Peitsaro N, Polianskyte Z, Tuimala J, et al. Evolution of a family of metazoan active-site-serine enzymes from penicillin-binding proteins: a novel facet of the bacterial legacy [J]. BMC Evolutionary Biology, 2008, 8: 1-11.

[98] Denome S A, Elf P K, Henderson T A, et al. Escherichia coli mutants lacking all possible combinations of eight penicillin binding proteins: viability, characteristics, and implications for peptidoglycan synthesis [J]. Journal of Bacteriology, 1999, 181 (13): 3981-3993.

[99] Ishino F, Mitsui K, Tamaki S, et al. Dual enzyme activities of cell wall peptidoglycan synthesis, peptidoglycan transglycosylase and penicillin-sensitive transpeptidase, in purified preparations of Escherichia coli penicillin-binding protein 1A [J]. Biochemical and Biophysical Research Communications, 1980, 97 (1): 287-293.

[100] Kato J, Suzuki H, Hirota Y. Dispensability of either penicillin-binding protein-1a or-1b involved in the essential process for cell elongation in Escherichia coli [J]. Molecular and General Genetics MGG, 1985, 200: 272-277.

[101] Asoh S, Matsuzawa H, Matsuhashi M, et al. Molecular cloning and characterization of the genes (pbpA and rodA) responsible for the rod shape of Escherichia coli K-12: analysis of gene expression with transposon Tn5 mutagenesis and protein synthesis directed by constructed plasmids [J]. Journal of Bacteriology, 1983, 154 (1): 10-16.

[102] Van Der Does C, Den Blaauwen T, De Wit J G, et al. SecA is an intrinsic subunit of the Escherichia coli preprotein translocase and exposes its carboxyl terminus to the periplasm [J]. Molecular Microbiology, 1996, 22 (4): 619-629.

[103] Sacco E, Cortes M, Josseaume N, et al. Serine/threonine protein phosphatase-mediated control of the peptidoglycan cross-linking L, D-transpeptidase pathway in Enterococcus faecium [J]. MBio, 2014, 5 (4): 14.

[104] Yeats C, Finn R D, Bateman A. The PASTA domain: a β-lactam-binding domain [J]. Trends in Biochemical Sciences, 2002, 27 (9): 438-440.

[105] Dessen A, Mouz N, Gordon E, et al. Crystal structure of PBP2x from a highly penicillin-resistant Streptococcus pneumoniae clinical isolate: a mosaic framework containing 83 mutations [J]. Journal of Biological Chemistry, 2001, 276 (48): 45106-45112.

[106] Mingeot-Leclercq M P, Glupczynski Y, Tulkens P M. Aminoglycosides: activity and resistance [J]. Antimicrobial Agents and Chemotherapy, 1999, 43 (4): 727-737.

[107] Davies J, Wright G D. Bacterial resistance to aminoglycoside antibiotics [J]. Trends in microbiology, 1997, 5 (6): 234-240.

[108] Boehr D D, Lane W S, Wright G D. Active site labeling of the gentamicin resistance enzyme AAC (6′) -APH (2″) by the lipid kinase inhibitor wortmannin [J]. Chemistry & biology, 2001, 8 (8): 791-800.

[109] Cheek S, Zhang H, Grishin N V. Sequence and structure classification of kinases [J]. Journal of molecular biology, 2002, 320 (4): 855-881.

[110] Miller S, Tavshanjian B, Oleksy A, et al. Shaping development of autophagy inhibitors with the structure of the lipid kinase Vps34 [J]. Science, 2010, 327 (5973): 1638-1642.

[111] Saier M, Paulsen L. Phylogeny of multidrug transporters, [J]. Seminars in Cell and Developmental Biology, 2011, 12 (3): 205-213.

[112] Bibi E, Fluman N. Bacterial multidrug transport through the lens of the majorfacilitator superfamily [J]. Biochimica ct Biophysica Acta, 2009, 1794 (5): 738-747.

[113] Wigle T J, Singleton S F. Directed molecular screening for RecA ATPase inhibitors [J]. Bioorganic & Medicinal Chemistry Letters, 2007, 17 (12): 3249-3253.

[114] Deckers-Hebestreit G, Altendorf K. The F0F1-type ATP synthases of bacteria: structure and function of the F0 complex [J]. Annual Review of Microbiology, 1996, 50 (1): 791-824.

[115] Matsushita M, Janda K D. Histidine kinases as targets for new antimicrobial agents [J]. Bioorganic & Medicinal Chemistry, 2002, 10 (4): 855-867.

[116] Alex L A, Simon M I. Protein histidine kinases and signal tranduction in prokaryotes and eukaryotes [J]. Trends in Genetics, 1994, 10 (4): 133-138.

[117] Mann J, Crabbe M J C. Bacteria and antibacterial agents [M]. Washington: University Science Books, 1996.

[118] Oz T, Guvenek A, Yildiz S, et al. Strength of selection pressure is an important parameter contributing to the complexity of antibiotic resistance evolution [J]. Molecular Biology and Evolution, 2014, 31 (9): 2387-2401.

[119] Lázár V, Nagy I, Spohn R, et al. Genome-wide analysis captures the determinants of the antibiotic cross-resistance interaction network [J]. Nature Communications, 2014, 5 (1): 1-12.

[120] Suzuki S, Horinouchi T, Furusawa C. Prediction of antibiotic resistance by gene expression profiles [J]. Nature Communications, 2014, 5 (1): 5792.

[121] Itou H, Tanaka I. The OmpR-family of proteins: insight into the tertiary structure and functions of two-component regulator proteins [J]. The Journal of Biochemistry, 2001, 129 (3): 343-350.

[122] Saurin W, Hofnung M, Dassa E. Getting in or out: early segregation between importers and exporters in the evolution of ATP-binding cassette (ABC) transporters [J]. Journal of Molecular Evolution, 1999, 48: 22-41.

[123] Van Veen H W, Konings W N. The ABC family of multidrug transporters in microorganisms [J]. Biochimica et Biophysica Acta (BBA) -Bioenergetics, 1998, 1365 (1-2): 31-36.

第五章

工业化生产过程中不同胁迫条件下乳酸菌的响应机制

第一节 乳酸菌在工业化生产过程中的胁迫因素

第二节 高密度发酵温度对副干酪乳酪杆菌生长特性的影响机制

第三节 发酵温度对副干酪乳酪杆菌冻干前后菌体活性的影响机制

参考文献

第一节　乳酸菌在工业化生产过程中的胁迫因素

由于乳酸菌具有优良的发酵特性和益生功效，在食品、医药、农业等领域有着广阔的应用前景。目前，我国的乳酸菌菌种资源有限，生产工艺复杂，活性不高；具有生产成本较高，储存期较短等瓶颈。因此，如何拓展乳酸菌种质资源，改进其制备技术，是目前亟须解决的关键问题。在产业化过程中，益生菌活性、保存期、优良特性、贮藏稳定性，是其在市场上站稳脚跟的关键。益生菌在工业上生产要面对极端的温度、酸碱质、氧气含量等逆境，会对菌体的生理状态、基因转录表达及蛋白生成等产生影响，导致细胞活力降低，甚至菌体死亡[1,2]。

通常，采用两种手段来解决这些问题，一种是以胁迫环境作为选择压力直接筛选高耐受菌株；另一种是通过解析乳酸菌的胁迫适应性机制而有目的地影响或改造菌种，从而提高其耐受性。然而，与常规菌株筛选过程相比，乳酸菌胁迫响应机制的研究侧重于拓展成熟菌株的生物学应用潜力，对于工业化生产具有重要的现实指导意义。对于乳酸菌发酵工艺的要求，已不满足于低菌体密度、低活性、低效率，高成本的自然发酵模式，为追求更优工艺，逐步从高密度培养限制性因素入手，解决或缓解某些发酵过程中的限制性因素便能极高地提升乳酸菌的发酵水平，发酵工艺的优化本质即为解决乳酸菌的生长限制条件。因此，为保证在生产过程中乳酸菌的高活性，行业不断研发新型干燥技术来提高乳酸菌制剂的品质。

一、乳酸菌高密度发酵过程中的影响因素

高密度发酵（high cell density fermentation）一般认为应用一定的培养技术和装置培养菌体，使之与常规培养相比显著提高了菌体的密度，从而提高目标产物的生产率，最终以较低成本获得较多菌体的一种发酵技术即为高密度培养。乳酸菌的高密度细胞培养是直接生产大规模固体发酵剂的关键步骤，也是工业规模化生产的关键挑战，主要涉及优化培养基的组成和培养条件[3]。

但因不同类型的乳酸菌存在特定的生理和代谢特征，在实际生产中，其所需的各种培养条件以及产物中的活菌数也存在着一定的差别。因此，本项目拟从乳酸菌的高密度培养入手，通过优化乳酸菌的培养基成分，改变乳酸菌代谢途径，优化最佳发酵条件，以得到高活菌数、高活力的乳酸菌制备工艺。在密闭的发酵系统中，生长限制因素一般分为底物抑制和代谢抑制，底物抑制是指高密度发酵过程中，乳酸菌所需培养基成分过少或过多造成发酵速度减缓甚至停止的抑制作用；代谢抑制是指乳酸菌的代谢物，如乳酸、甲酸、乙酸和乙醇等积累过量，对乳酸菌造成酸胁迫和渗透压胁迫，限制菌体生长、增殖[4]。

发酵过程中，培养基中含有大量的碳源、氮源、无机盐、生长因子、水分等是乳酸菌生长所必需的，无机盐则是维持环境pH的关键，而少数几种微量元素则与菌体中特定的酶类代谢密切相关。在高密度发酵工艺的优化初期，许多学者通过优化营养成分、各营养元素配比以及调控培养基的pH等方法，使高密度发酵条件下的培养基利用率达到最大。

在此基础上，建议采用恒速补料、间歇补料、恒浊补料、指数补料等方法[5]，既能保证乳酸菌的正常生长，又能防止在发酵初期高浓度培养基对乳酸菌增殖限制。

（一）培养基成分对高密度发酵的影响

优化培养基是提高益生菌生长密度的主要手段。碳源是其生长所需的主要营养来源，可驱动菌体的生长与代谢，并有助于其增殖与分裂。氮源是影响乳酸菌生长的关键因素，过多的营养物质会引起细菌过早衰老、乳酸菌数量和菌体活性降低。而不同类型的乳酸菌对 C/N 比率的要求也不尽相同，不当的碳源和氮源添加量会对细菌的生长产生不利的影响。此外，培养基缓冲盐中不同的离子种类及含量也会对其生长产生不同的作用。在发酵生产中，对于一些重要的酶类是必需的，如 Mg^{2+}、Zn^{2+}、Mn^{2+} 等金属离子是乳酸菌在生长过程中酶类的关键因子，所以在进行高密度发酵时，必须进行适当的添加。

（二）温度对高密度发酵的影响

在高密度发酵中，温度是比较重要的发酵参数，微生物对养分的利用常伴有化学反应，且多数与温度有关。高温和低温都会使菌体中的酶活力下降，从而影响菌体的能量代谢、合成代谢和分解代谢能力，使乳酸菌生长变慢，生物量降低。除了对酶活力有一定的影响外，对培养基的物理和化学性质也有一定的影响。在确定温度时，应充分考虑到菌种的专一性、底物消耗、发酵周期以及产物的合成，视具体条件而定，可酌情采用变温培养[6]。另外，培养温度也会改变菌株细胞膜脂肪酸比例进而影响其活性，先前的研究表明 *Lactobacillus acidophilus* CRL640、RD758 和 *Lactobacillus delbrueckii* subsp. *bulgaricus* L2 分别在 30℃、35℃、37℃ 条件下高密度发酵后，通过比较冻干前后菌体活性发现，30℃ 条件下的发酵菌体抗逆性较高，细胞膜不饱和脂肪酸与饱和脂肪酸比例显著增加，且低温高密度培养促进菌体产生胞外不溶性多糖，该多糖能提高菌种的抗冷冻能力[7-10]。

（三）pH 对高密度发酵的影响

对于大部分乳酸菌而言，其适宜的生长条件近中性，而乳杆菌在酸性条件下更具优势。同时，由于发酵过程中产生大量的代谢物，导致其 pH 下降，进而影响细菌的生长。pH 对细菌的生长有两种作用机制[11]：一是通过改变细胞膜电势及养分离子态影响细菌生长，二是对由该菌所产的各种酶的活力进行抑制影响细菌生长。所以，维持适宜的 pH 是保证细菌高浓度生长所必需的。高密度培养时，可通过添加磷酸盐、柠檬酸盐和碳酸盐等多种介质来调控 pH，以适应乳酸菌在超低 pH 环境下的生长。因此，稳定的 pH 是菌体高密度培养的必要条件。不同菌株在高密度发酵过程中具有不同的最适 pH，刘乔等在瑞士乳杆菌的高密度发酵研究中发现，当发酵 pH 为 6.5 时菌体密度最高；高欣伟等[12] 的研究发现长双歧杆菌高密度发酵的最适 pH 为 5.0；高志敏等的研究表明发酵乳杆菌在高密度发酵过程中最适发酵 pH 为 7.0[13]。为了应对过低 pH 对高密度培养的影响，可向培养基中加入缓冲盐（如磷酸盐、柠檬酸盐、碳酸盐等）来调节 pH 进行缓解。

二、乳酸菌干燥过程中的影响因素

随着乳酸菌在食品和医药等行业的广泛使用，国际上关于乳酸菌在产品中的添加量制定了相应的标准,例如国际乳品联合会建议,在一克或者一毫升食用乳制品中,必须包含10^7个以上的活性菌体,所以,维持货架期间仍然保持一定量的活性菌体,是保证其成为益生菌制剂的前提。近年来,脱水干燥成为微生物保藏的主要手段,可以较好地保持其活性和货架寿命,但在一定程度上也会对其造成生理损伤。目前,国内外研究者多采用保护剂的开发、菌种冷冻参数的优化、预冻温度的合理选择以及对冷冻前期温度胁迫的作用机制等方面进行研究。

(一)乳酸菌制剂干燥技术

目前,乳酸菌的干燥技术有多种,包括冷冻干燥、喷雾干燥、流化床干燥、真空冷冻干燥等,不同的干燥方式各有利弊。

冷冻干燥技术首先将物料中的水分凝结为冰,然后利用空气压力下降,冷凝后的水分升华,达到脱水效果[14]。冻干期间,细菌体内会生成冰晶,而在此期间,细菌内部的超高压会导致细菌受损伤或死亡[15]。冷冻干燥技术作为一种广泛应用的方法,具有环境温和、活性高等优点。然而,该技术存在着烘干周期长、无法持续烘干、能源消耗巨大等问题,制约了该产业的发展[16]。

喷雾干燥技术是将载体基体经雾化后,以微小的颗粒形式存在,经热量和质量交换,实现载体的水分蒸发和熔融物质固化,形成固态微粒,完成脱水。喷雾干燥具有快速、高通量、连续和廉价等优点[17]。但是,随着时间的推移,物料处于缓慢的脱水状态,物料表面与外界的热气相接触,菌体皱褶,导致菌体大量死亡。温度过高会对细菌产生冲击,破坏细菌的结构,使细菌失去功能活性[18]。

流化床干燥技术是指利用喷雾法将细菌悬浮物置于载体上进行干燥。通过调整热气流速度,使混合物粒子在大气中与热气相接触,完成热质传递,达到干燥目标[19]。具有温度可控、价格低廉等优势,但烘干周期较长。另外,该方法通常不能单独将其应用于乳酸菌的干燥,而是与冻干、喷雾干燥联合使用[20,21]。

喷雾冷冻干燥技术是集喷雾干燥和冷冻干燥技术优势于一体的新型烘干方法。喷雾冷冻干燥由雾化、冷冻和干燥三个阶段组成[22]。在喷雾干燥过程中,采用不同的喷雾冷冻干燥工艺,即真空喷雾冷冻干燥、常压喷雾冷冻干燥、变频喷雾冷冻干燥、超声波喷雾冷冻干燥等。工业上常用的方法是真空喷雾冻干法具有缩短烘干周期和降低成本等优势,可以得到优良的成品;与其他的烘干方法相比,喷雾冷冻干燥法在制品质量、结构、生理功能和成分保持等方面具有明显的优越性[23]。

电喷雾干燥技术是一种通过静电效应使液态物质发生变化的一种技术,其原理就是将物质在雾化时加入静电作用,然后再通过静电效应,将物料雾化为非常细小的颗粒。静电喷雾法生产的液体量比喷雾干燥法生产的量小,烘干时要求的烘干温度降低,在低温的环境下即可进行干燥,能够获得对于益生菌的高度保护效果[24]。该技术的优点是可以在温和的环境下进行干燥,得到的菌粉更细腻,但其对原料组分的要求很高,且无法稳定地持续喷洒[25]。

真空冷冻干燥技术是把处理好的样品放置于物料板上、随后把机器内部环境变为真空状态,通过低温干燥将样品中的水分升华去除[26]。此过程包括预冻、升华干燥和解吸干燥三个阶段。预冻是把样品放入机器中调节合适的温度冷冻，由样品的玻璃化转变温度确定预冻温度。样品的预冻温度是决定产品质量的关键性条件，如果预冻温度不合适则会导致样品出现冰晶损伤样品[27]。升华干燥，是整个过程的第二个阶段，升华过程是将样品中的水分从上而下去除，第二阶段完成的产品质量与完成时间归结于第一阶段的预冻条件选取的合适与否[28]。如果在此阶段样品内部产生数量较多的冰晶时则会降低水分蒸发的速率，导致真空冷冻干燥时间过长，间接性使细胞损伤程度加大[29]。升华干燥只会去除样品中大部分的自由水，还会有极少部分的自由水和样品本身的结合水。因此进行第三阶段解吸干燥，又叫二次干燥，在二次干燥过程中会把样品的水分去除到最低[30]。

（二）乳酸菌制剂干燥损伤及影响机制

不同干燥方式在经济和技术上都是以获得最大的菌种存活率以及在之后的贮藏过程中获得较长的贮藏时间为主要目标[31]。干燥过程中会对乳酸菌造成生理损伤，降低细胞存活率，主要表现在脱水损伤、机械损伤、细胞膜结构变化、蛋白质损伤、DNA结构变化、氧化损伤和溶质损伤等方面[32-34]。

1. 脱水损伤

细菌细胞的含水量在70%~95%，水分的损失对细胞施加生理限制，其主要原因是水分子有助于蛋白质、DNA和脂质的稳定性，并赋予细胞结构的有序性，当对细菌细胞采用任何干燥方式进行单元操作，脱水均是引起细菌死亡的重要因素。

在脱水过程中，大量的细胞组分DNA、RNA、蛋白质等被损伤，尤其是被抑制的细胞膜质膜是导致细菌死亡的重要部位[35]。已有研究发现，当细胞膜被破坏时，会引起胞内和胞外渗透压的改变，从而使其对NaCl的敏感性增强，使其复水率降低。细胞膜是由磷脂双分子层、膜蛋白和一些糖构成的，其中不饱和脂肪酸（UFA）和饱和脂肪酸（SFA）是通过Ⅱ型脂肪酸合酶与磷脂连接形成的[36]。细胞膜中的磷脂双分子层的稳定性是通过范德华力和水化斥力的相互作用来维持平衡，使得其形成的磷脂双分子层热力学不稳定，对外部环境变化敏感。在干燥脱水时，细胞膜上的各种理化性质都会发生改变，其中各个磷脂单元的极性末端都被水分子所分隔，呈现出一定程度的水合状态，在细胞膜发生失水后，水和磷脂形成的氢键被破坏，从而导致范德华作用力的增加，磷脂中的酰基会被强制加入其表面的空隙中，从而实现了从液晶性到凝胶性的转化。然而，细胞膜中的磷脂链长度及类型各异，这就造成了在细胞膜晶化过程中，因其具有更高的转化温度的脂质先发生了结晶化，转变成温度较低的脂质后结晶，而细胞膜液晶相与凝胶相变是在某一温区。由于液固两相界面的横向分隔，会造成细胞膜渗漏，使细胞膜通透性增大，难以保持胞内和胞外的浓度平衡，从而引起细胞的代谢损害。在干燥中，由于脱水、低温、渗透等不良环境因子的作用，致使细胞膜中SFA和UFA的比例发生变化，从而引起细胞膜通透性的改变[37]。

2. 机械损伤

在喷雾冷冻干燥过程中，物料经过喷嘴雾化成小液滴，经过冷冻过程，液滴迅速降温冻结。在冷冻的过程中，菌体细胞内大量水分结成冰晶，对菌体细胞膜、细胞器膜等生物膜系统造成损伤，从而影响菌体正常生理代谢功能[38]。研究表明，在冻结过程中，水分的冻结速率对菌体影响显著，细胞膜与细胞内成分会因为电解质浓度增加或冰晶造成的机械损伤而受到损伤，这主要是取决于冻结速率。另一项研究表明，在冻结过程中，存在两个最大冰晶的生成带，所以冻结速率过高或过低都可能以不同的潜在机制对细胞造成伤害[39]。在喷雾冷冻干燥过程中，单元操作的第一步就是料液雾化，菌体细胞在雾化压力（剪切力）的作用下受到损伤。但目前研究认为，单一雾化压力对菌体的损伤无法衡量，损伤程度取决于雾化过程中剪切力与其他干燥过程中存在的因素（机械损伤、脱水失活、渗透压等）共同作用，导致菌体细胞损伤。同时，研究发现，在雾化前后，菌体活力不存在显著差异，在提高雾化压力后，菌体存活率也并无显著变化[40]。

3. 胞内DNA损伤

在冻干工艺中，一方面会破坏菌体的质膜和蛋白，另一方面也会对菌体内部的遗传物质造成一定的破坏，引起DNA的断裂碱基脱落，从而引起基因的异常表达。在胁迫条件下，细胞内的遗传物质会发生DNA损伤诱导（SOS）反应诱导过程，这一过程触发导致DNA复制、修复及突变基因的表达，例如当DNA遭到破坏时，高保真的DNA聚合酶就不能再复制损坏的DNA，而会被低水平的DNA聚合酶所代替，该反应是通过SOS诱导的Y家族（Pol Ⅳ和Pol Ⅴ）或C家族（DnaE）的易错聚合酶来完成[41]。已有研究发现，冻干后的乳酸菌转录因子trkA可上调其转录水平，提高油脂生物合成相关酶acc、fab等，提高其代谢产物中的环丙烷及UFA含量，通过改变细胞膜的流动性来增加冷冻干燥的活性[42]。除对细胞膜上的脂肪酸代谢通路有重要的作用外，对糖酵解、ABC转运系统和碳代谢也有一定的作用[43]。

4. 氧化损伤

氧是需氧微生物进行正常生命活动所必需的物质，但过量的氧会使活性氧自由基（ROS）不能被分解，引起大量的ROS自由基堆积导致化学损伤，经分析，这是导致干燥损伤的一个重要因素。ROS是由各种外界因子引起的，尤其是失水时，更是加剧了细胞的氧化胁迫所致。当ROS等毒性物质在生物体中累积，可引起ATP酶活性下降，进而影响机体的能量代谢[44]。

乳酸菌在作为功能性食品以及生物制剂的生产与贮藏过程中都会有氧气的存在，氧气本身并不会对细胞造成损伤，但氧气通过光、热等的催化形成具有氧化作用的过氧化氢、超氧阴离子和羟基自由基等ROS分子[45]。其中，超氧阴离子可攻击多酚、抗坏血酸等化合物；过氧化氢可攻击半胱氨酸使蛋白质失活并与Fe^{2+}和Cu^{2+}等阳离子发生反应；羟基自由基是最具破坏力的氧化剂，其能够使DNA化学键断裂。因此，ROS对细胞具有很强的毒害作用[46]。环境中氧化应激的产生导致细胞膜脂肪酸的氧化，同时还伴随着蛋白质和DNA的损伤，脂肪酸氧化是细胞损伤的主要原因[47]。脂肪酸氧化在起始阶段为ROS自由基从UFA中的亚甲基中断碳上抽取一个氢离子，从而生成烷自由基，使亚甲基之间的共价键强度降低，经研究发现，随着共价键数量的增加，脂肪酸氧化的敏感性和速率呈上升趋势，并且UFA中，顺式脂肪酸比反式脂肪酸更容易被氧化；其次，当脂肪酸中的氢离子被抽离后，烷自由基的能量通过共轭双键而降低；随后，烷自由基与氧气分子加和形成过氧自由基，过氧自由基具有较高的能量，能够从另一种UFA中再次提取氢离子，从而形成另一种过氧自由基和脂质过氧化氢，并在脂肪酸中不断传递呈现增殖的趋势；最后，在终止阶段，两个自由基反应会形成一个非自由基分子，从而导致样品中黏度的增加[48]。在干燥及贮藏过程中，由于自由基扩散不受分子迁移率的限制，导致细胞膜脂肪酸的氧化，氧化形成的二级产物通过褐变反应，会导致细胞的进一步损伤[49]。在贮藏过程中，脂质氧化的速率取决于温度、pH、氧浓度和离子强度[48]。

5. 溶质损伤

在干燥过程中，菌体内液与菌体外液冻结速率不同，外液冻结速率大于内液冻结速率，外液溶质浓度增大，导致渗透压不平衡；为了维持平衡，菌体内液水分析出，降低外液浓度，或者内液结冰，提高内液浓度。这两种反应方式都会使溶质浓缩，在浓缩过程中，会对菌体细胞造成不同形式的损伤[50]。由于胞内水分外溢，细菌收缩，使细胞膜透性增大，使细菌的物质交换能力下降，细胞生理代谢紊乱，细胞受损。有学者认为在冷冻时，胞内水的冷冻导致了水的泄漏，从而导致溶质被破坏，使细胞失水起皱，到达最小的临界细胞容积，进一步起皱，产生冰冻损害。另有学者认为，当胞内液体被高度集中后，处于较高的电解液中，细菌的一些功能结构发生变化，从而失去正常的生理功能，引起细菌的代谢失调，最终引起细菌的死亡。

6. 渗透压

细胞利用细胞膜阻挡大部分物质，维持胞内 pH、离子组成及代谢组分的相对稳定，从而实现对细胞的保护。在此过程中，细胞通过调节渗透压力来维持正常的生理状态，并且与其增殖、分化等过程紧密相连。高渗状态下，外界压力的改变可引发其基础生理机能的变化，如高渗状态下，可引发胞内水分流出，使胞外基质脱落，进而引发细胞凋亡；但在较低的渗透压下，则引起了细胞的大量脱水，从而导致了细胞的死亡。正常情况下，在高渗状态下，生物可以通过吸收或制备相容的溶质来实现自我保护。在高温、冻融和干燥等条件下，溶质的相容性对细胞有一定的防护作用，并可使蛋白酶保持稳定[51]。虽然其适应性防护作用的具体机制尚不明确，但研究表明该防护作用类似于冷冻防护，通过抑制蛋白聚合、保持其水溶性，并在保持其表面稳定的前提下发挥作用。

第二节 高密度发酵温度对副干酪乳酪杆菌生长特性的影响机制

副干酪乳酪杆菌属革兰氏阳性菌，兼性厌氧，是重要的乳酸菌种之一，分布生态位十分广泛，包括人体肠道和生殖道、动物肠道、发酵蔬菜、乳制品以及其他植物材料如青贮饲料。副干酪乳酪杆菌有良好的耐酸、耐胆盐特性，能够抵抗胃酸和肠道胆盐顺利抵达肠道并逐渐成为人体乳杆菌的优势菌群，是一种有益机体健康的益生菌。人们常通过食用含活菌的制品或含菌体组分及代谢产物的制品来维持人体肠道内菌群的平衡。益生菌制剂由于其独特的益生效果备受消费者喜爱，同时其活菌数目和细胞活力也是决定其品质的重要指标，因此可采用高密度培养方法来增加活菌数目，进而改善产品品质。然而，高密度条件下，发酵温度会对乳酸菌制剂品质产生明显的影响。

副干酪乳酪杆菌 PC-01 分离自西藏拉萨地区当雄县龙仁乡酸牦牛奶，通过在 30.0℃、32.5℃、35.0℃和 37.0℃条件下进行静态发酵，发现其活菌数、OD_{600} 值以及产酸速率存在差异，由于 30.0℃需要的发酵时间长，不适合用于工业生产，而 32.5℃的活菌数显著高于 35.0℃。因此选择了 32.5℃和 37.0℃进行高密度发酵，研究副干酪乳酪杆菌 PC-01 在不同培养温度（32.5℃和 37.0℃）下进行动态发酵过程中活菌数、OD_{600} 值、酯酶活力和膜通透性、胞内 pH 以及膜流动性等表型的变化。并通过转录组测序和比较基因组学技术探究温度对副干酪乳酪杆菌高密度培养过程中生长特性的影响机制。

一、副干酪乳酪杆菌 PC-01 发酵特性的研究

1. 副干酪乳酪杆菌 PC-01 的生长曲线

副干酪乳酪杆菌 PC-01 接种于发酵培养基中进行高密度发酵，在 32.5℃和 37.0℃下恒温、恒 pH（pH=5.9）需氧培养，每隔 2h 取样直到发酵终点，检测活菌数和 OD_{600} 值，均设置 3 个平行，并计算平均值和标准差进行生长曲线的绘制。如图 5-1 所示，菌株在 32.5℃和 37.0℃发酵过程中活菌数和 OD_{600} 呈现相同的变化趋势，但在 32.5℃条件下副干酪乳酪杆菌 PC-01 的发酵时间虽然较长，但在发酵终点时活菌数达到 2.22×10^{10} CFU/mL，相较于 37.0℃发酵（1.76×10^{10} CFU/mL）提高了 25.9%。

因此，选取了不同温度同一时期的样品进行后续研究，包括发酵起点（T0）、迟滞期（L325_T1 和 L37_T1）、对数前期（L325_T2 和 L37_T2）、对数中期（L325_T3 和 L37_T3）和发酵终点（L325_T4 和 L37_T4）。

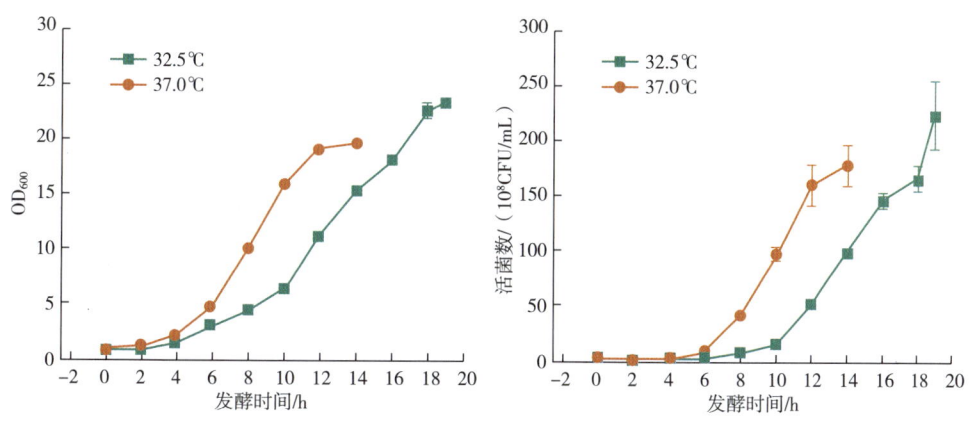

图 5-1 副干酪乳酪杆菌 PC-01 的生长曲线

2. 酯酶活力和膜通透性

cFDA 和 PI 是细胞膜通透性的荧光探针，cFDA 可以穿过细胞膜，被细胞内的酯酶水解成绿色荧光物质，而 PI 则不能穿过完整的细胞膜，只有在细胞膜破裂时才能进入细胞并结合到核酸中，形成红色荧光。因此可以通过 cFDA 和 PI 对酯酶活力和膜通透性进行测定，对副干酪乳酪杆菌 PC-01 在不同温度下发酵时不同时期的细胞活力和代谢活性进行评估。

在发酵起点 T0 时正常细胞为 89.78%，在 32.5℃和 37.0℃发酵过程中酯酶活性和膜通透性均呈上升趋势，并且在不同时期 32.5℃发酵条件下的酯酶活力和膜通透性均高于

37.0℃，到达发酵终点时 L325_T4 和 L37_T4 中正常细胞的比例分别为 98.35% 和 96.39%。结果表明，在 32.5℃条件下发酵菌株的酯酶活力和膜通透性均高于 37.0℃，除此之外，副干酪乳酪杆菌 PC-01 发酵过程中不同时期的细胞内酯酶活性和膜通透性变化与活菌数变化的趋势基本一致。姜凯等[52]通过使用 cFDA 和 PI 荧光染料对乳酸菌进行染色，并通过优化各种指标，进行流式计数，并将流式计数结果与平板计数作对比，结果表明两种方法存在显著的正相关关系。Gandhi 等[53]的研究表明可以采用 cFDA 和 PI 荧光染料，通过流式细胞仪检测细胞酯酶活力和膜通透性。并且细胞膜的膜流动性和膜通透性是相互影响的，它们之间存在一定的平衡关系，适当的膜流动性可以增加膜通透性，促进细胞的营养吸收和代谢产物的排泄，并且细胞膜的完整性和流动性是维持细胞活力及其代谢活性的关键因素[54]。本实验通过检测膜流动性，发现除迟滞期外，副干酪乳酪杆菌 PC-01 的膜流动性在 32.5℃发酵条件下优于 37.0℃，因此上述研究内容与本研究结果基本一致。但膜的流动性是一种复杂的性质，它取决于很多因素，例如膜的成分、组织和温度等，因此还需要更深入的研究。

3. 胞内 pH 测定结果

胞内 pH（pHin）对调节乳酸菌生长代谢有重要影响，是反映细胞内环境稳态的重要指标，是营养物质摄取、碳水化合物代谢以及蛋白质生物合成等途径正常进行的必要前提[55]。pHin 的变化影响细胞内信号传递因子 Ca^{2+} 以及 cAMP 的浓度，影响细胞内信号传递，从而影响细胞生长代谢。从表 5-1 可知，在 32.5℃和 37.0℃发酵过程中胞外 pH（pHout）恒定在 5.9，而胞内 pH 均呈下降趋势，在发酵起点 T0 时 pHin 为 7.15±0.084，在迟滞期时 L325_T1 和 L37_T1 中的 pHin 分别为 6.66±0.008 和 6.30±0.003，菌株逐渐生长，pHin 降低出现显著差异（$P \leqslant 0.05$），并且一直到发酵终点均具有显著差异，对数前期 L325_T2 和 L37_T2 中的 pHin 分别为 6.33±0.038 和 6.07±0.044，对数中期 L325_T3 和 L37_T3 中的 pHin 分别为 6.31±0.046 和 6.04±0.022，发酵终点 L325_T4 和 L37_T4 中的 pHin 分别为 6.30±0.003 和 5.96±0.004，结果表明，副干酪乳酪杆菌 PC-01 在 32.5℃条件下发酵的 pHin 更稳定，更有利于菌株生长。

表 5-1 胞内 pH 测定结果

pHout	32.5℃发酵			37.0℃发酵			显著性
	时期	pHin	pH 差值	时期	pHin	pH 差值	
5.9	发酵起点	7.15±0.084	1.25	发酵起点	7.15±0.084	1.25	ns
	迟滞期	6.66±0.008	0.76	迟滞期	6.30±0.003	0.40	*
	对数前期	6.33±0.038	0.43	对数前期	6.07±0.044	0.17	*
	对数中期	6.31±0.046	0.41	对数中期	6.04±0.022	0.14	*
	发酵终点	6.30±0.003	0.40	发酵终点	5.96±0.004	0.06	*

注：ns 代表显著水平 $P>0.05$ 无显著差异，* 代表显著水平 $P \leqslant 0.05$ 具有显著差异。

4. 细胞膜流动性测定结果

细胞膜作为外界环境与细胞内介质之间的第一道屏障，在细胞生长、代谢、能量转导、维持恒定的细胞内环境[56]等方面发挥着重要作用。细胞膜调节物质进出细胞的运动并催化交换反应。而细胞膜的完整性和流动性是维持细胞活力及其代谢活性的关键因素[57]。研究表明，广义偏振值（GP值）降低，膜的流动性增加，两者呈负相关。结果如图5-2所示，在发酵起点T0时GP值为0.19，迟滞期L325_T1和L37_T1的GP值分别为0.25和0.24，没有显著差异（$P>0.05$），此时L37_T1的GP值低于L325_T1，因此膜流动性更好。随着发酵的进行，菌株生长进入对数期，对数前期L325_T2和L37_T2的GP值分别为0.26和0.31，具有显著差异（$P\leq0.05$），此时32.5℃的膜流动性优于37.0℃。结果表明，在发酵过程中，虽然膜的流动性是逐渐降低的，但从对数前期到发酵终点37.0℃发酵的菌株GP值始终大于32.5℃，因此在32.5℃发酵的菌株细胞膜流动性更好。

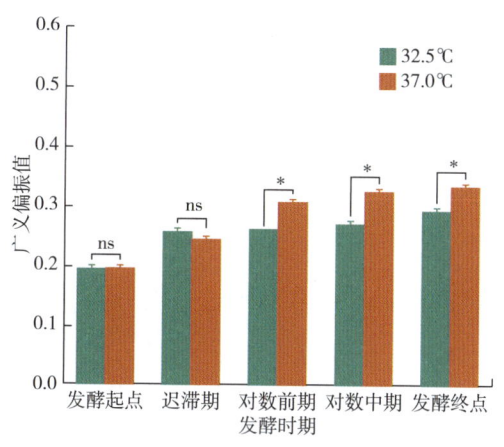

图5-2 细胞膜流动性检测图

（ns代表显著水平$P>0.05$无显著差异，*代表显著水平$P\leq0.05$具有显著差异。）

5. 环境生化指标测定结果

葡萄糖是乳酸菌生长代谢过程中所需的关键碳源之一，因此本实验检测副干酪乳酪杆菌PC-01在32.5℃和37.0℃下不同时期环境中的葡萄糖含量、L-乳酸含量和铵根离子含量（图5-3）。

如图5-3（a）所示，在发酵起点T0时环境中葡萄糖含量为42.63g/L，迟滞期菌株生长缓慢消耗了5g/L左右的葡萄糖，对数期菌株明显生长加快，消耗了大量的葡萄糖，在对数前期L325_T2和L37_T2环境中葡萄糖含量分别为23.96g/L和26.27g/L，开始出现显著差异（$P\leq0.05$）。在对数中期L325_T3和L37_T3环境中葡萄糖含量分别为5.71g/L和7.66g/L，而到达发酵终点时L325_T4环境中葡萄糖含量仅有0.13g/L，L37_T4的环境中葡萄糖含量为2.17g/L。

如图5-3（b）所示，在T0时环境中仅含有0.55g/L的L-乳酸，在32.5℃和37.0℃条件下发酵同一时期的L-乳酸含量均具有显著差异，到达发酵终点时L325_T4和L37_T4环境中分别含有48.50g/L和42.51g/L的L-乳酸。

如图5-3（c）所示，在32.5℃和37.0℃下发酵同一时期的环境中的铵离子含量均具

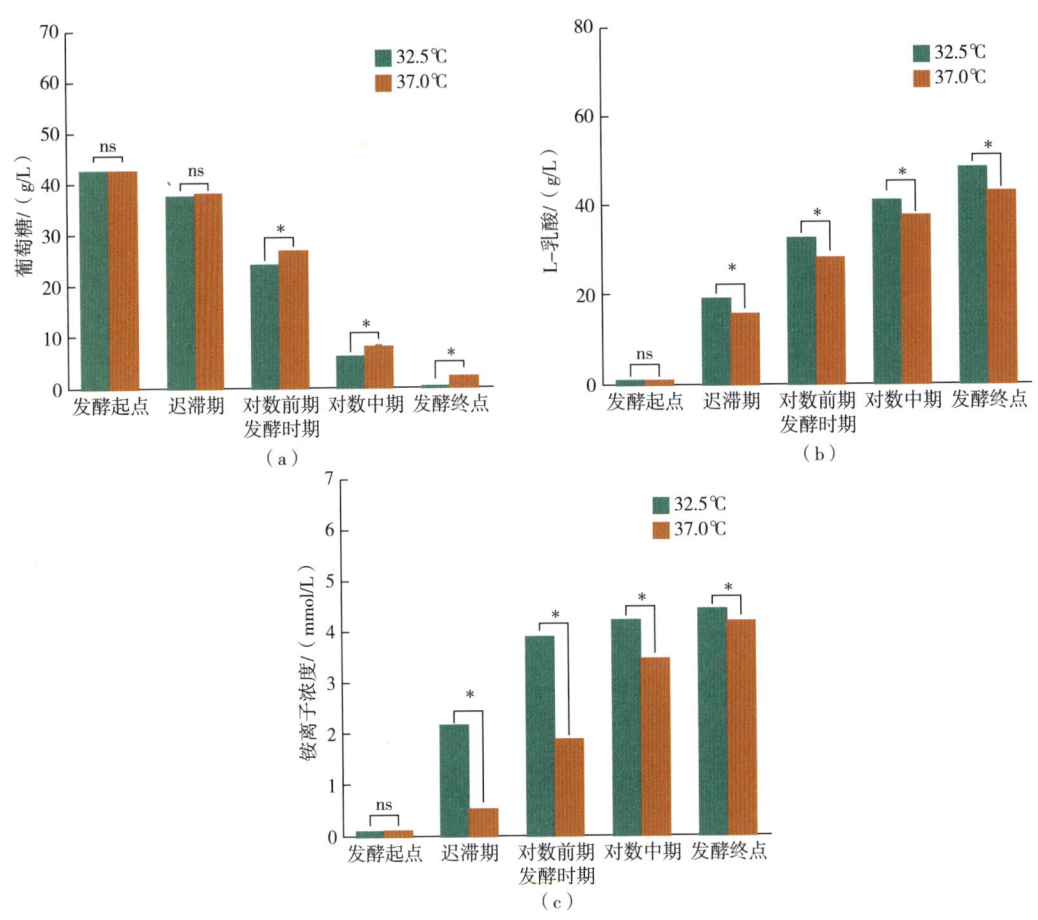

图 5-3 环境生化指标测定结果图

(a) 不同生长时期葡萄糖的含量 (b) 不同生长时期 L-乳酸的产量 (c) 不同生长时期铵离子的含量

(ns 代表显著水平 $P>0.05$ 无显著差异，* 代表显著水平 $P\leqslant 0.05$ 具有显著差异。)

有显著差异，并随着发酵进行环境中铵离子含量逐渐增加，到达发酵终点时 L325_T4 环境中的铵离子含量更高为 4.44mmol/L。

结果表明，菌株在 32.5℃ 条件下发酵与 37.0℃ 相比，消耗了更多的葡萄糖，从而代谢产生了更多的 L-乳酸，为了中和 L-乳酸使环境 pH 稳定，使得环境中的铵离子含量也逐渐增加，并且由于环境 pH 恒定，L-乳酸含量升高对菌株生长影响较小。

32.5℃ 条件下到达发酵终点时的环境中的葡萄糖含量更低，表明发酵过程中菌株利用了更多的葡萄糖进行生长代谢，通过检测 L-乳酸含量发现其在发酵过程中逐渐增加，因此环境中的 L-乳酸含量与葡萄糖含量成反比。随着发酵的进行，副干酪乳酪杆菌 PC-01 利用葡萄糖，葡萄糖的消耗量增多，从而产生更多的乳酸，使环境中的乳酸含量增加。同时在高密度发酵过程中，铵离子的含量增加，主要由于发酵过程中中和了乳酸，使环境 pH 恒定，仅有少部分是由菌株代谢所产生，因此当 L-乳酸的含量逐渐增加时，也使得铵离子含量不断增加，并且与发酵过程中环境中 L-乳酸含量的变化趋势基本相同。通过胞内 pH 的测定发现在 32.5℃发酵菌株 pHin 更稳定,37.0℃发酵 pHin 更接近 pHout 值,研究表明[58],当 pHin 越接近 pHout 时,即 pH 差值逐渐降低,pHin 逐渐降低时,菌株生命活动减弱,因此在 32.5℃条件下菌株具有良好的生长特性。

二、高密度发酵温度对副干酪乳酪杆菌 PC-01 基因表达的影响

通过表型分析发现在 32.5℃和 37.0℃发酵的副干酪乳酪杆菌 PC-01 的表型存在差异,即副干酪乳酪杆菌 PC-01 在 32.5℃条件下发酵,到达发酵终点时活菌数提升了 25.9%,菌株表现出更高的酯酶活力和膜通透性、更好的膜流动性、更稳定的胞内 pH。因此,基于群体水平进行转录组分析,探究温度对副干酪乳酪杆菌 PC-01 高密度发酵过程生长特性的影响机制。

(一)基因表达量的差异

27 个样品不同表达量的基因分布情况如图 5-4(a)和图 5-4(b)所示,副干酪乳酪杆菌 PC-01 在 32.5℃和 37.0℃发酵过程中,基因的表达量均逐渐降低。并基于表达量对样本进行 PCA 聚类分析,分析样本表达量差异。结果如图 5-4(c)所示,在不同温度下,迟滞期的样品在 PCA 图中基本重合,表明差异不显著。随着发酵的进行,在对数前期和中期开始逐渐出现差异,而到达发酵终点时,两组样品出现显著差异。结果表明,在 32.5℃和 37.0℃发酵的不同时期,表达量存在差异,并且到达发酵终点时具有显著差异。

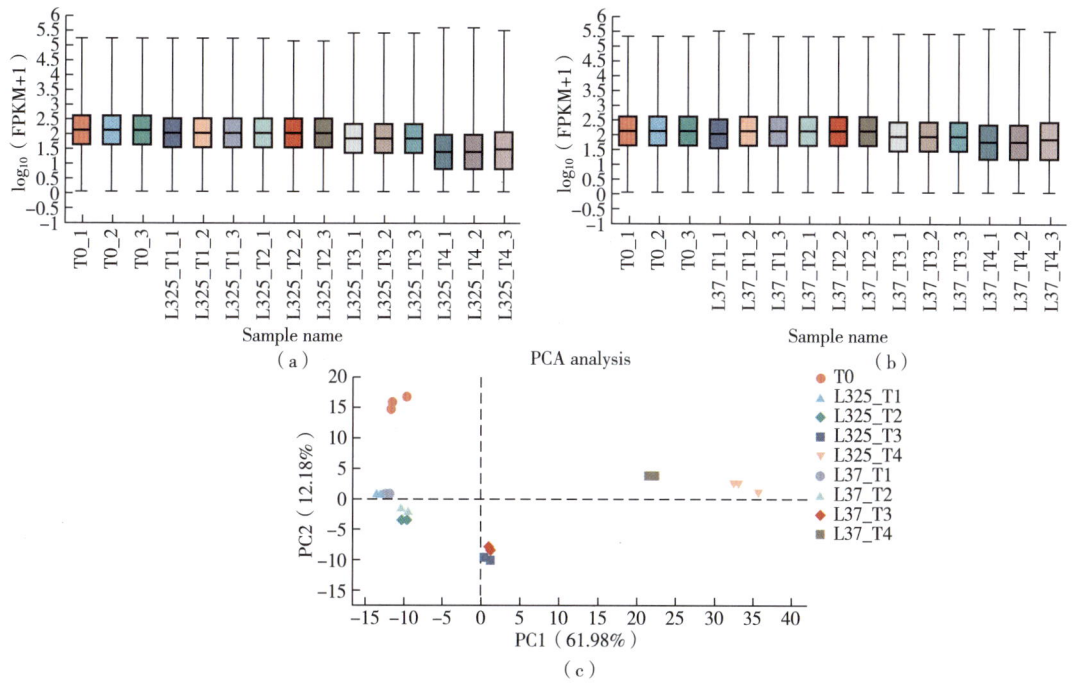

图 5-4 不同温度下样品表达量分析结果图
(a)32.5℃培养温度下不同生长时期基因表达量的分布情况 (b)37℃培养温度下不同生长时期基因表达量的分布情况 (c)不同温度和生长时期样本的 PCA 聚类分析图

基因表达量分析发现副干酪乳酪杆菌 PC-01 在不同温度下发酵时，其表达量存在差异，因此，将两个温度（32.5℃和37.0℃）下同一时期的表达量进行比较分析，以37.0℃作为对照组，32.5℃作为实验组进行表达量差异分析，并通过绘制火山图进行展示，如图5-5所示，L325_T1/L37_T1 对比组、L325_T2/L37_T2 对比组、L325_T3/L37_T3 对比组和L325_T4/L37_T4 对比组中获得显著性差异表达基因数目分别为 124、194、638 和 841 个，其中显著上调表达的基因数分别为 52、67、283 和 435 个。显著下调表达的基因数分别为 72、127、355 和 406 个。结果显示，在发酵过程中，显著上调表达基因数量呈上升趋势。

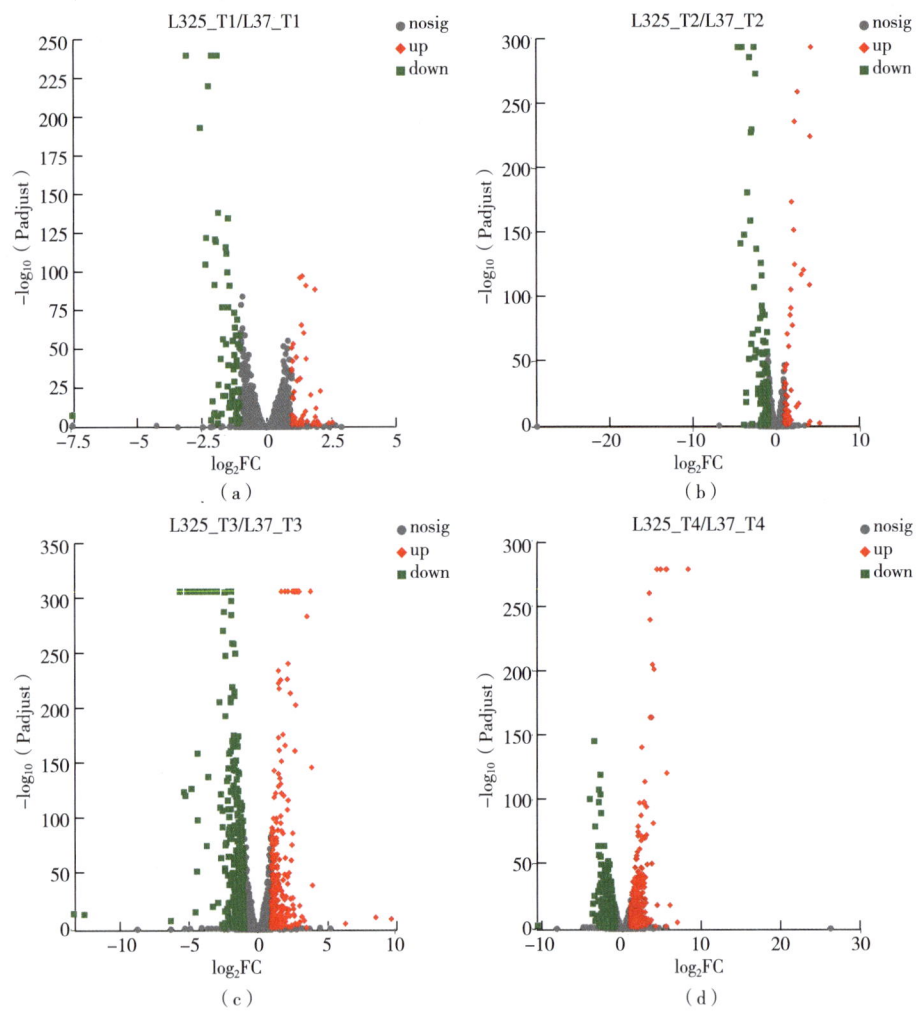

图 5-5　32.5℃与37℃培养温度下表达量差异分析火山图

（a）L325-T1/L37-T1 迟滞期表达量差异基因分析　（b）L325-T2/L37-T2 对数前期表达量差异基因分析
（c）L325-T3/L37-T3 对数中期表达量差异基因分析　（d）L325-T4/L37-T4 发酵终点表达量差异基因分析
（FC 即 fold change，表示两样品间表达量的比值。）

（二）差异基因功能注释分析

GO 是基因本体联合会所建立的数据库，目的是构建一套适合不同物种，对基因与蛋白质的功能作出界定与描述,并能随研究的进一步发展而不断完善的语言词典。在转录组分析中,利用 GO 对不同发育阶段的基因进行 GO 功能学分析,对其进行 GO 功能分类。因此,通过对显著差异表达基因进行 GO 功能注释分析,如图 5-6(a)所示,迟滞期 L325_T1/L37_T1 对比组共注释了 19 条二级功能条目,其中生物过程包含 6 条,分子功能 6 条,细胞组分 7 条。如图 5-6(b)所示,对数前期 L325_T2/L37_T2 对比组共注释了 19 条二级功能条目,其中生物过程包含 7 条,分子功能 6 条,细胞组分 6 条。如图 5-6(c)所示,对数中期 L325_T3/L37_T3 对比组共注释了 20 条二级功能条目,其中生物过程包含 7 条,分子功能 7 条,细胞组分 6 条。如图 5-6(d)所示,发酵终点 L325_T4/L37_T4 对比组共注释了 20 条二级功能条目,其中生物过程包含 7 条,分子功能 7 条,细胞组分 6 条。

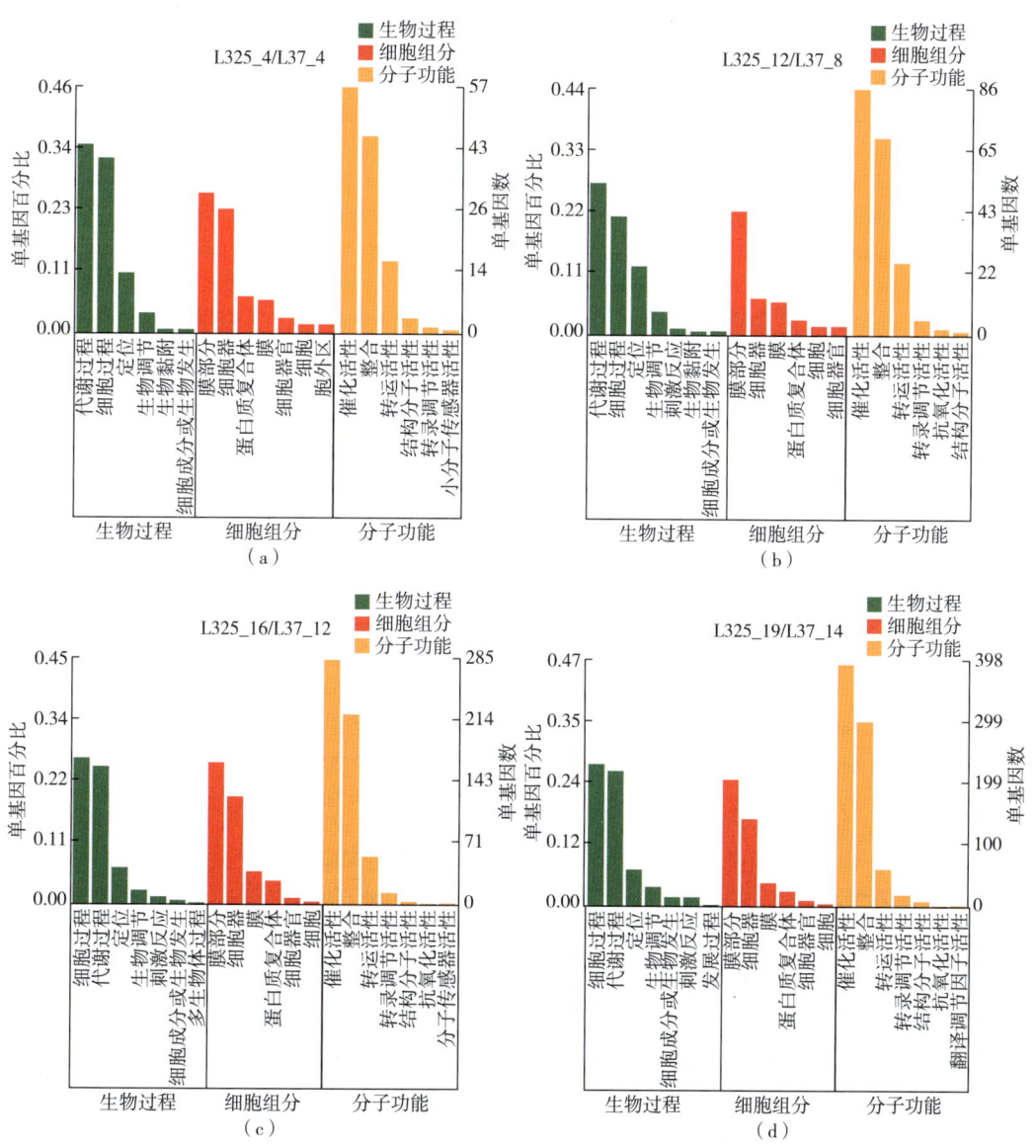

图 5-6 GO 功能注释

分析发现，所有对比组在生物过程（biological process）方面，差异基因主要集中在细胞内过程（cellular process）和代谢过程（metabolic process）中。在细胞组分（cellular component）方面，差异基因均主要集中于细胞膜组分（membrane part）和细胞组分（cell part），在分子功能（molecular function）方面，差异基因均主要集中于催化活性（catalytic activity）和结合（binding）等功能。上述 GO 功能显著性富集结果表明，不同温度进行高密度发酵，对副干酪乳酪杆菌 PC-01 细胞中核糖体合成、分子活性、蛋白质的合成、各种物质的代谢以及细胞膜相关基因的转录产生了显著影响。

将差异表达基因利用 KEGG 数据库进行分析，并绘制 KEGG pathway 富集气泡图进行展示。纵轴为通路名称，横轴表示 rich factor，即基因集中注释到该通路的基因数目与所有基因注释到该通路的基因数目的比值。rich factor 越大，表示富集的程度越大，点的大小表示基因集中在此通路中富集的基因个数的多少，而点的颜色对应于不同的 P 值范围。

将 L325_T1/L37_T1 对比组差异基因进行 KEGG 富集分析，如图 5-7 所示，在迟滞期差异上调表达基因共注释到 5 个代谢通路，其中双组分系统（two-component system）为显著富集路径，其中有 5 个基因（*cit*C、*cit*D、*cit*E、*cit*F 和 *cit*X）发生了上调表达，为编码柠檬酸裂解酶的基因，与柠檬酸发酵相关，从而参与 TCA 循环过程，对菌株在迟滞期的生长代谢产生影响。

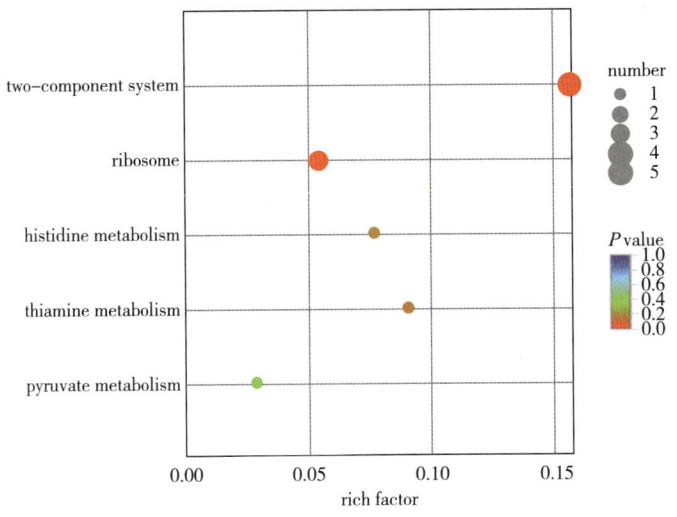

图 5-7　L325_T1/L37_T1 对比组 KEGG 富集分析图

将 L325_T2/L37_T2 对比组差异基因进行 KEGG 富集分析，如图 5-8 所示，在对数前期差异上调表达基因共注释到 14 个代谢通路，其中癌症的通路（pathways in cancer）、细胞凋亡-苍蝇（apoptosis-fly）、库欣综合征（cushing syndrome）和肾细胞癌（renal cell carcinoma）为显著富集路径，其中每个通路仅注释到 1 个基因发生了上调表达，结果表明，在对数前期不同温度下发酵的菌株在基因型上可能存在较小差异。

将 L325_T3/L37_T3 对比组差异基因进行 KEGG 富集分析，如图 5-9 所示，在对数中期差异上调表达基因共注释到 63 个代谢通路，其中脂肪酸生物合成（fatty acid biosynthesis）、

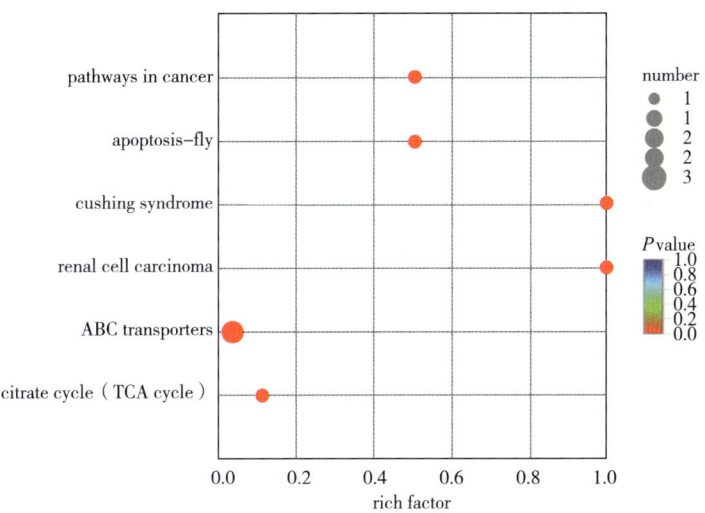

图 5-8 L325_T2/L37_T2 对比组 KEGG 富集分析图

缬氨酸、亮氨酸和异亮氨酸降解（valine, leucine and isoleucine degradation）、双组分系统（two-component system）、丙酸代谢（propanoate metabolism）和生物素代谢（biotin metabolism）为显著富集路径。在该时期，注释到各个通路的差异上调表达基因开始增多，这可能是使菌株在32.5℃和37.0℃条件下发酵到对数中期时产生差异的主要原因。

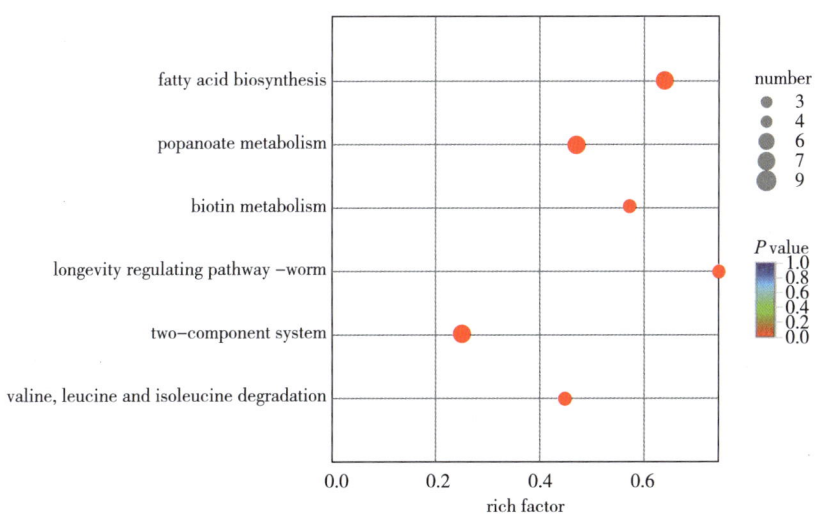

图 5-9 L325_T3/L37_T3 对比组 KEGG 富集分析图

将 L325_T4/L37_T4 对比组差异基因进行 KEGG 富集分析，如图 5-10 所示，在发酵终点差异上调表达基因共注释到 77 个代谢通路，其中氧化磷酸化（oxidative phosphorylation）、丙酮酸代谢（pyruvate metabolism）、胰岛素信号通路（insulin signaling pathway）、胰岛素抵抗（insulin resistance）、糖酵解/糖异生（glycolysis/gluconeogenesis）、丙酸代谢（propanoate metabolism）和 TCA 循环（TCA cycle）为显著富集路径。结果表明，在到达发

酵终点时，存在更多与菌株代谢相关的通路，并且注释到各个通路的差异上调表达基因进一步增加，这可能是菌株在 32.5℃ 和 37.0℃ 条件下发酵至终点时菌株 PCA 聚类分析具有显著差异的主要原因。

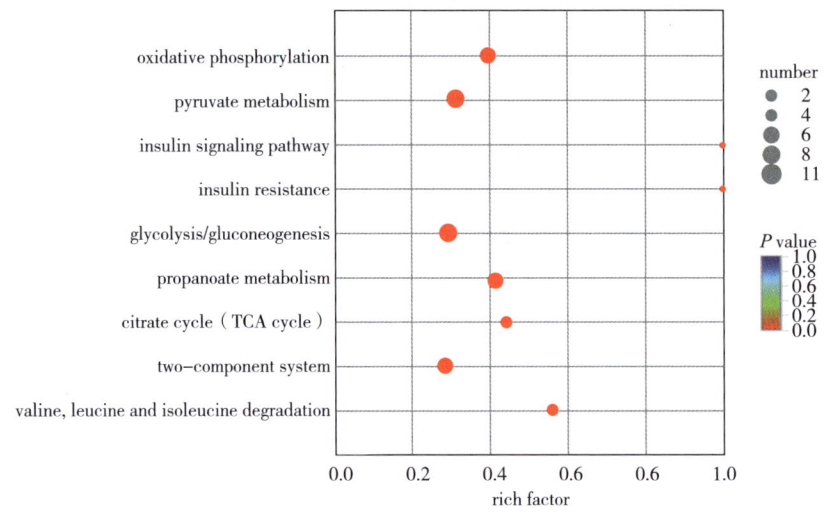

图 5-10　L325_T4/L37_T4 对比组 KEGG 富集分析图

（三）KEGG 代谢通路分析

基于 GO 注释和 KEGG 富集分析，对在 32.5℃ 和 37.0℃ 条件下发酵的不同时期的副干酪乳酪杆菌 PC-01 的 KEGG 代谢通路进行分析，发现存在一些主要的代谢通路，如图 5-11 所示，进一步对富集到碳水化合物、氧化磷酸化和氨基酸代谢通路的差异基因进行解析。

1. 碳水化合物代谢通路分析

糖酵解、磷酸戊糖途径和 TCA 循环作为细胞内重要的生理过程，是碳水化合物代谢的重要途径，也是进行生理活动获取能量的主要方式[59]。副干酪乳酪杆菌 PC-01 在发酵过程中，细胞内进行糖酵解（glycdysis）、磷酸戊糖途径（pentose phosphate pathway）和 TCA 循环（TCA cycle）的过程，首先在糖酵解途径中检测到了 9 个差异基因，分别为编码磷酸葡萄糖变位酶（*pgm*）、葡萄糖-6-磷酸异构酶（*pgi*）、6-磷酸果糖激酶（*pfk*A）、果糖-二磷酸醛缩酶（*fba*）、2,3-二磷酸甘油酸依赖性磷酸甘油酸变位酶（*pga*M）、2,3-二磷酸甘油酸非依赖性磷酸甘油酸变位酶（*gpm*B）、烯醇化酶（*eno*）、丙酮酸激酶（*pyk*）和乳酸脱氢酶（*ldh*）的基因。通过转录组分析发现有 4 个差异基因无显著差异表达，其中 6-磷酸果糖激酶和丙酮酸激酶是糖酵解的关键酶，其活性大小，直接影响着整个代谢途径的速度和方向，以 6-磷酸果糖激酶最为重要。在副干酪乳酪杆菌 PC-01 中 6-磷酸果糖激酶由 *pfk*A 基因编码，在细胞中糖分解速度加快时，使 ATP 生成量增加；当细胞内有足够的 ATP 储备时，ATP 浓度增加，AMP、ADP 浓度下降，磷酸果糖激酶被抑制，导致糖分解速度减慢，从而减少 ATP 生成量，避免能量的浪费，从而维持细胞内能量恒定。另外存在 5 个显著差异表达基因，分别是 *pgm*、*fba*、*pga*M、*gpm*B 和 *ldh*，这 5 个

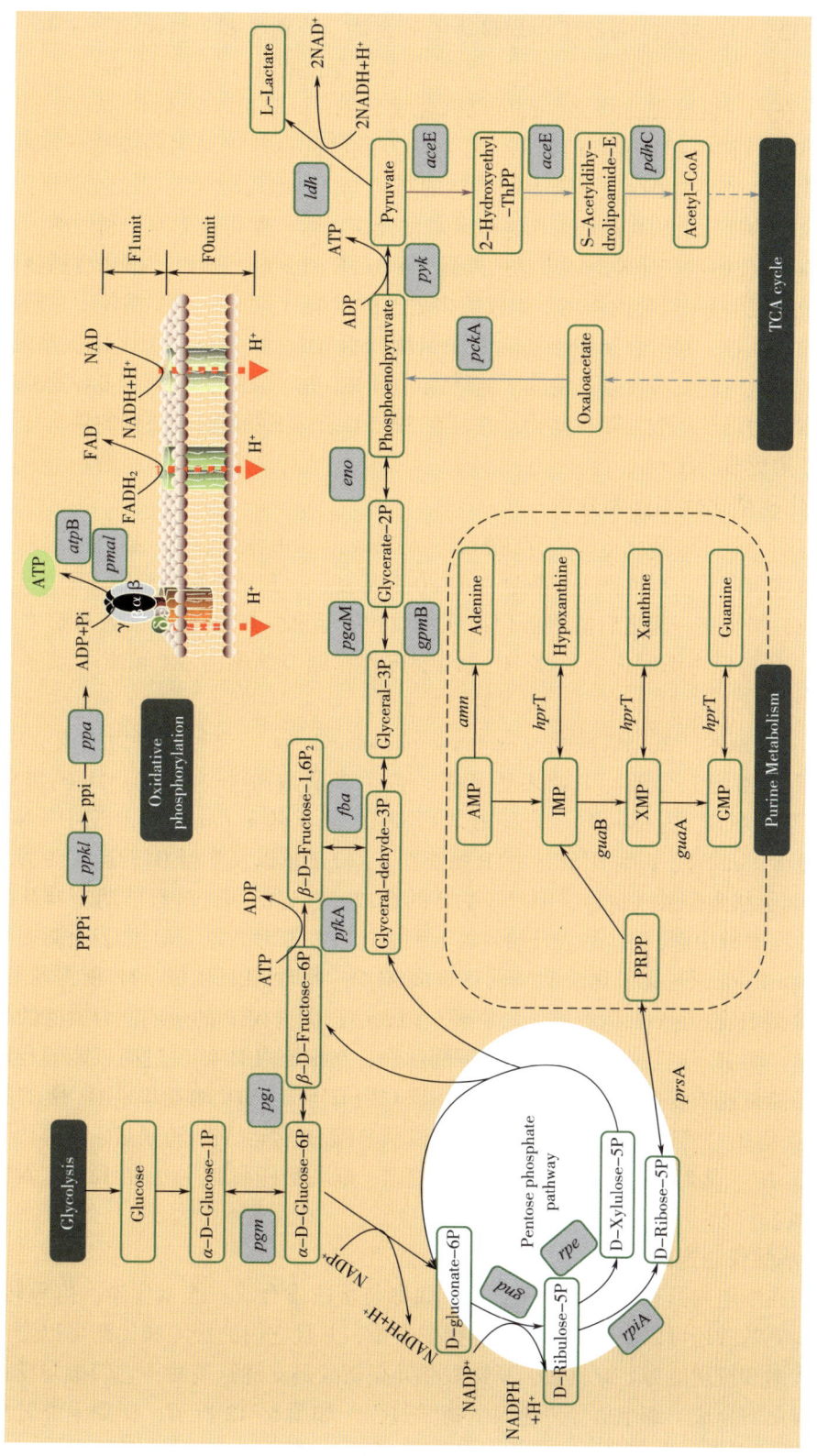

图5-11 副干酪乳酪杆菌PC-01的KEGG代谢通路图

基因在 L325_T1/L37_T1、L325_T2/L37_T2、L325_T3/L37_T3 对比组中均无显著差异表达，而在 L325_T4/L37_T4 对比组中均显著上调表达，分别显著上调表达了 3.46、4.48、2.10、3.78 和 2.34 倍，其中 pgm 编码的磷酸葡萄糖变位酶（phosphoglucomutase）是生物体中广泛存在的一组重要的酶类。它可以催化葡萄糖-1-磷酸和葡萄糖-6-磷酸相互转化[60]，在糖的代谢中起着重要的作用，并且随着发酵的进行该基因的表达量不断增加，同时在磷酸戊糖途径中也存在显著上调表达的基因 rpiA，编码核糖 5-磷酸异构酶 A 也促进糖酵解途径的进行，从而促进菌株进行碳水化合物代谢，提高葡萄糖的利用率。而丙酮酸（pyruvate）代谢也在显著上调表达的差异基因 aceE 和 pdhC 编码的丙酮酸脱氢酶 E1 组分和丙酮酸脱氢酶 E2 组分的作用下生成更多的乙酰辅酶 A，加入 TCA 循环中，间接增加了葡萄糖的消耗量。同时丙酮酸也在乳酸脱氢酶和 NADH+H^+ 的作用下生成更多的 L-乳酸，增加了环境中的乳酸含量。使副干酪乳酪杆菌 PC-01 在 32.5℃ 和 37.0℃ 发酵的碳水化合物代谢能力以及产酸量存在差异，并且在 32.5℃ 条件下发酵具有更强的碳水化合物代谢能力并产生更多乳酸。

2. 氧化磷酸化代谢通路分析

研究表明，氧化磷酸化途径中存在的 H^+-ATPase（又可称为 F1F0-ATPase）是一种位于膜上的载体蛋白，主要由嵌入细胞膜中的 F0 亚基复合体和结合在细胞膜表面的 F1 亚基复合体构成，络合在一起之后能够催化耦联的质粒转运和 ATP 的合成或者水解之间的相互转换[61]。还可以将细胞内的过多 H^+ 排出细胞外，调节细胞内 pH 和离子浓度等生理状态。

如图 5-11 所示，氧化磷酸化（oxidative phosphorylation）途径主要为生成 ATP 的过程，该途径检测到 7 个显著上调表达基因，包括多磷酸激酶（ppk1）、无机焦磷酸酶（ppa）、H^+ 转运 ATP 酶（pma1）、F 型 H^+ 转运 ATP 酶亚基 a（atpB）、F 型 H^+/Na^+ 转运 ATP 酶亚基 β（atpD）、F 型 H^+ 转运 ATP 酶亚基 c（atpE）以及 F 型 H^+ 转运 ATP 酶亚基 ε（atpC）参与无机焦磷酸（ppi），ADP，ATP 的合成。在迟滞期，对数前期差异基因并无显著变化，在对数中期，ppa 基因开始显著上调表达，在发酵终点 ppk1 显著上调表达催化 pppi 合成 ppi，ppi 通过无机焦磷酸酶催化生成 ADP，此时 ADP 生成 ATP 所需的 H^+ 转运 ATP 酶和 F 型 H^+ 转运 ATP 酶亚基 a 均显著上调表达，促进 ATP 的生成，为菌株的生长代谢提供能量，而 H^+-ATPase 具有 ATP 水解酶活性，当细胞内 H^+ 浓度过高，能够利用水解 ATP 释放的能量逆浓度梯度跨膜转运 H^+，并且 F 型 H^+ 转运 ATP 酶亚基 a、F 型 H^+/Na^+ 转运 ATP 酶亚基 β、F 型 H^+ 转运 ATP 酶亚基 c 以及 F 型 H^+ 转运 ATP 酶亚基 ε 能够协助 H^+-ATPase 转运 H^+，从而维持胞内 pH 的稳定，使副干酪乳酪杆菌 PC-01 在 32.5℃ 发酵时胞内 pH 更稳定。

3. 氨基酸代谢通路分析

氨基酸在细胞内具有重要的生理作用，如参与蛋白质合成、能量代谢、信号转导等。此外，一些氨基酸还可以作为菌株的营养物质来源，并且它们的摄入和代谢可以影响菌株的生长、代谢和抗逆能力。缬氨酸、亮氨酸和异亮氨酸是支链氨基酸，它们参与支链氨基酸代谢、蛋白质合成、细胞信号传递等生物学过程。如图 5-12 所示，在副干酪乳酪杆菌 PC-01 发酵过程中，缬氨酸（L-valine）、亮氨酸（L-leucine）和异亮氨酸（L-isoleucine）能够降解合成支链脂肪酸（branched chain fatty），而支链脂肪酸是细胞膜的主要构成成分之一，并且膜流动性在很大程度上是由支链脂肪酸的存在决定的[62]。研究表明，支链脂肪酸可以增加细胞膜的流动性[63]。从该途径中检测到 3 个差异基因，分别为 2-氧代异戊酸脱氢酶（$bkdA$）、二氢脂酰胺脱氢酶（lpd）、2-氧代异戊酸脱氢酶（$bkdB$），对缬氨酸、亮氨酸和异亮氨酸分解合成支链脂肪酸起重要作用，分析发现在 L325_T1/L37_T1（迟滞期）时，$bkdA$、lpd 基因显著下调表达，表明在迟滞期 37.0℃ 发酵支链脂肪酸合成更多，膜流动性更好，而在对数前期 L325_T2/L37_T2 对比组中，并无显著差异表达，32.5℃ 发酵的菌株中支链脂肪酸合成开始增加，在对数中期 L325_T3/L37_T3 对比组和发酵终点 L325_T4/L37_T4 对比组中 $bkdA$、lpd、$bkdB$ 基因显著上调表达，差异上调倍数增加，促进支链脂肪酸合成，增加膜流动性，结果表明在 32.5℃ 条件下发酵菌株具有更好的膜流动性。

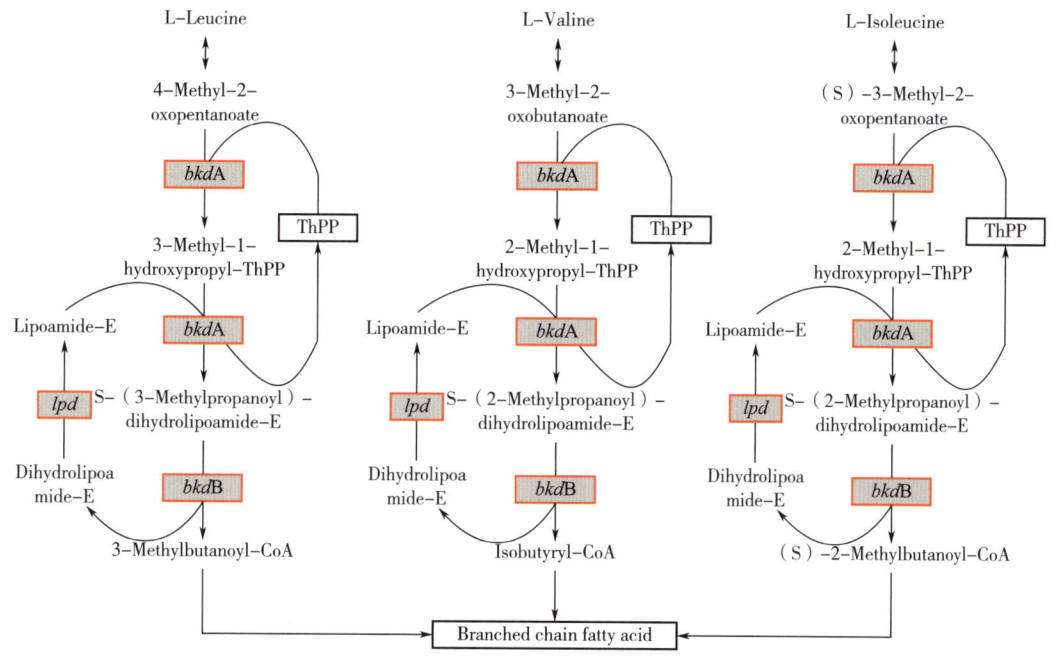

图 5-12　副干酪乳酪杆菌 PC-01 的氨基酸代谢通路图

三、高密度发酵温度对副干酪乳酪杆菌 PC-01 基因组学的影响

通过对表型和转录组的研究表明，副干酪乳酪杆菌 PC-01 在 32.5℃ 和 37℃ 条件下发酵的不同时期的表型和基因型的确存在差异，并且在培养过程中发现生长的菌落具有不同形态，因此，基于菌落水平进行基因组分析，进一步探究温度对副干酪乳酪杆菌 PC-01 高密度发酵过程生长特性的影响机制。

选取副干酪乳酪杆菌 PC-01 在 32.5℃ 和 37℃ 条件下高密度发酵动态过程中的发酵起点（T0）、迟滞期（L325_T1 和 L37_T1）、对数中期（L325_T3 和 L37_T3）和发酵终点（L325_T4 和 L37_T4）四个生长时期的发酵液，涂布于 MRS 固体培养基培养 24h 后，挑取

10~20 个单菌落，最终共挑取了 102 个菌落，接入到 MRS 液体培养基培养后进行基因组测序。

（一）基因组基本特征

通过对高密度发酵得到的副干酪乳酪杆菌 PC-01 分离株进行基因组测序，将数据进行过滤组装得到 102 株质量合格的分离株，进行基因组统计结果如表 5-2 所示。由表 5-2 可知，32.5℃包含 60 株分离株的基因组平均拼接数为（136±4）个，N50 的均值为（47623.57±3975.71）bp，平均基因组大小为（2.74±0.02）Mb，平均 GC 含量 46.52%±0.03%。37.0℃包含 62 株分离株的基因组平均拼接数为（135±5）个，N50 的均值为（48025.65±4008.35）bp，平均基因组大小为（2.74±0.03）Mb，平均 GC 含量 46.53%±0.04%。结果表明，在 32.5℃和 37.0℃条件下发酵得到的不同菌落的基因组大小、GC 含量等指标存在较小差异。

表 5-2　基因组的基本特征

菌株名称	平均拼接数/个	基因组大小/Mb	N50 长度/bp	N90 长度/bp	GC 含量/%
T0_1	137	2.76	44,176	13,067	46.50
T0_2	133	2.74	44,176	13,775	46.53
T0_3	136	2.76	44,176	13,067	46.50
T0_4	139	2.76	44,176	13,067	46.50
T0_5	137	2.76	44,176	13,067	46.50
T0_6	137	2.76	44,176	13,067	46.50
T0_7	135	2.74	52,132	13,775	46.53
T0_8	131	2.74	52,132	13,775	46.53
T0_9	139	2.76	44,176	13,067	46.50
T0_10	138	2.76	44,176	13,067	46.50
T0_11	137	2.76	44,176	13,067	46.50
T0_12	128	2.71	52,132	13,828	46.57
T0_13	129	2.69	52,132	13,775	46.60
T0_14	129	2.69	52,132	13,775	46.60
T0_15	129	2.69	52,132	13,775	46.60
T0_16	129	2.69	52,132	13,775	46.60
T0_17	138	2.76	44,176	13,067	46.50
T0_18	129	2.69	52,132	13,775	46.60
T0_19	127	2.69	52,132	13,775	46.60
T0_20	135	2.69	52,130	12,856	46.60
L325_T1_1	135	2.75	52,132	13,775	46.53
L325_T1_2	139	2.76	44,176	13,067	46.50

续表

菌株名称	平均拼接数/个	基因组大小/Mb	N50 长度/bp	N90 长度/bp	GC 含量/%
L325_T1_3	134	2.76	44,176	13,775	46.50
L325_T1_4	139	2.76	44,176	13,067	46.50
L325_T1_5	138	2.76	44,176	13,067	46.50
L325_T1_6	139	2.76	44,176	13,067	46.50
L325_T1_7	130	2.71	52,132	13,828	46.57
L325_T1_8	139	2.76	44,176	13,067	46.50
L325_T1_9	133	2.74	52,132	13,775	46.53
L325_T1_10	138	2.76	44,176	13,067	46.50
L325_T3_1	138	2.76	44,176	13,067	46.50
L325_T3_2	133	2.74	52,132	13,775	46.53
L325_T3_3	142	2.76	44,176	12,866	46.50
L325_T3_4	138	2.76	44,176	13,067	46.50
L325_T3_5	139	2.76	44,176	13,067	46.50
L325_T3_6	139	2.76	44,176	13,067	46.50
L325_T3_7	134	2.74	52,132	13,775	46.53
L325_T3_8	138	2.76	44,176	13,067	46.50
L325_T3_9	134	2.74	52,132	13,775	46.53
L325_T3_10	137	2.74	52,132	13,067	46.53
L325_T3_11	138	2.76	44,176	13,067	46.50
L325_T3_12	138	2.76	44,176	13,067	46.50
L325_T3_13	133	2.74	52,132	13,775	46.53
L325_T3_14	137	2.74	52,132	13,067	46.53
L325_T3_15	134	2.74	52,132	13,775	46.53
L325_T4_1	138	2.76	44,176	13,067	46.50
L325_T4_2	133	2.74	52,132	13,775	46.53
L325_T4_3	133	2.74	52,132	13,775	46.53
L325_T4_4	137	2.74	52,132	13,067	46.53
L325_T4_5	138	2.76	44,176	13,067	46.50
L325_T4_6	145	2.76	44,176	12,856	46.50
L325_T4_7	139	2.76	44,176	13,067	46.50
L325_T4_8	132	2.74	52,132	13,775	46.53
L325_T4_9	140	2.76	44,176	12,866	46.50
L325_T4_10	134	2.74	52,132	13,775	46.53
L325_T4_11	139	2.76	44,176	13,067	46.50

续表

菌株名称	平均拼接数/个	基因组大小/Mb	N50 长度/bp	N90 长度/bp	GC 含量/%
L325_T4_12	134	2.74	52,132	13,775	46.53
L325_T4_13	139	2.76	44,176	13,067	46.50
L325_T4_14	137	2.76	44,176	13,067	46.50
L325_T4_15	140	2.76	44,176	13,067	46.50
L37_T1_1	143	2.76	44,176	12,856	46.50
L37_T1_4	138	2.74	52,132	13,067	46.53
L37_T1_5	133	2.75	52,132	13,775	46.53
L37_T1_6	133	2.74	52,132	13,775	46.53
L37_T1_7	138	2.76	44,176	13,067	46.50
L37_T1_8	138	2.76	44,176	13,067	46.50
L37_T1_9	134	2.75	52,132	13,828	46.51
L37_T1_11	133	2.74	52,132	13,775	46.53
L37_T1_12	134	2.75	52,132	13,775	46.51
L37_T1_13	137	2.76	44,176	13,067	46.50
L37_T1_15	136	2.74	52,132	13,067	46.53
L37_T1_16	130	2.71	52,132	13,828	46.57
L37_T1_17	128	2.71	52,132	13,828	46.57
L37_T1_19	129	2.69	52,132	13,775	46.60
L37_T1_20	128	2.71	52,132	13,828	46.57
L37_T3_1	142	2.76	44,176	12,866	46.50
L37_T3_2	133	2.74	52,132	13,775	46.53
L37_T3_3	140	2.76	44,176	12,866	46.50
L37_T3_4	142	2.76	44,176	12,866	46.50
L37_T3_5	143	2.76	44,176	12,866	46.50
L37_T3_7	141	2.76	44,176	12,856	46.50
L37_T3_8	135	2.74	52,132	13,067	46.53
L37_T3_9	136	2.74	52,132	13,067	46.53
L37_T3_10	140	2.76	44,176	12,866	46.50
L37_T3_11	133	2.74	52,132	13,775	46.53
L37_T3_12	140	2.76	44,176	12,866	46.50
L37_T3_13	136	2.76	44,176	13,067	46.50
L37_T3_15	140	2.76	44,176	13,067	46.50
L37_T3_16	129	2.69	52,132	13,775	46.60
L37_T3_17	140	2.76	44,176	12,866	46.51

续表

菌株名称	平均拼接数/个	基因组大小/Mb	N50 长度/bp	N90 长度/bp	GC 含量/%
L37_T4_3	139	2.76	44,176	13,067	46.50
L37_T4_4	139	2.76	44,176	13,067	46.50
L37_T4_5	133	2.74	52,132	13,775	46.53
L37_T4_7	141	2.76	44,176	12,866	46.50
L37_T4_12	141	2.76	44,176	12,866	46.50
L37_T4_13	138	2.76	44,176	13,067	46.50
L37_T4_14	142	2.76	44,176	12,866	46.50
L37_T4_15	141	2.76	44,176	12,866	46.50
L37_T4_16	129	2.69	52,132	13,775	46.60
L37_T4_17	129	2.69	52,132	13,775	46.60
L37_T4_18	140	2.76	44,176	12,866	46.50
L37_T4_19	128	2.71	52,132	13,828	46.57

（二）平均核苷酸一致性（ANI）分析

平均核苷酸一致性（ANI）是用来鉴定微生物基因组种内关系的黄金方法[64]，可以用于在基因组水平评估物种内的亲缘关系。ANI 可以通过对任何两个菌株的序列进行比较计算，当 ANI 值>95%时，可视为同一物种[65]。如图 5-13 所示，原始菌株副干酪乳酪杆菌 PC-01 和 102 株副干酪乳酪杆菌 PC-01 分离株间两两比对的 ANI 值均大于 99.84%。结果表明，副干酪乳酪杆菌 PC-01 的分离株具有遗传稳定性。

（三）单核苷酸多态性（SNP）分析

以标准菌株副干酪乳酪杆菌 PC-01 为参考，通过 SNP 分析发现，在 32.5℃条件下发酵获得的分离株中共存在 709 个突变位点，其中包含 367 个非同义突变和 225 个同义突变，其余突变位于基因间区。在 37.0℃条件下发酵获得的分离株中共存在 667 个突变位点，其中包含 358 个非同义突变和 188 个同义突变，其余突变位于基因间区。以下基于非同义突变进行分析。

（四）COG 功能注释

将检测到的非同义突变位点所对应基因的氨基酸序列通过 COG 数据库进行功能注释，可以对其进行分析及归类，并预测不同分离株中相关蛋白质的主要功能[66]。由注释结果（图 5-14）可知，在 32.5℃条件下进行高密度发酵的副干酪乳酪杆菌 PC-01 分离株共注释到 16 个功能大类，注释到 93 个功能相关的基因，其中注释到的与碳水化合物转运和代谢［G］相关的基因有 16 个，与翻译、核糖体结构和生物合成［J］相关的基因有 9 个，与细胞壁/膜/包膜生物合成［M］、防御机制［V］以及复制、重组和修复［L］相关的基因有 8 个，

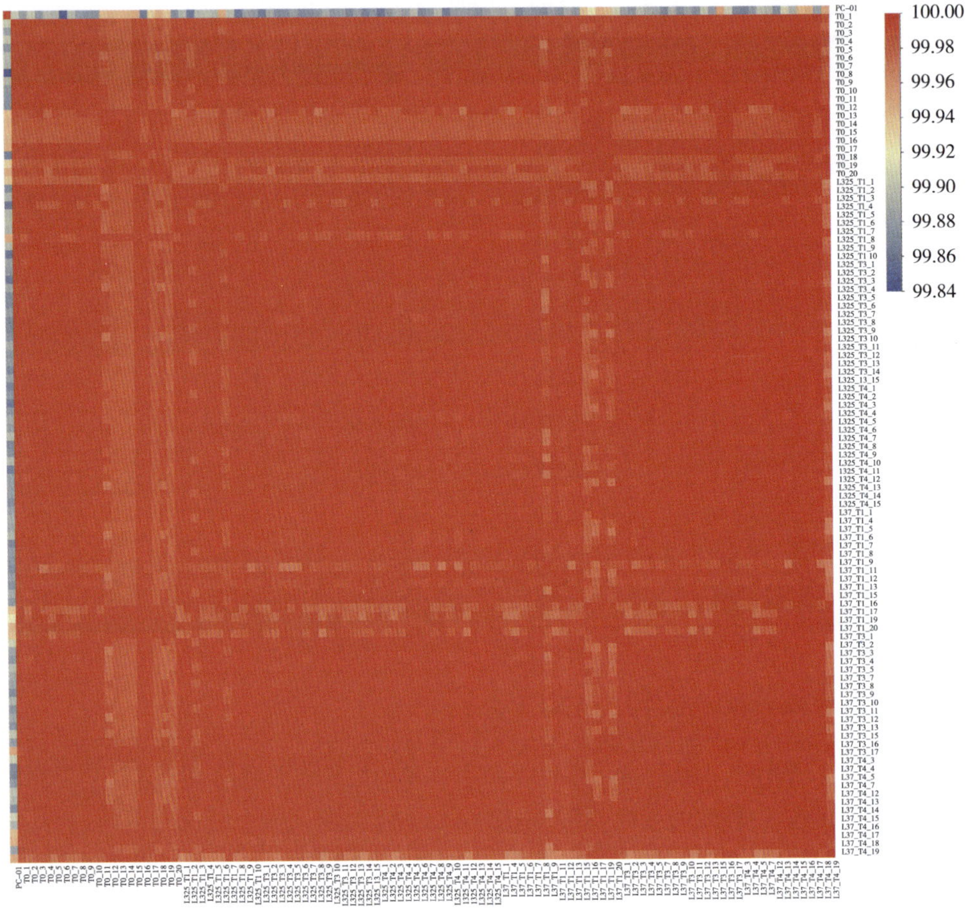

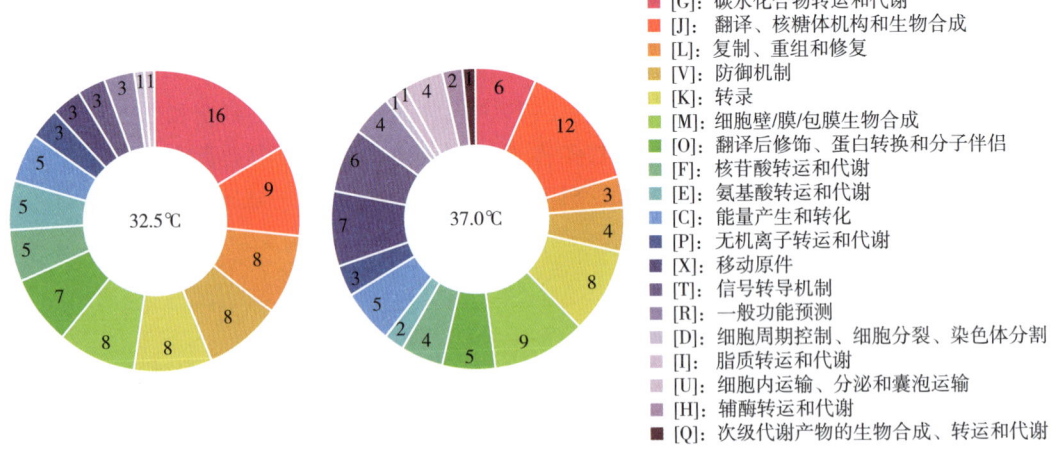

图 5-13 平均核苷酸一致性

图 5-14 COG 注释结果

其余功能相关的基因均低于 8 个。在温度为 37.0℃进行高密度发酵的副干酪乳酪杆菌 PC-01 分离株共注释到 19 个功能大类，共注释到 87 个功能相关的基因，其中注释到的与翻译、核糖体结构和生物合成 [J] 相关的基因为 12 个，与细胞壁/膜/包膜生物合成 [M] 以及转录 [K] 相关的基因分别为 9 个和 8 个，其余功能相关的基因均低于 8 个。结果表明，注释到的与碳水化合物转运和代谢相关的基因在 32.5℃中最多，并且与 37.0℃差异显著，有利于副干酪乳酪杆菌 PC-01 在 32.5℃条件下进行生长代谢。

（五）高频突变分析

基于非同义突变中的高频突变进行分析，即在同一个突变位点上大于 50%的分离株发生了突变，并且这些突变在发酵过程中稳定遗传。结果显示，在 32.5℃和 37.0℃条件下发酵获得的副干酪乳酪杆菌 PC-01 分离株中均存在 7 个高频突变位点（表 5-3）。进一步对高频突变位点所对应的基因进行注释，得到 3 个 SNP 位点包括 SNP1、SNP2 和 SNP3，发生在同一个基因 ppa 上，基因编号为 PC01_01406，该基因是编码无机焦磷酸酶（inorganic pyrophosphatase）的基因。2 个 SNP 位点包括 SNP5 和 SNP6，发生在同一个基因 HflX 上，基因编号为 PC01_01897，该基因是编码核糖体相关 GTP 酶（GTPase HflX）的基因。1 个 SNP 位点 SNP7 发生在基因 pgdA 上，基因编号为 PC01_01898，该基因是编码肽聚糖脱乙酰酶的基因。另外 1 个 SNP4 对应的基因为编码假定蛋白的基因。

表 5-3 单核苷酸变异信息表

单核苷酸变异位点	参考序列中位置	变异碱基	变异类型	基因编号	调控的蛋白产物
SNP1	1426758	A-G	错义突变	PC01_01406	无机焦磷酸酶
SNP2	1426729	C-T	错义突变	PC01_01406	无机焦磷酸酶
SNP3	1426714	T-G	错义突变	PC01_01406	无机焦磷酸酶
SNP4	1855594	T-C	错义突变	PC01_01867	假定蛋白
SNP5	1890364	T-C	错义突变	PC01_01897	GTP 酶 HflX
SNP6	1890356	C-T	错义突变	PC01_01897	GTP 酶 HflX
SNP7	1891349	T-C	错义突变	PC01_01898	肽聚糖脱乙酰酶

通过计算 32.5℃和 37.0℃条件下不同发酵阶段高频突变菌株数占总菌株的比例，分析菌株在不同发酵阶段的突变情况。

如图 5-15 所示，在 32.5℃和 37.0℃发酵条件下，SNP1、SNP2 和 SNP3 所对应的基因 ppa 在 32.5℃条件下突变比例均呈先增加后降低的趋势，而在 37.0℃条件下突变比例先降低后增加。ppa 在 32.5℃发酵的迟滞期、对数中期和发酵终点中突变比例均大于 37.0℃。SNP5 和 SNP6 所对应的基因 HflX 在迟滞期 L325_T1 的突变比例大于 L37_T1，到对数中期 L325_T3 的突变比例小于 L37_T3，到发酵终点时 L325_T4 的突变比例大于 L37_T4。SNP7 所对应的基因 pgdA 在发酵起点和迟滞期 L325_T1 的突变比例与 L37_T1 相同，到对数中期 L325_T3 的突变比例大于 L37_T3，在发酵终点 L325_T4 的突变比例小于 L37_T4。结果表明，ppa 和 HflX 基因发生突变主要存在于 32.5℃发酵得到的菌落中，而 pgdA 基因发生突变主要存在于 37.0℃发酵得到的菌落中。

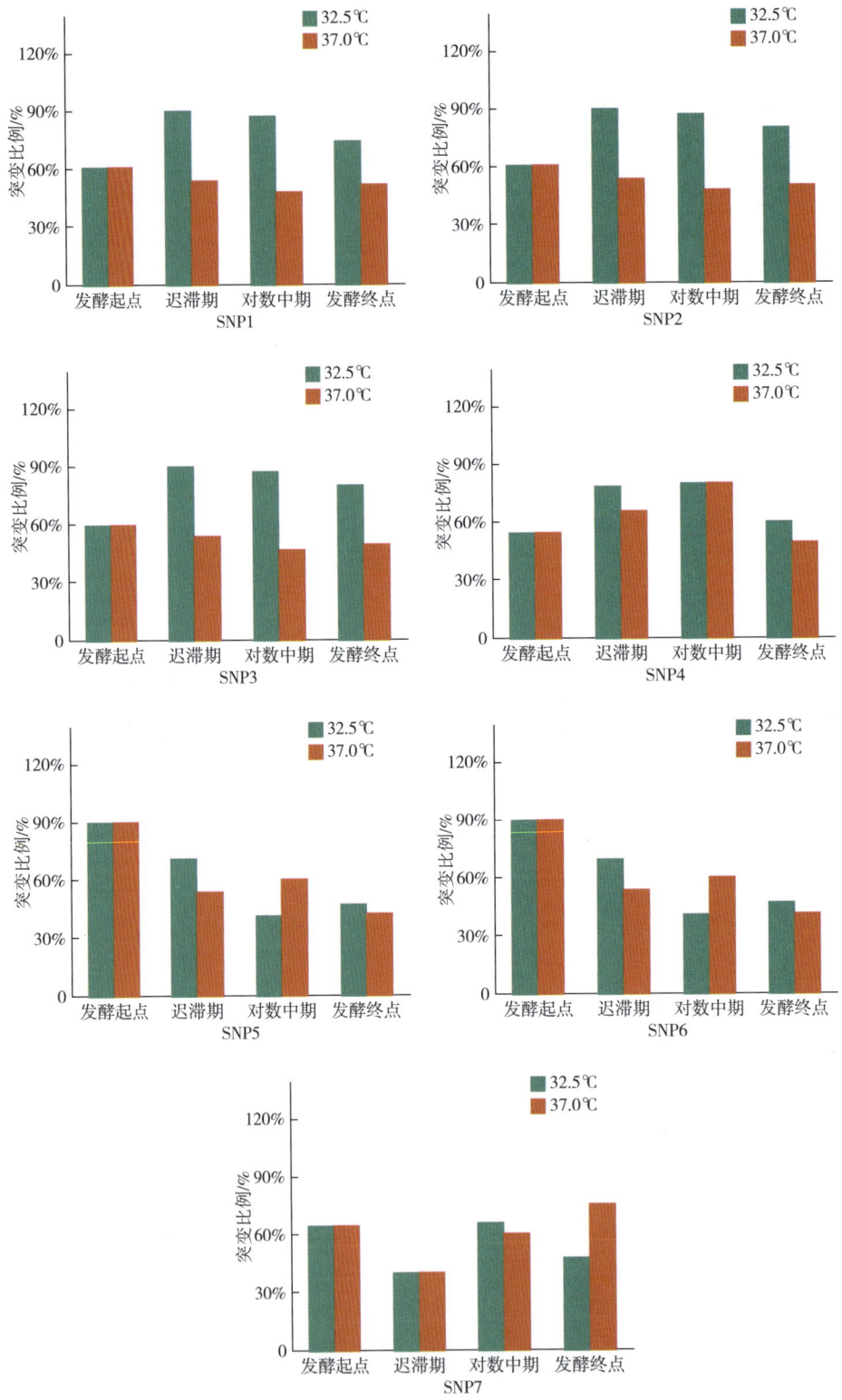

图 5-15 32.5℃和37.0℃培养温度下不同发酵阶段高频突变比例分析

基于非同义突变中的高频突变进行分析，32.5℃和37.0℃发酵获得的副干酪乳酪杆菌 PC-01 分离株中均存在 7 个高频突变位点，突变位点所对应的基因主要编码三种酶，分别为无机焦磷酸酶（ppa）、核糖体相关 GTP 酶（HflX）以及肽聚糖脱乙酰酶（pgdA）。其中无机焦磷酸酶是一种自然界普遍存在的酶，主要以无机焦磷酸为底物的水解酶，可分解很多细胞内生化代谢如糖类合成、DNA 和 RNA 聚合反应、辅酶的合成、硫酸盐的活化、氨基酸和脂肪酸活化等反应过程中所形成的无机焦磷酸，生成无机磷酸盐和 ADP，这个过程是一个高放能的过程，从而促进代谢的进行，对生物体的生长具有重要的作用[67]。并且 ppa 基因的突变比例在 32.5℃发酵过程中均高于 37.0℃。HflX 基因编码的核糖体相关 GTP 酶是一种核糖体相关的 GTP 酶，是参与核糖体生物发生和核糖体功能的保守酶，它在压力条件下参与核糖体生物发生和循环，是一种控制细胞翻译活性的核糖体结合蛋白[68]，参与分裂在压力条件下积累的核糖体复合物。HflX 基因的突变比例在迟滞期 32.5℃中该基因的突变比例较高，在对数中期 37.0℃中该基因的突变比例较高，但在发酵终点时，32.5℃中该基因的突变比例高于 37.0℃，因此可能是 32.5℃中的副干酪乳酪杆菌 PC-01 分离株为了适应发酵环境，发生了更多的突变，以保证菌株生长代谢的正常进行。pgdA 基因编码的肽聚糖脱乙酰酶是一种重要的肽聚糖修饰酶，能够参与细胞壁的合成过程，通过去除肽聚糖分子上的乙酰基，促进肽聚糖的聚合和交联，来增强细胞壁的稳定性和耐受性[69]。同时还能够参与细胞分裂的过程，通过调节细胞壁的合成和维护，促进细胞分裂的进行。肽聚糖脱乙酰酶能够降低细菌对青霉素类抗生素的敏感性，从而增强细菌的耐药性[70]。pgdA 基因的突变比例在 37.0℃中较高，这可能是因为在 37.0℃条件下胞内 pH 较低，导致胞内环境酸化，为了使副干酪乳酪杆菌 PC-01 分离株生长维持稳定，而发生了较多与肽聚糖脱乙酰酶相关的基因突变。

综上所述，本研究无论是从群体水平进行表型和转录组分析，还是从菌落水平进行基因组分析，均证实不同温度会使副干酪乳酪杆菌 PC-01 在发酵过程中的生长特性存在差异。同时也为温度对副干酪乳酪杆菌 PC-01 高密度发酵过程中生长特性的影响研究提供了数据支持和理论依据。

第三节 发酵温度对副干酪乳酪杆菌冻干前后菌体活性的影响机制

冷冻干燥是制备高效发酵剂的一种常用技术手段，但是在冻干过程中乳酸菌会受到冷冻和干燥环境胁迫，进而影响其正常生理代谢。本研究以副干酪乳酪杆菌 PC-01 为研究对象，设置不同培养温度：32.5℃、37℃来进行高密度发酵并冷冻干燥，利用 Tandem Mass Tags（TMT）技术对取自关键时间点与菌体冻干后的样品进行 TMT 蛋白质定量测定，对鉴定出的差异蛋白进行 KEGG 功能注释与富集分析，同时对冷冻干燥前后的样品进行关键酶活、细胞膜脂肪酸、细胞膜流动性、细胞膜疏水性、细胞膜完整性的测定，对冷冻干燥后的菌体进行电镜扫描观察其形态，一方面探究不同高密度发酵温度对副干酪乳酪杆菌 PC-01 冻干活性的作用，另一方面从蛋白质的角度解析冷冻干燥对副干酪乳酪杆菌 PC-01 的影响机制。

一、副干酪乳酪杆菌 PC-01 冻干前后生理生化特性

将体积分数为5%的副干酪乳酪杆菌 PC-01 接种于 MRS 液体培养基中,设定培养温度为 32.5℃和 37℃,在发酵罐中进行高密度培养,培养至终点后降温离心,获得的菌泥与冷冻保护剂以 1∶2 比例混合后,取一部分样品作为冻干前的样液氮急冷置于-80℃待用;设置真空冷冻干燥机预冻温度及时间为-40℃、25h,将剩余的混合样品置于真空冷冻干燥机中冷冻干燥 35h,得到副干酪乳酪杆菌 PC-01 冻干菌粉。采用关键酶活检测试剂盒和流式细胞术对冷冻干燥前后的样品进行关键酶活、细胞膜脂肪酸、细胞膜流动性、细胞膜疏水性、细胞膜完整性的测定,对冷冻干燥后的菌体进行电镜扫描观察其形态。

(一)副干酪乳酪杆菌 PC-01 冻干前后活菌数及细胞形态观察

由图 5-16 可知,32.5℃实验组的活菌数无论是冷冻干燥之前还是冷冻干燥之后均高于 37℃实验组,从细胞形态、关键酶活、细胞膜系统、菌体内部蛋白分子的角度综合分析,有助于揭示不同发酵温度对副干酪乳酪杆菌 PC-01 冻干前后活性的影响机制。

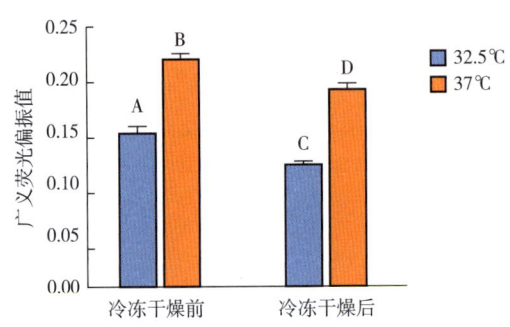

图 5-16 32.5℃与 37℃实验组冻干前后活菌数
[* 表示显著性 ($P<0.05$)]

使用扫描电镜观察 32.5℃与 37℃实验组冻干后菌体细胞皱缩程度,如图 5-17 所示,32.5℃实验组菌体细胞形态完整,未见破损及皱缩现象,在保护剂的包裹下紧密排列;37℃实验组真空冷冻干燥后部分菌体细胞皱缩程度严重,可能由于细胞内外渗透压失衡,导致细胞失水过多产生皱缩,同时部分菌体细胞明显出现断裂与破损粘连等现象。当细胞内的水分大量渗透到细胞外时,就会导致细胞产生皱缩现象,引起细胞膜渗透性大幅增加,从而使细胞失去内外物质交换的屏障,导致生理代谢受阻,造成细胞的严重损伤。通过对两实验组冷冻干燥后菌体细胞形态进行对比分析,结果表明,32.5℃实验组在冷冻干燥过程中菌体细胞在抗冷冻损伤方面强于 37℃实验组,这可能是 32.5℃实验组菌体活性显著高于 37℃实验组的原因之一。

(二)副干酪乳酪杆菌 PC-01 冻干前后关键酶活活性测定

1. 副干酪乳酪杆菌 PC-01 冻干前后 Na^+-K^+-ATP 酶活性的测定

ATP 酶对于菌体维持正常生命活动起着相当重要的作用,其中 Na^+-K^+-ATP 酶是镶嵌

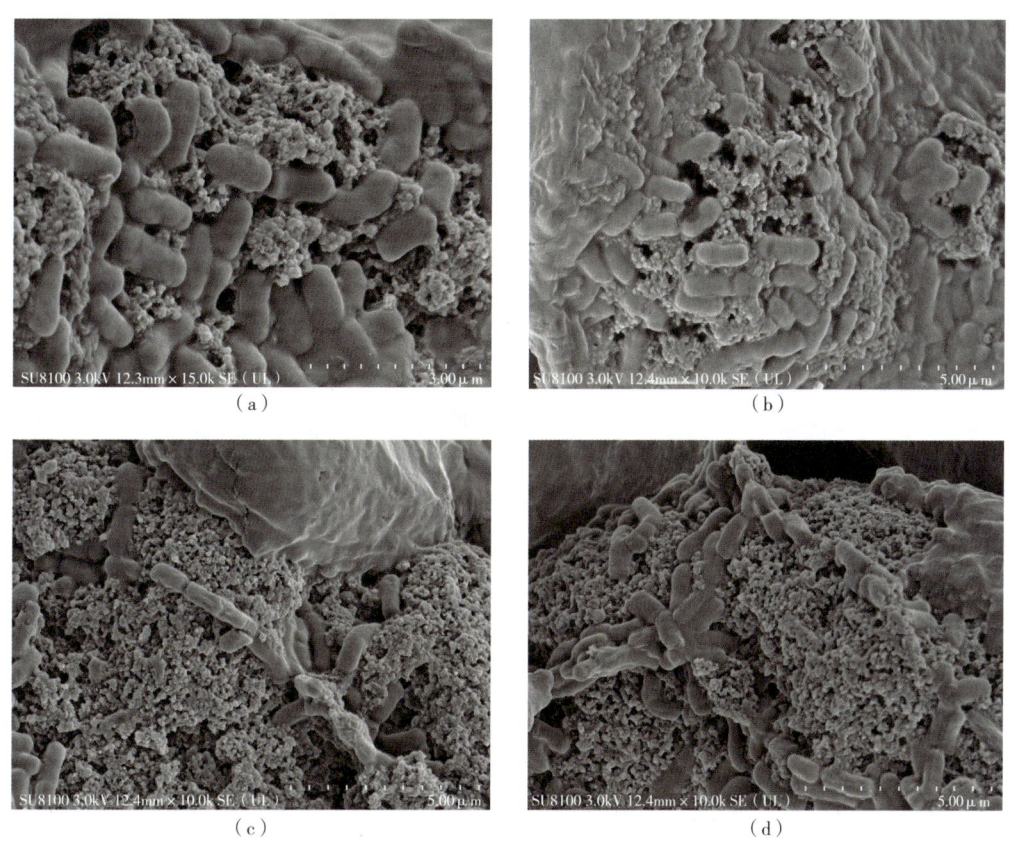

图 5-17 副干酪乳酪杆菌 PC-01 冻干后扫描电镜图

[图 (a)、(b) 表示 32.5℃实验组；图 (c)、(d) 表示 37℃实验组。]

在细胞质膜磷脂双分子层中的一种载体蛋白质，可以维持细胞膜两侧的电位平衡、能够调节细胞渗透压、通过催化 ATP 水解为细胞吸收营养物质提供能量[91]。通过测定两组实验组冻干前后的胞内酶活，比较 Na^+-K^+-ATP 酶的活性；通过测定两组实验组冻干后菌体胞外酶的活性，以反映菌体细胞膜冻干受损程度，并以此来评价细胞膜完整性。详见表 5-4。

表 5-4 Na^+-K^+-ATP 酶活一览表

发酵温度	冻干前		冻干后	
	胞内酶活/U	胞外酶活/U	胞内酶活/U	胞外酶活/U
32.5℃	10.57±0.03[a]	0	5.93±0.06[c]	0.65±0.04[e]
37℃	7.15±0.05[b]	0	2.32±0.06[d]	0.86±0.03[f]

注：角标有相同字母表示数据间差异不显著（$P>0.05$），字母都不同表示数据间差异显著（$P<0.05$）。

从表 5-4 可以看出，冻干前后 32.5℃实验组菌体胞内 Na^+-K^+-ATP 酶活均高于 37℃实验组，且经过冷冻干燥后，32.5℃实验组和 37℃实验组的酶活均有所下降，下降数值分别为 4.64U 和 4.83U，这表示两实验组在冷冻干燥过程中 Na^+-K^+-ATP 酶活均受到了不同程度的损伤。通过对两实验组冻干前后菌体细胞外酶活进行检测，发现冻干前的胞外酶活均为 0，表明菌体细胞膜状态良好，无破损现象。对冷冻干燥后的两实验组样品进行检测，均检测到了胞外酶活性，且 37℃ 实验组胞外酶活显著高于 32.5℃ 实验组，表明两实验组在冷冻干燥期间细胞膜均受到了损伤，分析原因可能是在冷冻干燥过程中菌体细胞内产生冰晶造成机械损伤，破坏了细胞膜的完整性。对 32.5℃ 与 37℃ 实验组冻干前后菌体胞内外酶活数据分析可得出结论，在发酵温度不同的条件下，发酵温度为 32.5℃ 时副干酪乳酪杆菌 PC-01 的 Na^+-K^+-ATP 酶显著高于发酵温度为 37℃ 时的酶活，高 Na^+-K^+-ATP 酶活会更好地维持细胞内外渗透压的稳定性，减少冻干对菌体细胞的损伤，加强其抗冷冻性，从而提高副干酪乳酪杆菌 PC-01 菌体活性，所以推测高 Na^+-K^+-ATP 酶活是 32.5℃ 试验组冻干前后活菌数均显著高于 37℃ 实验组的原因之一。

2. 副干酪乳酪杆菌 PC-01 冻干前后乳酸脱氢酶（LDH）活性测定

乳酸菌中的乳酸脱氢酶是影响乳酸菌产酸能力的一个重要因素，也是乳酸菌利用碳源将丙酮酸转变成乳酸的关键酶，是衡量其发酵性能的一个重要指标。当发酵温度为 32.5℃ 时，无论是在冻干前还是冻干后副干酪乳酪杆菌 PC-01 的 LDH 活性均高于 37℃ 实验组，且具有显著差异（$P<0.05$），冷冻干燥前副干酪乳酪杆菌 PC-01 在 32.5℃ 条件下 LDH 活性为 9.19U，37℃ 条件下 LDH 活性为 6.95U；冷冻干燥之后 32.5℃ 条件下的 LDH 活性是 5.79U，37℃ 条件下的 LDH 活性为 2.34U。这一结果说明通过改变副干酪乳酪杆菌 PC-01 高密度发酵过程中的温度条件，可有效控制冷冻干燥过程中对菌体细胞内部 LDH 活性的损伤，在发酵温度为 32.5℃ 这一实验条件下副干酪乳酪杆菌 PC-01 的 LDH 活性受到的冻干损伤显著低于发酵温度为 37℃ 实验组。高 LDH 活性会增强菌体产酸能力，提高菌体发酵性能并促进代谢，为提高菌体活性提供充分条件，并且这一实验结果也与前文副干酪乳酪杆菌 PC-01 冻干前后活菌数结果一致。

（三）副干酪乳酪杆菌 PC-01 冻干前后细胞膜系统测定

1. 副干酪乳酪杆菌 PC-01 冻干前后细胞膜流动性

细胞膜流动性是影响菌体抵抗外界胁迫的能力的众多因素之一，王学良[92] 的实验利用 DPH 荧光探针测定菌体细胞膜流动性，发现细胞膜流动性与菌体活性具有一定的正相关性，可通过提高菌体细胞膜流动性来增强菌体抗不良环境的抗性。本实验采用稳态荧光偏振法，以广义偏振参数（GP）值来评估菌体细胞的细胞膜流动性，随着细胞膜流动性增加，GP 值会降低。分别对两实验组的副干酪乳酪杆菌 PC-01 冻干前后细胞膜流动性进行测定。结果如图 5-18 所示。

由图 5-18 可知，32.5℃ 实验组冻干前和冻干后的广义参数 GP 值分别为 0.153±0.005、0.118±0.001；37℃ 实验组冻干前和冻干后的广义参数 GP 值分别为 0.222±0.003、0.192±0.002，广义参数 GP 值越小，细胞膜流动性越好。由此可知，在冷冻干燥之后两实验组的菌体细胞膜流动性都有所增强，且冷冻干燥前后 32.5℃ 实验组副干酪乳酪杆菌 PC-01 的菌体细胞膜流动性均强于 37℃ 实验组。菌体细胞具备高细胞膜流动性会增强菌体细胞膜韧性，使其能够更好地抵抗冷冻干燥损伤从而保证菌体高活性，这也是 32.5℃ 实验组在冻干前后菌体活性高于 37℃ 实验组的原因之一。

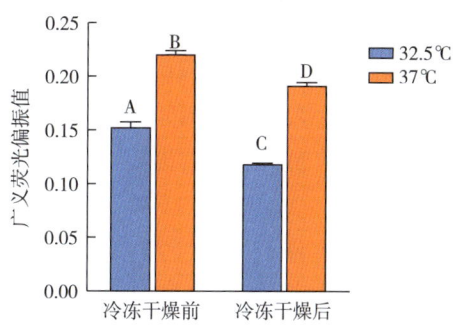

图 5-18 副干酪乳酪杆菌 PC-01 冻干前后细胞膜流动性

[GP 值表示广义偏振参数，相同字母表示数据间差异不显著（$P>0.05$），字母都不同表示数据间差异显著（$P<0.05$）。]

2. 副干酪乳酪杆菌 PC-01 冻干前后细胞膜脂肪酸变化

两种不同发酵温度对副干酪乳酪杆菌 PC-01 冻干前后细胞膜脂肪酸组成的影响如表 5-5 所示。

表 5-5 不同发酵温度下副干酪乳酪杆菌 PC-01 细胞膜脂肪酸组分的变化

脂肪酸种类	脂肪酸相对含量%			
	32.5℃		37℃	
	冻干前	冻干后	冻干前	冻干后
C14：0	20.66 ± 0.06^a	8.86 ± 0.02^b	20.4 ± 0.03^c	14.16 ± 0.03^d
C16：0	19.72 ± 0.01^a	11.95 ± 0.01^b	21.4 ± 0.04^c	13.4 ± 0.02^d
C16：1	3.82 ± 0.02^a	18.13 ± 0.01^b	1.06 ± 0.03^c	16.85 ± 0.01^d
C17：0	16.12 ± 0.03^a	5.88 ± 0.03^b	19.72 ± 0.02^c	7.73 ± 0.02^d
C18：0	11.25 ± 0.25^a	12.69 ± 0.06^b	11.26 ± 0.03^a	8.37 ± 0.01^c
C18：1n9c	12.83 ± 0.01^a	9.55 ± 0.03^b	12.47 ± 0.02^c	5.47 ± 0.02^d
C18：2n6c	3.12 ± 0.03^a	18.35 ± 0.02^b	1.46 ± 0.02^c	17.06 ± 0.02^d
C20：2	11.44 ± 0.03^a	14.59 ± 0.04^b	11.14 ± 0.1^c	15.47 ± 0.03^d
UFA	31.21^a	60.62^b	26.13^a	54.85^c
SFA	67.75^a	39.38^b	72.78^c	43.66^d
UFA/SFA	0.46^a	1.54^b	0.36^c	1.26^d

注：角标有相同字母表示数据间差异不显著（$P>0.05$），字母都不同表示数据间差异显著（$P<0.05$）

由表 5-5 可知，副干酪乳酪杆菌 PC-01 细胞膜脂肪酸成分主要由 C14：0（肉豆蔻酸）、C16：0（棕榈酸）、C16：1（棕榈油酸）、C17：0（十七烷酸）、C18：0（硬脂酸）、C18：1n9c（油酸甲酯）、C18：2n6c（亚油酸甲酯）、C20：2（顺-二十碳 11,14-二烯酸甲酯）这八种脂肪酸组成。在 32.5℃实验组中，经过冷冻干燥后的副干酪乳酪杆菌 PC-01 的不饱和脂肪酸与饱和脂肪酸的比例（UFA/SFA）提高了 1.08，这可能是因为在冷冻干燥环境中菌体会通过调整细胞膜脂肪酸的成分来适应外部环境的变化，具体表现形式为不饱和脂肪酸 UFA 显著上升了 29.41%（$P<0.05$），饱和脂肪酸显著下降了 28.37%（$P<0.05$）；在 37℃ 实验组中，经冷冻干燥后菌体的不饱和脂肪酸与饱和脂肪酸比例（UFA/SFA）提高了 0.9，其中不饱和脂肪酸显著提高了 28.72%（$P<0.05$），饱和脂肪酸显著下降了 29.12%（$P<0.05$）。

由表可知，两实验组经过冷冻干燥后的副干酪乳酪杆菌 PC-01 细胞膜脂肪酸中的 C16：1、C18：2n6c、C20：2 等不饱和脂肪酸含量均显著上升，而 C14：0、C16：0、C17：0 等饱和脂肪酸含量均显著下降。已有研究表明细胞膜脂肪酸的构成比例对菌体的冻干存活率有重要影响，随着不饱和脂肪酸比例的增加，菌体冻干后细胞存活率越高，并且棕榈油酸的存在会显著增强菌体的抗逆性[70-72]；Hua 等[73] 的研究发现当菌株在冷冻干燥后棕榈酸（C16：0）的含量显著下降，不饱和脂肪酸的含量显著上升，极大地提升了菌体的冻干存活率，这与本实验的结果一致。由于不饱和脂肪酸熔点较低，有利于保持菌体细胞的细胞膜流动性，减少冷冻干燥对细胞膜的损伤，故细胞膜不饱和脂肪酸与饱和脂肪酸的比例是决定副干酪乳酪杆菌 PC-01 耐受不良环境的重要因素，UFA/SFA 的比值越大，副干酪乳酪杆菌 PC-01 的抗逆性越好。表 5-5 中数据结果显示，32.5℃ 实验组的 UFA/SFA 比值无论是在冻干前还是冻干后均显著高于 37℃ 实验组，这说明 32.5℃ 实验组的副干酪乳酪杆菌 PC-01 的细胞膜流动性无论冻干前后均强于 37℃ 实验组，能够有效抵御不良环境的影响，与上述中提到的两个实验组对细胞膜流动性研究结果一致。

3. 副干酪乳酪杆菌 PC-01 冻干前后细胞膜疏水性

副干酪乳酪杆菌 PC-01 是一株有益于人体健康的乳酸菌，其往往是定植于人体肠道后才能发挥益生功效的。对肠道黏附能力越强的乳酸菌，越有利于恢复或维持肠道内环境平衡，提高机体免疫能力。已有相关研究表明细胞膜疏水性与菌体细胞的特异性黏附能力呈正相关[74]，32.5℃ 与 37℃ 实验组冻干前后副干酪乳酪杆菌 PC-01 细胞膜疏水性（CSH）结果如表 5-6 所示。

表 5-6　副干酪乳酪杆菌 PC-01 冻干前后细胞膜疏水性一览表

实验条件	冻干前		冻干后	
	32.5℃	37℃	32.5℃	37℃
细胞膜疏水性	47.75±0.03[a]	46.92%±0.03[b]	2.4±0.008[c]	1.74±0.005[d]

注：角标有相同字母表示数据间差异不显著（$P>0.05$），字母都不同表示数据间差异显著（$P<0.05$）。

由表 5-6 中可知，32.5℃ 实验组的副干酪乳酪杆菌 PC-01 无论是冻干前还是冻干后，其细胞膜疏水性均显著高于 37℃ 实验组，这表明在发酵温度为 32.5℃ 的条件下高密度培养产出的副干酪乳酪杆菌 PC-01 菌体黏附性强于 37℃ 实验组，并且细胞黏附性可作为评价菌体活性的一个指标，本次实验结果与上文研究结果一致。已有研究发现乳杆菌的黏附作用与菌体内部蛋白有关，故推测 32.5℃ 实验组的菌体黏附性增强可能是由于菌体内部蛋白发挥作用。

二、副干酪乳酪杆菌 PC-01 冻干前后蛋白组学分析

(一) 副干酪乳酪杆菌 PC-01 冻干前后蛋白组学测定结果统计

本次实验中副干酪乳酪杆菌 PC-01 鉴定到的蛋白质信息统计如下，匹配到的谱图数量为 255,196，鉴定到的肽段数量为 29,255，鉴定到的蛋白质数量为 2056，鉴定到的蛋白质组的数量为 2021。鉴定到的副干酪乳酪杆菌 PC-01 蛋白质覆盖度统计表明覆盖度在 40~60 的范围内蛋白所占比例最大，为 27.51%；其次是覆盖度范围为 60~80 和 20~40，它们所占的蛋白比例分别为 22.22% 与 20.63%。由此可以看出此实验鉴定到的蛋白数量多，覆盖范围广，便于后续数据分析。

(二) 样本 PCA 分析

PCA 分析（principal component analysis）通过对数据进行简化有效地找出数据中最主要的元素和结构，去除噪声和冗余，将原有的复杂数据降维，有助于揭示隐藏在复杂数据背后的简单结构。对本实验中两实验组副干酪乳酪杆菌 PC-01 冻干前后的样本数据进行 PCA 分析，结果如图 5-19 所示。

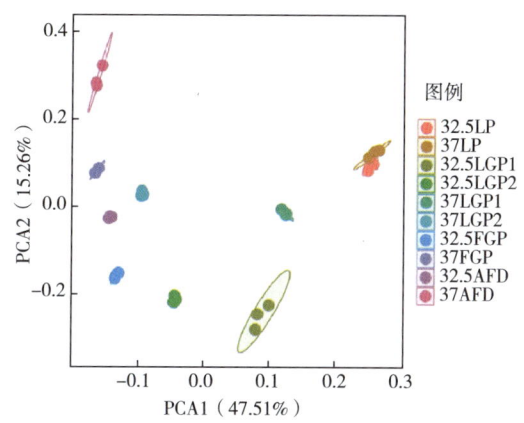

图 5-19 副干酪乳酪杆菌 PC-01 两实验组样本 PCA 分析

(32.5LP 表示 32.5℃ 条件下副干酪乳酪杆菌 PC-01 发酵迟滞期；32.5LGP1 表示 32.5℃ 条件下副干酪乳酪杆菌 PC-01 发酵对数前期；32.5LGP2 表示 32.5℃ 条件下副干酪乳酪杆菌 PC-01 发酵对数中期；32.5FGP 表示 32.5℃ 条件下副干酪乳酪杆菌 PC-01 发酵终点；32.5AFD 表示 32.5℃ 条件下副干酪乳酪杆菌冻干后；37LP 表示 37℃ 条件下副干酪乳酪杆菌 PC-01 发酵迟滞期；37LGP1 表示 37℃ 条件下副干酪乳酪杆菌 PC-01 发酵对数前期；37LGP2 表示 37℃ 条件下副干酪乳酪杆菌 PC-01 发酵对数中期；37FGP 表示 37℃ 条件下副干酪乳酪杆菌 PC-01 发酵终点；37AFD 表示 37℃ 条件下副干酪乳酪杆菌 PC-01 冻干后。)

由图 5-19 可发现处于冻干前发酵迟滞期的 32.5℃ 与 37℃ 实验组距离最近，说明此时两实验组中的蛋白表达差异相对较小，样本间具有很高的相似性；而之后的发酵对数前后期、发酵终点包括冻干后两个实验组的数据在 PCA 分析下均具有不同程度的分离，说明

从发酵对数期开始两实验组中的蛋白表达差异较大,样本间相似性较低。

(三)副干酪乳酪杆菌 PC-01 冻干前后全蛋白功能注释

本次实验鉴定到的蛋白数目为 2021 个,将蛋白组数据与五大数据库(GO、KEGG、COG、Pfam、Subcell-Location)进行比对,获得副干酪乳酪杆菌 PC-01 的蛋白在各数据库的注释信息,并对其在各个数据库的占比进行统计。约有 32.36%(654/2021)的蛋白被同时注释到了五大数据库,注释到 GO 数据库的蛋白数目为 1585 个,占比 78.43%;注释到 KEGG 数据库的蛋白数目为 667 个,占比约为 33%;注释到 COG 数据库的蛋白数目为 1697 个,占比约为 83.97%;注释到 Pfam 数据库的蛋白数目为 1646 个,占比约为 81.44%;注释到 Subcell-Location 数据库的蛋白数目为 1851 个,占比约为 91.59%。

将鉴定到的全部蛋白质匹配在 KEGG 通路上后,鉴定到的所有蛋白质主要匹配到了六大类中,其中匹配蛋白质数量最多的前三类为:代谢、遗传信息处理、环境信息处理这三条通路。其中碳水化合物代谢为代谢这一大类匹配到的蛋白质最多的通路;转录为遗传信息处理通路中匹配蛋白最多的通路;膜运输为环境信息处理通路中匹配蛋白最多的通路,由此可以看出在两种不同发酵温度条件下高密度培养的副干酪乳酪杆菌 PC-01 冷冻干燥前后内部蛋白分子在碳水化合物代谢、遗传物质转录、膜运输等方面起着较大的作用。

(四)副干酪乳酪杆菌 PC-01 冻干前后差异表达显著性蛋白

设置差异表达蛋白的筛选条件为 Fold Change(FC)>1.5 为上调蛋白;Fold Change(FC)<0.83 为下调蛋白,同时 P-value 值<0.05 时定义为显著差异表达蛋白。两实验组差异表达显著蛋白统计情况见图 5-20。

在图 5-20 中每一个点代表一个蛋白质;横坐标表示蛋白在两个样本中的倍数变化值,0 点左边表示蛋白表达下调,右边表示蛋白表达上调;纵坐标表示蛋白表达量变化差异统计学检验值(P 值),纵坐标越大,显著性越强。在发酵迟滞期两实验组鉴定出具有显著差异性表达的蛋白仅有 12 个,其中显著上调蛋白有 3 个,显著下调蛋白有 9 个;处于发酵对数前期时显著差异性蛋白有 47 个,其中显著上调蛋白有 36 个,显著下调蛋白有 11 个;在发酵对数中期时具有 68 个显著差异性蛋白,其中显著上调蛋白有 44 个,显著下调蛋白有 24 个;两实验组处于发酵终点时具有显著差异性蛋白 148 个,其中显著上调蛋白有 80 个,显著下调蛋白有 68 个;冷冻干燥后两实验组鉴定出显著差异性蛋白 91 个,其中显著上调蛋白有 33 个,显著下调蛋白有 58 个。该结果表明两实验组在处于高密度发酵迟滞期时的显著差异蛋白最少,从发酵对数期前期开始显著差异蛋白数量逐渐增加直至发酵终点,并且在经过冷冻干燥后两实验组副干酪乳酪杆菌 PC-01 的差异蛋白数量也相对较多,这一结果表明,不同的发酵温度使副干酪乳酪杆菌 PC-01 在冷冻干燥前后内部蛋白分子发生了变化,从而影响了菌种的活性。

将 32.5℃ 与 37℃ 实验组高密度发酵期间各时期与冻干后的所有差异蛋白进行 KEGG 功能注释统计,在功能水平上分析差异蛋白所参与的 Pathway 通路或行使的功能分类。功能注释结果如图 5-21 所示。

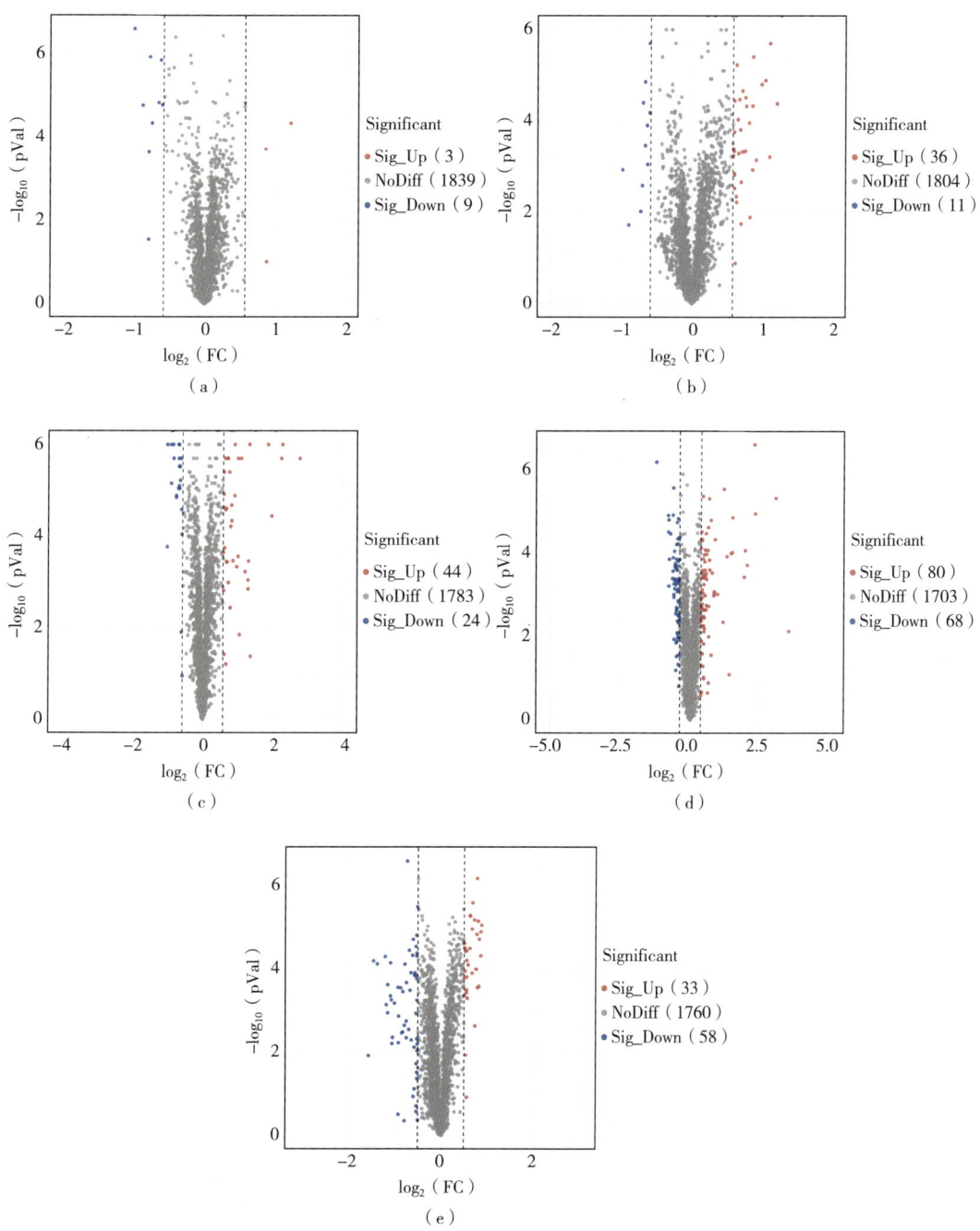

图 5-20　32.5℃和 37.0℃培养温度下不同生长时期差异蛋白火山图

（a）副干酪乳酪杆菌 PC-01 在不同温度下迟滞期差异蛋白火山图　（b）副干酪乳酪杆菌 PC-01 在不同温度下对数前期差异蛋白火山图　（c）副干酪乳酪杆菌 PC-01 在不同温度下对数中期差异蛋白火山图　（d）副干酪乳酪杆菌 PC-01 在不同温度下发酵终点差异蛋白火山图　（e）副干酪乳酪杆菌 PC-01 在不同温度下冻干前后差异蛋白火山图

图 5-21（a）反映的是 32.5℃ 与 37.0℃ 实验组发酵期间处于迟滞期时副干酪乳酪杆菌 PC-01 菌体内部蛋白质的差异表达情况，如上图所示这一时期的蛋白主要注释到了膜运输这一环境处理进程中。通过对两组间差异蛋白进行分析发现，差异倍数偏大的蛋白主要为 ATP 结合转运蛋白与转录调节因子 NTDR，ATP 结合蛋白作用是为细胞内物质进行膜转运提供 ATP 释放的能量，转录调节因子的作用与增强或抑制基因表达相关；由两实验组处于发酵对数前期与后期时差异蛋白 KEGG 功能注释情况，可以看出此时的蛋白主要被注释到了碳水化合物代谢进程与膜运输环境处理进程，通过分析处于对数期的两实验组差异蛋

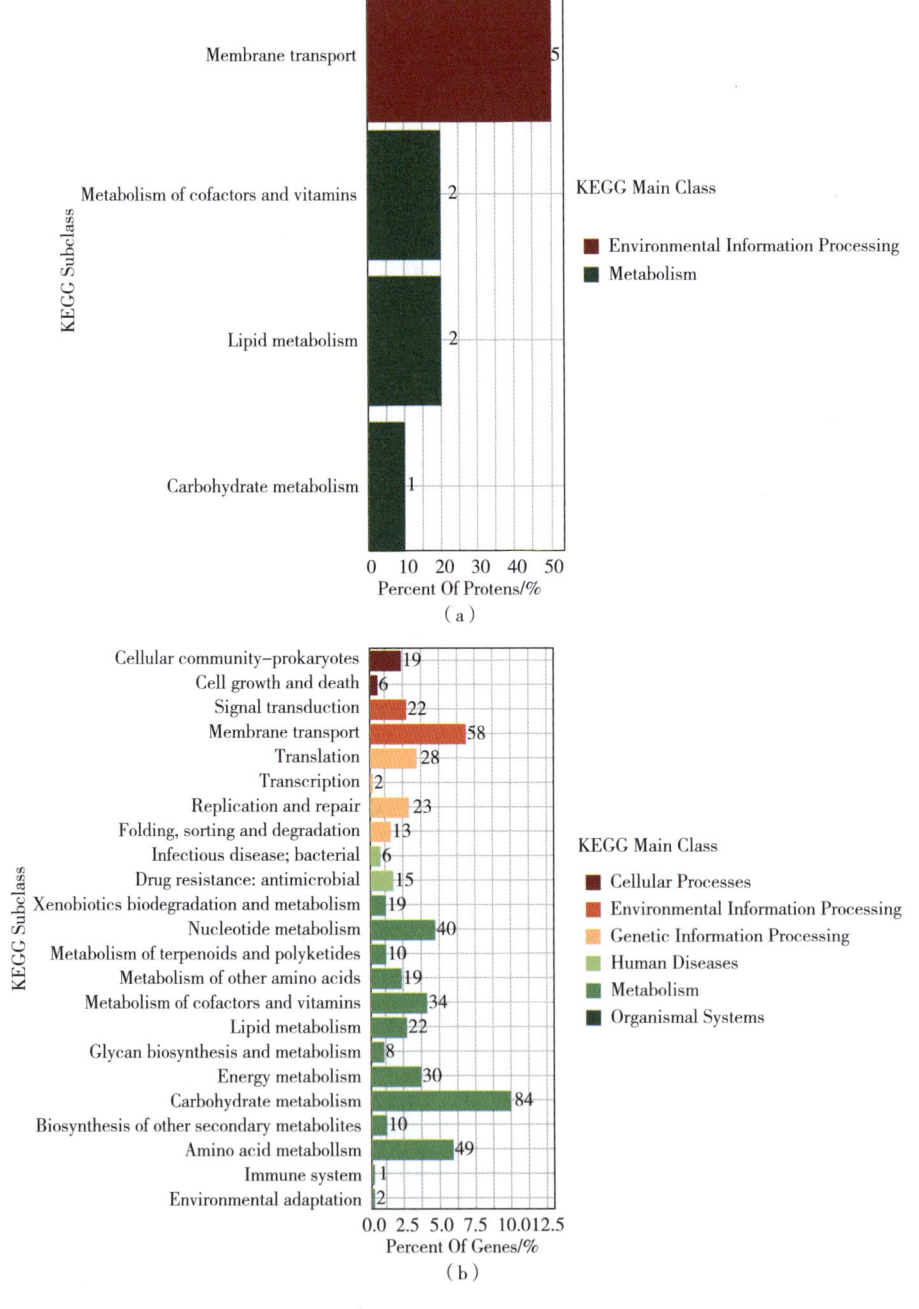

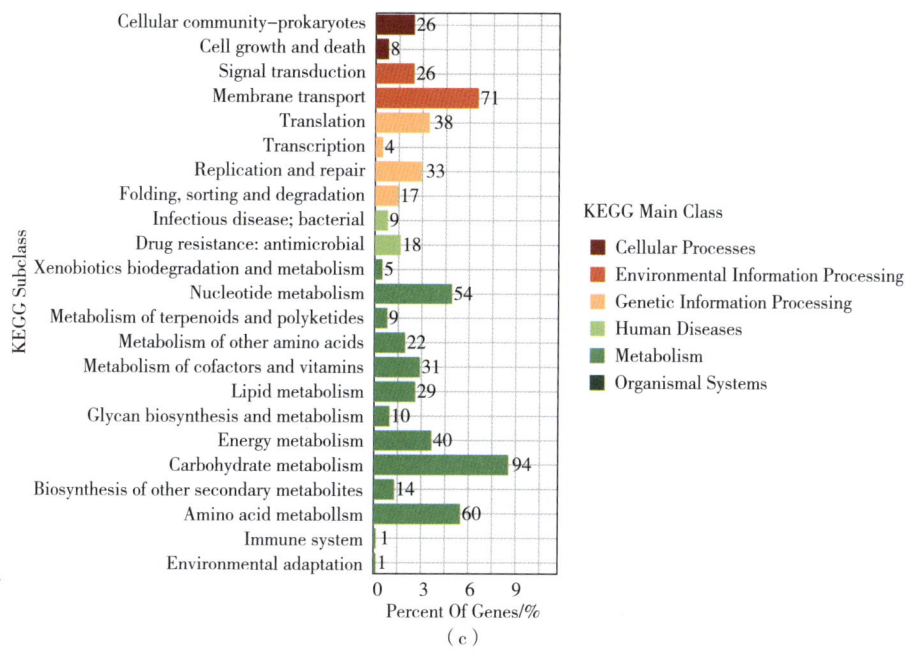

(c)

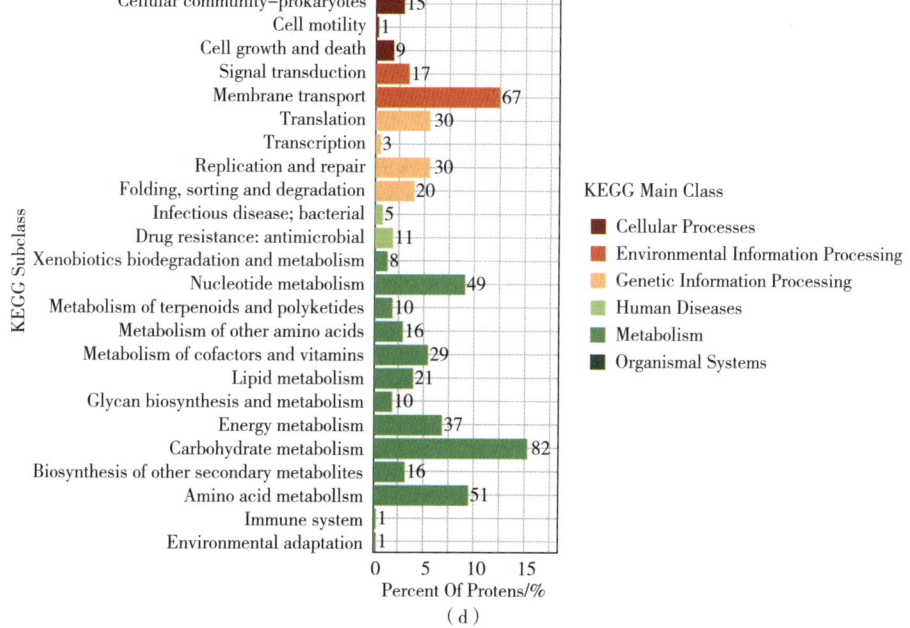

(d)

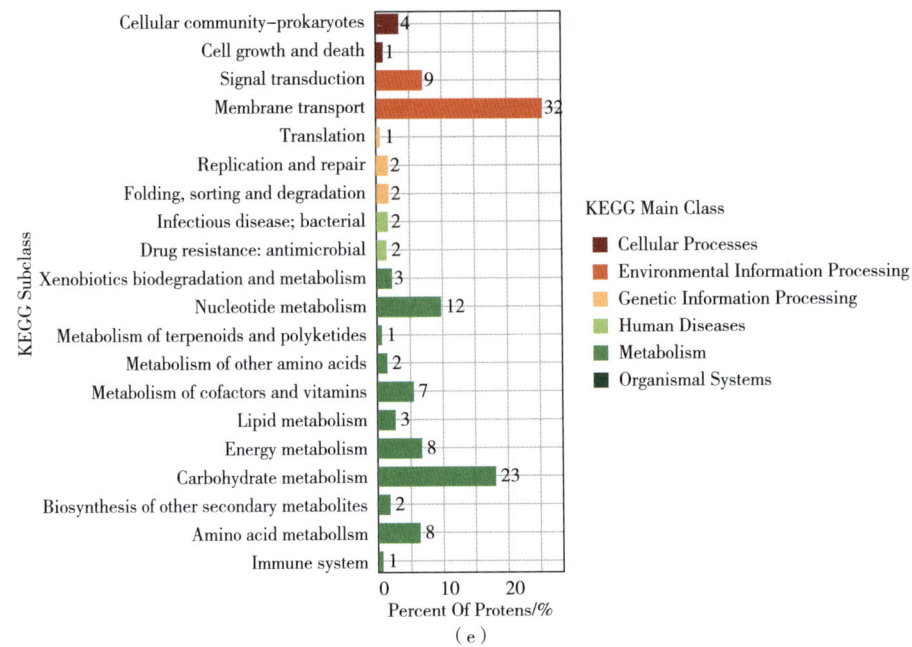

图 5-21　32.5℃和37.0℃培养温度下不同生长时期差异蛋白 KEGG 功能注释
（a）迟滞期两实验组差异表达蛋白质 KEGG 功能注释　（b）对数前期两实验组差异表达蛋白质 KEGG 功能注释
（c）对数中期两实验组差异表达蛋白质 KEGG 功能注释　（d）发酵终点两实验组差异表达蛋白质 KEGG 功能注释
（e）冻干后两实验组差异表达蛋白质 KEGG 功能注释

白发现 ATP 结合盒转运蛋白依旧是差异倍数最大的蛋白；两实验组高密度培养至发酵终点时，从图中可以看出差异表达蛋白质主要被注释到了代谢与环境处理进程中，在代谢进程中碳水化合物代谢、氨基酸代谢、核苷酸代谢为注释到的差异蛋白相对较多的通路；膜运输是环境处理进程中注释到的差异蛋白相对较多的通路。由两实验组在冻干后菌体内部差异蛋白 KEGG 功能注释发现，差异蛋白仍以碳水化合物代谢与膜运输进程为主；通过对高密度发酵过程中两实验组处于迟滞期、对数期、发酵终点以及冻干后的菌种差异蛋白分析发现，大多数差异蛋白都显著集中于碳水化合物代谢与膜运输途径上，而处于这两种途径的蛋白能够促进菌种对营养物质的吸收和利用，因此可得出结论在不同发酵温度下膜运输与碳水化合物代谢对副干酪乳酪杆菌 PC-01 冻干前后的活性影响较大。

由 32.5℃ 与 37℃ 实验组的副干酪乳酪杆菌 PC-01 发酵过程中的生长曲线可知，37℃ 实验组的活菌数从 0h 开始到发酵终点（37℃实验组的发酵终点）始终高于 32.5℃实验组，而 32.5℃实验组在发酵阶段进入发酵对数期后期活菌数才开始超过 37℃实验组，通过对该过程中差异表达蛋白进行分析，发现差异倍数最大的蛋白是 ECF 转运体 S 组分。差异倍数偏大的蛋白主要有金属 ABC 转运蛋白 ATP 结合蛋白、锌 ABC 转运蛋白底物结合蛋白、NADH 过氧化物酶，这些蛋白在不同实验阶段的表达量如图 5-22 所示。

图 5-22（a）为两实验组菌体内部 ECF 转运体 S 组分蛋白的表达量，可见在发酵阶段进入对数期后 32.5℃实验组该蛋白的表达量显著增加，在进入发酵终点后出现极显著差异，而 37℃实验组该蛋白的表达量在各时期无显著变化。ECF 转运体 S 组分蛋白属于

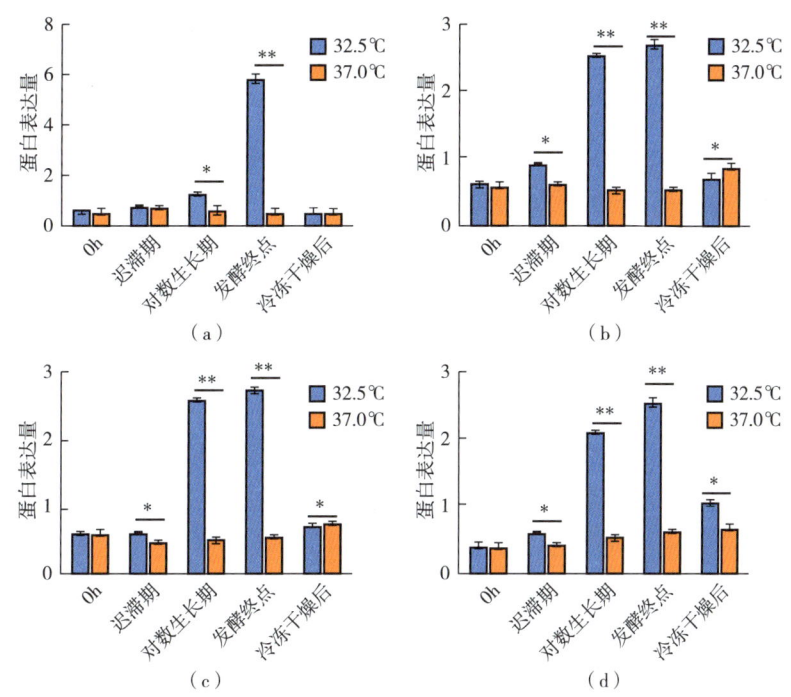

图 5-22 32.5℃和 37.0℃培养温度下不同生长时期差异蛋白表达量
(a) ECF 转运体 S 组分在不同生长时期的差异表达量 (b) 金属 ABC 转运蛋白 ATP 结合蛋白在不同生长时期的差异表达量 (c) 锌 ABC 转运蛋白底物结合蛋白在不同生长时期的差异表达量
(d) NADH 过氧化物酶在不同生长时期的差异表达量
(*表示差异显著；**表示差异极显著。)

ABC 转运蛋白超家族，其功能涉及膜运输。图 5-22（b）、（c）、（d）反映了两实验组中差异倍数偏大蛋白的表达量，从图中可以清楚地看到，在 32.5℃实验组进入发酵阶段对数期时这些蛋白的表达量均大幅增加，直到发酵终点蛋白表达量均体现出极显著差异，而 37℃实验组中相关蛋白的差异不显著。金属 ABC 转运蛋白和锌 ABC 转运蛋白功能均与膜运输有关，且结合的底物为金属离子；NADH 过氧化物酶在机体内发挥着重要的功能，帮助细胞分解体内氧化毒性物质，抵抗氧化应激。因此推测 ECF 转运体 S 组分、金属 ABC 转运蛋白 ATP 结合蛋白、锌 ABC 转运蛋白底物结合蛋白、NADH 过氧化物酶等蛋白的过量表达可能是导致 32.5℃实验组在发酵对数期后期活菌数变高的原因之一。

ECF 转运体往往由一分子 A 成员，一分子 V 成员，一分子 T 成员，一分子 S 成员组成，S 成员是 S 组分中主要发挥功效的成员，S 成员往往通过在细胞膜脂质双层结构上交替翻转的方式捕获细胞膜外的维生素及其他微量营养物质，以此达到膜运输的效果；ABC 转运蛋白的结构主要包含高度疏水的跨膜结构域（transmembrane domain，TMD）与核苷酸结合结构域（nucleotide-binding domain，NBD），TMD 往往会形成底物运输通道，并参与底物识别，NBD 结合 ATP 为转运底物提供所需能量，通过转运细胞内的多种物质，如金属离子、糖类、氨基酸、核苷酸等物质来维持菌体细胞生长活性。具有活性的菌体细胞在生长过程中需不间断地进行新陈代谢活动，为了维持这一活动细胞必须不断地与周围环境进行物质交换，而这种物质交换通常是通过细胞膜来实现的，菌体细胞膜运输功能表现为维持菌体细胞膜两侧渗透压平衡、控制营养物质进出细胞,从而促进细胞的代谢。上文研究中提到的 Na^+-K^+-ATP 酶与增强菌体细胞膜运输能力相关,通过维持副干酪乳酪杆菌 PC-01 细胞膜两侧渗透压平衡及为细胞中的载体蛋白主动运输营养物质这一过程提供能量。

两个实验组中还有一类差异蛋白与抵抗外界环境胁迫有关,具有代表性的蛋白主要是醛酮还原酶、NADH 过氧化物酶,其中 NADH 过氧化物酶起的作用主要是细胞解毒及抗氧化应激,副干酪乳酪杆菌 PC-01 在生长过程中往往会面临氧胁迫,当氧气作用于菌体时会被转化为超氧阴离子自由基,而超氧阴离子自由基又会进一步转化为过氧化氢(H_2O_2)这一类分子氧,从而对菌体细胞产生生理毒害作用,NADH 过氧化物酶会通过降解过氧化氢等分子氧来减弱菌体细胞氧化应激水平[75];醛酮还原酶这一蛋白是冻干后两实验组副干酪乳酪杆菌 PC-01 菌体细胞内差异倍数最大的蛋白,该蛋白的作用主要是参与脂肪酸的合成[76],会影响不饱和脂肪酸与饱和脂肪酸比例,从而增强菌体细胞膜流动性,增大菌体细胞的抗逆性。在本研究中 32.5℃实验组副干酪乳酪杆菌 PC-01 冻干前后的活菌数均显著高于 37℃实验组,上文的研究结果也表明了醛酮还原酶不仅在冻干后是两实验组差异倍数最大的蛋白,冻干前 32.5℃实验组中的醛酮还原酶表达量同样显著高于 37.0℃实验组,故推测高表达量的醛酮还原酶是造成 32.5℃实验组冻干前后活性高的原因之一。

本研究对冻干后两实验组副干酪乳酪杆菌 PC-01 的差异蛋白分析发现,差异倍数最大的蛋白是醛酮还原酶,图 5-23 为该蛋白在冻干前后两实验组中醛酮还原酶表达量,结果显示,两个实验组处于迟滞期时醛酮还原酶的表达量都在下降,说明此时醛酮还原酶并没有得到充分的利用,可以看出 32.5℃实验组在发酵至对数期时的醛酮还原酶表达量急剧上升,其利用率远远高于 37.0℃实验组。由于醛酮还原酶参与脂肪酸的合成与代谢,所以推测该酶可增大不饱和脂肪酸与饱和脂肪酸的比例,从而影响细胞膜流动性,提高菌体细胞对外界环境胁迫的耐受能力,上文对不饱和脂肪酸与饱和脂肪酸测定的实验结果及细胞膜流动性实验结果也证实了这一推测。两实验组的副干酪乳酪杆菌 PC-01 冻干后显著差异蛋白除了醛酮还原酶之外,差异倍数偏大位列靠前的还有 4-草酸丙酮酸互变异构体酶、二肽酶、GNAT 家族 N-丙基转移酶、磷酸核糖基甘氨酸氨基转移酶等蛋白,蛋白表达量详情见图 5-24,如图所示 32.5℃实验组的相关蛋白表达量明显高于 37.0℃实验组,其中 4-草酰巴豆酸互变异构酶与二肽酶的作用都与增强细胞吸收营养物质的能力有关,且二肽酶可促进细胞进行代谢调节,增强其适应外界环境的能力;GNAT 家族 N-乙酰转移酶是一种可使细胞体内物质实现转化代谢的重要物质,在细胞代谢中起着重要的作用;磷酸核糖甘氨酰胺甲酰转移酶是乳酸菌嘌呤核苷酸合成与代谢的关键酶,而嘌呤核苷酸是菌体细胞合成 DNA 与 RNA 的重要底物,故该蛋白的过表达可维持菌体细胞生长。根据实验结果得出结论,醛酮还原酶既在冻干后两实验组中差异蛋白表达倍数最大,也在发酵过程中存在显著差异表达,所以推测该蛋白对副干酪乳酪杆菌 PC-01 冻干前后活菌生长繁殖起重要的作用;4-草酸丙酮酸互变异构体酶、二肽酶、GNAT 家族 N-丙基转移酶、磷酸核糖基甘氨酸氨基转移酶等蛋白在冻干后的 32.5℃实验组中表达量显著高于 37.0℃实验组,推测影响冻干后 32.5℃实验组活菌数高的重要因素之一是这四种差异蛋白的过表达。

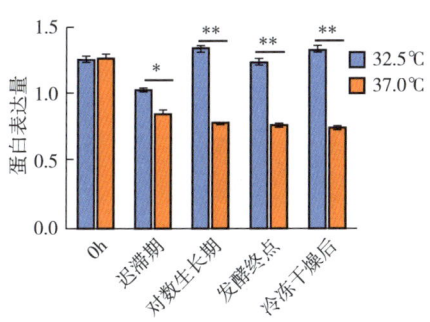

图 5-23 两实验组中醛酮还原酶表达量

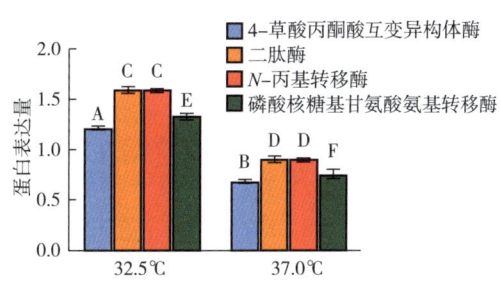

图 5-24 冻干后两实验组主要差异蛋白表达量

（＊表示差异显著；＊＊表示差异极显著；字母相同表示差异不显著 $P>0.05$，字母不同表示差异显著 $P<0.05$。）

对 32.5℃ 与 37.0℃ 实验组冻干前与冻干后的差异蛋白分成两组蛋白集，分别对每一组差异表达蛋白集进行 KEGG Pathway 富集分析，从而获得该蛋白集中蛋白主要具有的 KEGG 功能，富集结果见图 5-25。

在图 5-25（a）中，纵坐标为代谢通路名称，横坐标为富集率；图中圆点的颜色深浅程度表示富集显著性，颜色越深越富集显著；圆点的大小表示 KEGG 通路中差异蛋白的个数。由富集结果可知，冻干前两实验组的差异蛋白质显著富集于嘌呤代谢、RNA 降解、ABC 转运、脂肪酸生物合成、嘧啶代谢、氧化磷酸化等代谢通路。其中嘌呤代谢、嘧啶代谢、RNA 降解这三种代谢通路其内部蛋白主要的功能大多是维持细胞遗传物质的稳定性，从而增强菌株的繁殖能力；ABC 转运代谢通路中的蛋白参与许多重要的生理过程如营养摄入、细胞解毒、病毒防御等；脂肪酸生物合成代谢通路中的蛋白会影响不饱和脂肪酸与饱和脂肪酸的比例，从而影响菌体细胞膜流动性；氧化磷酸化代谢通路中的蛋白其作用主要是生成 ATP，与菌体细胞吸收营养物质的能力有关。由此可知，副干酪乳酪杆菌 PC-01 在冷冻干燥前，其内部蛋白分子主要通过维持细胞内部结构稳定与抵抗外界环境胁迫这两方面来保护菌体活性。冷冻干燥后 32.5℃ 与 37.0℃ 实验组副干酪乳酪杆菌 PC-01 内部蛋白分子富集代谢通路的转变如下图 5-25（b）所示，存在三个条目的差异蛋白代谢通路显著富集，分别为丙酮酸代谢、果糖与甘露糖代谢、嘌呤代谢等代谢通路。在嘌呤代谢通路中发现这两种蛋白分别为磷酸核糖甘氨酸酰胺甲酰转移酶、腺苷脱氨酶，它们在 32.5℃ 实验组中都表达上调，并且都是乳酸菌嘌呤核苷酸合成与代谢的关键酶。由于在冷冻干燥后菌体细胞 DNA 的糖基键会破裂发生脱嘌呤和脱嘧啶反应，嘌呤核苷酸是 DNA 和 RNA 合成的底物，相关蛋白的过量表达会促进核糖核酸的生成，进而减少冻干对细胞遗传物质的破坏；在果糖与甘露糖代谢途径上磷酸果糖激酶 1 与 Ⅱ 类果糖-1,6-二磷酸醛缩酶在 32.5℃ 实验组中均过量表达，磷酸果糖激酶 1 是菌体内部糖酵解过程最重要的限速酶，可调控糖酵解的供能能力，催化 6-磷酸果糖磷酸化生成 1,6-二磷酸果糖，1,6-二磷酸果糖又会在醛缩酶的催化作用下发生裂解反应生成 3-磷酸甘油醛与磷酸二羟丙酮，反应进行到这里便结束了糖酵解的第一阶段，这两种酶的过量表达可促进菌体对葡萄糖的吸收和利用能力，有利于维持菌体活性；在丙酮酸代谢通路上草酰乙酸脱羧酶、丙酮酸羧化酶、

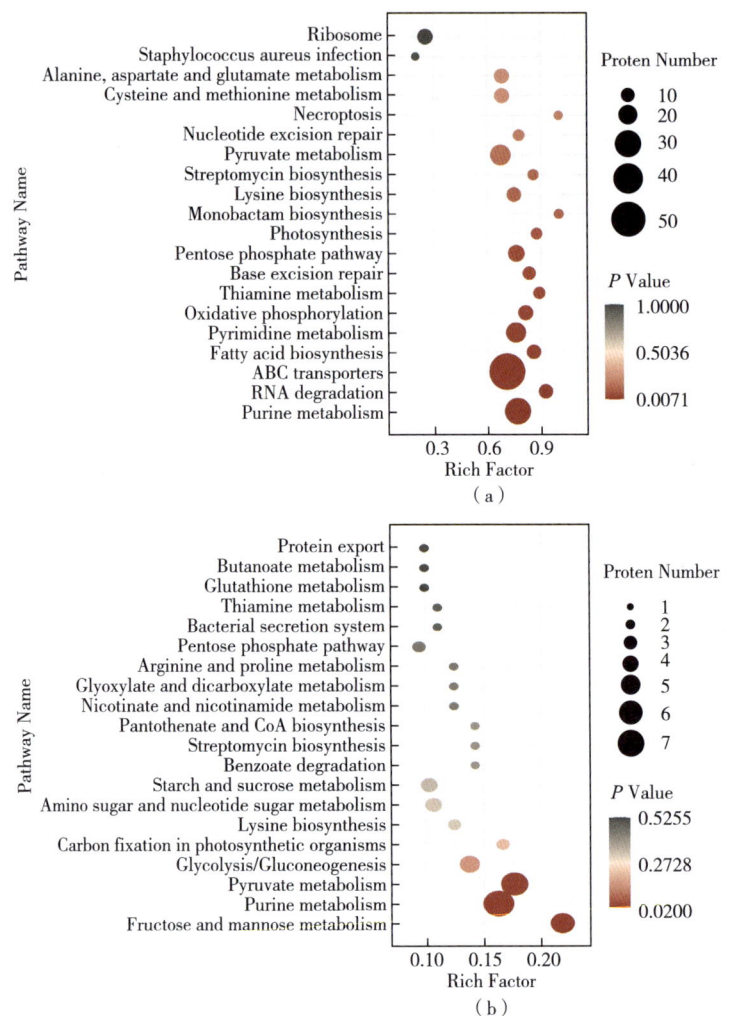

图5-25 32.5℃与37.0℃实验组差异表达蛋白KEGG富集分析
(a) 冻干前实验组菌株差异表达蛋白KEGG富集分析 (b) 冻干后实验组差异表达蛋白KEGG富集分析

NAD依赖性苹果酸酶、丙酮酸羧激酶等蛋白在32.5℃实验组中均过量表达,菌体细胞中的草酰乙酸在丙酮酸羧激酶催化作用下生成丙酮酸,丙酮酸在丙酮酸羧化酶的作用下氧化脱羧生产乙酰辅酶A,乙酰辅酶A进入三羧酸循环(TCA)后与草酰乙酸发生缩合反应生成苹果酸,苹果酸在苹果酸酶的催化作用下脱氢可再次生成草酰乙酸,这一循环途径极大提高了菌体代谢效率。因此,尽管经过冷冻干燥的副干酪乳酪杆菌PC-01其内部蛋白分子富集通路发生了转变,但其作用本质上仍保持着与冻干前相似的状态,即通过增强细胞代谢来维持细胞内部结构稳定。

相关研究表明,碳是细菌最重要的常量营养素之一[77],所以拥有较强的碳水化合物利用能力是造成菌体活性高的原因之一,具有代表性且参与果糖与甘露糖代谢的两种酶磷酸果糖激酶1与Ⅱ类果糖-1,6-二磷酸醛缩酶,在32.5℃实验组中的表达量显著高于37℃实验组,而这两种酶均是参与糖酵解途径的主要组成成分,可促进菌体细胞对葡萄糖的利用能力；参与丙酮酸代谢的相关蛋白主要是草酰乙酸脱羧酶、丙酮酸羧化酶、NAD 依赖性苹果酸酶、丙酮酸羧激酶等蛋白，这些蛋白在 32.5℃实验组中均过量表达，这些蛋白参与糖酵解与三羧酸循环反应，在功能上促进了副干酪乳酪杆菌 PC-01 产生丙酮酸，提高了菌种代谢能力，上文提到的乳酸脱氢酶的作用正是通过催化丙酮酸还原产生乳酸，这表明在乳酸脱氢酶与丙酮酸代谢相关蛋白的协同作用下使 32.5℃实验组中的副干酪乳酪杆菌 PC-01 产酸代谢能力得到增强；与嘌呤代谢相关的蛋白主要是磷酸核糖甘氨酸酰胺甲酰转移酶、腺苷脱氨酶，这些酶是乳酸菌嘌呤核苷酸合成与代谢的关键酶，而嘌呤核苷酸又是合成生物大分子 DNA 与 RNA 的重要底物，故相关蛋白在 32.5℃实验组中过量表达促进了遗传物质的生成，减弱了外界刺激对于菌体细胞内部遗传物质的损伤，进而提高了菌体活性。

综上所述，通过对蛋白分子作用机制研究发现，两实验组中的差异蛋白主要是从膜运输、细胞代谢、抵抗外界环境胁迫等方面影响副干酪乳酪杆菌 PC-01 活性及表型。膜运输路径下的蛋白会显著影响菌种吸收营养物质的能力，并可维持菌体细胞膜两侧渗透压平衡，避免菌体细胞因渗透压失衡大量失水产生的细胞皱缩现象；细胞代谢路径下的蛋白会显著影响菌体细胞代谢能力与遗传物质的生成；环境处理这一路径下的蛋白主要影响菌体抵抗外界环境胁迫的能力，具体的表现形式为通过调整细胞膜脂肪酸成分，增大细胞膜流动性从而增强菌体抗逆性。

参考文献

[1] Van De Guchte M, Serror P, Chervaux C, et al. Stress responses in lactic acid bacteria [C]. In LacticAcid Bacteria: Genetics, Metabolism and Applications: Proceedings of the seventh Symposium on lactic acid bacteria: genetics, metabolism and applications, 1-5 September 2002, Egmond aan Zee, the Netherlands. Springer Netherlands, 2002: 187-216.

[2] Senan S, Prajapati J B, Joshi C G. Comparative genome-scale analysis of niche-based stress-responsive genes in Lactobacillus helveticus strains [J]. Genome, 2014, 57 (4): 185-192.

[3] Tapia F, Vázquez-Ramírez D, Genzel Y, et al. Bioreactors for high cell density and continuous multistage cultivations: options for process intensification in cell culture-based viral vaccine production [J]. Applied Microbiology and Biotechnology, 2016, 100: 2121-2132.

[4] 孙媛媛. 异型发酵乳杆菌高密度培养及提高其冻干存活率的方法 [D]. 无锡: 江南大学, 2021.

[5] Bai D M, Wei Q, Yan Z H, et al. Fed-batch fermentation of Lactobacillus lactis for hyper-production of L-lactic acid [J]. Biotechnology Letters, 2003, 25: 1833-1835.

[6] Subramaniam R, Thirumal V, Chistoserdov A, et al. High-density cultivation in the production of microbial products [J]. Chemical and Biochemical Engineering Quarterly, 2018, 32 (4): 451-464.

[7] Wang Y, Corrieu G, Béal C. Fermentation pH and temperature influence the cryotolerance of Lactobacillus acidophilus RD758 [J]. Journal of Dairy Science, 2005, 88 (1): 21-29.

[8] Murga M L F, Cabrera G M, De Valdez G F, et al. Influence of growth temperature on cryotolerance and lipid composition of Lactobacillus acidophilus [J]. Journal of Applied Microbiology, 2000, 88 (2): 342-348.

[9] Schoug Å, Fischer J, Heipieper H J, et al. Impact of fermentation pH and temperature on freeze-drying survival and membrane lipid composition of Lactobacillus coryniformis Si3 [J]. Journal of Industrial Microbiology and Biotechnology, 2008, 35 (3): 175-181.

[10] Li C, Zhao J L, Wang Y T, et al. Synthesis of cyclopropane fatty acid and its effect on freeze-drying survival of Lactobacillus bulgaricus L2 at different growth conditions [J]. World Journal of Microbiology and Biotechnology, 2009, 25: 1659-1665.

[11] Cui S, Sadiq F A, Mao B, et al. High-density cultivation of Lactobacillus and Bifidobacterium using an automatic feedback feeding method [J]. LWT - Food Science and Technology, 2019, 112: 108-232.

[12] 高欣伟, 崔树茂, 唐鑫, 等. 长双歧杆菌的最适底物解析和高密度发酵工艺优化 [J]. 食品与发酵工业, 2021, 47 (19): 12-20.

[13] 高志敏. Lactobacillus fermentum IMAU 10129 高密度发酵工艺研究 [D]. 呼和浩特: 内蒙古农业大学, 2017.

[14] 张寅, 王保卫, 马婷婷. 以 β-半乳糖苷酶脂质体为模型筛选冷冻干燥保护剂的新方法 [J]. 安徽农业科学, 2022, 50 (15): 5.

[15] Estilarte M L, Tymczyszyn E E, de los Ángeles Serradell M, et al. Freeze-drying of Enterococcus durans: Effect on their probiotics and biopreservative properties [J]. LWT- Food Science and Technology, 2021 (137): 110496.

[16] 许国平, 王云鹏. 微波真空冷冻干燥技术的研究现状和发展 [J]. 医药, 2015 (9): 00304.

[17] 张文孝, 姚学勇, 王玉德. 喷雾干燥现状及展望 [J]. 食品与机械, 2004 (6): 3.

[18] Gong P, Sun J, Lin K, et al. Changes process in the cellular structures and constituents of Lactobacillus bulgaricus sp1.1 during spray drying [J]. LWT-Food Science & Technology, 2019 (102): 30-36.

[19] Bensch G, Rüger M, Wassermann M, et al. Flow cytometric viability assessment of lactic acid bacteria starter cultures produced by fluidized bed drying [J]. Applied Microbiology and Biotechnology, 2014 (98): 4897-4909.

[20] Sánchez-Portilla Z, Melgoza-Contreras L M, Reynoso-Camacho R, et al. Incorporation of Bifidobacterium sp. into powder products through a fluidized bed process for enteric targeted release [J]. Journal of Dairy Science, 2020, 103 (12): 11129-11137.

[21] Strasser S, Neureiter M, Geppl M, et al. Influence of lyophilization, fluidized bed drying, addition of protectants, and storage on the viability of lactic acid bacteria [J]. Journal of Applied Microbiology, 2009, 107 (1): 167-177.

[22] Cao L, Xu Q, Xing Y, et al. Effect of skimmed milk powder concentrations on the biological characteristics of microencapsulated Saccharomyces cerevisiae by vacuum-spray-freeze-drying [J]. Drying Technology, 2020, 38 (4): 476-494.

[23] Her J Y, Kim M S, Lee K G. Preparation of probiotic powder by the spray freeze-drying method [J]. Journal of Food Engineering, 2015, 150: 70-74.

[24] 姜甜, 陆文伟, 崔树茂, 等. 静电喷雾干燥微囊化乳双歧杆菌BL03 [J]. 食品与发酵工业, 2021, 47 (7): 27-33.

[25] Moayyedi M, Eskandari M H, Rad A H E, et al. Effect of drying methods (electrospraying, freeze drying and spray drying) on survival and viability of microencapsulated Lactobacillus rhamnosus ATCC 7469 [J]. Journal of Functional Foods, 2018 (40): 391-399.

[26] Harguindeguy M, Fissore D. On the effects of freeze-drying processes on the nutritional properties of foodstuff: A review [J]. Drying Technology, 2020, 38 (7): 846-868.

[27] Bhatta S, Stevanovic Janezic T, Ratti C. Freeze-drying of plant-based foods [J]. Foods, 2020, 9 (1): 87.

[28] Higl B, Kurtmann L, Carlsen C U, et al. Impact of water activity, temperature, and physical state on the storage stability of Lactobacillus paracasei ssp. paracasei freeze-dried in a lactose matrix [J]. Biotechnology Progress, 2007, 23 (4): 794-800.

[29] Passot S, Cenard S, Douania I, et al. Critical water activity and amorphous state for optimal preservation of lyophilised lactic acid bacteria [J]. Food Chemistry, 2012, 132 (4): 1699-1705.

[30] Liu Y, Zhao Y, Feng X. Exergy analysis for a freeze-drying process [J]. Applied Thermal Engineering, 2008, 28 (7): 675-690.

[31] Duan X, Yang X, Ren G, et al. Technical aspects in freeze-drying of foods [J]. Drying Technology, 2016, 34 (11): 1271-1285.

[32] Carvalho A S, Silva J, Ho P, et al. Relevant factors for the preparation of freeze-dried lactic acid bacteria [J]. International Dairy Journal, 2004, 14 (10): 835-847.

[33] Papadimitriou K, Alegría Á, Bron P A, et al. Stress physiology of lactic acid bacteria [J]. Microbiology and Molecular Biology Reviews, 2016, 80 (3): 837-890.

[34] Morgan C A, Herman N, White P A, et al. Preservation of micro-organisms by drying; a review

[J]. Journal of Microbiological Methods, 2006, 66 (2): 183-193.

[35] Gong P, Zhang L, Han X, et al. Injury mechanisms of lactic acid bacteria starter cultures during spray drying: a review [J]. Drying Technology, 2014, 32 (7): 793-800.

[36] Yao J, Rock C O. Exogenous fatty acid metabolism in bacteria [J]. Biochimie, 2017 (141): 30-39.

[37] Li C, Liu L B, Liu N. Effects of carbon sources and lipids on freeze-drying survival of Lactobacillus bulgaricus in growth media [J]. Annals of Microbiology, 2012 (62): 949-956.

[38] 蒲丽丽, 刘宁, 张英华, 等. 乳酸菌冻干损伤与保护的研究进展 [J]. 食品工业科技, 2005, (7): 182-184.

[39] 朱琳, 刘宁, 张英华, 等. 乳酸菌细胞膜的冻干损伤 [J]. 食品科学, 2006, (2): 266-269.

[40] Yonekura L, Sun H, Soukoulis C, et al. Microencapsulation of Lactobacillus acidophilus NCIMB 701748 in matrices containing soluble fibre by spray drying: Technological characterization, storage stability and survival after in vitro digestion [J]. Journal of Functional Foods, 2014 (6): 205-214.

[41] Zomer A, van Sinderen D. Intertwinement of stress response regulans in Bifidobacterium breve UCC2003 [J]. Gut Microbes, 2010, 1 (2): 100-102.

[42] Jingjing E, Rongze M, Zichao C, et al. Improving the freeze-drying survival rate of Lactobacillus plantarum LIP-1 by increasing biofilm formation based on adjusting the composition of buffer salts in medium [J]. Food Chemistry, 2021, 338: 128-134.

[43] Jingjing E, Chen J, Chen Z, et al. Effects of different initial pH values on freeze-drying resistance of Lactiplantibacillus plantarum LIP-1 based on transcriptomics and proteomics [J]. Food Research International, 2021, 149: 110694.

[44] Feng T, Wang J. Oxidative stress tolerance and antioxidant capacity of lactic acid bacteria as probiotic: a systematic review [J]. Gut Microbes, 2020, 12 (1): 1801944.

[45] Cash T P, Pan Y, Simon M C. Reactive oxygen species and cellular oxygen sensing [J]. Free Radical Biology and Medicine, 2007, 43 (9): 1219-1225.

[46] Cabiscol Catalā E, Tamarit Sumalla J, Ros Salvador J. Oxidative stress in bacteria and protein damage by reactive oxygen species [J]. International Microbiology: the Official Journal of the Spanish Society for Microbiology, 2000 (3): 3-8.

[47] Tolstorebrov I, Eikevik T M, Bantle M. Effect of low and ultra-low temperature applications during freezing and frozen storage on quality parameters for fish [J]. International Journal of Refrigeration, 2016 (63): 37-47.

[48] Barden L, Decker E A. Lipid oxidation in low-moisture food: A review [J]. Critical Reviews in Food Science and Nutrition, 2016, 56 (15): 2467-2482.

[49] Santivarangkna C, Aschenbrenner M, Kulozik U, et al. Role of glassy state on stabilities of freeze-dried probiotics [J]. Journal of Food Science, 2011, 76 (8): R152-R156.

[50] Santivarangkna C, Kulozik U, Foerst P. Inactivation mechanisms of lactic acid starter cultures preserved by drying processes [J]. Journal of Applied Microbiology, 2008, 105 (1): 1-13.

[51] 高薇, 韩雪, 张兰威. 乳酸菌渗透胁迫相关相容性溶质及其转运机制研究进展 [J]. 微生物学通报, 2013, 40 (11): 2097-2106.

[52] 姜凯, 张娜娜, 刘洋, 等. 发酵乳制品中乳酸菌的流式检测方案探索与研究 [J]. 食品安全质量检测学报, 2021, 12 (13): 5106-5113.

[53] Gandhi A, Shah N. Effect of salt on cell viability and membrane integrity of Lactobacillus acidophilus, Lacticaseibacillus casei and Bifidobacterium longum as observed by flow cytometry [J]. Food Microbiology, 2015, 49: 197-202.

[54] Rodríguez-Vargas S, Sánchez-García A, Martínez-Rivas J, et al. Fluidization of Membrane Lipids Enhances the Tolerance of Saccharomyces cerevisiae to Freezing and Salt Stress [J]. Applied and Environmental Microbiology, 2007, 73: 110-116.

[55] 李华锟. 基于芴母核的水溶性弱酸性 pH 荧光指示剂的合成与性质表征 [D]. 天津: 天津医科大学, 2019.

[56] Zhang Y M, Rock C. Membrane lipid homeostasis in bacteria [J]. Nature Reviews Microbiology, 2008, 6: 222-233.

[57] Mykytczuk N C S, Trevors J T, Leduc L G, et al. Fluorescence polarization in studies of bacterial cytoplasmic membrane fluidity under environmental stress [J]. Progress in Biophysics and Molecular Biology, 2007, 95 (1-3): 60-82.

[58] 畅天狮, 刘俊果, 张桂, 等. 乳酸菌在酸性环境中的生理变化及 pHin 的调控机制 [J]. 中国乳品工业, 2002 (2): 7-10.

[59] Murai K, Kobayashi S, Yamaguchi A, et al. Optimal Ratio of Carbon Flux between glycolysis and the Pentose Phosphate Pathway for Amino Acid Accumulation in Corynebacterium glutamicum [J]. ACS Synthetic Biology, 2020, 9.

[60] 刘华勇. 抑制葡萄球菌组氨酸激酶 YycG 的噻唑烷酮类衍生物的抗菌活性及作用机制研究 [D]. 上海: 复旦大学, 2014.

[61] Singh V, Sirobhushanam S, Ring R, et al. Roles of pyruvate dehydrogenase and branched-chain α-keto acid dehydrogenase in branched-chain membrane fatty acid levels and associated functions in Staphylococcus aureus [J]. Journal of Medical Microbiology, 2018, 67.

[62] Mostofian B, Zhuang T, Cheng X, et al. Branched-China Fatty Acid Content Modulates Structure, Fluidity and Phase in Model Microbial Cell Membranes [J]. The Journal of Physical Chemistry B, 2019, 123 (27): 5814-5821.

[63] 王艳兴, 杨玲, 孙梅好. 硫酸盐活化复合体的分类及其功能 [J]. 生命的化学, 2011, 31 (2): 252-257.

[64] Jain C, Rodriguez-R L M, Phillippy A M, et al. High throughput ANI analysis of 90K prokaryotic genomes reveals clear species boundaries [J]. Nature Communications, 2018, 9 (1): 5114.

[65] Arahal D R. Whole-genome analyses: average nucleotide identity [M]. Methods in microbiology. Academic Press, 2014, 41: 103-122.

[66] Galperin M, Makarova K, Wolf Y, et al. Expanded Microbial genome coverage and improved protein family annotation in the COG database [J]. Nucleic Acids Research, 2014, 43.

[67] Ngan J Y G, Pasunooti S, Tse W, et al. HflX is a GTPase that controls hypoxia-induced replication arrest in slow-growing mycobacteria [J]. Proceedings of the National Academy of Sciences, 2021, 118 (12): e2006717118.

[68] Vollmer W, Tomasz A. Peptidoglycan N-acetylglucosamine deacetylase, a putative virulence factor in Streptococcus pneumoniae [J]. Infection and Immunity, 2002, 70 (12): 7176-7178.

[69] Bernard E, Rolain T, Courtin P, et al. Identification of the amidotransferase AsnB1 as being responsible for meso-diaminopimelic acid amidation in Lactobacillus plantarum peptidoglycan [J]. Journal of

bacteriology, 2011, 193 (22): 6323-6330.

[70] 赵文英, 李华, 王爱莲, 等. 不同培养基对酒酒球菌 SD-2a 存活率及膜脂肪酸组分的影响 [J]. 微生物学报, 2008 (10): 1319-1323.

[71] Muller J, Ross R, Sybesma W, et al. Modification of the Technical Properties of Lactobacillus johnsonii NCC 533 by Supplementing the Growth Medium with Unsaturated Fatty Acids [J]. Applied and Environmental Microbiology, 2011 (77): 6889-6898.

[72] Muñoz-Rojas J, Bernal P, Duque E, et al. Involvement of Cyclopropane Fatty Acids in the Response of Pseudomonas putida KT2440 to Freeze-Drying [J]. Applied and Environmental Microbiology, 2006 (72): 472-477.

[73] Hua L, WenYing Z, Hua W, et al. Influence of culture pH on freeze-drying viability of Oenococcus oeni and its relationship with fatty acid composition [J]. Food and Bioproducts Processing, 2009 (87): 56-61.

[74] 向鑫玲, 张英春, 马放, 等. 乳酸杆菌的表面特性及其黏附能力的研究 [J]. 食品工业科技, 2016, 37 (7): 126-130, 136.

[75] Naraki S, Igimi S, Sasaki Y. NADH peroxidase plays a crucial role in consuming H_2O_2 in *Lactobacillus casei* IGM394 [J]. Bioscience of Microbiota, Food and Health, 2020, 39 (2): 45-56.

[76] 舒楠, 陈子珺. 醛酮还原酶的研究进展 [J]. 药物生物技术, 2017, 24 (2): 175-179.

[77] Titgemeyer F, Hillen W. Global control of sugar metabolism: a gram-positive solution [C]. Lactic Acid Bacteria: Genetics, Metabolism and Applications: Proceedings of the seventh Symposium on lactic acid bacteria: genetics, metabolism and applications, 1-5 September 2002, Egmond aan Zee, the Netherlands. Springer Netherlands, 2002: 59-71.